博弈与社会

GAME
THEORY
AND
SOCIETY

张维迎 著

北京大学出版社
PEKING UNIVERSITY PRESS

图书在版编目（CIP）数据

博弈与社会/张维迎著. —北京：北京大学出版社，2013.1
ISBN 978 – 7 – 301 – 21821 – 1

Ⅰ.①博…　Ⅱ.①张…　Ⅲ.①博弈论 – 应用 – 社会学　Ⅳ.①F224.32

中国版本图书馆 CIP 数据核字（2012）第 311204 号

书　　　　名	博弈与社会	
	BOYI YU SHEHUI	
著 作 责 任 者	张维迎　著	
责 任 编 辑	张　燕	
标 准 书 号	ISBN 978 – 7 – 301 – 21821 – 1	
出 版 发 行	北京大学出版社	
地　　　　址	北京市海淀区成府路 205 号　100871	
网　　　　址	http://www.pup.cn	
微 信 公 众 号	北京大学经管书苑（pupembook）	
电 子 邮 箱	编辑部 em@ pup.cn　总编室 zpup@ pup.cn	
电　　　　话	邮购部 010 – 62752015　发行部 010 – 62750672　编辑部 010 – 62752926	
印 　刷 　者	北京市科星印刷有限责任公司	
经 　销 　者	新华书店	
	730 毫米×1020 毫米　16 开本　27.5 印张　494 千字	
	2013 年 1 月第 1 版　2024 年 7 月第 22 次印刷	
定　　　　价	68.00 元	

谨以本书献给何炼成老师和茅于轼老师

35 年前,何炼成老师将我带入经济学殿堂

31 年前,茅于轼老师为我打开了一扇窗

序　言

（一）

　　贯穿于本书的主题是：人类如何才能更好地合作？

　　社会是由人组成的，社会因人而存在，为人而存在。作为理性的个体，我们每个人都有自己的利益，都在追求自己的幸福。这是天性使然，没有什么力量能够改变。但社会的进步只能来自人们之间的相互合作，只有合作，才能带来共赢，才能给每个人带来幸福。这就是我们应有的集体理性。但是，基于个体理性的决策常常与集体理性相冲突，导致所谓"囚徒困境"的出现，不利于所有人的幸福。

　　除了个体利益之外，妨碍人与人合作的另一个重要原因是我们的知识有限。即使到今天，尽管人类有关自然规律的知识已大大增加，真正做到了"可上九天揽月，可下五洋捉鳖"，但我们有关人类自身的知识仍然不足以让我们明白什么是追求幸福的最佳途径。让普通人接受自然科学的知识相对容易，但接受社会科学的知识很难。我们短视、傲慢、狭隘、自以为是，只知其然不知其所以然，经常不明白自己的真正利益所在。正是由于我们的无知，才导致了人类社会的许多冲突。许多看似利益的冲突，实际上是理念的冲突。事实上，大部分损人利己的无耻行为本质上也是无知的结果。损人者自以为在最大化自己的幸福，但结果常常是"聪明反被聪明误"，既损人又害己。有些人心地善良，一心为他人谋幸福，但由于无知，也给人类带来不小的灾难。计划经济就是一个典型的例子。

　　幸运的是，作为地球上唯一理性的动物，人类不仅具有天然的创造力，也具有"吃一堑长一智"的本领。在漫长的历史中,人类发明了各种各样的技术、制度、文化,克服了囚徒困境的障碍,不断走向合作,由此才有了人类的进步。诸如言语、文字、产权、货币、价格、公司、利润、法律、社会规范、价值观念、道德标准,甚至钟表、计算机、网络等发明,都是人类走出囚徒困境、实现合作的重要手段。当然,每一次合作带来的进步,都伴随新的囚徒困境的出现。比如互联网为人类提供了更大范围合作的空间,但互联网也为坑蒙拐骗行为提供了新的机会。一部人类文明史就是一部不断创造囚徒困境,又不断走出囚徒困境的历史。

人类的合作与进步离不开一些伟大的思想家的贡献。两千年前的轴心时代,出现了诸如孔子、释迦牟尼、亚里士多德、耶稣等这样一批伟大的思想家。他们以变"天下无道"为"天下有道"为己任,奠定了人类文明的基石。他们的思想减少了人类的无知,成为后世思想的核心和支柱,至今仍然在影响着我们的行为方式和生活方式。

经济学自亚当·斯密发表《国富论》算起,只有236年的历史。但经济学对人类合作精神和道德水准提升的贡献是巨大的。亚当·斯密在理性人假设的基础上证明市场是人与人合作最有效的手段。今天我们看到,真正遵循亚当·斯密的理念、实行市场经济的国家,人们的合作精神和道德水准比非市场经济国家高得多。

自20世纪中期以来,整个社会科学领域最杰出的成就也许就是博弈论的发展。博弈论研究理性人如何在互动的环境下决策。博弈论的全称是"非合作博弈理论"(non-cooperative game theory)。这样的名字容易在非专业人士中产生误解,以为它是教导人们如何不合作的。这真是一件遗憾的事。事实上,博弈论真正关注的是如何促进人类的合作。囚徒困境模型为我们提供了如何克服囚徒困境的思路。只有理解了人们为什么不合作,我们才能找到促进合作的有效途径。

经济学与社会学、心理学、伦理学等学科最大的不同是它的理性人假设。博弈论继承了这一假设。这一假设经常受到批评,甚至一些其他领域的学者和社会活动家把生活中出现的损人利己行为和道德堕落现象归罪于经济学家的理性人假设,好像是经济学家唆使人变坏了。这是一个极大的误解。无论是历史事实还是逻辑分析都证明,"利他主义"的假设更容易使人在行为上变坏,而不是相反。专制制度在中国盛行两千多年,一个重要的原因就是我们假定皇帝是"圣人",治理国家的官员是"贤臣"。如果我们早就假定皇帝是"理性人",是"自私的",中国也许早就实行民主和法治了。全世界最早实行民主制度的国家,正是那些最早不把国王当"圣人"、假定官员一有机会就会谋私利的国家。

当然,理性人假设不是没有缺陷的,现实中的人确实不像经济学家假设的那么理性。但我仍然认为,只有在理性人假设的基础上我们才能理解制度和文化对人类走出囚徒困境是多么重要。促进社会合作和推动人类进步不能寄希望于否定人是理性的,而只能是通过改进制度使得相互合作变成理性人的最好选择。

<h1 style="text-align:center">(二)</h1>

本书有两个目的:一是用通俗的语言,系统地介绍博弈论的基本方法和核心结论;二是应用这些方法和结论分析各种各样的社会问题和制度安排(包括文化)。我们特别关注的是人们为什么有不合作行为,什么样的制度和文化有助于促进人与人之间的合作。

全书分 14 章。第一章首先讨论了社会面临的两个基本问题:协调和合作。协调的关键是如何形成一致预期,合作的关键是如何提供有效的激励。然后我们简要介绍了理性人假设的含义、对它的批评,以及使用这一假设的正当性理由。最后,我们讨论了评价个体行为的社会标准——帕累托最优,我们用大量例子说明这一标准如何体现在现实的制度安排中。

第二章正式引入博弈论。我们介绍了博弈论的基本概念,讨论了囚徒困境导致的个体理性与集体理性的矛盾,在此基础上引入纳什均衡的概念。纳什均衡是预测互动情况下人们如何制定决策以及决策后果的最重要的概念。我们还证明了私有产权和法律如何有助于解决囚徒困境、达到个体理性和集体理性的统一。

第三章讨论多重均衡。现实中的博弈经常有多个纳什均衡。当一个博弈存在多个均衡时,参与人如何协调预期就成为合作的关键。我们讨论了制度和文化如何协调预测,帮助人们选择特定的纳什均衡,如何协调不同文化之间的冲突。我们还讨论了制度的路径依赖问题。

第四章进入动态博弈。动态博弈最重要的概念是不可置信的威胁和承诺。不可置信的威胁意味着事前最优与事后最优不一致,有时会导致帕累托最优不能出现。承诺将不可置信的威胁变得可以置信,反倒有助于社会合作。我们还讨论了宪政和民主制度的承诺功能。

第五章讨论讨价还价问题。讨价还价是合作与竞争的结合。我们介绍了研究讨价还价的公理化方法和战略式方法,公理化方法的纳什谈判解和战略式方法的精炼纳什均衡。在完全信息下讨价还价的结果一定是帕累托最优,但信息不完全可能导致帕累托效率的分配方案无法实现。这一章还讨论了谈判中的社会规范。

第六章讨论重复博弈,证明重复博弈如何使得参与人关心长远利益,从而走出一次性博弈的囚徒困境,实现理性人之间的合作。我们讨论了决定合作是否出现的心理因素和制度因素,大社会中一些特定的社会规范如何克服二阶囚徒困境。这些理论对于理解现实社会的组织机构的价值非常重要。

第七章研究不完全信息如何导致声誉机制的出现。从古到今,声誉机制都是维护社会合作的最重要机制之一。当信息不完全时,人们出于自身的利益有积极性建立一个愿意合作的声誉。正因为人们在乎声誉,相互之间才有信任。我们用声誉机制解释了现实中一些有趣的现象,并讨论了声誉是如何积累的。

第八章讨论信息不对称导致的逆向选择如何妨碍合作,以及解决逆向选择的市场和非市场机制。品牌作为一种声誉机制对实现有价值的合作具有重要意义,是市场制度的重要组成部分。政府管制作为解决逆向选择的非市场机制事出有因,但在许多情况下不仅是无效率的,更严重的是它可能破坏市场的声誉机制。

第九章讨论拥有私人信息的一方如何通过特定的信号向没有私人信息的一方传递信息。社会生活中的许多行为方式具有信号传递的功能,有助于解决逆向选择问题。我们花了较大的篇幅讨论了诸如礼尚往来这样的社会规范如何传递当事人愿意合作的信息。当然,这样的社会规范也可能导致浪费行为。

第十章讨论没有私人信息的一方如何通过机制设计获得对方的私人信息。机制设计的关键是如何让人说真话。我们证明,当一种机制使得说假话比说真话要付出更大成本时,人们就会说真话。无论是私人产品交易还是公共产品的生产,说真话的机制都有助于改进效率,实现双赢。这一章还讨论了非对称信息导致的收入分配中平等与效率的矛盾,以及大学教师的选拔机制。

第十一章讨论道德风险和激励机制的设计。道德风险(腐败)的根源是有关当事人行为的信息不对称。我们分析了最优激励机制如何在风险与激励之间进行权衡;决定激励强度的主要因素;多重任务下激励的困难。我们也讨论了大学教授的激励机制和政府官员的激励问题。我们借助"腐败方程式"分析了政府官员腐败的原因及其可选择的解决办法。

第十二章讨论了演化博弈的基本概念,重复博弈下合作如何成为一种演化稳定均衡。我们还分析了制度是如何自发演化的,为什么诸如产权的先占规则这样的社会规范能得到人们的自觉遵守。与前面各章不同,在这一章中,我们放弃了完全理性假设,代之以假定人的理性是有限的,人的行为是一个学习、模仿、适应的过程。但我们得出的基本结论是一样的:重复博弈下,合作可以作为均衡结果出现。

第十三章在前面各章的基础上对作为游戏规则的法律和社会规范做了较为系统的分析。我们讨论了法律与社会规范之间的互补性和替代性,二者之间的不同之处和相同之处;法律和社会规范如何激励人们合作、协调人们的预期以及传递私人信息;人们为什么遵守或违反社会规范;以及法律和社会规范发挥作用的社会条件。

第十四章讨论制度企业家在创建社会游戏规则方面的作用。我们讨论了制度企业家创新时面临的风险及决定其成败的因素,归纳了轴心时代的伟大思想家为促进人类合作、建立和谐社会而设立的五个基本"道"(行为方式),分析了这些"道"何以能帮助人类走出囚徒困境。我们证明,这些"道"与博弈论得出的基本结论是一致的。我们还特别分析了儒家文化作为法律和社会规范的结合,如何协调预期、定分止争,并激励人们的合作精神。我们也指出,儒家文化的主要缺陷是没有找到约束"君主"的制度性方法,这种制度性方法就是宪政和民主。

为了系统地介绍博弈论的基本方法和核心结论,本书对有关社会问题的讨论不得不分散在各章,这使得对某个特定问题(如政府行为、大学治理、社会规范)感兴趣的读者可能会感到叙述有些凌乱。但我的主要目的是让读者掌握分析问题的方法,而不是知道某个具体的观点。就此而言,我相信这样的章节安排能够得到读者的谅解。

本书的读者对象定位为包括社会学、法学、历史学、政治学、经济学以及管理学在内的整个人文社会科学领域本科以上的任何专业和非专业人员。我相信,本书也适合作为理工科专业学生的课外阅读材料。当然,读者必须对社会问题有好奇心。

为了理论的严谨性和节省篇幅,本书不得不使用一些数学公式和图表。但我尽量把数学的使用控制在最低必需的范围。任何学过初等数学的读者读这本书都不应该有困难。读这本书也不要求读者事先有经济学的训练。

我特别想指出的是,即使受过良好经济学专业训练的人士也能从这本书中受益。当今的专业化训练有助于学生掌握一些复杂的技术性分析手段,但也使得他们往往只见树木不见森林,缺乏对社会问题的整体把握。虽然我在1996年就出版了《博弈论与信息经济学》一书,但我自己从写这本书的过程中仍然学到许多新的东西。

我希望,读这本书不仅有助于增加读者的知识,也有助于提高读者的合作精神,让读者生活得更从容。

（三）

本书是在我为北京大学本科生开设的通选课"博弈与社会"授课提纲（PPT文件）和课堂录音稿的基础上发展而来的。从形成文字的初稿到今天正式出版，前后有八年之久。本书能以现在的样子呈现给读者，得益于许多人的贡献，我对他们心存感激。

我首先要感谢的是清华大学经济研究所的王勇博士。他和下面提到的其他几位花了大量时间和精力把录音整理稿和授课提纲编辑成第一稿。之后他独自一人又花了不少时间编辑、修改，形成第二稿（前十一章），节省了我大量的时间。在最后定稿的过程中，他还负责了图表的绘制、参考文献的补充和校订，以及词汇索引的编辑工作，并对部分内容提出修改建议。他是我写作这本书最重要的合作者。没有他的协助，本书的出版无疑还会拖延更长的时间。

我要特别感谢北京大学法学院的邓峰博士。他参与了本书第十三章和第十四章第三节初稿的整理，并对这两部分的内容做出了重要贡献。他丰富的法律和历史知识补充了我原来的观点，也纠正了我原来的一些片面认识。直至接近最后的版本，他仍然提出了一些有价值的修改意见。

除王勇和邓峰外，王皓、汪淼军、杨居正、龙波等也参加了初稿的整理工作，在此一并感谢。

美国华盛顿大学组织管理系主任陈晓萍教授对本书第一章和第十四章提出了许多有价值的修改建议，她的建议大部分已被我在最后的定稿中采纳，完善了这两章的内容。

天则经济研究所理事长姚中秋先生和我原来的硕士生彭睿先生对第十四章的修改也提出了有价值的建议。姚中秋对儒家文化的情有独钟和彭睿对基督教的信仰令我敬佩。

当然，本书中如果有任何错误，责任在我，与以上各位无关。

北京大学光华管理学院2000届本科生方小丽同学和国际关系学院2000届本科生李亚南同学曾承担15次授课的录音整理工作。我虽然不知道他们现在在哪里，但他们的贡献是不能忘记的。

我还要感谢自2004年至2010年期间担任我"博弈与社会"一课助教的人员，他们是：汪淼军、张琥、杨居正、吴玉立、雍家胜、刘伟林、段颀。在没有课本的情况下，他们精心编辑了讲义本，并编辑了作业和试题，负责课外辅导，对这门课的成功做出了重要贡献。

七年期间共有2 000多名本科生上过我的"博弈与社会"通选课，每次课后他们给我的掌声令我终生难忘。与他们之间的交流对我既是一个重要的学习机会，也是人生的享受。我要感谢他们选修这门课。长期没有课本对给他们修课带来了不便，我深表歉意。希望本书的出版能弥补这个遗憾。

我要感谢北大出版社林君秀女士的耐心和督促。这本书6年前就列入北京大学出版社的出版计划，拖到今天才出版，也是我没有预料到的。主要原因是2010年12月前我一直担任行政工作，没有办法静下心来修改完善。自2011年春天我开始休学术假，才有时间集中精力完成这项工作。当然，出版晚也有晚的好处。我相信，如果这本书早出版几年，内容不会像现在这么完善，尽管现在的版本仍然有改善的余地。

在过去的几年里，我还得到许多朋友和同事的关心和帮助，他们使我的生活和写作充满乐趣。我没有办法在这里一一列举他们的名字，但我知道他们不会有任何怨言，对他们最好的报答是永远坚持对自己的真诚和对自由和真理的热爱。

不用说，家人的理解和爱是我生活的最大能量源。他们让我少了许多忧愁，多了不少快乐，这对完成本书至关重要。

感谢责任编辑张燕认真负责、追求卓越的编辑工作。

写这本书让我充满快乐，也希望这本书给读者带来快乐！

张维迎
2013 年 1 月 5 日

目　录

第一章
导论　个体理性与社会最优

第一节　社会的基本问题

英国小说家丹尼尔·笛福在《鲁滨孙漂流记》中描述了一个叫鲁滨孙的航海冒险家因航海失事后在一个荒岛上独自生活二十多年的故事。在荒岛上，鲁滨孙每天需要考虑花多少时间用来种植、多少时间用来打猎、多少时间用来捕鱼等时间分配问题。这是一个典型的**资源配置问题**。鲁滨孙面临的问题也是我们每个人作为个体时面临的问题：我们的资源有限、时间有限，如何选择生产（或购买）不同的产品，使得我们能从经济活动中获得最大的满足？

对于资源配置问题，经济学家已经进行了非常深入系统的研究，得到的基本结论是：如果资源在每一种用途上面都具有随着资源使用量的增加而产生的边际回报下降的性质①，那么，最优的资源配置必须满足最后一单位资源无论用在哪一种用途上都产生相同的收益，即资源在每一种用途上的边际贡献都须相等。这一结论在经济学中被称为是**等边际原理**②。

但我们绝大部分人不是像鲁滨孙一样生活在孤岛上，而是生活在群体中，每个人的选择不仅受到资源的约束，也受到其他人选择的约束。如果说对于个体来说③，所面临的主要问题是资源配置问题，那么，对于社会来说，所面临的主

---

① 这一性质在经济学中称为边际生产力递减规律，或者边际报酬递减规律、边际效用递减规律。

② 对于等边际原理，几乎在任何一本经济学的初级教科书中都会介绍。这里我们向大家推荐曼昆的《经济学原理》。

③ 对于某些决策活动，我们可以把某个群体视为一个决策单位。比如消费活动中，可以把家庭视为一个决策单位；生产活动中，可以把企业视为一个决策单位。对于这些单位，我们通常也称之为个体。

要问题又是什么呢？换句话说，什么是一个社会面临的基本问题？

要回答这一问题，当然需要搞清楚何谓"社会"。我们几乎每天在用"社会"一词，比如，"当今社会"、"社会问题"、"黑社会"等。那么，什么是社会？

这似乎是一个我们每一个人都可以触摸得到但又难以说清的问题，因为在不同的语境下，"社会"一词的内涵有所差异。但其基本含义是指和个人或个体相对而言的群体。美国生物学家爱德华·O.威尔逊（Edward O. Wilson）将"社会"（society）定义为：以相互协作的方式组织起来的一群同类个体。① 更一般地，我们可以把社会定义为个体之间具有**互动行为**（interaction）和**相互依赖**（interdependence）的群体。也就是说，一个人做决策的时候，不仅要考虑自己有什么选择，还需要考虑别人有什么选择。由于没有任何人的选择是给定的，每个人决策得到的结果都会受到别人决策的影响。群体的这种互动行为，决定了个体的社会属性。人的社会属性意味着，一个人选择什么并不全是自己可以决定的事情，人的选择受社会价值观、文化等因素的影响。像善恶、是非、公平这样的观念只有在人作为社会成员时才有意义。我们的语言、举止、饮食、着装无一不表明，人类是社会动物。

以语言为例，在修我课程的学生中有一位同学没有及时交作业，助教问他什么原因，他向助教解释说，人品不好，感冒了。当助教向我转告时，我一下子没有明白：人品和感冒有什么关系？助教向我介绍说，"人品"一词在年轻人口中的含义是"运气"的意思，而不是我们通常理解的"品行"的意思。我向他了解为什么"人品"在年轻人当中会有这一含义，他说他也不知道，反正大家都这么说，他也跟着这么说。

大家做什么，自己也跟着做什么，不管其对错和原因，人的这种随波逐流现象在博弈论中叫做**羊群效应**（herd behavior）。人们不仅在语言上存在羊群效应，还在举止、衣着、饮食、投资等很多方面都存在类似的行为特点。羊群效应可以说是人的社会属性的一种鲜明反映。

如上所述，社会可以说是人与人之间的互动体。那么，一个社会面对的基本问题又是什么呢？

对于这一问题，读者或许有各自的认识，学术界也有不同的看法。比如说，传统上，经济学家关注的是社会资源的有效配置问题，社会学家关注的是利益在社会成员之间的分配问题，法学家关注的是个体如何承担责任和义务的问题。这些认识从某种角度来看都是有道理的。但是，从人与人互动的角度来看，社会最基本的问题有两个：第一个是**协调**（coordination）问题，第二个是**合**

① 参阅爱德华·威尔逊，《社会生物学——新的综合》，北京理工大学出版社 2008 年版，第 2 章。

作(cooperation)问题。① 由于大量的现实问题经常是这两个问题综合在一起的,相互作用,相互影响,以致人们经常认为这是同一个问题。实际上,协调问题和合作问题有着很大的不同,所以在理论上把二者区别开来是非常重要的。

1.1 协调问题

什么是协调问题呢？下面,我们以交通为例来说明。这个例子可以说是纯粹的协调问题,不存在利益冲突。

考虑相向而行的两个人,每个人都有两种选择:靠右走或靠左走。如果选择不一致,如一个人选择靠右走,另一个人选择靠左走,不免会相撞;若选择一致,都靠右或是都靠左,则顺利通行,相安无事。我们可以使用图1-1来描述这一情形:

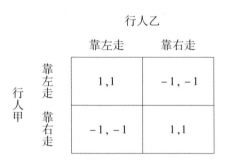

图1-1 交通博弈

图中,数字表示两个人做出选择后各自得到的回报:第一个数字代表行人甲的回报,第二个数字代表行人乙的回报。若两个人都选择靠左行(见矩阵左上角),或都选择靠右行(见矩阵右下角),结果将是顺利通过,我们记为每人都得到回报1;如果两个人选择不一致,甲选择靠左走,乙选择靠右走(见矩阵右上角);或甲选择靠右走,乙选择靠左走(见矩阵左下角),则两人相撞,都有损失,故记为每人的回报为 −1。

需要提醒读者注意的是,这个表格假定了在每一种情况下,双方得到的回报都相等,即要么都是1,要么都是 −1。这个假定有和现实不符之处,因为现实

① 我这样归纳很大程度上受到著名社会理论家 Jon Elster (1989a)的启发。他在 *The Cement of Society* 一书中界定了社会秩序(social order)的两个问题:行为的可预测性(predictability)和合作(cooperation)。相应地,他区别了两种社会无序:预测失败导致的无序和缺乏合作导致的无序。但他讲的预期失败常常与利益冲突有关。我用"协调"代替"预期"是想把没有利益冲突的协调问题与有利益冲突的合作问题区别开来。

中两人相撞时,可能一方比另一方损失惨重,顺利通过时,也会有一方比另一方得到的收益更大的情况。但是,假定他们报酬都相等,以及行动一致情况下的报酬高于不一致情况下的报酬,我们可以很好地刻画出协调问题的实质:行动相互协调时,一荣俱荣;行动不协调时,一损俱损。

协调问题的核心是人们如何预测他人的行为。解决预测最为直接的办法就是相互之间的沟通和交流。比如,如果行人甲和乙出行的方式是步行,这样,他们相遇时,能够通过语言或手势来进行沟通,协调各自的行动。

沟通是人与人之间的信息和知识的交流。为了做出正确的预测,当事人需要掌握相关的知识。这些知识包括对行为规范的认识,对对方特性的认识,甚至还要掌握对方如何看待己方的认识等**高阶知识**①。在我国,有入乡随俗之说。人们到陌生之地办事时,往往需要了解当地的一些待人接物的习惯,以使自己的行为能够和当地人的行为相协调。这些有关习惯和社会规范方面的知识对于解决协调问题是非常重要的。比如,在东北一些地区,酒桌上向他人敬酒,讲究先干为敬,即自己把自己酒杯中的酒喝光了为"敬";而在河南,向他人端酒,让对方喝下去,自己不喝为"敬"。考虑一个东北人和一个河南人在一起喝酒,如何相互表达敬意?显然,这时就要看在什么地方喝酒了,然后根据入乡随俗的规则来解决这一协调问题。

对对方特性的认识也是解决协调问题非常需要的知识。在我们上述的交通的例子中,如果当事双方有一方是个盲人,另一方在了解这一特性之后,就会主动改变自己的选择以和盲人协调。新手开车,在后玻璃窗上标出"实习"二字,是提醒他人自己开车不熟练,也有助于协调。在许多情况下,协调意味着不同的人应该遵守不同的行为规则,此时,理解对方的特征就更为重要。古代中国的官员出行时鸣锣开道,就是为了传递出自己的身份特性,以让其他行人调整行动。

掌握有关对方如何看待己方的高阶知识也非常重要。以我们所考察的交通来说,甲选择走左边还是走右边,需要考虑乙认为甲会如何选择。如果甲认为乙会认为甲将选择左边,甲最好选择左边。如果乙预测甲会靠左行,但甲以为乙预测他靠右行,所以他还是靠右行,结果就会相撞。这就表明,协调问题不仅要求预期的一致性,还要求关于预期的预期也要一致。这实际上为正确预测他人的行为提出了很高的要求。因为,由于知识结构、信仰、偏好等方面的差

① 高阶知识是博弈论中的一个概念,简单说来,它描述的是人们对于其他人掌握信息情况的一种判断和认识。比如,在空城计中,"诸葛亮生平谨慎,不曾弄险"是司马懿所掌握的有关诸葛亮的信息,而诸葛亮知道司马懿掌握这一信息,诸葛亮的这一知识相对于司马懿的知识就是一种高阶知识。

异,我们很难准确判断别人的企图,从而也很难知道别人是如何看待己方的判断。这时候,就会发生协调失灵。人类社会的许多冲突,不是源自利益的冲突,而是源自误解,也就是错误的预期。

一般来说,对于为做出正确的预测所需要的各方面的知识,我们往往是所知甚少(too little knowledge),甚至是没有可以利用的知识,正所谓"书到用时方恨少"。比如,对于规则性知识,我们身处陌生之地时,就会发现我们很难全部掌握该地之风俗礼节。在和朋友的日常交往中,我们也常常发现自以为很熟悉的朋友会有惊讶之举。这表明有关朋友的全部特性,我们并没有完全掌握。当然,有时候我们也会知道得太多(too much knowledge),以致超出我们大脑的加工和处理能力,使我们茫然不知所措。导致我们不能形成正确预测的另外一种情形是,我们有时缺乏正确运用知识的能力(fail to use the knowledge)。在现实生活中,我们经常发现自己知道某些知识,但是在进行决策的时候,由于各种各样的原因,包括遗忘在内,我们没有正确地利用这些知识,以致事后追悔不已。①

无论如何,沟通是有成本的。如果沟通成本很高,甚至是根本不可能的,又如何协调呢?如两个人都在开快车,且相遇地点是在一个拐弯处,没相遇之前,双方都无法观察到对方,等到快相遇时,沟通已来不及了。这种难以通过沟通来协调的情形在现实中其实很常见,毕竟沟通需要一些前提条件,要有一个交流的平台,如语言、思想、学识等方面的一致性,否则,将成为对牛弹琴,沟而不通。②

就我们考察的交通问题来说,解决这一问题的方法之一是制定交通法规。比如,我们国家交通法规规定靠右行驶,还有如英国等一些国家规定靠左行驶。进一步,为什么法规可以解决协调问题呢?其实,法规以及正式的制度之所以能够解决协调问题,主要是因为它帮助人们对别人的行为做出判断(预期)。比如说,当交通法规规定开车靠右行时,每个驾驶员都会预测其他驾驶员会靠右行,因为靠右行是每个人的最好选择。当然,许多情况下,预期的形成依赖于法规背后的权威因素。权威的存在意味着,当有人违反法规时,就会受到处罚。当预期到其他人都会服从权威、遵守法规时,对于每一个人来说,遵守法规就是最好的选择。但一旦法规失去了权威,就无法起到协调作用,因为那时人们将

① 关于缺乏知识、太多知识和不能有效利用知识对预测的影响,参阅 Elster (1989),第2—4页。
② 这里,由于考察的是一荣俱荣的协调问题,我们没有考虑当事人故意隐瞒信息,故意为沟通设置障碍的情况。但在现实生活中有的人会在一些情况下装聋作哑、不懂装懂以阻碍交流。考察当事人在沟通交流过程中故意隐瞒信息的经济学文献被称为策略性信息传递,Crawford & Sobel (1982)曾对此做过开创性贡献。

无法预期其他人将会如何行动。在这个意义上,人们愿意接受权威的一个重要原因是为了更好地协调。乐队的指挥就是一个典型的例子。现实中,当某种紧急情况发生时(如交通严重堵塞),一个自告奋勇站出来发号施令的人也能得到大家的拥护,道理就在这里。

综上所述,我们可以看出,要解决协调问题,就需要人们能够相互正确地预测对方的行为。而要想做出正确的预测,需要沟通,需要恰当地掌握相关的知识,并能正确地加以运用;也需要一些明确的规则。沟通和规则都有协调预期的作用,二者的相对优势和相对重要性依具体问题而定。现实中,在有明确规则且规则发挥作用的情况下,我们可以借着规则来预测他人的行为。在规则不明确或规则难以发挥作用的情况下(包括不同的人心目中有不同的规则),沟通就变得更为重要。

1.2 合作问题

下面,我们来考察社会的另一个基本问题:**合作问题**。人类的进步几乎都是合作的结果。并且,合作的范围越大,社会进步越快。如果没有合作,人类今天仍然只能生活在采集狩猎的时代。

为简单起见,让我们考虑一个由 A、B 两个人组成的社会。在某一活动中,每一个人都可以选择和对方合作,也可以选择不合作。[①] 如果两个人都选择合作的话,每人都能分享合作所带来的好处,即所谓的**合作红利**。如果两个人都选择不合作,陷入霍布斯所谓的人与人之间的战争[②],则两个人都会有所损失。如果一个人选择合作,另一个人选择不合作,则选择合作的一方将会吃亏,选择不合作的一方将从中获利颇丰。我们可以用图 1-2 来说明这个问题。

如图所示,双方都合作的话,每一方都会得到的回报为 3;如果都不合作,则回报都为 0;如果一方选择合作,另一方选择不合作,则选择合作的一方得到的回报为 −1,选择不合作的一方得到的回报为 4。

---

① 根据活动的内容不同,合作和不合作会有不同的内涵,其中有些情况下所谓的“合作”实际上是“合谋”。比如,在犯罪活动中,A 代表某一犯罪嫌疑人,B 代表另一个,A 和 B 的合作是指两个人都选择不揭发对方,不合作则是揭发对方;在经济活动中,A、B 代表两个竞争对手,合作是指选择维持高价格,不合作是指选择降低价格。
② 霍布斯,《利维坦》,商务印书馆 2009 年版。

B

	合作	不合作
合作	3，3	−1，4
不合作	4，−1	0，0

A

图1-2　合作难题

显然,从两个人的总利益的角度,即所谓**集体理性**[①]来看,都选择合作是最优的。因为此时他们的总回报是6,而其他的选择组合所带来的总回报最多也就是3。但是,这样的一个社会最优(别忘了,我们假定这个社会只有两个人,对两个人总利益最优,也就是社会最优)的结果会出现吗?

如果每个人只从自己的利益出发做选择,这一社会最优的结果可能不会出现。因为每个人都会想到,如果对方选择合作,自己选择不合作得到的报酬为4,选择合作得到的报酬为3,此时选择不合作要优于选择合作;如果对方选择不合作,自己选择不合作得到的报酬为0,选择合作得到的报酬为−1,此时选择不合作仍然优于选择合作。所以,无论对方如何选择,自己选择不合作对自己来说都是最有利的结果。也就是说,如果双方都是自利的理性人,则这时最终出现的结果是双方都选择不合作,每一方都得到0的报酬。这个例子表明,个体理性有时难以形成集体理性,在**个体理性**和集体理性之间存在冲突。这就是我们所称的合作问题(或合作困境)。

在现实生活中,有很多类似的情形。经济学家和其他社会科学家用"**囚徒困境**"(prisoners' dilemma)来描述个体理性和集体理性发生冲突的情况。囚徒困境的存在给我们提出一个非常重要的问题:如果一个社会存在合作红利,我们如何来获得它?或者说,如果集体理性是我们所希望达到的,那么,我们如何通过个人的理性选择来实现?[②] 在本书后面的讨论中我们将看到,人类社会的许多制度和文化就是为解决"囚徒困境"问题而演化出来的。

仔细想想就会发现,合作问题实质上是一个激励问题。也就是说,如果我

---

① 集体理性是指满足总收益最大化的选择或对所有成员都最好的选择。个人间的利益能否加总以及如何加总是一个有待深入讨论的话题。实际上,由于个人之间的偏好难以比较,我们很难判断一个人的快乐能否抵得过另一个人的苦难。在这种情况下,我们只能采用最弱的集体理性标准,这就是第三节讲的帕累托标准。

② 借用霍布斯的说法就是,我们如何避免陷入人与人的战争的泥淖中。

们希望经由个体理性选择来实现集体理性,获取合作红利,就需要对个人的行为进行激励和诱导。这种激励和诱导经常采用物质手段进行。比如,对于合作行为给予奖励,或者是对于不合作行为予以惩罚。这样,就会使得不合作行为带来的回报低于合作行为所得到的回报,从而激励个人选择合作行为。显然,进行物质奖励的一个前提是,要存在一个不受财富约束的第三方,从而能够有足够的财富来实施物质奖励。另一个前提是,该第三方要有足够的信息和能力以识别出谁选择了合作,谁选择了不合作,并且能够公允行事,从而能够正确地实施物质奖惩。

可见,实施物质激励对第三方的财富、信息、能力、公正等方面均提出了较高的要求。在许多情况下,这四个方面可能很难实现。比如,有时根本就不存在一个第三方,有时存在一个第三方,但他缺乏足够物质财富,或者缺乏足够的信息和能力,以致难以实施奖惩。在这种情况下,对合作行为进行激励往往需要借助非物质手段。实际上,我们可以看到,在很多国家的主流价值观中,都对合作行为做出价值上的肯定。① 即使在一些亚文化中,如黑社会的文化中,也对自我牺牲行为予以推崇。在这种价值观的影响下,人们从合作行为中不仅会获得物质利益上的回报,还会有精神上的奖励;同样,不合作的行为会使得当事人心生愧疚,从而降低了物质回报的诱惑。精神奖励之所以能发挥作用,是因为人类有对荣誉的追求。② 如果我们能对合作行为给予非物质的嘉奖,对不合作的行为给予谴责,在个人追求荣誉的情况下,在一定程度上就会激励个人选择合作。这表明通过文化的熏陶、价值观的塑造,可以形成人们内在的精神力量,通过内省的机制,不需要借助第三方的监督从而节约大量的交易成本,较为低廉地促进合作的实现。

1.3 协调与合作交织

前面我们分别讨论了社会的两类基本问题:协调与合作。在现实生活中,协调问题和合作问题交织在一起,相互影响,相互作用,大量的问题实际上是协调问题和合作问题的结合。让我们用一个例子说明这一点。

设想有一座很窄的桥,一次只能有一辆车通过。现在从相对方向开来两辆车。如果一辆车先行,另一辆谦让,前者得 2,后者得 1;如果两车同时抢行,谁

---

① 第十四章我们将会讨论到这个问题。

② 这是人类的先知们早就认识到的。根据马斯洛的心理需求层次学说,人在满足基本生存需要和安全需要后,还要追求集体的归属感以及自我实现,这体现在现实生活中人们对于名誉和社会地位的追求。但马斯洛的需求层次理论过于简单。事实上,即使温饱没有解决的人,也有对个人尊严的需求。马斯洛的心理需求层次学说,见 Maslow (1943, 1954)。

也无法通过,各损失2;如果两车都谦让,也是各损失2。如图1-3所示:

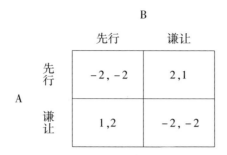

图1-3　协调与合作

这是一个典型的协调和合作的二重问题。合作意味着一个先行,另一个谦让,对双方来说比都抢行或都谦让好。但如果双方预期不一致,合作结果就不会出现。如A以为B会谦让,而B以为A会谦让,结果两人都抢行,谁也无法通过。与第一个例子(纯协调博弈)不同的是,尽管合作对双方都更好,但每一方都希望对方谦让自己先行,所以存在利益冲突。事实上,许多情况下交通堵塞的出现是协调失败和合作失败共同作用的结果,首先可能是因为某个事件的出现打乱人们的预期,如修路,这时本应该靠右行走的车辆需要靠左行驶,以致人们需要降低车速来相互调整;如果大家相互合作,交替使用左车道,就不会出现拥堵,但是这需要每一个人都等待一些时间。但是,由于谁也不愿意等待,大家都想争先,以致僵在一起,谁也走不了。大家都不选择合作,局面反而更糟。

有时候,即使**预期一致**,由于个人利益与集体利益的不一致,也会导致合作失败。比如,出现在金融业中的银行挤兑现象往往是大家都预期到某家银行要倒闭,由于大家担心后去提款会让自己利益遭受损失,所以都争先恐后去提款,结果反而使本来不会倒闭的银行出现倒闭,甚至波及业务相关的其他银行,使其他银行也卷入挤兑风潮,导致整体储户的利益受损。从事后看,每个人的预期都是对的。①

2003年上半年我国出现的SARS疫情,以及2004年出现的禽流感都可以看成是协调与合作问题。一方面,个别地方出现了SARS患者,地方隐瞒不上报,是为了追求地方利益,担心疫情曝光后,影响本地区的招商引资、旅游观光。但是,各地区都隐瞒不报的话,将导致整个社会的灾难。另一方面,由于收治SARS患者的医院在隔离、消毒、治疗等多个环节没能相互协调,以致医院成为

———————————

① 这是心理学中著名的"弄假成真效应"(self-fulfilling prophecy),即不正确的预期导致了人们的行为朝着该预期去做,结果让原来不正确的预期变成了现实。参阅Jussim(1986)。

最大的传染源。

由于一方面协调问题和合作问题的作用机制存在差异,另一方面它们又相互影响、相互作用,所以解决协调和合作这两个社会基本问题需要针对不同的情况来寻求不同的方式和方法。一般说来,社会规模越大,解决这两个问题的难度也就越大。根据前面的分析,我们知道解决协调问题需要正确的预测,为此需要掌握相关的知识和规则。显然,在小范围的社会内,涉及的互动对象较少,一般而言需要掌握的相关知识也较少,这样就比较容易做出正确的预测,从而相对容易协调。比如,我们看到家庭成员相互协调非常容易,吃完饭后,收拾餐具的收拾餐具,扫地的扫地,各司其职,井然有序。但当我们组织一个二三十人的乐队准备演出时,如果没有一个较长时期的排练和磨合,则很难协奏一曲。不用说,当涉及动员更多的人员参与时,协调难度更大。从合作的角度来看,参与的人数越多,个人行为的成本与收益越不对称,价值观也越多元化,甚至对于什么行为是合作行为都会有不同的理解(如中国人点头表示同意了,日本人点头表示知道了),这必然使得合作变得更加困难。如果无法依靠内在的精神的或物质的力量,促进合作的实现就需要存在一个富有财富、信息灵通、识别能力强以及持正公允的第三方。随着人数的增加,对第三方需要满足的这四个方面的要求也在提高。比如,人数越多,第三方要从众多人中识别出谁没有选择合作就会越加困难。

以上我们假定协调问题和合作问题是给定的,事实上,就人类社会的长期发展而言,二者是内生的,它们是人类选择的结果。现代社会是一个分工社会,分工是内生性的协调与合作的重要驱动力。人类为合作而分工,分工又使协调变得更为重要。孤岛上的鲁滨孙不需要与他人协调,但他也没有机会获得分工带来的好处。分工提高了生产效率,但如果生产者与消费者之间以及不同生产者之间不能有效地协调他们之间的行动,分工就不会产生合作的效率。生产者如何预期消费者的需求,这本身就是一个协调问题。预测失败意味着生产的产品并没有真正的价值,严重的情况下会导致经济危机。同样,在生产过程中价值链上的不同环节之间如果不能有效协调,单个环节上生产效率的提高不仅不能增进人类的福利,反而导致资源的浪费。分工之后,每一个人都只是掌握局部的知识,形成"隔行如隔山"的局面,协调也就更为困难。信息的分散也意味着欺骗行为更不容易被发现,这又使合作的难度加大了。①

今天的分工已是全球范围的分工,几乎任何一件产品的生产,都是全球范

---

① 正是认识到这一点后,亚当·斯密一方面在《国富论》一书中论述分工可以增进一国财富,另一方面又在《道德情操论》一书中强调道德促进人们之间达成合作的重要性。

围合作的结果。不同的国家,不同的民族,有着不同的生活方式、价值观念,如
何协调各国的行动,促进合作的达成,显然更是一件艰巨的任务。在这一过程
中,增进国与国之间的了解无疑是重要的。因为一方面可以借此来掌握相关的
信息,有助于形成对对方行为的正确预测;另一方面,通过了解对方的利益所
在,也有利于达成合作。从这个角度出发,我们就很容易理解为什么要有联合
国、世界贸易组织、世界银行、世界卫生组织等机构。实际上,所有这些机构的
目的都在于协调各国的行动,促进各国的合作。

1.4　正式制度与非正式制度

协调要求预期的一致性,合作要求个人利益和集体利益的一致性。如果这
两种一致性同时满足,就会出现理想的结果。比如,如果每个人都预期别人会
诚实守信,不诚实守信的行为会受到惩罚,社会就会有高度的信任,每个人都会
得到合作的好处。但是,现实中的许多情形往往是难以同时满足这两个一致性
要求的。比如,如果背信弃义行为受不到惩罚,你就不会预期人们会诚实守信,
结果是谁也得不到合作的好处。

无疑,解决协调和合作这两个社会的基本问题,我们需要依赖很多的技术
手段。比如,钟表就是一个协调我们行动的重要手段。可以设想一下,如果规
定"日上三竿"开始上课,恐怕上课时不仅学生会来得参差不齐,连老师也要迟
到了。电话、手机、e-mail 等现代的通讯手段也是我们协调行动、促进合作的有
效手段。通过它们,我们可以及时传递信息,以改善决策,达成协调和合作。

但是,解决社会的这两个基本问题,人类主要依赖的是制度性手段(包括文
化、习惯等)。在社会生活中,我们人类建立了各种各样的制度,这些制度可以
分为**正式的制度**和**非正式的制度**,或者称为明规则和潜规则。大致来说,前者
如法律、各类规章制度,后者指一些不成文的行为规则,包括地方习俗、社会规
范等。几乎每一个组织都有自己的正式制度和非正式制度。官场陋习也可以
理解为非正式制度。① 文化实际上可以看成一些相关的正式制度和非正式制度
的集合。正式的制度一般需要依赖第三方的权威来实施,比如,执法机构和司
法机构的存在就是为了执行法律,解决当事人之间的矛盾。同我们前面提到的

---

① 　正式制度和非正式制度是一个非常流行的分类,在全社会层次大致对应于法律和社会规范,在
组织层次对应于明文规定的规章制度和组织文化。严格来讲,这样的划分是有误导的,因为不成文的规
则不等于是非正式的。但本书中我们不对这些概念做严格定义,读者可以根据上下文理解我们使用这些
术语时的含义。"潜规则"这个词有一定的贬义,我们当做中性词使用。黑社会中的潜规则要求讲义气,
如果有谁不讲义气,往往会遭到黑社会老大的处罚。学者吴思在所著《隐蔽的秩序》一书中对中国明代
官场的各种"潜规则"有细致的刻画和深入的分析。

第三方监督一样,由于涉及信息的搜集等因素,依赖第三方权威来实施也需要较高的成本。所以,我们往往借助非正式制度作为补充。比如交通中,如果两辆车在一个狭窄的小桥相遇,谁先通过? 在正式的交通法规中并没有加以规定,但是当事人会依照习惯协调他们的行动,如最靠近小桥的车先通过。当然,像社会规范这样的非正式制度通常也需要第三方执行,但这个第三方是社会成员本身,而不是集中化的权力机构。与法律等正式制度相比,非正式制度的执行成本相对较低。

无论是正式的制度还是非正式的制度,之所以能够有助于解决协调和合作这两个社会基本问题,是因为它们会对人们的行为施加约束,帮助人们形成预期,甚至影响人们的偏好。施加约束实际上改变了当事人选择每一种行为所得到的回报。显然,这对于解决合作问题至关重要,因为我们可以通过改变合作行为的回报来激励当事人选择合作行为。在很多情况下,制度(包括非正式制度)还会起到形成和改变人们预期的作用。比如,英国的希思罗机场规模非常巨大,旅客非常容易走失。如何尽快地找到失散的同伴就是一个典型的协调问题:因为你很难预期你的同伴会在哪儿等你。为了解决这样一个协调问题,管理当局在机场设立了一个"碰头点"(meeting point)。这样,任何走散的客人都会想到来这个地点等候同伴。设这样一个"碰头点",实际上是为了解决协调问题确立了一个非正式制度。

经济学家区别了**价格制度**和**非价格制度**,这一分类与正式制度和非正式制度的分类相关但并不相同。价格制度是什么? 简单地说,就是通过货币价格实现的商品和服务的市场交换。而许多互惠的交换行为,并不以货币形态表现。比如,家庭里的相互关照和爱护,我们很少看到丈夫需要花钱让妻子为自己做菜做饭。这类非货币交换的互惠行为,我们就可以看成是非价格制度。传统上,经济学家主要研究的是价格制度,对非价格制度注意不够。但无论价格制度还是非价格制度,都是市场经济中人们协调预期和促进合作的手段。传统上人们把价格制度理解为市场机制,把非价格制度排斥在市场机制之外,这是一种误解。这种误解导致了对市场经济本身的误解。事实上,市场经济中,价格只是市场运作的形式之一,市场经济中的大部分非价格制度(如声誉机制)都是市场制度不可或缺的组成部分。市场最本质的是自由选择和自由签约权,而不是价格。反过来,在计划经济下,即使价格也只是政府控制经济的手段,而不是真正的市场机制,因为这种价格不是自由形成的。

正式制度和非正式制度以及价格制度和非价格制度都是社会的**游戏规则**,它们如何协调预期和促进合作,我们在本书以后的章节中会进一步讨论,这里不再深究。① 但有必要指出的是，无论什么制度，正式的也好，非正式的也好，价格的还是非价格的，都是人创造的，也是由人执行的，其中，"企业家"是创造制度和执行制度中最重要的非政府力量。②

第二节　个体理性行为

2.1　博弈论的方法论

上一节我们分析了社会的两个基本问题，从中可以发现，无论是解决协调问题还是合作问题，都需要我们对个人行为有深入认识。实际上，所有的社会科学都可看成是有关人类行为的科学，它们旨在揭示人类行为的规律、特点和影响。当然，不同学科的视角、方法以及前提假设可能大相径庭。在这些学科当中，有着鲜明特色的方法论的学科主要有三种：经济学、社会学、心理学。经济学一般是从个人的行为出发解释社会现象（from micro to macro）。社会学的传统方法则是从社会的角度来解释个人的行为（from macro to micro）。③ 对于某个人的具体行为，经济学认为他是为了追求自己的利益所做出的最好选择。社会学则认为他之所以这样做是因为社会规则如此。芝加哥大学的政治科学和哲学讲席教授埃尔斯特（Elster）在《社会规范和经济理论》一文中对此做了如下精辟的总结：

> 在社会科学中，最为持久的分野是亚当·斯密的"**经济人**"（homo economicus）和艾米尔·涂尔干的"**社会人**"（homo sociologicus）两条思想路线的背道而驰。经济人的行为由工具理性所引导，而社会人的行为则受社会规范的指引。前者受未来回报的"拉动"（pulled），后者则受各种类似惯性（quasi-inertial）力量的"推动"（pushed）。前者主动适应变化的环境，总是不断地寻求改善；后者则对环境变化麻木无措，即使新的、更好的选择出现，也固守先前的行为。前者被描绘为一个能够自我约束的社会原子，后者被刻画成由社会力量所左右的没有头脑的玩偶。④

---

① 本书每一章都会讨论制度问题，第十三章将集中讨论法律（正式制度）与社会规范（非正式制度）的功能及二者的相互关系。

② 我们将区分商界企业家（business entrepreneur）与制度企业家（norm entrepreneur），前者指从事营利性商业活动的企业家，后者指社会行为规范（norms）的创立者和推行者。他们的共同之处是创新。通常指的企业家是商界企业家，除非特别说明，本书中我们也沿用这一惯例。我们将在第十四章讨论制度企业家。

③ 参阅 Coleman（1994），第 1 章。

④ Elster（1989b），第 99 页。

经济学和社会学的方法有着巨大的差异,但也有着共同特点,那就是它们解释个人行为通常是采用逻辑演绎方式。即从一定的假设前提出发,经过因果链条的推理,得出相应的结论。这一点和被称为行为科学基础的心理学有着很大的不同。心理学主要通过实验以及观察的方法来考察人们实际上如何行为及其潜在的心理机制。把这种实验的方法扩大到其他的领域就成为行为科学,如行为金融学(behavioral finance)、行为经济学(behavioral economics)、行为的法和经济学(behavioral law and economics)以及组织行为学(organizational behavior)等。这些学科可以被归结到行为学的范畴。

本书的研究对象同样是人的行为。其不同之处在于,我将使用博弈论(game theory)的方法从人际互动的角度来考察人的行为。根据前文,我们知道社会的两大基本问题——协调和合作,实际上都是人们如何互动的问题。提到博弈论,大家可能会想到纪实影片《美丽的心灵》的主人公、诺贝尔经济学奖获得者约翰·纳什。纳什是一个数学天才,在二十多岁的时候就提出了博弈问题的一个解概念——**纳什均衡**。这一概念影响深远,成为博弈论中最为核心的名词。著名博弈论学者、诺贝尔经济学奖得主迈尔森(Myerson,1999)认为,发现纳什均衡的意义可以和生命科学中发现 DNA 的双螺旋结构相媲美。由于这一概念极大地推动了博弈论的发展及其在社会科学领域中的应用,特别是促进了经济学的发展,纳什教授在 1994 年被授予诺贝尔经济学奖。

或许是因为经济学中广泛运用博弈论的缘故,很多人误认为博弈论是经济学的范式。实际上,博弈论只是进行人类行为研究的一种分析工具。如果把它视为一个学科的话,称之为互动行为学更为妥帖。著名博弈论学者罗伯特·奥曼(Robert J. Aumann)和瑟吉由·哈特(Sergiu Hart)在其合编的《博弈论及其应用手册》第一卷的前言中,对博弈论做了精辟的介绍:

> 博弈论研究那些决策会相互影响的决策者们[参与人(players)]的行为。正如研究单人决策那样,对多人决策的分析也是从理性的角度出发,而非心理学的或社会学的角度。术语"博弈"一词来自**互动决策**问题和室内游戏之间的形式上的相似之处,如对弈、桥牌、扑克、垄断、外交、战争。到目前为止,博弈论最主要的应用领域一直是经济学,其他重要应用方面有政治科学(有关国内的和国际的)、演进生物学、计算机科学、基础数学、统计学、会计、法学、社会心理学以及认识论、伦理学等哲学分支。……
>
> 博弈论可以视为社会科学中理性一脉的罩伞,或者说为其提供了一个"统一场"理论。其中,"社会"可以作宽泛的理解,既包括由人类个人组成的社会,也包括其他各种参与人组成的群体(如公司、国家、动物、植物、计

算机等)。博弈论不像经济学或政治科学等学科的其他分析工具那样,采用不同的、就事论事的框架来对各种具体问题进行分析,如完全竞争、垄断、寡头、国际贸易、税收、选举、遏制、动物行为等等。相反,博弈论先提出在原理上适用一切互动的情形的方法,然后考察这些方法在具体应用上会产生何种结果。(Aumann and Hart, 1992)

如他们的介绍,博弈论把小到喝酒时的划拳游戏、大到国家间的战争等每一种互动的情形都视为一个博弈(game);把参与互动情形的当事者,无论是个人还是企业,都称为"参与人"(player),然后考察博弈的参与人如何进行决策,以此预测博弈的结局如何。这样一种对所有互动情形统一的处理方法正是博弈论有别于其他分析框架的核心所在,这也是为什么说博弈论是一个"统一场理论"的原因。

正是由于能够为所有的互动情形提供一个统一的分析框架,博弈论现在已经渐渐成为社会科学研究的一种基本方法。坦白地讲,如果对博弈论不了解的话,那么,我们在经济学、法学、社会学、政治学等学科上都很难进行前沿问题的研究。同时,博弈论也给我们提供了一种思考问题的方法,这种方法对于我们处理各种需要与人打交道的事情尤为重要。所以,即使是出于工作实践的考虑,我们也需要学习和了解一些博弈论知识。实际上,国外大学里的商学院、法学院、政府管理学院等培养实用型人才的学院也已经纷纷开设了博弈论的课程。

作为研究互动行为的一种方法,博弈论有着特色鲜明的前提假设。这些假设主要有三个:(1) 博弈的每一个参与人是**工具理性**的;(2) "每一个参与人是工具理性的"这一点是所有参与人的**共同知识**(common knowledge);(3) 所有的参与人都了解博弈的规则。

假设 3 非常容易理解,从一些游戏来看,也似乎是一个很合理的要求。比如,不懂得下象棋的规则,自然就无法玩象棋游戏。但是,在现实中的很多互动情形,当事人可能并不知道所有相关的规则。比如,某人犯罪了,法官审理时,他还认为自己并没有触犯法律。实际上,如果当事人知道所有相关规则的话,律师、会计师等行业的工作量就大大减少了。

假设 2 是共同知识假设。关于这一假设我们会在下一章详细论述,这里仅作一个简单的描述。共同知识意味着什么呢? 如果现实社会中满足这一假设的话,一方想在博弈中赢得另一方都不是一件很容易的事情。好比下棋,赢意味着赢的人至少要比输的人看远一步:我知道我这一步走了以后你下一步会怎么样走,而你不知道我已经知道你该如何走,即你落入了我的算计当中还不知道。但共同知识假设则是说,双方都有无限的推理能力,都看得很远,谁也不比谁差。这样一来,一方就没有办法凭借自己的更强的推理能力(或者说更聪明)来打败对方了。比如,我们中国有一个成语叫做"将计就计"。将计就计是什么呢?假定 A 设计了一个计谋来骗 B,然后 B 知道 A 设计了这样的一个计谋来骗自己,所以 B 就利用这个计谋再去骗 A。这就意味着 B 知道 A 很聪明,但是 A 不知道 B 知道 A 很聪明。如果 A 知道 B 知道 A 的伎俩,那么这个计谋就没有什么用处了。

看到这里,读者不免会有疑问,共同知识假设太不现实了,基于这样不现实的假设的理论能有说服力么?但是,我们在第二章将会看到,这是一个在理论分析上相当有用的假设,而且就分析问题来说,基于这一假设的博弈论能够提供富有启发的洞见。

2.2 工具理性假设

这里,我们要重点要讨论假设 1,即**工具理性假设**。**理性人**是一个什么概念呢?简单来说,首先,我们说理性人要有一个明确的(well-defined)偏好。然后在给定约束条件下,该人总是追求自我偏好满足的最大化。这就是我们对理性人最简单的定义,有时候我们叫做最大化问题。简言之,就是假设人在每一项活动中都追求自身偏好满足的最大化。需要说明的是,"偏好"在经济学里面是一个内涵非常广泛的概念,甚至任何行为我们都可以解释为在追求自己偏好的最大化。比如自杀行为。一个人觉得活着不如死了好,所以他就会自杀。同样地,一个人总是帮助别人这样的利他主义行为也可以解释为个人在追求自身偏好的最大化行为,只不过他的偏好是那种"幸福着别人的幸福,痛苦着别人的痛苦"的较为高尚的偏好。所以说,理性人并不意味着这个人是自私自利的,只关心自己,不关心别人。从这个角度来说,理性人假设是一个由很窄到很宽泛(thin to thick)的假设。[①]

前面提到偏好是给定的。但是,一个重要的问题是偏好是如何形成的。一些偏好可能跟人小时候的习惯有关。比如北方人喜欢吃面食,南方人喜欢吃米饭。还有一些偏好,可能一开始并不是偏好,只是约束条件,但经过一段时间后,逐渐由约束转变成偏好。一些社会规范可以内在化为个人偏好,这一点对理解人的行为非常重要。比如社会提倡不吃野生保护动物。一开始你不去吃可能并不是因为你不喜欢吃,而是因为觉得吃了有些内疚。但随着时间的推

---

① 正因为太宽泛了,什么都是可以解释的,但这样一来,就会缺乏预测能力,这是理性假设面临的一个大问题。

移,你就可能真的不喜欢做这类事情了。人的一些宗教行为可以从这个角度解释。所以偏好的形成是一个很复杂的过程。

前面还提到偏好是"明确的"。所谓"明确的"是指偏好具有如下两个基本特性:一是**完备性**假设,也就是说行为主体对任何两个选择之间的喜爱程度是可以进行比较的。比如,给定两个水果,苹果和梨,你知道自己更喜欢哪一个。二是**传递性**假设:如果你认为 A 比 B 好,你也认为 B 比 C 好,那么,你肯定认为 A 比 C 好。这就是偏好的传递性,实际上是要求一个人的偏好要前后一致。[①]

如果一个人的偏好满足了我们上面提到的假设,我们就说该人具有明确的偏好,从而可以认为该人为理性人。为了使用数学工具研究理性人的行为,经济学家又对理性人的偏好添加了一些假设。其中最重要的一个假设是偏好的连续性,它假定物品消费给你带来的满足程度不会有跳跃,或者说不会有大喜大悲。如果一个人的偏好满足了这一假设后,我们就可以用函数来刻画一个人的选择和他的满足程度之间的关系。这一函数被称为**效用函数**。

我们知道有一些偏好是不满足连续性假设的。比如,有一种偏好被经济学家叫做"**词典序偏好**"(lexicographic preference)。词典序偏好是说一个人对于不同事物的偏好排序就像英文词典中的单词排序一样,总是把一种事物排在另一种事物前面。比如某个人有两个商品组合可供选择,这两个商品组合都是由酒和面包组成的。如果该人对酒和面包有词典序偏好,也就是说,只要两个商品组合中有一个组合里面的酒多,哪怕只多一点点,他也要酒多的那个商品组合;只有两个组合中酒一样多时,他才会选择面包多的那一个组合。他按照自己偏好对商品组合的排序就像英文词典中对单词的排序,字母 A 开头的单词一定是排在 B 开头的单词的前边。[②] 对于这类词典序偏好,因为它不满足连续性假设,我们就没有办法用效用函数来刻画它。

对于存在效用函数的偏好,我们可以定义一个**无差异曲线**(indifference curve)来表示它。所谓无差异是指不同的"商品组合"给消费者所带来的满足程度是一样的。无差异曲线则代表所有这些商品组合的集合。如图 1-4 所示,X 表示梨,Y 表示桃子,则图中平面上的每一点都表示不同数量的梨和桃子的商品组合。而连接 A、B 两点的曲线就是一条无差异曲线,在这条线上每一点所带来的效用水平都是相等的。比如,A 点表示 3 个梨和 5 个桃子的组合,B 点表示 8 个梨和 2 个桃子的组合,它们在同一条线上表示它们给这个消费者所带来的

[①] 需要说明的是,关于偏好的这些假设都是针对个体的偏好;对于集体来说,上述假设往往不满足。比如传递性假设,在一个社会中,如果在 A 与 B 之间选择,多数人可能同意 A;如果在 B 与 C 之间选择,多数人可能选择 B;但是在 A 与 C 之间选择的时候,多数人可能同意 C。参阅 Arrow(1963)。

[②] 英文是全排序的,中文没有办法全部排序,所以"词典序偏好"中的"词典"是指英文词典。

效用水平相等。① 位置更高的无差异曲线则代表更高的效用水平。

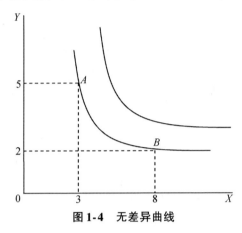

图1-4　无差异曲线

　　研究人的行为除了需要知道他的偏好外,还需要知道他面临的**约束条件**。一般来说,除了我们前面提到的财富约束外,还有其他约束条件:首先是技术性约束。比如我们每天的工作或学习时间不可以超过 24 小时,我们的消费需要有健康的身体等。其次是制度上的约束。比如产权制度规定你所消费的商品不可以偷抢,只能花钱购买。最后,信息的约束也是一种非常重要的约束。比如当我们面对不同的商品组合时,由于不知道质量等信息,就会难以选择。

　　个人的最优选择是由偏好和约束条件共同决定的。现实中人们的选择不一样,既可能是因为偏好不一样所致,也可能是因为约束条件不一样造成。在我看来,现实中人们偏好之间的差异小于人们面临的约束条件的差异,人们之间不同的选择往往是约束条件不同所致。比如,有人买大房子、开豪华车,有人买小房子、开经济车,主要原因不是他们的偏好不同,而是由于收入不同。当然,也可能是偏好不同,比如有的人更在乎保护环境,喜欢勤俭节约。有好多人只买环保的混合动力汽车,不是收入问题,而是理念(偏好)问题。

　　法律和社会规范等游戏规则对个人的选择影响,既可以通过约束条件发挥作用,也可以通过偏好发挥作用,视情况而定。比如说,一个人遵守法律只是由于害怕违法后受到法律的惩罚,法律对他就只是个约束条件。但如果一个人养

---

　　① 我们这里用商品作为选择对象是为了方便叙述,事实上,无差异曲线可以应用于任何连续性的选择对象,如一个人选择配偶时既考虑对方的长相又考虑对方的品德,我们可以画出他在长相和品德空间的无差异曲线。

成了守法的习惯,干了违法的事会感到内疚、痛苦,我们可以说守法是他的偏好。[1]

如果一个人的偏好可以用一个效用函数表达,再进一步明确了约束条件,个人的最优选择就变成在满足约束条件的情况下最大化自己偏好的问题,我们就可以运用数学上的**优化方法**来计算一个人的最优行为了。[2] 最优选择是边际效用等于边际成本之处决定的。在经济学上,如果自变量代表商品数量,因变量代表效用水平,边际效用是指消费的商品数量增加一点的话,效用水平所增加的量;边际成本则是指消费的商品的数量增加所带来的成本增加量(表现为由于其他消费品的减少而牺牲的效用)。经济学中的边际概念就是数学上的微分概念。根据微积分的知识,我们知道最优的商品消费数量一定使得边际效用和边际成本相等。

上面讲的都是确定环境下的个人选择。其实我们大量的选择都是在不确定的环境下进行的,即选择与结果之间并没有一一的对应关系。比如说你投资股票,其实你并不知道未来的收益是多少。对于不确定环境下人们的选择,经济学家常用的分析工具是**预期效用理论**(expected utility theory)。[3] 预期效用是指某一选择在不同事件下得到的效用水平的加权,权数是事件出现的概率。我们这里用一个例子来说明。比如,你准备出门,但一会儿有可能下雨,假定可能性为50%,现在需要决定带不带伞。如果带伞,若下雨,你得到的效用是 u_1,若不下雨,你得到的效用是 u_2;如果不带伞,若下雨,你得到的效用是 u_3,若不下雨,你得到的效用是 u_4。预期效用理论是指在这种情况下,你决定带不带伞取决于两种选择下的预期效用的比较。带伞的预期效用为 $0.5 \times u_1 + 0.5 \times u_2$,不带伞的预期效用为 $0.5 \times u_3 + 0.5 \times u_4$。如果 $0.5 \times u_1 + 0.5 \times u_2$ 大于 $0.5 \times u_3 + 0.5 \times u_4$,则应该带伞,否则应选择不带伞。

不确定情况下的选择涉及人们对待风险的态度。我们知道,对于给定的不确定性,有的人喜欢冒险,愿意接受不确定性的挑战;有的人则保守一些,不愿意承担风险;有的人则介于二者之间。比如,现在有两种选择:一是你没有任何风险得到确定的100元钱;二是你根据抛硬币的结果来得到收入,如果正面朝

---

[1]　Basu(1998,2000)区分了三种不同的社会规范:约束理性的规范(rationality-limiting norm)、改变偏好的规范(preference-changing norm)和均衡选择规范(equilibrium-selection norm)。这个分类也可以套用于法律:约束理性的法律、改变偏好的法律、均衡选择的法律。我们将会在第十三章讨论到这个问题。

[2]　优化方面的基本知识可以在微积分中学到,复杂一些的需要涉及动态控制等方面的知识。

[3]　预期效用理论的开创者是冯·诺依曼和摩根斯坦因(von Neumann and Morgenstern,1944)。有关预期效用理论的基本介绍可以参阅任何一本中级微观经济学教科书。

上,你得到 200 元钱,如果反面朝上,你得到的是 0。抛硬币的收入是一种不确定的收入,其预期收入也为 100 元。喜欢冒险的人会选择抛硬币,在经济学中称他们为**风险爱好者**(risk lover);保守一些的人则会选择没有风险的 100 元,被称为是**风险回避者**(risk averser);如果某一个人对这两个选择是无所谓的话,我们说这个人是**风险中性**的(risk neutral)。[①]

2.3 有限理性

以上是经济学中对理性的界定和描述,被称为完全理性假设。我们可以看到,完全理性是一个非常理想化的假设,它对人的认知能力和决策能力有很高的要求。但在现实中,人的行为并不是完全理性的。因此,人们很自然地对理性人假设提出批评。这些批评可以归结为三个方面。[②]

第一个是**有限理性**。诺贝尔经济学奖得主西蒙(Herbert Simon)创造了一个有限理性(bounded rationality)的概念来描述人的行为。他认为,人的大脑加工能力、记忆能力均有限,所以人不可能是完全理性的,只能是有限理性。所以,我们可以观察到人们经常模仿别人的所作所为,以致出现盲从和迷信等现象。

第二个是**有限毅力**(bounded willpower)。完全理性意味着人们能在眼前利益与长远利益之间进行精确的计算,但现实中人们做一些事情经常是由于毅力不够,抵挡不住眼前诱惑所致。比如说很多人戒烟不成功,减肥不成功,原因就在于缺乏足够的毅力。吸毒者也知道吸毒对自己身体不好,但是就是经不住短期的诱惑。再比如,对于一个完全理性的人,花钱消费时刷信用卡付费和现金支付应该完全一样的,但实际上不一样,刷卡往往会让人们更倾向于接受较高的价格以及多消费。[③]

如果有限毅力带来的问题严重到一定程度,就给政府干预提供了一定的理由。比如在英国,一个靠领救济金过日子的人,星期一领到救济金,一周 7 天的

---

① 需要指出的是,尽管预期效用理论仍然是经济学和博弈论分析不确定情况下决策的标准理论,但大量实验证明,这一理论并不总能给出准确的预测。从 20 世纪 70 年代开始,心理学家 Kahneman、Tversky 等人发展出了前景理论(Prospect Theory)挑战传统的预期效用理论(Kahneman and Tversky,1979),Daniel Kahneman 曾获得 2002 年诺贝尔经济学奖(Tversky 不幸于 1996 年去世)。关于这一理论的经典文献,见 Kahneman and Tversky(2000)编辑的文集 Choices, Values and Frames。

② 对理性人假设的以下三点批评是 Jolls, Sunstein, Thaler(1998)概括的。

③ 麻省理工大学的 Drazen Prelec 和 Duncan Simester(2001)两位教授做了一项拍卖实验,出价最高的人可以获得一张球赛门票。他们将参加实验的学生完全随机地分为两组,要求其中一组参与者必须用现金付款,另外一组参与者必须用信用卡付款。实验结果表明,用信用卡付款的那组人的平均出价是用现金付款的那组人的两倍!

生活费,他到第三天的时候就全部花光了,这样的人你是不能将生活费一次性全部给他的。小孩子也一样。你一年预备给他们 2 400 元零花钱,如果在年初都给了他,他可能两个月就花光了。所以你只能每个月给他 200 元,告诉他这是本月的零花钱。对于最没有自制力的孩子,你应该按天给他零花钱并且告诉他,这是你今天的零花钱,明天的零花钱明天再给你。

为了减少这种自身毅力不足导致的问题,人们就会采取一些措施。比如,为了防止自己乱花钱,最好少用信用卡,口袋里少带现金。你要是想限制自己抽烟,那你出门时就应该少带香烟,确实有些烟民是这样做的。有一个有趣的例子是曾在"文化大革命"期间播放过的一部朝鲜电影《永生的战士》,讲的是有一个革命者被敌人抓住之后,他自己把自己的舌头咬掉。为什么? 就是害怕没有足够的意志控制自己,在被敌人拷打得难以忍受的时候会出卖同志。如果把自己的舌头咬掉,就没有办法说话了,所以敌人拷打得再厉害,自己也不会招认了。这种行为实际上是一种**承诺行为**(commitment)——博弈论的一个重要概念,我们后面会讲到。

第三个是**有限自利**(bounded self interest)。有限自利包含很多的含义,一种含义是利他主义,一种是**情绪化行为**(emotional behavior)。很多人都有情绪化行为。比如大学生们在教室占座,一个学生把另一个学生用来占座的书给扔掉了,然后坐下来。另一个学生过来后就和该生吵架,然后又动手打起来,结果两个人都受伤了,都进了医院,医药费就花了不少。仔细想想,值得吗? 我们经常讲鸡蛋碰不过石头,胳膊拧不过大腿,为什么有人就要碰一下呢? 为什么有人非要拧一下呢? 因此,我们好多人的行为不是完全理性的。情绪化行为的存在也是对理性人假设的批评。但如我们将看到的,在重复博弈中,情绪化行为也可能是非常理性的,有些社会规范是通过情绪化行为维持的。

2.4　理性人假设的意义

尽管理性人假设有些极端,但建立在理性人假设基础上的选择理论仍然为我们预测人的行为和评价制度的优劣提供了很好的分析工具。经济学家并没有幼稚到相信现实的人像他们假设的那样具有完全理性,但他们仍然坚持这个假设。为什么? 诺贝尔经济学奖得主、芝加哥大学教授 Myerson(1999)提出了三个理由:

第一个理由是,在没有更好的其他可选择的理论的时候,接受理性人假设是一个退而求其次的办法。尽管我们知道人不是完全理性的,甚至经常会干傻事,但目前还没有发展出来一个建立在非理性假设上的、可以信赖的、准确的、具有更好处理能力的研究框架。虽然有限理性更符合现实,但以此构造理论的努力目前并不成功。非理性假设可以描述许多现象,但不可能建立起一个有分析能力的理论体系。在思想市场上,在众多可选择的假设中,理性人假设仍然是最具竞争优势的假设。这是所谓的"经济学帝国主义"出现的根本原因。

第二个理由是,从社会演进的角度来看,尽管人不是每时每刻都是理性的,但是如果一个人长期不理性的话,他(她)就很难生存。比如,现在有一个人,他的偏好不满足一致性假设。具体说来,设想有苹果、梨、桃子三种水果让他进行选择。先问他喜欢梨还是苹果?他说喜欢梨。再问他喜欢苹果还是桃子?他说喜欢苹果。最后问他桃子和梨喜欢哪一个?按照偏好一致性的要求,如果他是理性的话,他应该喜欢梨。现在假如这个人不理性,就意味着现在他喜欢桃子而不喜欢梨。结果会怎样呢?那他就会在市场交易中一败涂地。比如,一开始他手里有一个苹果,你手里有一个梨和一个桃子。你先拿一个梨去和他交换,并要求他除了把苹果给你外,再给你一分钱。因为按照前面的假设他在苹果和梨之间更喜欢梨,这时他肯定会同意和你交换。现在他的手里有一个梨了,你手里有一个苹果和一个桃子。你现在再拿来一个桃子让他用梨与你交换。因为他在梨与桃子之间更喜欢桃子,因此,他会愿意再给你一分钱。现在,他手里边有桃子了,你手里有了梨和苹果。你现在再拿苹果换他手里的桃子,因为他更喜欢苹果,他又给你一分钱。结果三次交换后现在回到了一开始的状态:他有一个苹果,你有一个梨和一个桃子。不同的是他少了3分钱,你多了3分钱。你再开始新一轮的交换,这样一直换下去,他纵有万贯家财也会变成穷光蛋,在生存竞争中可能没有办法存活下去。所以说,一个人尽管不是每时每刻都是理性的,但是从长期来看,人们应该从生活中习得理性。

第三个理由是,我们整个社会科学的目的不仅仅是要预测人是如何行为的,还要分析社会制度的优劣,评价各种政策和改革方案。为此,我们要对人性有一个前提假设和判断。如果我们假定人都是不理性的话,什么社会弊端都可以归结到人的问题,那么制度就没有办法设计了,人类也就没有办法改进了。比如说,如果中国与美国相比,不仅资源效率低,而且道德水平也差,我们就只能说是中国人的思想觉悟有问题,甚至人种有问题,解决问题的办法就是像"文化大革命"期间那样,进行思想改造,"灵魂深处闹革命",甚至像有些人主张的那样,改造人种。这显然是没有说服力的。如果我们假定人是理性的,我们经济落后,我们道德水平低,就说明我们的体制有问题,我们的激励制度有问题,我们的政策有问题,当然,也可能是我们的文化有问题。解决问题的办法就是进行体制和制度变革,改变我们的政策,改造我们的文化。因此,有了理性假设,我们就可以更多地关注制度、政策的作用,从而使社会科学可以更好地造福于人类。

正是基于以上原因,尽管我们必须意识到理性人这个假设不是没有问题的,也并不是处处适用的,我们还是需要接受人的理性假设。在本书以后的各章中,除非特意说明,我们都假设人是理性的。

还需要指出的一点是,有些其他领域的学者和社会活动家把生活中出现的损人利己行为和道德堕落现象归罪于经济学家对人的理性假设。这些批评者是大错特错了。如前所述,理性人并不意味着人总是自私自利的。退一步讲,即使经济学家假定理性人是自私自利的,损人利己行为也不是经济学家做出这一假设的结果。如果理论家的假设可以改变人性,从古到今有那么多的道德卫士宣称人是利他主义的,为什么人性没有变得更善,偏偏经济学家的一个理性人假设就使人性变恶了呢(自亚当·斯密发表《国富论》以来不过236年)?对人性的准确判断是为了找到改进社会的基础,找到最有利于人与人合作的制度,以便使人类社会可以长久不衰地存在,正如医生诊断出病人有病是为了挽救人的生命一样。怎么能因为医生告诉病人有病就将其死亡的责任归罪于医生呢?恰恰相反,把有病的人说成没病,才会促进病人的死亡。在这个意义上,正是经济学家的理性人假设才促进了人类合作精神和道德水准的提升,而不是相反。两百多年前,亚当·斯密在理性人假设的基础上证明市场是人与人合作最有效的手段。今天我们看到,在真正实行市场经济的国家,人们的合作精神和道德水准比非市场经济国家高得多。同样,如果说像基督教这样的宗教有助于改善信徒的道德,不是因为它假定人性是善的,而是因为它假定人是生来有罪的。计划经济建立在"利他主义"的假设上,结果给数亿人带来灾难;国有经济和政府干预建立在政府官员"大公无私"的假设上,结果导致严重的贪污腐败和收入分配不公。认识到这一点,对理解当今中国社会的道德危机有重要意义。

第三节 社会最优与帕累托标准

本节我们将从社会的角度来评判人类行为:一个社会应该采取什么样的标准来判断个人行为?具体地讲,我们需要知道,从社会的角度来评判,什么样的行为是正当的,什么样的行为是不正当的;什么样的行为应该受到鼓励,什么样的行为应该受到抑制。

3.1 帕累托效率标准

如果我们承认每个人是天生平等的、自主的,每个人是自己幸福与否的最好判断者,那么,社会可以给个人施加的唯一约束是每个人行使自己的自由时以不损害他人的同等自由为前提;任何人的行为,只有涉及他人的那部分才须对社会负责。① 这一论点延伸到经济学中就是,衡量一个人的行为是否正当以及是否应受到鼓励(或抑制),应该采用帕累托效率标准。

帕累托效率(Pareto efficiency),又称**帕累托最优**(Pareto optimum),由意大利经济学家帕累托在一百多年前提出。简单地说,帕累托效率是指一种社会状态(资源配置、社会制度等),与该状态相比,不存在另外一种可选择的状态,使得至少一个人的处境可以变得更好而同时没有任何其他人的处境变差。相应地,改变一种状态,如果没有任何人的处境变坏,但是至少有一个人的处境变好,我们称之为帕累托改进。显然,如果一个社会已经处于帕累托最优状态,就不存在帕累托改进的可能(即改变现状必然有一部分人受损);反之,如果现在的状态不是帕累托最优的,就存在帕累托改进的空间。

为便于理解,我们以由两个人组成的社会为例,来说明这一概念。在图 1-5 中,假设社会上有两个人 A 和 B,图中向右下方倾斜的直线是可行分配线,直线上的所有点表示的是收入的可行分配,可以全部给 A,也可以全部给 B,或者每个人都分得一部分。直线与横坐标的交点表示社会的全部收入都归 A,而 B 得到 0,直线与纵坐标的交点表示 B 得到全部社会收入。

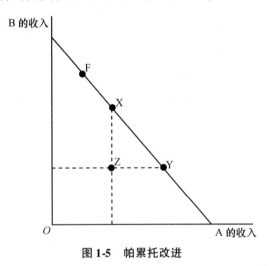

图 1-5　帕累托改进

图中的 F、X、Y 三点均在直线上,按照前述的标准,均是帕累托效率的状态,而 Z 点在直线以内,其所代表的分配不是帕累托效率的状态。如前所述,如果社会并非处于帕累托效率状态,就存在着帕累托改进的可能。如图中的 Z

---

① 参阅约翰·密尔,《论自由》,商务印书馆 2009 年版。

点,以 Z 为坐标原点往东北区间都可以理解为帕累托改进。比如从 Z 到 X,A 的收入没有变化,而 B 的收入增加了,因而是帕累托改进;同理,从 Z 到三角形 ZXY 区域中的任何点,都是帕累托改进。但从 Z 到 F 则不是帕累托改进,因为虽然 B 的收入增加了,但 A 的收入减少了。

这也意味着从非帕累托最优点到帕累托最优点不一定是个**帕累托改进**。特别需要注意的是,帕累托的效率标准并没有考虑收入分配的公平与否。帕累托效率或者帕累托改进带来的可能会是非常不公平的收入分配。极端地,社会的所有收入都集中于某一个人,也是一个帕累托最优。不同帕累托最优点之间是不可比的。如果没有某种其他规则(如社会正义),我们没有办法在不同的帕累托最优之间做出取舍。不过在我看来,即使某个满足帕累托最优的分配是不平等的,不值得推崇,人人都受益(尽管受益程度不同)的帕累托改进还是值得做的。也就是说,即使我们不赞成帕累托效率标准,也没有理由反对帕累托改进的变革。当然,更大的麻烦是,如果个人的效用不仅依赖于自己的绝对收入,而且依赖于与他人相比的相对收入——也就是说,如果我们都有"红眼病",帕累托改进的空间就会大大减少,甚至可能根本没有。

回到个人的行为,帕累托效率标准意味着:一个人采取某种行为如果不损害他人的利益,就是正当的;反之,就是不正当的。简单地说,利己不损人和利己又利人是正当的,但损人利己是不正当的。在第一节讲的合作问题中,双方合作是帕累托最优的,不合作不是帕累托最优的。与不合作相比,双方合作是利己又利人的事。

3.2　效率的卡尔多—希克斯标准

三个小孩到邻居朋友家做客,主人家的电视可以玩电子玩具,也可以看足球比赛,三个邻居的小孩都更喜欢玩电子玩具,但是主人家的小孩子坚持要看足球比赛,由此引起了纠纷。女主人知道后训斥自家的小孩,说他太过自私,但小孩不服气,反问家长:"妈妈,为什么三个人的自私要比一个人的自私好呢?"

这虽然是一个故事,但主人家的小孩提出的是一个非常具有哲学意义的问题,现实生活中经常遇到的少数服从多数是同样的问题。为什么少数应该服从多数?按照帕累托效率标准,以多数人的名义侵害少数人的利益也是不正当的。同样,一种变革无论其他人从中获得的收益多大,只要有一个人受到损失,这样的变革就不满足帕累托改进标准。仍以两人社会为例,设想初始状态是,第一个人得到 100,第二个人也得到 100。假如现在有另一种可选择的状态,第一个人得到 1 000,第二个人得到 99,这个改变是否应该进行?需要注意的是,这一改进虽然不是帕累托改进,但它却使社会的总财富增加了。但按照帕累托改进标准,不应该进行。

这样的例子很多,现实中许多变革难以满足帕累托标准,因而就需要引进新的衡量社会效率的标准。一个可选择的标准就是"**卡尔多—希克斯标准**"(Kaldor-Hicks criterion)。[1] 如果一种变革,受益者的所得可以弥补受损者的损失,这样的变革就是卡尔多—希克斯改进。上面讲的两人社会的例子中,如果按照帕累托标准,这个改变是不可以进行的,但是按照卡尔多—希克斯标准,这个改变是可以进行的,因为受益者所得(900)远大于受损者所失(1)。卡尔多—希克斯标准其实就是**总量最大化标准**,即任何增加总财富的变革都满足这个标准。

为什么用这样的标准?如果以帕累托效率为标准的话,几乎所有的变革都无法进行。任何一种制度安排下都存在既得利益,改变现有的状态,必然使得既得利益者受损。但是按照卡尔多—希克斯标准,改革是可以进行的,只要受益者所得大于受损者所失。这样说来,按照卡尔多—希克斯标准,拔己一毛而利天下的事,是应该做的。

进一步看,卡尔多—希克斯改进之所以值得重视,是因为它有可能转化为一个帕累托改进。如果两个人可以谈判,第一个人补偿第二个人1以上的话,就形成了帕累托改进。所以说卡尔多—希克斯改进是潜在的帕累托改进。比如说,让一部分工人下岗可以使企业提高效率,更有竞争力,但是对于下岗的那部分人来说,利益会受到损害,他们原本有工作,现在却失去了工作。解雇工人显然不是帕累托改进,但如果其带来的企业效益的提高可以弥补工人的损害,这就是一个卡尔多—希克斯改进。如果给下岗工人足够的实际补偿,使得他的收入比工作的时候并不变得更低,就变成了一个帕累托改进。

很多社会变革都是卡尔多—希克斯改进,要将其转化为帕累托改进,就必须解决受损者的补偿问题。根据**科斯定理**[2],如果交易成本很小,个人之间的谈判将可以保证卡尔多—希克斯效率作为帕累托效率出现,效率与收入分配没有关系。现实中,如果变革涉及的人数不多,补偿问题一般通过当事人之间的谈判就可以解决,市场交易大量涉及这类谈判。但对社会层面的大变革来说,由于受益者和受损者都人数众多,谈判并不是一件容易的事。更由于,如前所述,人们对相对收入水平和相对地位的重视,许多潜在的卡尔多—希克斯改进根本没有办法进行。仍然假设原来的状态是每个人得到100,现在第一个人得到

---

[1] 卡尔多和希克斯都是英国的经济学家,其中希克斯获得了1972年诺贝尔经济学奖。

[2] 科斯定理是科斯在1960年的论文《社会成本问题》中提出的,它的基本含义是:如果产权界定是清楚的,在交易成本为零的情况下,无论初始的产权安排如何,市场谈判都可以实现帕累托最优。参阅Cooter(1991)。

1 000,第二个人还是100,按照先前的标准,这是一个帕累托改进。但如果公平与否进入了人们的效用函数,这种改进就不见得是帕累托改进。第一个人现在的收入比原来的多很多,自然高兴,但同时,第二个人发现第一个人的收入和自己的收入差距变大,他可能会因此很不愉快。因此,这就不再是一个帕累托改进。考虑到心理成本,究竟应该给受损者补偿多少才能使他觉得自己没有受损,很难有客观的标准。这是为什么在平均主义观念相对强的社会,变革更困难的原因。当然,好在社会文化也同样影响受益者的心理。一般来说,一个人希望自己比别人生活得更好,但是也不希望与别人的差距太大,因为如果一个人很富有,而他周围的人都是穷光蛋,根本没有饭吃,那这个富人也会没有安全感,他的福利也会因此下降。所以,大多数人并不希望社会的两极分化过于严重。

再进一步讲,即使事后的补偿实际上不会发生,因而变革不可能得到一致同意,但如果在做出制度安排前每个人成为赢家的机会均等,从事前的角度看,卡尔多—希克斯改进也是帕累托改进。比如说,在前面的例子中,如果每个人都有50%的可能性成为得到1 000的赢家,变革后每个人的预期所得是$0.5 \times 1\,000 + 0.5 \times 99 = 549.5$,大于现在的100,从事前看这样的变革没有任何人受损,所以是帕累托改进,尽管从事后看不是帕累托改进。依罗尔斯的正义论[1],预期效用最大化意味着社会成员会事先一致同意财富最大化的制度安排。这一点同样适用于帕累托标准本身。如果社会中每个人的机会是均等的,即使事后的分配不平等,从预期效用的角度看,收入分配也是公平的。

正是在这个意义上,我们用"**帕累托效率**"作为社会最优——集体理性的标准,我们将互换地使用"帕累托最优"、"社会最优"、"集体理性"这三个概念。但如波斯纳(1980,1992)所指出的,如果一种制度对社会中某些成员有系统性的歧视,财富最大化就可能不是一个合理的标准。以交通规则为例,如果法律规定只有某种特殊身份的人可以开车,而取得这种特殊身份的机会并不开放,财富最大化的交通规则就可能不具有正义性。由此来看,社会公正最重要的是**机会均等**。

3.3　效率标准在法律上的应用

前面讲的效率标准是经济学家提出的概念,但对我们理解许多社会制度安排非常重要。

我们先来看一个简单的例子。设想毗邻的两个商店在相互竞争。有两种情形。第一种情形是甲商店的雇主雇用打手捣毁乙商店,使其无法正常营业,

---

[1]　Rawls (1971);罗尔斯,《正义论》(何怀宏译),中国社会科学出版社2009年版。

而自己却从垄断销售中获利;第二种情形是甲商店凭借更低的价格、更好的服务挤垮乙商店。这两种情形的结果对乙商店是一样的。但为什么大多数人会认为第一个做法是不正当的,第二种行为是正当的?从法律上讲,第一种情形中甲商店的做法触犯了法律,第二种行为是合法的。为什么?因为第二种做法满足效率标准。

再考虑侵权法的一个例子。一家工厂和家属区之间有道围墙,为了免除上班绕道的麻烦,有居民在围墙上挖了一个大窟窿。一天,住在家属院的三个小孩钻过窟窿到工厂来玩,发现一个装有白色液体(三氯乙烷)的瓶子,小孩好奇,把液体倒出来,然后拿火柴点着,并将瓶内液体全部倒在火上,结果火势越来越大,并烧伤了其中一个小孩。小孩的爷爷奶奶随后把工厂告上法庭,法院最终判处工厂应该赔偿。[①]

这样的例子还有很多。比如,一个小孩在玩儿童智力车时,去拧只被护壳包住了一半的链条,结果手指头被拧断。这种情况下,自行车厂是否有责任?小孩吃果冻的时候噎死了,家属把生产果冻的厂家告上法庭,厂家是否应该承担责任?为防止小偷偷东西,居民在自家围墙上拉电网,小偷进来的时候被电网电死,居民是否应该承担责任?

上述的几个案例有共通之处。法律上有一个**汉德法则**(Hand Rule)。[②] 汉德法则是这样的(以上述的第二个例子为参考):假如厂方把围墙上的窟窿补上,需要花费的成本是 C,如果不补这个窟窿,发生事故的概率为 P,如果发生事故,损失为 L。因此如果不补这个窟窿的话,预期的损失是 $P \cdot L$。汉德法则是:如果 C 大于 $P \cdot L$,那么厂方无须对窟窿带来的事故的后果承担责任;但如果 C 小于 $P \cdot L$,厂方就必须承担责任。法官之所以判工厂有责任,是因为填补窟窿虽然需要花费成本,厂方的处境因而会变坏,但填补窟窿后给别人带来的收益远远大于所花费的成本,因而厂方就有责任去填补。实际上,侵权法里普遍应用的这一法则,正是前述的财富最大化。比如上述的小孩为自行车链条所伤案例中,自行车厂辩解认为,其生产的自行车完全按照国家的技术标准(国家规定自行车链条可以包一半),而法院的解释是,达到国家要求的标准并不意味着尽到应尽的社会责任,最终判决自行车厂有责任。此后,自行车的链条就全部被包起来。当然,实际生活中要做出明确判断是很困难的,所以往往同样的案件,不同的法官会做出不同的判断。

---

① 这个案例引自王成,《侵权损害的经济学分析》(2002),中国人民大学出版社 2002 年版,第 122 页。

② 汉德是 20 世纪美国的大法官。在美国,如果某个法官第一次判决了某一类案件,那么这个判决的规则就以他的名字来命名。参阅王成,《侵权损害的经济学分析》。

现代社会对产品责任的要求越来越高。如很多儿童玩具，厂家都会加上一句提示语，如明确标明"8 岁以上儿童适用"，如果不加的话可能就会有麻烦，要承担潜在事故的责任。加了提示语表示厂方完成其责任，剩下就是父母的监护责任。再如，在学校里，如果学生发生意外，什么情况下学校应该承担责任，什么情况学校不应负责任，都需要有相应的规定。当然，现实生活有其复杂性，虽然会有一般的规则，但很多现实问题很难按照书面的规则来办。

回到先前讲到的商店竞争的例子上。大多数人认为第二种行为是合适的，第一种不合适。为什么第一种不合适？甲砸了乙的商店，乙的利益受损，而甲不一定能够创造更多的价值，甚至可能其产品和服务质量比乙的还低，也因而损害了居民的利益。但在第二种情况下，甲凭借低价高质击垮对手，消费者愿意光顾甲而不愿意光顾乙，说明资源在甲的手里更有效率，从社会整体的角度看，是财富最大化。

进一步讲，为什么法律要保护自由交易？[①] 一般来讲，如果每个人都是理性的，自由交换一定是帕累托改进，因为否则，理性的人不会交换。一个物品在甲的手里，对甲值 50，而对乙值 100，如果进行自由交换，价格一定在 50 和 100 之间。至于价格究竟定多少，则取决于双方讨价还价的能力。为什么不能强制交易呢？假如这个物品为甲所有，甲对其评价为 100，而乙认为只值 50，如果乙可以强制甲出售，乙可能只会支付比如 20 给甲，而甲必须要接受这个价格，这样的话，就会导致社会损失。如果买卖价格为 20，尽管对乙而言，价值 50 的物品只花了 20 买到，盈利 30，但对甲而言，价值 100 的物品只卖价 20，损失 80，社会的总损失因而是 50。在自由交换下，这种情况就不会出现。从这个例子中也能够看出自由何等重要——自由交换是社会效率的必要条件。

人们之间进行交换大体可以归结为四种情况。第一种情况是偏好不一样。比如学校给班上的 200 名同学每人发一件衣服，衣服共有 3 种颜色，学生在领到衣服后肯定会进行调换，拿到红色衣服的男同学可能会找分到黑色衣服的女同学调换，后者可能也会同意。因偏好的不同而带来交换，这种交换是帕累托改进。第二种情况是专业化、生产成本不一样所导致的交换。一位经济学教授生产出一瓶矿泉水的成本很大，但开课提供知识服务的成本相对较小，而一个矿泉水公司的工人则正好相反，所以教授和矿泉水公司可以交换，将物品由生产成本低的人卖给生产成本高的人。第三种情况是信息不同。股票市场的很多交易都是源于交易双方拥有的信息不一样，买方认为每股价值 3 块钱，而有卖方因为掌握了更多的消息认为每股只值 2 块钱，这样交换就可以发生。第四

---

① 诚然，并不是所有的自由交易都受法律保护，比如毒品交易就不受法律保护。

种情况是风险态度不一样。比如买保险就是风险态度不一样,投保人害怕风险,保险公司则通过大样本规避风险,所以投保人愿意出钱购买保险。现实生活中很多的组织制度安排亦是如此,替别人承担责任的一方会得到回报,其实就相当于给别人提供保险。

为什么社会存在企业这样的组织?两个个体可以成为独立的个体户,企业就是两个人联手合作,如果两个人合作的收益 $1+1>2$,那么合作对双方都有好处。现代企业之间的战略联盟,也是因为 $1+1>2$,可以达到双赢。换言之,组织的出现实际上是一种帕累托改进。

婚姻家庭也遵循同样的逻辑。自由恋爱对恋爱的双方来说是帕累托改进,给定个人的信息和偏好,他(她)可以自由选择对象,也可以选择不结婚,愿意结婚则表明是帕累托改进。那么,离婚是不是一个帕累托改进?可能是,也可能不是。如果是双方协议离婚的话,那意味着这是帕累托改进。但离婚也可能只利于一方,而使另一方变得更糟糕。所以法律判决的时候有一个补偿的原则。

婚姻问题的复杂性在于有多个利益相关者。感情不和的夫妇,如果没有小孩,两个人好说好散,是一个帕累托改进。但如果有了小孩,考虑到对小孩的影响,离婚对整个家庭而言就可能不是一个帕累托改进。这就引出了经济学上讲的**"外部性问题"**(externality)。外部性是指一种交易行为给非当事人带来的影响。由于存在外部性,某一行为给自己带来收益,却可能给别人带来成本,这样对个人来说可能是最优的选择,但对整个社会来说并不一定是最优的。比如有人有晚上唱歌的习惯,尽管他自己很陶醉,对他自己来说最优,但影响了邻居休息,对别人带来负的外部性,所以个人最优不一定是社会最优。社会的许多制度就是如何把**外部性内化**(internalization)为个人的成本或收益,从而通过个人的选择实现社会的帕累托最优。当然,人类的爱心本身就是把外部性内化的重要力量,所以我们发现有小孩的家庭比没有小孩的家庭要稳定得多,因为夫妇双方会考虑小孩的福利。

本 章 提 要

协调和合作是人类社会面临的两个主要问题,牵涉到每个社会成员的利益所在。解决协调问题需要人们之间形成一致预期,解决合作问题需要激励机制克服个体理性与集体理性之间的不一致。社会制度的基本功能是协调预期和促进合作,解决人与人之间由于预期不一致和"囚徒困境"导致的冲突。

博弈论是分析互动决策的工具,它研究社会中的人如何行为,人与人之间如何协调,社会制度如何演进,怎样设计更好的制度使人们实现合作。博弈论假定人是理性的,尽管这一假设有些极端,但建立在理性人假设基础上的博弈理论仍然为我们预测人的行为和评价制度的优劣提供了很好的分析工具。正是经济学家的理性人假设才促进了人类合作精神和道德水准的提升,而不是相反。

人人天生平等意味着每个人是自己幸福与否的最好判断者。这一论点延伸到经济学中就是,衡量一个人的行为是否正当以及是否应受到鼓励(或抑制),应该采用帕累托效率标准。帕累托效率标准意味着,一个人采取某种行为如果不损害他人的利益,就是正当的;反之,就是不正当的。在机会均等的前提下,帕累托最优满足罗尔斯社会正义的要求,因而是集体理性标准。

本书的题目定为《博弈与社会》,就是想强调如何运用博弈论的方法分析社会问题,分析什么样的制度更有助于人与人之间的协调和合作,使人类生活得更幸福。

第二章
纳什均衡与囚徒困境博弈

第一节 博弈论的基本概念

如我们已经指出的,博弈论是分析存在相互依赖情况下理性人如何决策的理论工具。本章我们将正式开始介绍博弈论的一些基本概念。博弈论的基本概念包括参与人、行动、信息、战略、支付、均衡和结果。我们来依次介绍。①

第一个重要的概念是**参与人**(players)。参与人是指博弈当中决策的主体,他在博弈中有一些行动要选择以最大化他的效用或收益(支付)。② 参与人可以是生活中的自然人,也可以是一个企业或组织,还可以是一个国家或是国家之间的一种组织(比如北约、欧盟等)。在一个博弈中,只要其决策对结果有着重要影响的主体,我们都把它当做是一个参与人。

按照我们在第一章中的假设,所有的参与人都是理性的,即他追求自身利益的最大化。这一假设对于个人来说,往往容易接受。读者可能存在以下疑问:如果每一个人都是理性的,那么由个人所形成的组织是不是理性的? 这一问题涉及经济学中著名的"偏好加总"问题。③ 但对于我们来说,当把一个组织视为一个决策主体时,一般假定其有一个很好定义的目标函数,这样,我们就可

---

① 对博弈论基本概念的更为精确和技术性的定义,参阅张维迎,《博弈论与信息经济学》,第1章。

② 为了叙述的方便,我们一般用"他"泛指参与人,没有性别歧视的含义。

③ 如我们在第一章已经提到的,对于这一问题做出开创性贡献的是著名经济学家肯尼斯·约瑟夫·阿罗教授。他于1951年出版的《社会选择与个人价值》一书中,提出了"不可能定理"。即在每一个个人对一切可能的选择各有其特定偏好的情况下,要通过投票的办法找出一个与大家的偏好都一致的选择是不可能的。这一结果对于福利经济学、政治经济学的研究有着深远的影响。

以把它当做理性的主体来看待了。当然,在现实生活中,很多组织并没有体现出应有的集体理性。但任何一个组织,如果在关键的决策问题上不能以组织的目标为重,而是以某个个人或某些小团体的利益为重,那么这个组织的生命力就非常有限。

除了一般意义上的参与人,当一个博弈涉及随机因素时,我们往往还引入一个名为"**自然**"(nature)的虚拟参与人(pseudo-player)。比如,在投资决策中,一项投资能否获利,不仅取决于投资者的选择,还取决于不受投资者控制的随机因素,即俗话所说的"谋事在人,成事在天"。但是,"天",也就是"自然"这个虚拟的参与人与一般参与人不同的是,它没有自己的支付和目标函数,即它不是为了某一目的才采取行动。

第二个概念是**行动**(action)。行动是参与人在博弈的某个时点的决策变量。每一个参与人,在轮到他采取行动时,都有多种可能的行动可供选择。比如,打牌时,轮到某人出牌,他可以出黑桃,也可以出方片。所有参与人在博弈中所选择的行动的集合就构成一个**行动组合**(action profile)。不同的行动组合导致了博弈的不同结果。所以,在博弈中,要想知道博弈的结果如何,不仅需要知道自己的行动,还需要知道对手选择的行动。

与行动相关的另一个重要的问题是行动的顺序(the order of action),即谁先行动,谁后行动。一般来说,参与人的行动顺序不同,结果也往往不同。比如,下围棋时大家都愿意先行,因为先行往往可以带来优势,以致输赢结果不同,所以正式比赛中通常用抓阄的办法决定行动顺序,以示公平。现实中许多博弈的行动顺序是由技术、制度、历史等外生因素决定的。

第三个概念是**信息**(information)。信息是指在博弈当中每个人知道些什么。这些信息包括对自己、对对方的某一些特征的了解。比如,对方是一个比较容易妥协的人,还是一个比较好斗的人;对方的企业是低成本的还是高成本的。同样,信息也包括了对对方采取的一些行动的了解,即轮到自己行动时,对手在这之前都做了些什么。比如,下棋时,当轮到自己走棋时,对手在这之前是跳马还是拨炮。

在博弈论中,我们借助**信息集**(information set)来描述某个参与人掌握了多少信息。对于信息集的概念,我们将在第三章结合具体内容来介绍。

在博弈中,如果参与人对其他人的**行动**的信息掌握得非常充分,我们把这类博弈叫做**"完美信息"**(perfect information)博弈。如前面提到的下围棋或者是下象棋,当轮到己方行动时,对手在这之前的行动都是可以观察到的,所以,下棋属于完美信息的博弈。如果在完美信息博弈中有自然的参与,则自然的初始行动也会被所有参与人都能准确观察到,即不再存在事前的不确定性了。比如,下棋之前双方要猜子决定谁先行动,那么抓到棋子是白色还是黑色是由自然决定的,但要在下棋之前揭示出来,即自然的行动要让大家都知道。

在博弈中,如果参与人对其他人的**特征和类型**的信息掌握得充分,我们把这类博弈叫做**"完全信息"**(complete information)博弈。比如,下棋时,你的对手可能是高手,也可能是臭棋篓子。如果你和他较为熟悉,知道他的水平如何,在这种情况下和他下棋,就是一种完全信息的博弈;如果你和他是第一次下棋,不知道其水平如何,则是一种不完全信息的博弈。对于不完全信息的博弈,往往可以视为有自然参与行动的不完美信息博弈,即由自然来决定对手的类型,但自然的行动选择不是所有的参与人都观察到了。以下棋来说,对方的水平可以视为由"自然"决定的,但对方知道"自然"的决定,而己方并不知道。

博弈中的**静态博弈**和**动态博弈**的划分,也是和信息概念相联系的。所谓静态博弈,就是所有的参与人同时行动,且只能行动一次。静态博弈中的"同时"行动,不一定是一个日历性的时间概念,而是一个信息概念,即双方不一定在时间上同时行动,而是指一方行动时不知道对方采取了什么行动。所以说静态是一个信息概念。典型的静态博弈,如"剪刀锤子布"游戏。所谓动态博弈,是说博弈时,一方先行动,一方后行动,且后行动的一方知道先行动一方的选择。下围棋就属于典型的动态博弈。由于动态博弈中参与人轮流行动,所以也称为**序贯博弈**(sequential game)。在动态博弈中,如果参与人了解对方(包括自然)之前的行动,也知道对方的类型,这一类博弈就称为完全信息动态博弈;如果只是了解对方的行动,不了解对方的类型,则称为不完全信息动态博弈。比如,打扑克时,轮到己方行动时,己方知道对方的行动,但对于对方手里都有些什么牌并不知道,这就是一个典型的不完全信息博弈。中国有句俗话,叫"知人知面不知心",表明和别人的交往过程实际上也是一种不完全信息的博弈。

第四个概念是**战略**(strategy)。战略可以理解为参与人的一个**相机行动计划**(contingent action plan),它规定了参与人在什么情况下该如何行动。战略的这种相机性实际上为参与人选择行动提供了一种规则。比如,毛泽东曾提出一个著名的自卫原则,即"人不犯我,我不犯人;人若犯我,我必犯人"。这里边实际上包含两个行动——"我不犯人"和"我必犯人",并规定了采取这两种行动的具体条件(时机):"人不犯我"和"人若犯我"。对于同样的行动,如果规定的时机不一样,则相应的战略就不一样了。比如,"人不犯我,我就犯人;人若犯我,我不犯人"也是一种战略。还有,"不论人犯我不犯我,我都犯人"以及"不论人犯我不犯我,我都不犯人"都是战略。所以,战略是行动的规则,它要为行动规定时机。

战略要具有完备性,就是说针对所有可能的情况,都要制定相应的行动计划。比如,"人不犯我,我不犯人"并不是一个完整的战略,因为它只规定了"人不犯我"的情况下该如何行动,没有规定"人若犯我"的情形下该如何行动。在现实中,把所有可能的战略或行动计划都制定出来,显然非常困难。因为在现实中会发生什么情况,我们有时的确难以预测。但追求战略的完备,仍然是非常重要的,就像我们常说的"不怕一万,就怕万一"。

第五个概念是**支付**(payoff)。它是指每个参与人在给定战略组合下得到的报酬。在博弈中,每一个参与人得到的支付不仅依赖于自己选择的战略,也依赖于其他人选择的战略。我们把博弈中所有参与人选择的战略的集合叫做**战略组合**(strategy profile)。在不同的战略组合下,参与人得到的支付一般是不一样的。博弈的参与人真正关心的也就是其参与博弈得到的支付。支付在具体的博弈中可能有不同的含义。比如,个人关心的可能是自己的物质报酬,也可能是社会地位、自尊心等。而企业关心的可能是利润,也可能是市场份额,或者是持续的竞争力。政府也是这样,可能关心的是国民收入是多少、国内生产总值(GDP)是多少,也可能关心的是政府的财政收入、国家的国际地位。对于参与人的支付理解得不对,对博弈的预测就可能出现失误。这一点对建立博弈模型非常重要。比如在国有企业之间竞争的博弈中,很有可能其老总关心的只是自己的权力,其支付就是权力的大小。如果建一个博弈模型,假设他的支付为企业的利润,这时,预测就会出现失误,因为追求最大化利润的行为和最大化权力的行为是不一样的。

第六个概念是**均衡**(equilibrium)。博弈中的均衡可以理解为博弈的一种稳定状态(stable state),在这一状态下,所有参与人都不再愿意单方面改变自己的战略。换句话说,给定对手的战略,每一个参与人都已经选择了最优的战略。因此,这样的稳定状态是由所有参与人的**最优战略**组成的。因此,我们把最优战略组合定义为均衡。

一般来说,在一个博弈中,参与人会有很多个战略,最优战略是给定其他人的战略能够给他带来最大支付的战略。好比上面讲到的中国和苏联的例子中,每方都有四个战略。如果对方采取"人不犯我,我不犯人;人若犯我,我必犯人"这一战略是最优的,则己方采取这一战略也是最优的,此时,双方谁都不愿去改变自己的选择,那么就形成了一个均衡。

需要指出的是,博弈论中的**均衡**概念和经济学中的"一般均衡"、"局部均衡"等均衡概念有所不同。博弈论中的均衡指的是所有参与人都不再改变自己的战略,该战略组合处于稳定状态;而一般均衡或者是局部均衡指的是一组市场出清的价格,使得市场上的供给和需求相等,市场处于稳定状态。

最后一个概念是**博弈的结果**（outcome）。它是指参与人和分析者所关心的博弈均衡情况下所出现的东西，如参与人的行动选择，或相应的支付组合等。它的具体含义依上下文而定。例如，我们说的均衡结果，有时是指均衡时每个参与人的战略或行动，有时是指均衡时各方得到多少支付。需要注意的是，我们讲的"结果"是从博弈的理论模型中导出的东西，不一定是现实中实际发生的事情。实际上，博弈分析的目的就是希望借助于理论模型来预测博弈的结果，运用不同的均衡概念导致的结果也会不同。

第二节　囚徒困境博弈

2.1　囚徒困境：个人理性与集体理性的矛盾

接下来，我们用这些概念分析一个最简单，也是最重要的博弈——**囚徒困境**（prisoners' dilemma）①。假定有两个犯罪嫌疑人共同作案。警察抓住他们以后，分开拘押，并告诉他们：可以选择坦白，或是不坦白；如果一个人坦白，而另一个人不坦白，则坦白的一方会被立即释放，而不坦白的一方被判 10 年；如果两人都坦白，则会每人各判 8 年；如果两人都抵赖，因证据不足，则每人在关押 1 年后释放。那么，这两个犯罪嫌疑人该如何选择呢？

我们看到，这个博弈有两个参与人：犯罪嫌疑人（囚徒）甲和乙；②每个人有两个**行动**：坦白或不坦白；两个人隔离审查，谁都不能观察到对方坦白还是不坦白，因此是一个不完美信息静态博弈。由于不能观察到对方的行动，也就没有办法把自己的选择建立在对方行动的基础上，因而，战略和行动是一回事（在静态博弈中，行动和战略可以交换使用）。这个博弈的**支付结构**如图 2-1 所示，图中列代表囚徒甲，行代表囚徒乙，甲的选择在第一列，乙的选择在第一行；矩阵中方框里的两个数字，第一个数字为甲的支付，第二个数字为乙的支付。③ 这种描述博弈的方式我们叫标准式（normal form）。

---

①　"囚徒困境"是社会合作面临的基本问题，包含了丰富的内容，几乎所有的博弈理论都由此发展，可以说我们从始到终都要不断地涉及它。上一章的合作问题就是一个囚徒困境。现实中的囚徒困境许多是多人博弈，我们以二人博弈为例是出于简化的目的，我们的结论适用于多人囚徒困境。

②　在更大的博弈里我们需要考虑警察的选择，在这个小博弈中我们不考虑警察，而将警察看做制定或执行规则的人。

③　直接用坐牢的时间代表"支付"当然是一个简单化的处理方法。现实中坐牢的时间与效用之间并不是线性关系，比如说，坐两年牢的痛苦并不是坐一年牢的痛苦的两倍。但这一点并不影响我们的结论。

乙

	坦白	不坦白
坦白	−8，−8	0，−10
不坦白	−10，0	−1，−1

甲（位于左侧"坦白"与"不坦白"之间）

图 2-1　囚徒困境博弈

　　现在我们来看参与人甲和乙会如何决策。我们假设参与人是理性的，不想坐牢，哪怕是多坐一天也会带来更多的痛苦，因此，他的目标就是能少坐就少坐；我们还假定每个人只关心自己，不关心对方（如果两个囚徒是父子关系或兄弟关系，他们的行为也许会与我们这里的情况不同）。我们先考虑甲的选择，他面对的问题是：如果乙坦白的话，自己坦白判 8 年，不坦白判 10 年，那么坦白比不坦白好；如果乙不坦白，自己坦白会被立即释放，不坦白则判 1 年，坦白还是比不坦白好。因此，对于甲来说，不管对方坦白不坦白，自己的最优选择都是坦白。同样，对乙来说也是一样的。所以，每一个人的最优选择都是坦白。

　　一般来说，博弈中每个参与人的最优选择依赖于别人的选择，但在上述囚徒困境博弈中，每个人的最优选择与他人的选择无关。这种独立于他人选择的最优战略称为该参与人的**占优战略**（dominant strategy）。正式地，所谓"占优战略"是指在博弈中参与人的某一个战略，不管对方使用什么战略，只要参与人使用这一战略，都可以给自己带来最大的支付。或者说，参与人的这一战略在任何情况下都优于自己的其他战略。占优战略类似我们常说的"上策"或"上上策"，如"三十六计，走为上策"。在博弈中，如果每一个参与人都有一个占优战略，则他们显然都会选择这一战略，那么，由占优战略组成的战略组合就构成了博弈的**占优战略均衡**（dominance equilibrium）。

　　显然在囚徒困境博弈中，坦白是每个参与人的占优战略。两个人都选择坦白也成了这个博弈的占优战略均衡。结果就是两个人都会坦白，各判 8 年。

　　但是，就两个囚徒而言，这个博弈中的帕累托最优是"都不坦白"，各坐 1 年牢。这就是我们讲的个人理性与集体理性的矛盾。尽管对两个人来讲，不坦白是最好的，但是每个人都会选择对自己最优的行动——坦白。结果对两个人都不好。这就回到我们前边讲的，个人理性不一定达到帕累托最优。

　　对此，我们可以用上一章中提到的"外部性"概念来解释。外部性可以简单理解为一个人的行为给别人所带来的影响。给定甲坦白，乙从不坦白（判 10

年)到坦白(判8年),可以让自己的刑期减少两年;但同时让甲的刑期从0年增加到了8年。这样,乙的行为不仅给自己带来了好处,还给甲带来了坏处。即乙的行为对甲来说有外部性,而且是不好的外部性,经济学中称为**负外部性**(negative externality)。类似地,甲的行为也会对乙产生负外部性。我们前面假定,人是理性的,他的目标是个人利益的最大化,而非集体利益的最大化,所以在存在负外部性的情况下,他出于追求自身的利益最大化选择的行动就不可能满足集体利益的最大化。这就导致个人选择和集体理性的矛盾。

囚徒困境又被称为"合作悖论"或"集体行动悖论",即尽管合作能够给双方带来好处,但双方仍然是不合作。选择不合作是基于个体理性,而选择合作则是基于集体理性。

2.2　囚徒困境举例

这种个人理性与集体理性冲突的例子在生活中有很多。比如小孩子的学习负担问题,现在的孩子除了周一到周五的正常上课学习外,还要在周末去学习奥数、英语等等。其实这也是一个囚徒困境。我们可以设想一下,如果所有的学生周末都休息,考上重点中学和重点大学的一定是那些最聪明的孩子。问题是如果你周末休息,别的孩子周末补功课,那么可能别人考上了,你虽然聪明也可能考不上,所以你的最优选择也是周末补功课。结果是,所有的孩子一周7天都在学功课,最后考上重点中学和重点大学的仍然是那些聪明的孩子。竞争带来这种不合理的结果:每个人都忙活,但是最后的结果不一定对大家都好。我国现在的中小学生的学习强度这么高,从社会的角度讲肯定不是最优的。

企业之间的竞争也是一个囚徒困境。2000年6月9日,中国的九家彩电企业在深圳开会,制定了一些彩电型号的最低限价,形成价格同盟。但是,会议过去刚刚三天,6月12日,参加会议的一些企业就在南京等地率先降价,使得价格同盟名存实亡。[1] 一般来说,这种结盟是很难维持的。因为,给定你不降价,我先降价,就可以扩大销量,占领更多的市场份额。

类似地,企业做广告也可能是一个囚徒困境。[2] 做广告成本很高,不一定能给企业带来利润,但为什么大部分企业都做广告呢?假如某个行业有两个企业,如果每个企业都不做广告,各得10单位的利润;如果都做广告,各得4单位的利润;如果一个企业做广告,另一个企业不做广告,做广告的企业就可以赚到

---

[1]　有关于这件事情的来龙去脉以及相关分析,参见《瞭望》2000年第27期的有关报道。

[2]　当然,如我们在第九章中将看到的,广告也可以是一个传递产品质量的信号。我们这里的讨论排除了这种情况。

12,不做广告的企业只能赚到 2。这个博弈的占优均衡,就是两个企业都做广告。因为无论别人做广告与否,你的最优选择都是做广告,最终两个企业的利润都变低了。即便两个企业事前达成一个协议,规定谁都不做广告,这个协议也不会得到遵守。

国与国之间的军备竞赛也与此类似。如果约定每个国家都不发展军备,将资源用于民用产品,对每个国家的国民都更好。但是,给定对方不生产武器,己方生产武器就可以取得军事上的优势;反之,如果对方发展军备,自己不发展的话,就会受到更大的威胁。所以,大家就会都搞军备竞赛。

公共产品(public goods)的供给也存在囚徒困境问题。所谓公共产品是指像国防、道路、桥梁等消费起来不会排斥他人的物品或服务。和公共产品相对应的概念是**私人物品**(private goods),如食物、衣服、汽车等消费起来具有排他性的物品或服务。一个苹果,若被我吃了,你就吃不到了。这就是消费的排他性。国防、道路、桥梁等公共物品,我消费时,你也可以消费,因此,这些物品没有消费的排他性。但正是这种消费的非排他性,使得个人没有积极性来提供这种产品,每个人都想着别人来提供,自己**搭便车**(free-riding)。这使得公共产品如果单靠私人来提供的话,会不足,从而使得整个社会的效用下降。因此,对于一个社会来说,如何有效地提供公共产品是公共治理的核心问题。①

鉴于公共产品的重要性,下面,我们用修路的例子具体分析一下公共产品的提供问题。假如在一个由甲、乙两个人组成的社会中要修一条路。甲、乙二人都可以选择出力或不出力。如果两个人都出力,可以修好路,则每个人得到 4 个单位的收益;如果两个人都不出力,则修不成路,每个人得到的收益为零。如果一个人出力,另一个人不出力,则出力的人得不偿失,我们记为 - 1,不出力的人的收益为 5。这样,我们就可以用图 2-2 表示公共产品博弈:

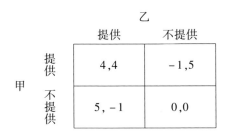

图 2-2 公共产品博弈

---

① 经济学的一个分支——公共经济学就是系统地来研究这一问题。2009 年诺贝尔经济学奖获得者、印第安纳大学的教授艾利诺·奥斯特罗姆正是凭借她对公共产品的问题分析而获得这一殊荣,其主要观点可以参阅其代表作《公共事务的治理之道》(*Governance of the Commons*)(Ostrom,1990)。

在这个博弈里，占优战略均衡是每个人都不提供。即，不论别人提不提供，己方都不提供。由此我们可以预测，在个人自愿基础上的均衡意味着没有公共产品的提供。所以，公共产品的提供一般需要政府使用强制的办法让个人为公共产品提供相应的服务或资金，例如，在现代社会中我们每个人都要交个人所得税，而在古代社会则是很多人都需要服劳役以及兵役等。

2.3 囚徒困境的一般形式

以上是几个具体的例子。下面我们给出囚徒困境博弈的一般形式。图 2-3 是一个二人博弈的支付矩阵。

		乙：合作	乙：不合作
甲	合作	T,T	S,R
	不合作	R,S	P,P

图 2-3　囚徒困境的一般表示

博弈的双方都有两个选择：合作和不合作。如果两个人都选择合作，各自得到的支付为 T；如果一个人合作另一个人不合作，合作方的支付为 S，不合作方的支付为 R；如果两个人都不合作，每一方的支付为 P。

要使上述博弈成为一个囚徒困境需要满足这样一个条件：$R>T>P>S$。即：对每个人来说，最好的结果是别人合作自己不合作(R)，其次是两人都合作(T)，再次是两人都不合作(P)，最坏的结果是自己合作别人不合作(S)。另外，我们假定 $T+T>R+S$，即两人合作的总收益大于一人合作、另一人不合作时的总收益。[①] 只要满足这两个条件，无论支付的具体数字如何，结果一定是个人理性选择不满足集体理性。

囚徒困境是社会合作面临的最大难题。古今中外，人类社会的许多制度安排(包括法律和社会规范)都是为解决囚徒困境而设计的。前面提到公共财政是解决公共产品供给中的囚徒困境问题，后面我们还会讲到所有权如何解决囚徒困境问题。现在考虑如何借助法律执行的当事人之间的合同解决交易中的

---

① 这个条件意味着两人都选择合作是卡尔多—希克斯最优的，即最大化社会总财富。参阅第一章第三节。

囚徒困境。设想甲、乙两人在采取行动之前签订一个合同,合同规定:不合作的一方将受到处罚,罚金为 X。再假定双方都相信这个合同能够在法律上得到有效执行。我们得到了图 2-4。

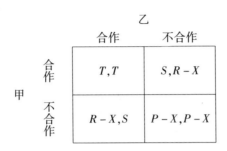

图 2-4 奖惩促进合作

此时,给定对方合作,己方如果也合作,则双方都得到 T;己方如果不合作,对方如图 2-3 所示得到的支付为 S,而己方得到的支付为 $R-X$。显然,只要罚金 X 足够大,使得 $R-X<T$,那么,每个人的最好选择都是"合作",双方都选择合作就成为一个均衡,解决了个人理性与集体理性的矛盾。这就是合同的价值。当然,如果当事人不相信合同能够得到有效执行,或者违约处罚的力度不够大(即 $X<R-T$),我们就又回到了囚徒困境,合作仍然不会出现。

在上述例子中,我们也可以通过对合作一方提供奖励的办法解决囚徒困境。在经济学上,对不合作行为的惩罚等同于对合作行为的奖励,都属于激励制度,尽管在心理学上,奖励和惩罚的效果并不总是等同的。家庭和企业内部有各种各样的奖惩制度,其目的就是解决囚徒困境问题,促进合作。对整个社会来说,往往是通过法律来对不合作行为进行处罚来促进合作。可以说,法律是解决囚徒困境、促进社会合作的重要手段,尽管如我们在第六章和第七章中将看到的,在重复博弈中,许多合作无须借助法律和正式的制度也可以实现。

第三节 理性化选择

3.1 理性人不选择坏战略

上一节,我们借助囚徒困境博弈阐述了什么是占优均衡。在囚徒困境中,无论别人采取什么行动,每一个参与人都有一个特定的最优选择(占优战略)。也就是说,一个理性的参与人在做决策时,并不需要假定对方也是理性的。对于这样的博弈,我们很容易预测它的结果。但是有些博弈可能是一方有占优战略,另一方没有占优战略,即什么是自己的最优行动依赖于他预测对方会选择什么行动,对方的选择不同,自己的最优行动就不同。此时博弈结果又会怎样呢?下面我们就用"智猪博弈"(boxed pigs game)来分析这个问题。

设想猪圈里有两头猪,一头大猪和一头小猪。在猪圈的一头装有一个按钮,另一头装有食槽。在这头按一下按钮,那头的食槽会有8单位的食物出现。但不管是大猪还是小猪,按动按钮都需要花2个单位食物的成本。如果两头猪一起按,各付2单位食物成本,然后大猪吃到6份食物,小猪可以吃到2份食物,扣除成本后,双方的净收益分别为4和0。如果大猪按、小猪不按,则小猪不付出任何代价就可以吃到3份,大猪按完之后跑回来可以吃到5份,扣除其按按钮的2个单位的成本,大猪的净收益也是3。反过来,如果大猪不按、小猪按的话,大猪可以不付出任何代价可以吃到7份,小猪则只可以吃到1份,扣除其2单位的成本,则小猪的净收益为−1。如果两头猪都不按,则不付出成本,但也不会有食物吃,净收益都为0。如图2-5所示。

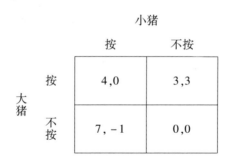

小猪

		按	不按
大猪	按	4,0	3,3
	不按	7,−1	0,0

图 2-5 智猪博弈

现在的问题是,谁来按这个按钮?先考虑大猪的情况:如果小猪按的话,大猪的最优选择是"等待"(7 > 4);但如果小猪等待的话,大猪的最优选择是"按"(3 > 0)。这就和前面所讲的囚徒困境博弈不一样了。在囚徒困境博弈中,每一个参与人都有一个占优战略——不论对方是否坦白,你最好是坦白。但在智猪博弈中,大猪没有占优战略,大猪的最优选择依赖于小猪的选择。所以大猪在做出选择前必须猜测小猪的选择。

那么,小猪会如何选择呢?对于小猪来说,如果大猪按,自己的最优选择是"不按"(3 > 0);如果大猪不按,自己的最优选择仍然"不按"(0 > −1)。这表明小猪选择"不按"是一个占优战略。

那大猪应该怎么办呢?我们前边假定的每一个博弈参与人(大猪或小猪)都是理性的,但并没有假定一方知道另一方也是理性的。显然,小猪在做决策时并不需要假定大猪是理性的,因为无论大猪是否理性,小猪的最优决策都是不按;但大猪的情况不同,即使小猪是理性的,如果大猪不知道小猪是否理性,大猪就没有办法做出选择。

为了预测这个博弈的结果,我们必须对大猪的理性程度做出进一步的假设。假定大猪不仅自己是理性的,也知道小猪是理性的。作为理性的参与人,小猪不会按。由于大猪知道小猪是理性的,就会知道小猪不会按,因此,大猪的最优选择只能是按。博弈的结局就是:大猪按,小猪不按,各得 3 单位的净报酬。

从这个例子里面,我们可以进一步提出一个概念——**劣战略**(dominated strategy)。所谓劣战略是指不论对手选择什么,自己都不会选择的战略。在智猪博弈中,对于参与人小猪来说,“按”就是它的一个劣战略。因为,无论大猪按还是不按,对于小猪,按都不是它的最好选择。因此,如果大猪知道小猪是理性的,就可以把“按”这一战略从小猪的战略集合中去掉。大猪现在面对的博弈如图 2-6 所示:

小猪

	按	不按
大猪　按		3,3
大猪　不按		0,0

图 2-6　剔除小猪劣战略后的智猪博弈

这时,对于大猪来说,“不按”也变成劣战略了,他也不会使用这一战略。因此,我们可以把这一劣战略再从大猪的战略集合中去掉,得到图 2-7 所示的结果:

小猪

	按	不按
大猪　按		3,3
大猪　不按		

图 2-7　再剔除大猪劣战略后的智猪博弈

这样一来,我们得到了唯一的最优战略组合是:大猪按,小猪不按。这就是大小猪博弈的战略均衡。寻找这个博弈的均衡的进程,是相继剔除劣战略的过程。所以,这个均衡被称为"**重复剔除占优战略均衡**"(iterated dominance equilibrium)。

智猪博弈的均衡解在现实中有许多应用。比如说,股份公司中,股东承担着监督经理的职能,但股东中有大股东和小股东之分,他们从监督中得到的收益并不一样。监督经理需要搜集信息,花费时间。在监督成本相同的情况下,大股东从监督中得到的好处显然多于小股东。这里,大股东类似"大猪",小股东类似"小猪"。均衡结果是,大股东担当起搜集信息、监督经理的责任,小股东则搭大股东的便车。股票市场上炒股票也是如此。股市上有庄家和散户。庄家类似"大猪",散户类似"小猪"。这时候,"跟庄"是散户的最优选择,而庄家则必须自己搜集信息,进行分析。

市场中大企业与小企业之间的关系也存在类似的问题。进行研究开发,为新产品做广告,对大企业来说是值得的,对小企业来说则可能得不偿失。所以,大企业往往负责创新,而小企业把精力花在模仿上。[1]

国际范围的反恐怖主义的活动也类似一个智猪博弈。在全球化时代,恐怖主义已成为一种国际现象,伤害所有的国家。但反恐的成本是很高的,小国尽管也不喜欢恐怖分子,但他们也没有积极性反恐。所以,国际反恐中,一定是大国承担更大的责任(人力、物力),小国搭便车。即大国扮演大猪的角色,小国扮演小猪的角色。随着中国的崛起,国际社会要求中国承担更大的责任,也是这个道理。

国际反恐可以理解为国际范围的公共产品。前面讲公共产品的生产是一个囚徒困境博弈,事实上有些公共产品的生产类似智猪博弈,因为受益者是不对称的,有人受益大,有人受益小。在这种情况下,受益大的人可能有积极性私人生产公共产品,如过去农村一些大户人家就负责本村道路的维修。这也就是说,并不是所有的公共产品都需要政府提供。[2]

社会改革中也有类似的情况。同样的改革给一部分人带来的好处可能比另一部分大得多。这时候,前一部分人比后一部分人更有积极性改革,改革往往就是由这些"大猪"推动的。如改革能创造出更多的"大猪"来,改革的速度就会加快。

---

[1] 当然,也有许多技术创新来自小企业。这种现象在"创造性毁灭"的创新中尤为突出,因为大企业存在"锁定效应",不愿革自己的命。

[2] 有关公共产品私人生产的经典案例有许多,参阅 Coase(1974)关于灯塔的故事,Klein(1990)关于美国早期收费公路的研究。

3.2　理性作为共同知识

分析智猪博弈是一个重复剔除劣战略的过程。具体来说,首先在整个博弈当中,找出某一个参与人的劣战略,把它剔除掉;然后再在剩下的博弈中再找出劣战略并将其剔除;不断进行下去,如果剔除到最后只留下一个战略组合,那么这个战略组合就是我们说的重复剔除占优均衡。这种情况下,我们说这个博弈是重复剔除占优可解博弈。

我们已经看到,预测这样的博弈中每个人会选择什么,我们需要对参与人的理性程度做出更高的要求,仅仅假定每个参与人都是理性的并不能告诉我们均衡结果是怎样的。比如,在智猪博弈中,除了假定大猪和小猪都是理性的外,我们至少还得假定大猪知道小猪是理性的。小猪是理性的,意味着小猪不会选择按。但如果大猪不知道小猪是理性的,大猪仍然不知道如何选择。

但这个博弈对理性程度的要求仍然是很低的,我们甚至不需要假定小猪知道大猪是理性的,因为不论大猪是否理性,小猪都知道自己的最优选择是不按。在许多博弈中,即使假定每个参与人知道其他参与人是理性的,仍然不能告诉我们参与人会如何选择。

为此,我们需要引入**理性共识**(common knowledge of rationality)的概念,并定义零阶(zero-order)、一阶(first-order)、二阶(second-order),直至无限阶次的理性共识。零阶理性共识:每个人都是理性的,但不知道其他人是否理性;一阶理性共识:除了要求每个人都是理性的,还要求每个人都知道其他人是理性的;二阶理性共识则需要在满足一阶的基础上更进一步:首先每个人是理性的,同时每个人知道其他人是理性的,并且每个人知道其他人知道自己是理性的;依次类推,N 阶理性共识,直至无穷阶次的理性共识。[①]

一般讲的理性共识是无穷阶次的理性共识。打个比方,类似一个人前后各有一面镜子,镜子里有无穷个映像。这是博弈论中的一个基本假设,但现实很少达到,这是博弈分析的结果与现实有偏离的一个重要原因。生活中之所以有计谋,就是由于参与人不满足理性共识的要求,否则,博弈的结果是任何人都可以预测的,任何计谋都不可能得逞。比方说,乙很聪明,甲也知道乙很聪明,但是乙不知道甲知道乙很聪明,这种情况下,乙出个计谋骗甲,甲"将计就计",最后获胜的反倒是甲。[②] 如果乙知道甲知道乙很聪明,乙就知道任何计谋都会被

[①]　参阅 Heap and Varoufakis (1995),第 44 页。
[②]　在《三国演义》里,诸葛亮很谨慎,司马懿知道诸葛亮很谨慎,诸葛亮也知道司马懿知道诸葛亮很谨慎,但司马懿不知道诸葛亮也知道司马懿知道诸葛亮很谨慎,于是,诸葛亮将计就计,利用比司马懿高一阶的理性共识玩了空城计,取得了胜利。

甲识破,乙就不可能有机会被"将计就计"。田忌赛马的故事中,齐王的上中下三匹马均好过田忌的上中下三匹马,但田忌用下马对齐王的上马,上马对齐王的中马,中马对齐王的下马,结果田忌以2:1获胜。容易看出,田忌之所以能获胜,就是因为齐王不知道田忌聪明,或者说齐王太傻。如果齐王足够聪明的话,只要要求田忌先出马(齐王应该有这个权力),齐王一定可以3:0获胜。

尽管很少有人能达到无穷阶理性共识,但像齐王这么"傻"的人也不多。为了说明理性共识在重复剔除中的重要性,考虑如图2-8所示的博弈。在该博弈中,每个人都有三个选择。参与人R的选择为R_1,R_2,R_3;参与人C的选择标记为C_1,C_2,C_3(以后会经常用R表示行,C表示列)。

参与人C

	C_1	C_2	C_3
R_1	10,4	1,5	98,4
R_2	9,9	0,3	99,8
R_3	1,98	0,100	100,98

参与人R

图2-8 高阶理性共识与重复剔除占优策略

直观看这个博弈,最诱人的结果是(R_3,C_3)。但如果每个人都是理性的,(R_3,C_3)并不会作为均衡结果出现。对此,我们可以分析双方的最优选择。

先考虑R的选择。如果C选择C_1,R的最优选择是R_1(10>9>1);如果C选择C_2,R的最优选择仍然R_1(1>0);如果C选择C_3,R的最优选择是R_3(100>99>98)。也就是说,无论C选择什么,R都不会选择R_2。R_2是R的劣战略。

再来看C的选择。如果R选择R_1,C的最优反应是选择C_2(5>4);如果R选择R_2,C会选择C_1(9>8>3);如果R选R_3,C将选择C_2(100>98)。因此,不论R选择什么,理性的C都不会选择C_3。C_3对C是一个劣战略,也会被剔除掉。

这样,只要每个参与人都是理性的(零阶理性共识),R_2和C_3就不会被选择。进一步,如果R知道C是理性的,他就知道理性的C不会选择C_3,R也就不会选择R_3,因为R选择R_3的唯一理由是C会选择C_3。类似地,如果C知道R是理性的,他就知道理性的R不会选择R_2,C也就不会选择C_1,因为C选择C_1的唯一理由是R会选择R_2。也就是说,只要每个参与人满足一阶理性共识,R的最优选择是R_1,C的最优选择是C_2,分别得到1和5的支付。显然,战略组合(R_3,C_3)帕累托优于(R_1,C_2),也就是说,对每个人更好。但如果每个参与满足一阶理性共识的要求,(R_3,C_3)就不会作为均衡结果出现。

一阶理性只要求每个参与人知道别人也是理性的,这个要求看上去并不是不现实的,毕竟,在现实中,我们一般不会假定别人比自己傻。但也许正因为我们都不傻,也知道别人也不傻,我们才经常干傻事(从结果看),真是聪明反被聪明误。

当然,聪明人并非总是干傻事。考虑如图2-9所示的博弈。

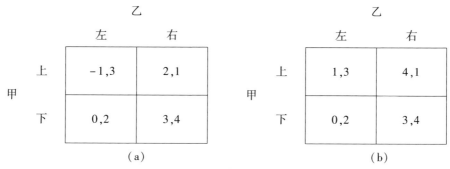

图 2-9 好事变坏事

首先考虑图2-9(a)中的博弈。甲肯定不会选择"上",因为0 > -1(乙选"左"时),3 > 2(乙选"右"时),意味着选择"下"总比选择"上"好。乙知道甲是理性的,知道甲不会选择"上",那么他应该选择的是"右",因为4 > 2。所以(下,右)是一个均衡。在所有4个可能的结果中,(下,右)是帕累托最优的,对双方都是最好的结果。

如果这个博弈的支付稍作修改,甲选择"上"时的收入都增加两个单位,分别从 -1 变成1,由2变成4,其他的保持不变,如图2-9(b)所示。直观看,这也许是一件好事,毕竟,双方的处境都没有比原来的博弈下变坏。但很不幸,在新的支付下,甲不会选择"下",因为"上"是其最优战略。知道甲将选择"上",乙的最优反应是选择"左"。这时的均衡结果是(1,3)。

从均衡的结果来看,"好事"变成了"坏事"。这个假想的例子也许反映了现实中的一些情况。比如有时候,市场需求扩大,对在位企业来说并不一定是"好事"。在市场规模很小时,别的企业不敢进入,在位的企业往往能够盈利。但市场扩大了之后,其他企业就会进来,竞争使得在位企业的利润反而减少。另一个可能的情况是政府提高最低工资标准对雇员的影响。如果我们把上述博弈中的甲解释为雇员,可以选择"不努力"(上)或"努力"(下);将乙解释为雇主,可以选择"不雇用"(左)或"雇用"(右)。那么,第一种情况可以理解为在没有最低工资法或最低工资很低的时候,雇员的最优选择是努力,雇主的最优选择是雇用,分别得到 3 和 4 的支付。第二种情况可以解释为,当政府实施最低工资法或提高最低工资标准时,雇员的最优选择是不努力,雇主的最优选择是不雇用,分别得到 1 和 3 的支付,双方的处境都变坏了。

在上述博弈中,只要参与人满足一阶理性共识,我们就知道博弈的均衡结果是什么。但在有些博弈中,满足一阶理性共识并不能告诉我们参与人会如何选择。考虑图 2-10 中的例子,每个参与人都有四个选择[1],仍假定理性是共同知识。

参与人 C

		C_1	C_2	C_3	C_4
参与人 R	R_1	5,10	0,11	1,20	10,10
	R_2	4,0	1,1	2,0	20,0
	R_3	3,2	0,4	4,3	50,1
	R_4	2,93	0,92	0,91	100,90

图 2-10 多阶理性共识

首先看 R 的选择:如果 C 选择 C_1,R 应该选择 R_1[2];如果 C 选 C_2,则 R 应该选择 R_2;类似地,C_3、C_4 对应的最优反应分别是 R_3、R_4。显然,R 的任何一种选择都是理性的,具体依赖于他如何判断 C 的选择。

再来看 C 的选择:如果 R 选择 R_1,C 会选择 C_3;如果 R 选择 R_2,C 会选择 C_2。R_3、R_4 对应的最优反应分别是 C_2、C_1。

在这个博弈里,无论 R 选择什么,C 都不会选择 C_4,即 C_4 是 C 的劣战略。如果 R 知道 C 是理性的,R 就不再会选择 R_4,因为 R 选择 R_4 的唯一理由是 C 会选择 C_4,现在 R 知道理性的 C 不会选择 C_4,故也不会选择 R_4。

进一步,我们知道,C 选择 C_1 的唯一理由是 R 选择 R_4。如果现在 C 知道 R 不会选择 R_4,C 就不会选择 C_1。所以可以进一步剔除 C_1。同样的道理,接下来,R 会剔除 R_1。同理可以再依次剔除 C_3 和 R_3。最后只剩下 (C_2,R_2),双方的收益均为 1,这就是前述讲到的重复剔除占优均衡。可以看到,重复剔除占优均衡的求解是根据理性共识一步一步地剔除劣战略,最后得到唯一的均衡结果。

---

① 注意,并不是说博弈里边每一个人都有一样多的选择,有时候可能某个人只有三种选择,对方会有四种。只是本例中双方都是四种选择的博弈。

② 给定对方的选择,参与人的最优反应,在其下方划线表示,下同。

一般来说,博弈中参与人的选择越多,对理性共识的要求就越高。

实际上,求解这个均衡要求五阶理性共识:

零阶理性共识:C 是理性的,这意味着他不会选择 C_4;

一阶理性共识:R 知道 C 是理性的,这意味着他知道 C 不会选 C_4,故自己也不会选择 R_4;

二阶理性共识:C 知道 R 知道 C 是理性的,这意味着 C 知道 R 将不会选 R_4,故自己不应该选择 C_1;

三阶理性共识:R 知道 C 知道 R 知道 C 是理性的,这意味着 R 知道 C 不会选 C_1 了,故自己不应该选择 R_1;

四阶理性共识:C 知道 R 知道 C 知道 R 知道 C 是理性的,这意味着 C 现在知道 R 不会选 R_1 了,故自己不应该选 C_3;

五阶理性共识:R 知道 C 知道 R 知道 C 知道 R 知道 C 是理性的,这意味着 R 知道 C 不会选 C_3 了,故自己不应该选 R_3。

经过上述推理,最后的结果将是 R 选择 R_2,C 选择 C_2。

这样的一个推理过程可能让读者已经都晕倒了。这说明理性共识对于求解和预测一个博弈要求非常高,现实中参加博弈的参与人很难达到这一要求。这也是我们前面提到的很多时候博弈论的理论预测结果和现实中实际结果会有差异的一个主要原因。

第四节　纳什均衡与一致预期

4.1　纳什均衡

更为麻烦的是,有些博弈中,即便参与人的理性共识再高,我们也不可能用重复剔除劣战略的方法求解。考虑如图 2-11 所示的博弈:

参与人 C

		C_1	C_2	C_3
参与人 R	R_1	0,4	4,0	5,3
	R_2	4,0	0,4	5,3
	R_3	3,5	3,5	6,6

图 2-11　可理性化策略

　　首先考虑参与人 R 的选择：如果 C 选择 C_1，R 的最优选择是 R_2；如果 C 选择 C_2，R 的最优选择是 R_1；如果 C 选择 C_3，R 的最优选择是 R_3。

　　再来看参与人 C 的选择：如果 R 选择 R_1，C 就选择 C_1；如果 R 选择 R_2，C 会选择 C_2；如果 R 选择 R_3，C 会选择 C_3。

　　也就是说，在这个博弈中，每个参与人都可能选择三个战略中的任何一个，依赖于他如何判断对方的选择，没有绝对意义上的劣战略。所以，这个博弈不能用剔除劣战略的方法求解。

　　这个博弈当中，任何一个战略都可以**理性化**（rationalization）。也就是说，参与人选择任何一个战略都满足理性共识。比如，参与人 R 选择 R_1 就满足理性共识：如果 R 相信 C 会选择 C_2 的话，R 选择 R_1 就是合理的。但问题是，为什么 R 认为 C 会选择 C_2 呢？显然，如果 R 认为 C 认为 R 会选择 R_2 的话，那么，C 选择 C_2 就是合理的。再进一步，为什么 C 会相信 R 会选择 R_2 呢？如果 R 认为 C 认为 R 认为 C 会选择 C_1 的话，那么 R 当然会选择 R_2。为什么 C 认为 R 相信 C 会选择 C_1 呢？因为 R 认为 C 认为 R 认为 C 认为 R 会选择 R_1。由此，经过这样几个一、二、三、四阶的理性共识，可以证明 R 选择 R_1 是合理的。

　　可见，在这个博弈中，从自身的角度看，每个参与人选择任何战略都可以是合理的。但是，上述的理性化推理包含了**信念**（belief）的不一致，或者说误解。R 选择 R_1 的理由是他预测 C 会选择 C_2，他之所以相信 C 会选择 C_2 是因为他认为 C 以为他会选择 R_2，而事实上他将选择的是 R_1。如果 C 知道 R 会预测自己选择 C_2，C 当然不会选择 C_2 了；如果 R 知道 C 知道 R 会预测 C 选择 C_2，R 反倒没有理由再选择 R_1 了。这就是信念（预测）的不一致。

　　上述博弈有 9 个可能的战略组合，其中只有（R_3，C_3）——R 选择 R_3，C 选择 C_3——满足一致预期：如果 R 预期 C 会选择 C_3，R 的最优选择是 R_3；如果 C 知道 R 预测自己会选择 C_3，C 就确实会选择 C_3；如果 R 知道 C 知道 R 预测 C 会选择 C_3，R 就确实应该选择 R_3。这里，每个人对别人的行为的预期都是正确的。[①]

　　由此我们引出一个非常重要的概念：**纳什均衡**。

　　所谓纳什均衡（Nash equilibrium），是所有参与人的最优战略的组合，给定

① 这是一种**相互一致性信念**（consistently aligned beliefs，简写 CAB）。我们需要区分博弈中的两种信念：相互一致性信念和**内在一致性信念**（internally consistent beliefs）。前者要求每个参与人对别人的行为的预期都是正确的。后者是说，参与人有合理的理由认为别人会做出何种选择。根据相互一致性预期，如果两个理性的人有相同的信息，那么他们就一定会得出相同的推断或相同的结论，或者说理性的人不会从相同的信息当中得出不同的结论。这正是 2005 年诺贝尔经济学奖获得者罗伯特·奥曼"理性的人不会同意他们不同意"（rational agents cannot agree to disagree）的含义。参阅 Aumann（1976）；另参阅 Heap and Varoufakis（1995），第 2 章第 2.4 节。

这一组合中其他参与人的选择,没有任何人有积极性改变自己的选择。比如,战略组合(R_3,C_3)就是一个纳什均衡。在这个组合中,给定 C 选择 C_3,R 的最优选择是 R_3;同样,给定 R 选择 R_3,C_3 也是 C 的最优选择。它们是相互一致的(mutually consistent),互为最优的,故构成一个纳什均衡。①

　　纳什均衡有一个很重要的特点,即信念和选择之间的一致性。就是说,基于信念的选择是合理的,同时支持这个选择的信念也是正确的。纳什均衡也可以说是可以自我实施(self-enforcement)的,也就是说,如果所有人都认为这个结果会出现,这个结果就真的会出现(可以检查一下博弈中的所有组合,只有纳什均衡能满足自我实施的条件)。

　　现在我们换一个角度来理解纳什均衡:假如在博弈之前,所有的参与人达成一个协议。我们的问题是:在不存在外部强制执行的情况下,每一个人是否有积极性去自觉遵守这个协议?如果每个人都有积极性遵守这个协议,这个协议就构成一个纳什均衡。也就是说,给定这个协议,别人遵守的情况下,没有人会有积极性选择不同于这个协议的行动,这个协议就是一个纳什均衡。

　　以如图 2-12 所示博弈为例。假如 R 和 C 要签合同,表中的每一个战略组合都可以看成一个潜在的合同。例如,(R_1,C_1)指合同规定 R 选择 R_1,C 选择 C_1;类似地,(R_1,C_2)指合同规定 R 选择 R_1,C 选择 C_2;如此等等,总共有 9 个可能的合同。那么,这 9 个合同中,哪一个(些)能得到自觉遵守呢?

参与人 C

	C_1	C_2	C_3
R_1	<u>100</u>,<u>100</u>	0,0	50,<u>101</u>
R_2	50,0	<u>1</u>,<u>1</u>	60,0
R_3	0,<u>300</u>	0,0	200,200

参与人 R

图 2-12　合同的自我实施

　　只有(R_2,C_2)这个合同会得到自觉遵守,因而是一个纳什均衡。其他的合同,至少有一人是不会遵守的。如(R_2,C_3),即使对方遵守,自己也不会遵守;再如(R_3,C_1),虽然给定 R 遵守的情况下,C 会遵守,但即使 C 遵守,R 也不会遵守,因为选择 R_1(不遵守)比选择 R_3(遵守)可以得到更高的报酬。所以这两个

---

① 纳什均衡是约翰·纳什在 1951 年的论文中给出的均衡概念。

组合都不是纳什均衡。类似地,容易证明,除(R_2,C_2),其他 6 个组合也不是纳什均衡。这就是纳什均衡的哲学含义。这一含义提醒我们,如果一个合同(包括制度)不是纳什均衡,就可能得不到所有人的自觉遵守。

纳什均衡可以把前面讲的占优均衡和重复剔除的占优均衡概念统一起来。占优均衡和重复剔除的占优均衡都是纳什均衡,但反之不成立。如因徒困境博弈中双方都选择不合作就是一个纳什均衡;智猪博弈中"大猪按、小猪不按"也是一个纳什均衡。但上例中的(R_2,C_2)不是占优均衡,也不是重复剔除的占优均衡。由于占优均衡只要求参与人自己是理性的,不要求参与人知道其他参与人也是理性的,重复剔除的占优均衡只要求有限阶的理性共识,占优均衡和重复剔除的占优均衡比非占优的纳什均衡更容易在现实中发生。

4.2 应用举例:寻租行为和产权制度

纳什均衡概念作为博弈分析最重要的概念,对于我们研究和理解制度和许多经济社会现象非常重要。一个制度即使对所有人都不好,但如果它是一个纳什均衡,就仍然会持续存在。反之,一个制度即使听起来很好,但如果它不是一个纳什均衡,就不可能得到所有人的自觉遵守。特别是,如果我们的社会要从囚徒困境中走出来,就必须有办法使每个人选择合作成为一个纳什均衡。这就是为什么诺贝尔经济学奖得主迈尔森(Myerson,1999)认为,发现纳什均衡的意义可以和生命科学中发现 DNA 的双螺旋结构相媲美的原因。

纳什均衡是一个分析工具,本身不包含价值判断。在以后的章节中我们会经常应用这个概念分析各种规章制度和政策。这里我们先举几个例子说明纳什均衡是一个多么有力的分析工具。

20 世纪 90 年代的中国股票市场上,很多企业不断地通过配股来实现寻租。这可以理解为经理人给股东设计的一个囚徒困境博弈。设想某企业现在的价值是 100 元,发行在外的流通股有 100 股,因此每股的价格是 1 元(假定股票价格准确反映了企业的真实价值)。现在假定经理要筹集 100 元钱,但是投资之后价值只有 50 元。从股东的利益讲,这 100 元是不应该筹集的,但经理人出于控制权或个人享受的目的有积极性这样做。如果股东很分散,假设有 100 个股东每人持 1 股,对经理缺乏约束力。现在经理人做出一个配股决策,1 配 4,配股价是每股 0.25 元。这样,如果配股完成,就筹集到 100 元的资金。问题是,股东愿意接受配股吗?如果某一股东不接受配股,他原本持有的 1 股在配股之后价值就由原来的 1 元变为 0.3 元(即公司总价值 150 元——原始价值 100 元加上新增价值 50 元,除以配股后总股数 500 股);如果股东接受配股,他持有的份额变成 5 股,仍为总股本的百分之一,那么,他的股票价值是 150 元的百分之一，即 1.5 元。他多花 4×0.25=1 元的代价，多得到 1.2 元（=1.5-0.3）的总价值，显然，所有股东都接受配股是一个纳什均衡。经理人如愿以偿，但股东集体损失 50 元。对全体股东有害的事情之所以能做成，是因为经理人配股方案的设计使得股东陷入囚徒困境。如果配股方案是 1∶1，每股 1 元，股东就不会接受配股，因为不接受配股最多损失 0.25 元（配股后每股价变成 0.75 元），接受配股的损失是 0.5 元。这个例子也说明，企业的配股价比市场价越低，配股越有可能是经理人的寻租行为，而不是出于股东利益的考虑。即使我们假定经理人是大股东，只要他在控制权上的利益大于股权上的利益，这个结论也不会改变。

社会上的很多其他制度也是如此。以社会保险为例，假设职工应得工资为每月 1 万元，政府扣下 1 000 元作为社会保险金，发给职工 9 000 元。然后，如果该职工参加社会保险，个人交纳 1 000 元保险费，政府配比 1 000 元，合在一起构成个人账户上的保险金，总共就是 2 000 元。但由于社会保险资金管理不善，等到领退休金的时候，政府管理的 2 000 元已经变成 1 500 元。显然，如果 1 万元工资全额发放，职工最好的选择是不参加保险，自己管好自己的钱。但是现在，由于政府扣下了 1 000 元，某职工若不参加保险，这部分钱就会白白损失；如果参加，自己再交上 1 000 元，还可以拿回来 1 500 元，参加保险还是比不参加保险好。这就是政府给老百姓设计出的囚徒困境博弈，它使每个职工都不得不"自愿"参加社会保险。当然在现实中，当政府管理的保险金不够支付时，通常会用印票子或增加税收的办法补充保险金，而不是减少退休金的办法。但出于这个原因而印票子和征税本身，也不过是政府设计的一个囚徒困境博弈。

前面两个例子是企业经理人和政府如何通过制度设计使股东和老百姓面临囚徒困境博弈。幸运的是，社会也可以通过所有权的配置与等级结构的设计走出合作中的囚徒困境。考虑图 2-13 所示的团队生产的囚徒困境问题。

图 2-13 团队生产的囚徒困境博弈

在这个例子中,如果甲、乙两个人都选择努力工作,各得 6 的支付,是帕累托最优的。但由于囚徒困境问题,每个人的占优战略都是偷懒,所以,这个博弈的纳什均衡是两个人都偷懒,结果每个人只能得 2。如何解决团队生产中的偷懒问题?1972 年,两位美国经济学家,阿尔钦和德姆塞茨(Alchian and Demsetz,1972)在《美国经济评论》上发表了《生产、信息成本和经济组织》一文,提出了解决方案:使其中一人成为所有者,另一人变成雇员,让前者监督后者。具体来说,原本这个组织的参与者甲和乙是平等的成员,所以大家都会偷懒。现在假设对所有权进行调整,甲来监督乙,并根据乙的表现对其实施奖惩。如果乙不偷懒,将得到 6 的效用;如果乙偷懒,只能得到 4 的效用。那么乙会有激励努力工作。这时,伴随出现的另一个问题是,甲为什么有积极性监督乙呢?也就是说,谁来监督监督者?很简单,就是使甲成为这个企业的所有者,乙创造的剩余价值属于甲。这样,如果甲和乙都努力工作,每人得到 6;如果乙工作,甲偷懒,甲只能得到 2;如果乙偷懒,但甲疏于监督,甲也只能得到 2(如图 2-14 所示)。这样,甲和乙都有积极性努力工作。在这个意义上说,所有权解决了团队生产中的囚徒困境问题。

雇员

	工作	偷懒
工作	6,6	4,4
偷懒	2,6	2,2

(老板)

图 2-14 所有权解决囚徒困境

4.3 混合策略下的纳什均衡

在前面的例子中,每个参与人的最优行动是确定的。但在有些博弈中,参与人的最优选择不是一个确定的行动或战略。比如在如图 2-15 所示的喝酒划拳博弈中,每个人都有四个选择(老虎、鸡、虫、杠子),如果一个人总是选择相同的招数(如老虎),那他一定会输得一塌糊涂。

乙

甲	老虎	鸡	虫	杠子
老虎	0,0	1,−1	0,0	−1,1
鸡	−1,1	0,0	1,−1	0,0
虫	0,0	−1,1	0,0	1,−1
杠子	1,−1	0,0	−1,1	0,0

图 2-15　划拳博弈

　　这个博弈没有纳什均衡。比方说,如果一方知道对方要出老虎,自己最好出杠子;但是对方知道你出杠子的话,他最好是出虫;你知道对方出虫,最好又是出鸡;如果对方知道你出鸡,他最好是出老虎。这样循环,没有前面讲的纳什均衡结果。①

　　现在我们引入另外一个概念:**混合战略纳什均衡**(mixed strategy Nash equilibrium)。前文讲的纳什均衡,指的是**纯战略**(pure strategy)纳什均衡,即确定地选择某一特定的战略,如果两个战略互为最优,就是一个(纯战略)纳什均衡。显然,图 2-14 中的例子没有纯战略纳什均衡。与纯战略相对应,混合战略是指,参与人以某一概率随机地选择某一行动。比如在划拳博弈中,每个参与者的最优选择一定是要随机地出招,从而使对方无法猜测到自己要出什么。容易看出,在这个例子里,每个人的最优战略是以四分之一的概率随机地选择老虎、鸡、虫、杠子中的任何一个(类似于从分别写有老虎、鸡、虫、杠子的四个纸团中随机抽取,抽到什么就出什么),这构成一个混合战略纳什均衡,平均的支付都是零。

　　现在看一个混合战略纳什均衡的应用——监督博弈。比如工人选择是否偷懒,老板选择是否监管。如图 2-16 所示。如果工人偷懒,老板监督,老板得到1,工人就亏了1;如果工人偷懒,老板不监督,工人就赚了3,老板就亏了2;如果工人不偷懒,老板监督,他发现工人没有偷懒,还需要奖励,所以老板亏了1,工

---

　　① 这样的博弈有很多。比如乒乓球比赛就需要强调落点的变化,尽可能地不要让对方猜到已方的落点。

人赚了 2；如果工人不偷懒，老板也不监督，双方都得到 2。①

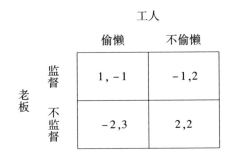

图 2-16　监督博弈

在这个例子中，员工不偷懒、老板不监督是最好的（总收益最大），但这不是一个纳什均衡。可以看出，如果员工不偷懒，老板应该不监督；但如果员工知道老板不监督，员工的最优选择应该是偷懒；如果老板知道员工偷懒，他又应该监督；而员工知道老板要监督，他肯定不偷懒；老板知道员工不偷懒，他最好又是不监督。这样，形成一个循环，因此，没有一个纯战略的纳什均衡。

参与人在这类博弈中的最优战略是以一定的概率随机地选择各个战略。假如老板认为员工偷懒的概率是 P，不偷懒的概率是 $1-P$，从老板的角度，监督的预期收益是

$$1 \times P + (-1) \times (1-P) = 2P - 1;$$

如果不监督，预期收益为

$$(-2) \times P + 2 \times (1-P) = 2 - 4P。$$

从员工的角度，员工不希望老板猜测到自己选择偷懒还是不偷懒，即要使老板的预期收益在监督与不监督之间没有区别，也就意味着两种预期收益应该相等：

$$2P - 1 = 2 - 4P，$$

即 $P = 1/2$。这时，员工选择以 $1/2$ 的概率偷懒，$1/2$ 的概率不偷懒，老板监督与不监督是一样的。

假如老板以 Q 的概率选择监督，$1-Q$ 的概率选择不监督，这时，从员工的角度，选择偷懒的预期收益是

$$(-1) \times Q + 3 \times (1-Q) = 3 - 4Q;$$

选择不偷懒的预期收益为

$$2 \times Q + 2 \times (1-Q) = 2。$$

---

① 监督博弈也可以描述税收机构与纳税人之间的博弈。纳税人可能逃税或者不逃税，税务机关可以检查或是不检查。

要使员工的选择在这两者之间无差异,则两者应相等,即

$$3 - 4Q = 2。$$

这意味着老板以 1/4 的概率监督,3/4 的概率不监督。

因此,混合战略纳什均衡是:员工以 1/2 的概率偷懒,1/2 的概率不偷懒;老板以 1/4 的概率监督,3/4 的概率不监督。

如果员工偷懒的概率小于 1/2,老板不监督的预期收益大于监督,最优选择应该是不监督;如果员工偷懒的概率大于 1/2,老板就应该监督。同样,对于员工而言,如果老板监督的概率小于 1/4,他会选择偷懒;而如果老板监督的概率大于 1/4,他就会选择不偷懒。

现在社会上逃税的现象十分普遍。那么,是利润高的企业逃税的可能性更大,还是利润低的企业逃税的可能性更大?直观地讲,你可能认为利润高的更可能逃税,因为逃税的好处大。但这个判断是错误的,因为你忽略了税务机关的反应。因为高利润企业逃税被抓到后可以开出更大的罚单,税务机关的反应是,越是利润高的企业,对其监管的力度也越大,最后的均衡结果是大企业反倒不敢逃税,小企业更可能逃税。这其实和做人是一样的,犯小错误的人可能很多,但犯大错误的人不是很多。因为犯小错误没人会理睬你,犯大错误则可能导致身败名裂,所以人们经常是小错不断,大错不犯。

在引入了混合战略后,纯战略纳什均衡也可以被叫做(退化)混合战略纳什均衡。[①] 纳什(1951)证明,所有的博弈都存在纳什均衡。每一个有限的博弈,至少存在一个纳什均衡,可能是纯战略的,也可能是混合战略的。下一章我们将看到,一个博弈可能会存在多个纳什均衡。而且一般来讲,纳什均衡都是奇数个,如果一个博弈存在两个纯战略纳什均衡,那么一定存在第三个混合战略纳什均衡。

需要指出的一点是,前面的讨论假定参与人是不会犯错误的。这个假设当然是有问题的。在有些情况下,如果犯错误的可能性很小,纳什均衡结果仍然是一个合适的预测。但在一些特殊情况下,即使小的错误也可能导致大的灾难(比如三峡大坝如果出问题的话,后果就非常严重),纳什均衡就可能不会产生有说服力的解释。现在看一个简单的博弈,其支付矩阵如图 2-17 所示。

---

① 比如,以 $P = 1$ 的概率选择偷懒,以 $P = 0$ 的概率选择不偷懒,我们就把它一般化了。

乙

	左	右
上	8,10	-1 000,9
下	7,6	6,5

甲

图 2-17　高风险与纳什均衡

图 2-17 所示的博弈中,(上,左)是一个纳什均衡。但实际决策中,参与人甲会选择"上"吗? 如果他 100% 地确认参与人乙会选择"左",其最优选择当然是"上",但如果哪怕有很小的概率(比如 1%)知道对方可能犯错误,即本想选择"左",但因为手的颤抖,选择了"右"①,则参与人甲有 99% 的可能性得到 8,1% 的可能性亏损 1 000,"上"就不是一个最优选择。即使对方以 0.1% 的概率犯错误,参与人甲的最优选择仍然是"下"。不论对方是否犯错误,选择"下"可以得到 7 或者 6,是一个安全的选择。这个例子说明,个体可能不像我们所假设的那样完全理性,在遇到高风险的情况下,人们会考虑风险,从而使得最终结果可能偏离纳什均衡战略。

本 章 提 要

博弈论的基本概念包括参与人、行动、信息、战略、支付、均衡和结果。每个参与人的目的是最大化自己的支付(收益),但他的支付不仅取决于自己的选择,也依赖于所有其他参与人的选择。所有参与人的最优选择构成一个均衡。博弈分析的目的是预测参与人的行为及其均衡结果。

一般来说,什么是一个人的最优战略,依赖于他相信其他参与人会选择什么战略。但在像囚徒困境这样的博弈中,个人的最优战略不依赖于他人的选择。这样的最优战略被称为"占优战略"。如果博弈中每个参与人都有占优战略,所有参与人的占优战略就构成一个占优战略均衡。在这种情况下,只要每个人都是理性的,我们就知道博弈的均衡结果是什么。

在囚徒困境博弈中,"不合作"是每个人的占优战略。囚徒困境意味着个人理性并不一定满足集体理性。其原因在于个人在决策时没有考虑自己行为的外部性。解决囚徒困境的出路不是否定个人理性,而是如何通过各种各样的制

---

① 就好像在穿针引线,手一颤抖,线就穿不进去了。

度设计达到个人理性与集体理性的统一,从而实现社会合作。

如果博弈没有占优战略均衡,仅仅假定参与人是理性的不足以预测参与人的行为。理性的参与人如何行为,依赖于他是否知道其他参与人也是理性的,甚至要知道其他参与人是否知道自己是否是理性的,等等。博弈论用"理性共识"来概括这种高阶理性的假设。完全的理性共识在现实中很难满足,但是一个非常有用的假设。

纳什均衡是博弈论最重要、最一般化的均衡概念。它是指所有参与人战略的这样一种组合:在这一组合中,给定其他参与人的战略,没有任何人有积极性改变自己的战略。换言之,构成纳什均衡的战略对每个人都是最优的。纳什均衡意味着,基于信念的选择是合理的,同时支持这个选择的信念也是正确的。所以,纳什均衡具有预测的自我实现的特征:如果所有人都预测这个均衡会出现,它就一定会出现。

换个角度讲,假定所有参与人事先达成一个协议,规定出每个人的战略。那么,如果给定其他人都遵守协议,没有任何一个人会违反协议,这个协议就是一个纳什均衡。反之,如果有任何人有积极性单方面背离这个协议,这个协议就不是一个纳什均衡。纳什均衡对我们理解社会制度(包括法律、政策、社会规范等)非常重要。任何制度,只有构成一个纳什均衡,才能得到人们的自觉遵守。纳什均衡不一定是帕累托最优的,但有效的帕累托最优只有通过纳什均衡才能实现。有效的制度设计,就是如何通过纳什均衡实现帕累托最优。

有些博弈不存在纯战略纳什均衡,但存在混合战略纳什均衡。混合战略指参与人随机地选择行动。本书中,除非特别说明,我们所讲的纳什均衡是指纯战略纳什均衡。

第三章

多重均衡与制度和文化

第一节 多重均衡问题

我曾经在课堂上做过这样一个实验:随机选择男女两位同学参加一个选数字的游戏。游戏的基本规则为:每一个同学随机地从 1 到 10 十个数字中任意选择 5 个。如果两人选择的数字没有任何重复的话,则每人可以得到 50 元;如果两人选择的数字中有任何重复,则两个人就什么都得不到。两个人同时选择,而且两个人之间不能进行交流。尽管实验重复了三次,比较遗憾的是两位同学没有从我的手里赢走 100 元钱。他们的选择结果如图 3-1 所示:

	女同学的选择	男同学的选择
第一次	1,3,5,7,9	6,7,8,9,10
第二次	1,2,3,4,5	2,4,6,8,10
第三次	1,2,3,4,5	2,4,6,8,10

图 3-1 男女同学选择结果

容易看出,他们之所以没有从我的手里赢到这 100 元钱,是因为他们的三次选择都不构成纳什均衡。但纳什均衡结果没有出现并不是这个博弈没有纳什均衡,恰恰相反,主要是因为这个博弈有太多的纳什均衡。给定女同学选择 1,2,3,4,5,男同学选 6,7,8,9,10,这会构成纳什均衡。同理,女同学选 6,7,8,9,10,男同学选 1,2,3,4,5;或者女同学选 1,3,5,7,9,男同学选 2,4,6,8,10;以及女同学选 2,4,6,8,10,男同学选 1,3,5,7,9;这些选择都是纳什均衡。实际上,这个博弈存在很多纳什均衡。[①]

在实际的社会生活中,我们经常会遇到这类情况,即不是不存在纳什均衡,而是存在太多纳什均衡,以至于我们很难预测哪个纳什均衡会出现。这就是博弈论中的**多重均衡**问题。[②] 下面,我们首先讨论五种典型的多重均衡博弈——产品标准化问题、交通博弈、约会博弈、资源争夺博弈和分蛋糕问题,并在此基础上分析制度和文化如何通过协调人们的预测而解决多重均衡问题。

1.1 产品标准化问题

许多产品存在一个**兼容性**(compability)问题,需要遵循某种特定的技术标准。如果标准多样,就会使使用效率降低,甚至根本没有办法使用。比如国内的电源插头和欧洲的电源插头不一样,去欧洲旅游需要携带转换插头。同样,如果你在日本买了一件电器,回国后直接插上电源使用,很可能就烧了,因为他们用的是 110 伏的电压,我们用的是 220 伏的电压。这就是产品的标准问题。

计算机软盘是计算机重要的外部设备,用于小文件的移动存储。曾经存在两种不同类型软盘:一类是面积大而容量小的 5.25 英寸软盘,一类是面积小而容量大的 3.5 英寸软盘。[③] 设想有两家生产计算机的企业,每个企业都可以选择生产内置不同软盘驱动器的计算机,它们的选择可能得到的结果如图 3-2 所示:

企业 2

	3.5 英寸盘	5.25 英寸盘
3.5 英寸盘	8,8	3,2
5.25 英寸盘	2,3	6,6

企业 1

图 3-2 产品标准博弈

① 利用排列组合的知识进行简单计算,我们知道这个实验存在的纳什均衡的个数为 C_{10}^5。

② Elster 认为,预测失败会在三种情况下出现:(1) 没有均衡;(2) 有太多的均衡;(3) 均衡不稳定。参阅 Elster (1989),第 8—11 页。

③ 此外还有市场上不多见的 8 英寸软盘。软盘的读写是通过软盘驱动器完成的。软盘驱动器设计能接收可移动式软盘。计算机行业的技术进步如此之快,我们今天已用 U 盘和移动硬盘代替了原来的软盘。

如果两家企业都生产带有5.25英寸软盘驱动器的计算机，每个企业的利润为6个单位；都生产3.5英寸的，每个企业的利润为8个单位；若一家生产5.25英寸的，另一家生产3.5英寸的，则生产3.5英寸的企业获得3个单位利润，而生产5.25英寸的企业获得2个单位利润。两家企业都希望生产同一类型的计算机，因为如果市场的计算机类型相同，无兼容性问题，消费者使用比较方便，购买意愿上升，企业利润也随之上升。

这个博弈中存在两个纳什均衡：两家企业都生产5.25英寸的和两家企业都生产3.5英寸的。[①] 但是在这两个纳什均衡中，有一个纳什均衡是帕累托最优的，就是都生产带有3.5英寸软盘驱动器的计算机。因为两家企业从都生产5.25英寸软盘驱动器的计算机转向都生产3.5英寸软盘驱动器的计算机，利润都增加2个单位。这一均衡对所有人都有利的，参与人比较容易协调相互的预期。

1.2 交通博弈

交通问题是我们最常见的问题，我们在第一章中已经讨论过，为了讨论的方便，我们在这里重述一遍。在马路上甲、乙两人相向行走或者甲、乙两车相向行驶，此时就面临两种选择：靠左行还是靠右行。两种选择的可能的结果如图3-3所示：

<table>
<tr><td></td><td></td><td colspan="2">乙</td></tr>
<tr><td></td><td></td><td>靠左行</td><td>靠右行</td></tr>
<tr><td rowspan="2">甲</td><td>靠左行</td><td>1, 1</td><td>−1, −1</td></tr>
<tr><td>靠右行</td><td>−1, −1</td><td>1, 1</td></tr>
</table>

图3-3 交通博弈

如果甲乙两个人都靠左行，顺利通过，各自得到1个单位效用；每个人都靠右行也顺利通过，各自也得到1个单位效用；如果一个靠左一个靠右，这两个人撞到一起，每个人都得到 −1 单位的效用。在这个博弈中，存在两个纳什均衡：都靠左行或者都靠右行。但这两个纳什均衡给参与人带来的报酬都是相同的，

---

① 根据纳什(1951)的结论，如果一个博弈存在两个纯战略纳什均衡，必然有一个混合战略纳什均衡。本书中我们一般不讨论混合均衡。

没有人严格偏好其中一个纳什均衡。因此,尽管这种博弈存在多重均衡问题,但是参与人之间无任何利益冲突,参与人之间的协调也比较容易。

1.3　约会博弈

　　一对男女朋友周末约会,他们可以去看芭蕾舞表演,也可以去看足球比赛。他们选择的可能的结果如图 3-4 所示:

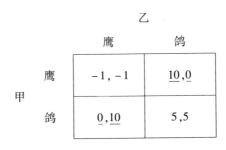

图 3-4　约会博弈

　　如果两个人都去看芭蕾舞表演,男的得到 1,女的得到 2;如果两个人都看足球比赛,男的得到 2,女的得到 1;如果一个去看芭蕾,一个去看足球,两个人什么都得不到。在这个博弈中,两个人都喜欢在一块儿,有着共同利益,但两者间又有一定的冲突。男的喜欢看足球比赛,女的喜欢看芭蕾舞。这个博弈也有两个纳什均衡:都去看足球,或者都去看芭蕾。但每一方偏好不同的纳什均衡,协调就不像交通博弈那样容易了。

1.4　资源争夺博弈

　　资源争夺博弈描述两个人在争夺某一有限的资源,这里的资源可能是领土、财产、市场、国际关系中的领导权,等等。每个人都有两个选择:一是"鹰",代表强硬,不妥协;一是"鸽",代表温和,代表妥协让步。这个博弈的基本结构如图 3-5 所示:

乙

	鹰	鸽
甲　鹰	−1, −1	10,0
甲　鸽	0,10	5,5

图 3-5　资源争夺博弈

如果一方强硬另一方让步,强硬方可以得到10,而让步的得到0;如果双方都强硬,则争得两败俱伤,各得 – 1;如果双方都让步,则各得5。

这个博弈有两个纳什均衡:一方选择强硬,另一方选择让步。也就是说,如果预测对方会选择鹰战略,自己的最好选择是鸽战略;如果预测对方会选择鸽战略,自己的最好选择是鹰战略。显然,这里存在严重的利益冲突,不同的纳什均衡代表不同的输赢,每一方都希望自己是赢家。由于这个原因,现实中出现的往往是两败俱伤(即双方都选择“鹰”),而不是纳什均衡(即一方选择“鹰”,另一方选择“鸽”)。

1.5　分蛋糕问题

设想两人要分一单位的蛋糕,每人各自提出自己要求的份额。如果两个人要求的份额之和等于或小于1,每个人获得自己要求的份额;如果两个人要求的份额之和大于1,两个人都得到0。在这个博弈中,只要两个人要求的份额之和等于1,则必然是一个纳什均衡。比如说,给定对方要求0.9的份额,自己的最好选择是0.1;给定对方要求0.1,自己的最好选择是0.9;如此等等。在图3-6中,我们以 x_1 代表第一个人要求的份额,以 x_2 代表第二个人要求的份额,所有满足 $x_1 + x_2 = 1$ 线上的点都是纳什均衡。但这条线以内和以外的点不是纳什均衡,比如说,两人都要求0.4不是纳什均衡,因为如果第一个人要求0.4,第二个人的最优选择是0.6,而不是0.4。

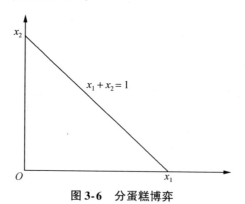

图3-6　分蛋糕博弈

也就是说,这个博弈存在无数个纳什均衡,不同的纳什均衡代表不同的利益分配,参与人利益完全对立。一个人分得的蛋糕增加,则另一个人分得的蛋糕必然减少,而且增加额就等于减少额。尽管如此,与资源争夺博弈不同的是,这个博弈包含一些相对公平的纳什均衡,如每人选择0.5,或者一个人得到0.45,另一个人得到0.55。由于这个原因,在现实中,这种相对公平的纳什均衡更可能出现。

第二节　聚点均衡和均衡选择

如果一个博弈存在多个纳什均衡,仅仅利用理性是无法预测人们行为的。此时,人们如何协调各自的预期,形成预期的一致性,是博弈中预测人们行为的关键所在。

协调人们的预期必须依赖一些具体因素,如社会规范和法律。尽管博弈论专家和经济学家利用抽象的数字和模型来模拟人们的互动行为已经取得丰硕成果,但是有些东西是无法数字化的,如文化、教育和经历。而这些东西可能是协调人们预期的关键因素。所以,我们预测人们行为时,必须在抽象模型中重新适当引入一些无法数字化的要素。

对此,我个人也是深有体会的。在三年前的一次博弈课堂中,我做了一个类似分蛋糕的实验。我拿出 100 元钱,让两个同学各自写出自己要求的钱数。如果两个人要求的钱数之和小于或等于 100 元,每个人获得自己要求的钱;如果大于 100 元,什么都得不到。有一个同学写 90 元,另一个同学写 50 元,因此他们什么也没得到。第一印象是第一个同学太贪婪了。但是事实与此相反,他是不希望我这个老师付出这 100 元钱,所以故意提出很高的要求以使纳什均衡不会出现。但是,他又误解我了。我上课的目的并不是要省 100 元钱,而是希望通过具体例子让大家更好地理解理论。从这个简单的例子中,可以发现现实中人们的行为是非常复杂的,不考虑具体因素,往往不能准确地预测人们的行为。这个例子也说明,有时候博弈的参与人包括哪些人也不是很清楚的。我做这个实验是设想博弈是在两个同学之间进行,但第一个同学在做决策时事实上把我这个老师也当做参与人了。

2.1　聚点均衡

在多重均衡的博弈中引入具体因素来预期博弈结果,这方面的开创性研究工作是由 2005 年诺贝尔经济学奖获得者托马斯·谢林完成的。他于 1960 年出版了《冲突的分析》一书,书中提出一个很重要的概念——**聚点均衡**(focal point)。① 聚点均衡就是在多重纳什均衡中人们预期最可能出现的均衡,之所以最容易出现,是因为它符合普通人的行为习惯,因而最容易被预测到。谢林认

---

① Schelling(1960)。谢林在这本书中提出的另一个重要概念是承诺(commitment),我们将在下一章讨论这个概念。这本书被认为是二战以来西方世界 100 本最有影响力的书之一。

为,博弈论专家利用博弈模型研究社会问题和人们行为时,往往省略一些重要因素,如文化和环境,而这些因素在人们实际的决策中往往发挥重要作用。因此,当一个博弈存在多个均衡时,我们有必要重新考虑协调人们预期的因素,从而更准确地预测人们的行为。

在3.1节中的数字游戏中,两个同学实际上有许多选择。但是,在实验中,两个同学的三次选择都是(1,2,3,4,5)和(6,7,8,9,10),或(1,3,5,7,9)和(2,4,6,8,10),他们当中没人曾经选择如(1,2,8,9,10)这样不规则排序的数字。这是因为在这个博弈中,每一方都希望对方能正确猜到自己的选择,而大部分人选数字的习惯是选择奇数、偶数或者连数。当你做自己的选择时,你一定会预测对方最有可能选择(1,2,3,4,5),或(6,7,8,9,10),或(1,3,5,7,9),或(2,4,6,8,10),因为你知道对方也会预测你做类似的选择;而对方之所以预测你会这样选择,是因为他知道你会预测他会做类似的选择。因此,尽管在我们的实验中纳什均衡没有出现,但他们做的选择仍然是纳什均衡最有可能出现的选择。如果有一个人想法比较奇怪,选择像(1,3,7,8,9)的数字,那么对方就很难猜测他的行为,很难形成纳什均衡。进一步,可以预料,如果我们让实验继续下去,纳什均衡一定会出现。并且,一旦纳什均衡在某个时点出现,再继续同样的实验,各方都将重复该纳什均衡的选择,不会再犯错误。这实际上就是人类的行为习惯形成的过程。

在课堂实验中,多数情况下实验到第三次时纳什均衡就会出现,偶尔也有纳什均衡在第二次甚至第一次时就出现的情况。非常有意思的是,有一次实验中,第一次一个同学选择了不规则的数字,另一个同学选择了规则的数字,再让他们重新选择一次,第一个同学根据第二个同学第一次的选择调整了自己的选择,纳什均衡就出现了。我问第一个同学为什么在第一次选择不规则的数字,他的回答是,第一次很难猜对对方的选择,自己随便选5个数字,第二次对方一定会重复原来的选择,这样第二次肯定能成功。这或许是一个聪明的做法,但如果第二个同学有类似的想法,在第一次也选择不规则的数字,达到纳什均衡就更难了。所以,总体而言,选择规范的数字还是最有可能达到纳什均衡的选择。

再举一个例子。设想甲乙两个人做选择城市的博弈,每个人可以选择5个城市,如果两人的选择没有重复,双方都赢;如果两人的选择有重复,双方都输。进一步,规定甲的选择中必须包括北京,乙的选择中必须包括上海。那么,我们可以想象,天津、哈尔滨、大连、石家庄将更可能出现在参与人甲的选择中,而杭州、南京、苏州、宁波更可能出现在参与人乙的选择中。这实际上就是一个聚点均衡。

2.2 帕累托标准

让我们回到前面提到的产品标准化问题,这个博弈存在两个纳什均衡。如果两家企业有机会交流,显然它们会选择生产带 3.5 英寸软盘驱动器的计算机,因为它对于双方都有利,这个均衡是帕累托最优的。一般来说,当多个纳什均衡中存在唯一一个帕累托最优的纳什均衡时,协调就比较容易达成。

此时,参与人之间的交流采取的是所谓**"廉价交谈"**(cheap talking)方式。[①]所谓廉价交谈是指在双方的交流中大家都不会故意撒谎,以实话实说方式进行。在我们选数的例子中,如果允许两同学之间事前交流,那么纳什均衡就自然会达成。也就是说,参与人之间的无成本交流是协调人们预期,达成纳什均衡的重要手段。

但是无成本交流只会在参与人之间没有严重利益冲突的情况下才会有效。如果参与人之间利益冲突严重,此时双方都有动机进行不说实情的策略性交流,或者不能就某个特定的纳什均衡达成一致意见。如在资源争夺博弈中,两个纳什均衡都是帕累托最优的,没有一个均衡帕累托优于另一个,即使双方事前可以交流,每一方都不会接受对自己不利的纳什均衡(即自己选择"鸽")。你可能会认为,谈判可以达成双方都选择"鸽"的协议,各得 5 单位的收益。但这个好协议不是纳什均衡,没有人会自觉遵守。也就是说,参与人之间的信息交流不能协调出一个特定的纳什均衡。

让我们来分析一下一个与产品标准化类似的博弈,其支付矩阵如图 3-7 所示:

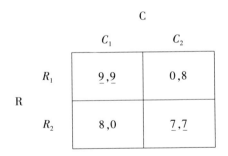

图 3-7 风险占优协调

在这个博弈中,同样有两个纳什均衡:一个是参与人 R 选择 R_1,参与人 C

---

① Crawford and Sobel (1982)分析了廉价交谈博弈(cheap talk games)。在这类博弈中,信息交流的范围是由参与人利益的一致性决定的。

选择 C_1；另一个是参与人 R 选择 R_2，参与人 C 选择 C_2。其中均衡 (R_1, C_1) 是帕累托最优的，每个人都得到 9，比另一个均衡 (R_2, C_2) 下每一个人都得到 7 要好。但若现在参与人 C 告诉 R 他将选择 C_1，R 是否会相信 C 而去选择 R_1 呢？

R 很有可能不会相信 C 并选择 R_1。原因在于不论 C 将选择 C_1 还是 C_2，都有积极性告诉 R 他将选择 C_1，诱导 R 选择 R_1。如果 R 选择 R_1，C 选择 C_1 得到 9，选择 C_2 得到 8，相差不大；但是 C 选择 C_1 时 R 得到 9，选择 C_2 时 R 得到 0。因此，R 如果相信 C 选择 C_1 而去选择 R_1，自己则有损失很大的风险。即使 C 有积极性选择 C_1，但是只要 C 有一定的可能犯错误而选择 C_2，或者哪怕 C 有一点妒忌之心，则 R 最好是不相信 C，应该选择比较保险的 R_2。从中可以看出，尽管以上博弈存在对所有人都有利的纳什均衡，但是由于风险的存在，即使人们可以自由交流也不一定能选择帕累托最优的均衡。

概言之，一个博弈有多个纳什均衡时，**帕累托标准**有助于协调人们的预期，但帕累托标准的作用与交流和风险等因素有关。如果参与人之间能够无成本交流而且选择风险小，则帕累托标准就能很好地协调人们预期；反之，则帕累托标准就难以发挥聚点的作用。

第三节　法律和社会规范的协调作用

社会博弈通常存在多个纳什均衡。许多情况下，多个纳什均衡之间并不存在优劣之分；即使有优劣之分，也很难通过无成本的交流而选择一个特定的纳什均衡。这就产生了对制度和文化的需求。社会制度和社会规范（文化、习惯等）的一个重要功能，就是通过协调人们的预期形成一个特定的纳什均衡。[①]

社会规范和法律都是制度的表现形式，在本质上都属于**规范**（norm），通过规则来协调人们之间的行为，实现一定的社会秩序和社会共识，并维护主流的价值观念。社会规范是人们在长期的相互交往中逐步形成的、得到普遍认可的行为准则；法律是立法机关制定的行为规则。当然，许多法律本身也是从习惯演变而来的，并非立法者的随意创造。但不论是法律还是社会规范，它们的主要功能之一是协调预期，帮助人们在多个均衡中筛选出一个特定的纳什均衡。

---

① 严格地讲，习惯与社会规范并不完全相同。顾名思义，习惯是人们习以为常的行为方式，不包含价值判断；社会规范是社会认可的行为方式，包含价值判断。习惯可以是个性化的，但规范一定是社会化的。当一种习惯（惯例）被普遍认为应该得到遵守时，它就成为社会规范。我们将在第十二章和第十三章中更系统地讨论社会规范的形成。

3.1　交通规则的演进

在 1.2 节的交通博弈中,存在两个纳什均衡,都靠左行和都靠右行,而实际中人们究竟是靠左行还是靠右行是需要协调的,而协调又是由交通规则完成的。在交通博弈的例子中,两个纳什均衡无任何差异,交通规则的作用主要是协调预期,防止事故的发生。

从历史上来考察,许多交通规则一开始并不体现为法律,而是长期演化而来的。① 在欧洲大陆的早期,道路行走规范是非常地方化的,有些地方的习惯是靠左走,有些地方的习惯是靠右走。只是随着道路的增加和地区间交往的扩大,地方性的习惯才逐步演变为区域性的规范,然后又演变为全国性的规范,甚至全球化的规范。

直到 19 世纪前,道路规则也仅仅是作为规范而得到遵守,而不是作为交通法律而得到遵守。现在欧洲大陆的靠右走的规则是从法国兴起的,而这又是一个偶然的因素导致的。在法国大革命以前,贵族的马车习惯上是靠左行的,穷人在路上看到富人的马车来了,要站在马路的右边。因此,到大革命的时候,靠左行与"特权阶级"相联系,而靠右行被认为代表"民主"。作为大革命的一个象征,所有的马车靠右走便成了一个法律规则。随着拿破仑对欧洲大陆的征服,拿破仑将法国的规则带给了其他一些欧洲国家,包括靠右行驶的规则。当然,在地域上这个规则的转变也是从西到东逐步完成的。比如说,与靠右行的西班牙接壤的葡萄牙是在一战之后才转为靠右行,奥地利是从西到东,一个省一个省逐步转变的,匈牙利、捷克和德国是在二战前才由靠左行转向靠右行的。瑞典一直到 1967 年才通过法律宣布从靠左行改为靠右行。②

为什么瑞典到了如此晚才改变规则呢? 为什么不继续保持传统呢? 为什么社会规范要被法律替代呢? 这是由欧洲大陆一体化造成的。当共同体扩大的时候,原来的不同的个别国家的规则之间就会发生冲突,就要让步于整体的共同规则。这就是经济的全球化导致的规则的趋同化。法律使得规则发生更快的转变。

同样的情况也可能要发生在英国身上。截至目前,英国仍然是靠左行。在英国和欧洲大陆靠海隔离的时候,英国的车不能直接开到欧洲大陆上,采用不同的规则(均衡)没问题,不会因此发生交通事故。但是现在随着英吉利海峡的开通,许多人可以开车通过海峡到达大陆,马上就出现了交通规则的协调问题。

---

① 关于道路规则演变的详细讨论,见 Young(1996)。
② 这一点也说明,偶然的历史事件对规则的形成可能产生重要影响。参阅 Young(1996)。

这就是说,原本不会发生的博弈,现在要发生了,自然就会出现预期协调和规则选择的问题。

另一个有趣的例子是度量衡单位的演变。现在国际通行的计量单位是公制(metric system)(基本特点是 10 进位制),这一制度最初也是从大革命早期的法国开始的。大革命之前的欧洲,每一个国家都有自己的计量制度,尽管有些国家(如俄国、西班牙)已认识到统一贸易伙伴之间的度量衡的优势,但受到能从多样化的度量衡单位获利的既得利益者的反对,这在法国尤为突出。大革命早期,法国革命制宪议会(the French Revolutionary Assemblée Constituante)领导人决定引入基于逻辑和自然现象的全新的计量系统,而不是标准化现存的计量单位。最初,法国试图与其他国家一起采用这一新的共同计量单位,但响应者寥寥无几。美国《独立宣言》的主要起草者托马斯·杰斐逊曾于 1790 年向议会递交了一份在美国实行公制的计划,议会讨论了他的计划,但没有采纳。法国于 1799 年正式转向公制(先是在巴黎,然后是其他省)。拿破仑时代被法国征服的欧洲国家接受了公制。1815 年维也纳会议后,法国失去了之前征服的地区,有些国家恢复了原来的计量制度,有些国家(如巴登)采纳了修改后的公制,但法国保持了她的公制。1817 年,荷兰重新引入公制,但使用了大革命之前的名称。一些德意志国家也采纳了类似的制度。1852 年德意志关税同盟决定在州际贸易中采纳变种的公制。1872 年,新成立的德意志帝国将公制作为官方度量衡制度,统一后的意大利王国也采纳了公制。到 1872 年年底,欧洲没有采纳公制的国家只有俄国和英国。到 1875 年,欧洲三分之二的人口和全世界近一半的人口都采纳了公制。1864 年,英国允许在贸易活动中使用公制,之后逐步在其他领域也使用公制。今天,美国是工业化国家中唯一不使用公制的国家。但美国国会曾在 1866 年就授权使用公制,20 世纪 20 年代后期,美国许多社会团体曾向国会请愿希望美国采纳公制,只是美国社会使用英制的传统是如此强大,公制至今只在科研、军事及部分工业部门使用,美国人日常生活中使用的仍然是英制计量单位。[①]

3.2 规则间的冲突和协调

现在让我们设想香港与深圳之间的边关被取消了,一个香港人开车迷路了,不知道自己处在哪里,是香港还是广东。假定此时来了一辆广东的车,香港人应该靠左还是靠右呢? 他可能会想,内地的车靠右行,所以我也应该靠右;但可能广东人觉得,香港的车是靠左行,所以我也应该靠左;或者,也可能香港人

---

① 参阅维基词典(Wikipedia)中的"Metric System"词条。

觉得自己应该靠左,广东人觉得自己应该靠右。无论哪种情况发生,只要预期不一致,就会导致撞车。

文化的冲突,无论是组织和组织之间的,还是国家和国家之间的,大部分不过是游戏规则——不同社会规范和法律之间的冲突。用博弈论的话来说,是一个均衡的选择问题。十年前,北大和北医刚合并时,产生过许多冲突。在北大被认为是很正常的事,在北医往往被认为是不正常的;而在北医被认为是很正常的事,在北大则被认为是不正常的。这就类似于交通博弈中,北大人习惯于靠左行,北医人习惯于靠右行,所以两者合并,"撞车"难免会发生。同样的事情也在国际商业贸易中发生。美国人和日本人谈判,日本人经常说"嗨",美国人一听"嗨"则认为日本人已经同意。但是日本人说"嗨"仅仅表示听懂了,而不是同意。所以,美国人经常认为日本人出尔反尔,不讲信用。

更一般地,当来自具有不同的法律规则或者社会规范的社会的人们相互交往时,如果每一方都按照自己原来的规则行事,冲突就不可避免。此时,化解冲突有三种办法。一个办法是用其中的一个规则取代其他的规则,让一部分人改变行为规范,以适应另一部分人,也就是所谓的"接轨"。如前面讲的欧洲大陆交通规则的演变所显示的。另一个办法是建立全新的规则,如中国人和德国人在一起交流时都用英语,而不是中文,也不是德文。① 第三种办法是建立协调规则的规则。

现实中,采用哪一种办法来解决冲突,要依赖于具体的环境,特别是规则所治理的行为的特征。比如说,在交通规则中,除了靠左和靠右,不可能有第三种选择,所以只能让一部分人接受另一部分人的规则,而不是建立一个全新的规则。另外,规则本身的"网络效应"(即遵守某个规则的人越多,则该规则对每个人的价值就越大)意味着,在改变规则这一问题上流行的是少数服从多数的规则。有时,一个偶然的事件也可能决定规则的选择,如前面讲的法国大革命对交通规则的影响。

我们中国人所讲的"入乡随俗",实际上就是一个协调规则的社会规范。因为不同的"乡"有着不同的"俗",如果来自不同"乡"的人到了一起,各按自己的"俗"行事,就没有办法达到一致预期,就会发生许多误解和冲突。"入乡随俗"就是到什么地方就按照那个地方的规则来行事。英语中的谚语"到了罗马就像罗马一样"("Do in Rome as the Romans do")讲的是同样的意思。香港人开车

---

① 语言在本质上也是协调预期的社会规范,没有这种规范,人们之间的交流就很困难。在中国,各地的语言发音相差很大,如果每个地方的人都说自己的方言,不同地方的人就很难交流,所以就产生了对"普通话"的需求。可以说,普通话是全新的语言规范。

到了内地,就应该按照内地的规则靠右行;广东人开车到了香港,就要靠左边行。

这种用来协调规则之间冲突的规则,在法律中被称为"冲突法"。国际私法中的很多规则,是用来解决这种不同规则之间的均衡筛选的。比如,一个中国人在英国被车撞了,应当按照英国法还是中国法来裁判呢?这就是一个类似的情况。之所以说这是国际私法,是因为在民事规则中采用哪一个国家的规则,常常类似交通博弈中"靠左走还是靠右走"的问题。而在公法领域,则不是这么简单,采用哪个国家提出的规则常常意味着实际的利益分配。

当选择不同的规则会带来利益分配的差异的时候,法律和社会规范的作用在协调预期上仍然会发挥很大的作用。但此时博弈的支付结构发生了变化。在交通博弈中,无论是靠左行还是靠右行,双方的收益是一样的。但是,一旦不同的社团已经有了不同的规则,在社团之间发生关系时,在很多情况下,无论按照哪一个社团的规则行为,利益分配都不再对称。此时,尽管每个人都希望有一个统一的规则,但在统一于哪一个规则的问题上,会发生利益冲突,每个人都偏好于自己的规则。比如说在3G(第三代无线通信)问题上,每个国家都希望有一个统一的国际标准,但每个国家也都希望把本国企业生产的标准作为国际标准。

这种情况类似于图3-8中的"进门博弈"。两个人要进一扇门,一次只能进一个人。每个人可以选择先走或者后走。如果都选择先走,谁也过不去,各损失1;如果都谦让,时间耽误了,也都损失1;如果一个选择先走,另一个选择后走,都可以进去。在这个博弈中,同样存在两个纯战略纳什均衡:甲先走乙后走,或者乙先走甲后走。但在不同的纳什均衡下,每个人的利益是不同的,先进的得到2,后进的得到1。

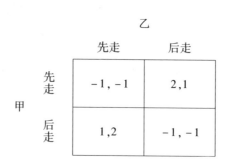

图3-8 进门博弈

在这两个均衡中,同样面临的是协调预期问题。如果甲认为乙会先进,并且乙知道甲认为乙会先进,甲也知道乙知道甲认为乙会先进,甲最好选择后进;反之,如果甲认为乙会后进,并且乙知道甲认为乙会后进,甲也知道乙知道甲认为乙会后进,甲最好选择先进。

在这种情况下,尽管支付有差距,但每个人都希望有个规则协调他们的预期,否则对双方都没有好处。一些社会规范和法律规则就是用来解决这种情况下的协调预期的。比如说,当一个年轻人和一个老年人或小孩同时出现在门口时,通常是老年人或小孩先进,年轻人后进。这就是"尊老爱幼"这一社会规范的含义。类似地,当一个老师和一位学生相遇时,通常是学生谦让老师。这是"尊师重教"这一社会规范的含义。如果一个男士和一个女士走到门前,应该谁先进呢?西方的社会规范是女士优先(lady first),中国的传统上则是男士优先。这并不是说,西方的规则就比中国的规则更为优越和文明。大多数规则不存在谁比谁高明的问题,因为总体的支付没有改变,两个人合作的效用的总和仍然为3。在这种情况下,社会规范不过是用来解决协调预期问题的,而不是改变总支付的。当然,现在全球化了,中国也开始仿照西方人的"女士优先"规则,原因可能是西方在经济上比我们更发达,落后国家的人容易把发达国家的所有规则都当做更"文明"的规则。

许多社会规范的出现都存在类似的考虑。比如中国人吃饭的时候,常常是采用"官本位",按照官员的品级来确定座位的顺序,谁的官大谁坐在"上座",其余的坐在两边。老师和同学一起吃饭,老师坐在上座;长辈和晚辈一起吃饭,长辈坐在上座,以表示尊重。主人请客人吃饭,这与长辈和晚辈吃饭是不一样的,所以规则也是不一样的。请客的时候,现在流行的规则是主人坐在主座,重要客人坐在主人的右边,第二重要客人坐在主人的左边,等等。这些尽管是纯粹的社会规范,不是法律,但也很重要,否则就容易产生问题。有了规则,大家就会形成预期,各居其位,就不会发生矛盾。

3.3　协调中的信息

日常生活中的许多规范的实际作用就是协调预期。但有了规范,在实施的时候仍然会遇到信息的问题。比如在进门博弈中老师和学生遇到一起,假定老师知道学生是学生,但学生并不知道和他一起进门的是老师,学生就可能抢着进门,两人就会撞在一起,老师可能会很生气,以为学生不懂礼貌。

这意味着,协调预期不仅需要规则,而且需要信息。这时候,社会就会发展出另外的规范,以传递必要的信息,比如不同身份的人穿不同的服饰。服饰可以作为一种标志(identity),告诉别人你的身份,从而帮助人们协调预期。过去在大学里,常常是大家都要戴一个校徽,老师的校徽底色是红的,而学生的校徽底色是白的,这个时候一看就知道谁是老师谁是学生了。军队的军衔也起同样的作用,如果没有军衔,在指挥行动上就会产生麻烦。我们看古代官员穿什么衣服、住什么样的房子、坐什么样子的轿子,甚至几个轿夫等等都要分出不同,也是一个类似的功能。这也是为什么服饰在陌生人之间比熟人之间更重要的原因。

规则本身的目的在于协调人们之间的预期,从多个均衡中筛选出一个特定的纳什均衡。规则要能够协调预期,必须具有稳定性。如果规则本身朝令夕改,人们根据规则不断改变行为,就很难形成一致预期。

关于规则稳定性的重要性,我们可以用前面曾经提到的希思罗机场的"碰头点"来说明。希思罗机场是世界上最大的机场之一,又是国际中转站,许多国际航班在此中转。当你去机场接你的朋友,如果事先没有确定确切地址,你应该在机场什么地方接他呢?你可以去机场书店接你朋友,如果你认为他会去书店,同时他也认为你认为他会去书店;你也可以去机场咖啡厅接他,如果你认为他会去咖啡厅,同时他也认为你认为他会去咖啡厅。总之,在机场任何一点等他,都可以是纳什均衡。因此,人们间预期的协调就非常困难。在此,希思罗机场专门建立"碰头点",帮助人们协调预期。现在你就认为你的朋友最可能去"碰头点",而你的朋友也知道你认为他最可能去"碰头点"。大家都去"碰头点",问题就解决了。如果希思罗机场频繁变更"碰头点",以致人们经常不知道新的"碰头点"在什么地方,"碰头点"就不再有协调预期的作用。因此,政策的稳定性是非常重要的。政策如果经常多变,最大的害处就是会搅乱人们的预期,使大家不知所措。

3.4 规则的正义性

在1.3节的资源争夺博弈中,存在两个纳什均衡:一方选择强硬,另一方选择退让。双方都希望达成纳什均衡,但双方都希望均衡时自己选择强硬,存在一定冲突。如何解决冲突呢?

一种简单而又可行的方式是抓阄,谁抓到幸运签,谁就选择强硬,而另一方则选择退让。[①] 从古至今,小至家庭小事,大至国家大事,抓阄在协调预期,解决人们之间的冲突方面发挥了重要作用。明朝孙丕扬的"掣签法"就是运用抓阄方法解决冲突的典型。[②] 孙丕扬于万历二十二年(公元1594年)出任吏部尚书,

① 我们将在第十二章讨论习惯上的产权规则是如何通过对个人"标签化"形成的。
② 引自吴思:"论资排辈也是个好东西",见吴思,《隐蔽的秩序》。据《明史》记载:"二十二年,拜吏部尚书。丕扬挺劲不挠,百僚无敢以私干者,独患中贵请谒。乃创为掣签法,大选急选,悉听其人自掣,请寄无所容。一时选人盛称无私,然铨政自是一大变矣。"

统管官员的升迁事宜。在任职期间,孙丕扬发明一种官员选拔机制——"掣签法",就是一旦某个官职有空缺的时候,通过抽签确定人选。显然,通过抽签选拔官员肯定会让一些无能力者当上大官,因此,肯定要比根据能力选拔官员的效率差。但是孙丕扬为什么没有根据能力选拔官员,而是通过抽签呢?孙丕扬本身非常廉洁,也希望按照能力选拔官员。然而在明朝时,太监权力非常大,而许多人又是通过太监来走后门的。孙丕扬敢于得罪其他任何人,但是不能得罪太监。因为得罪太监,轻则无法见到皇上,重则自身乌纱帽不保。因此,为了选拔有能力人,又不得罪太监,孙丕扬选择利用抽签决定谁当官。[①]

　　抓阄为什么会成为一种解决冲突的重要方式呢?核心的原因在于抓阄这种制度是符合正义的。根据罗尔斯(Rawls,1971)的理论,所谓正义的制度就是无知之幕下制定出来的制度。具体地说,在制定规则时,只有人们并不知道他们未来会处于什么位置时,制定的规则才是合乎正义的。人们利用抓阄解决冲突时,每个人都有相同的机会抽到幸运签,谁也无法在事先确定自己抽到幸运签。因此,抓阄是满足无知预设的,是公正的。实际上,公正不仅是规则发挥协调作用的重要原因,也是规则得以遵守的重要原因。如果一个规则总是偏向特定的人群,那么受到规则歧视的人就会违反规则。由于规则是不公正的,违反规则的人不会得到应有的严厉惩罚。因此,久而久之,则所有人都会不遵守规则。

第四节　路径依赖的困惑

　　在前述计算机产品标准化的问题中,有两个纳什均衡:都生产有5.25英寸软盘驱动器的计算机和都生产有3.5英寸软盘驱动器的计算机。假设一开始企业只能生产有5.25英寸软盘驱动器的计算机,生产3.5英寸软盘驱动器计算机的技术随后出现,企业是否会采用新技术呢?如果只有两家企业,两家企业直接交流一下,很容易达成都采用新技术的协议,因为采用新技术对双方都有利。如果有许多家计算机生产企业,那么企业间谈判和协调成本就很高,很难达成采用新技术的协议。此时,尽管每个企业都希望采用新技术,但是由于无法通过协议来协调行为,很可能的结果是所有的企业仍然使用老的技术。因为每个企业都担心其他企业不采用新技术。在这种情况下,尽管出现了有效的新技术,但是企业仍然可能沿用对所有企业不利的老技术,这就是"锁定效应"。与"锁定效应"相关的概念就是"路径依赖",即初始选择决定了未来的选择。

---

　　① 　具体见吴思著,《隐蔽的秩序:拆解历史弈局》,海南出版社2004年。

例如,在一个小区中,如果刚开始建的房子风格离奇,则后来建的房子为了与刚开始建的房子协调一致,也只能采用同样的风格,这就是典型的"路径依赖"。

由于存在"锁定效应"和"路径依赖",整个社会可能会处于一些帕累托无效的状态,这在"网络性产品"上表现得尤为突出。所谓"网络性产品",就是每个人使用产品得到的效用随着使用产品的消费者人数的增加而增加。电话就是典型的"网络性产品"。如果只有你一家安装电话,则你的电话是没有任何价值的。只有当你的亲戚朋友也安装电话时,你的电话才有价值,而且你的电话价值随着你的亲戚朋友使用电话数量的增加而上升。由于"网络性产品"存在网络外部性,市场可能锁定于对所有人都不利的纳什均衡。

"锁定效应"和"路径依赖"经常被用来证明"市场的失灵"。[①] 然而在长期中,市场是否真的一直会"锁定"在无效率状态是值得怀疑的。我的看法是,在短期内,锁定效应也许是存在的;但从长期来看,帕累托最优的均衡更可能出现。无论在技术方面,还是制度方面,都是如此。当然,时间长到多长、短到多短,在不同领域是不同的。这可以解释为什么尽管微软的标准长期独霸软件市场,但随着技术的发展,苹果的 OS 系统以及谷歌的安卓系统(Android)开始挑战微软的 Windows 系统。同样可以解释为什么计划经济体制可以在一些前苏东国家和中国存在多年,但这些国家最终还得走向市场化改革。就是因为,与计划经济相比,市场经济是一个帕累托最优的均衡。

4.1 键盘的寓言

一个经典的例子是"键盘的寓言"(David,1985)。我们现在使用的计算机键盘是 1868 年 Sholes 发明的 QWERT 打字机键盘的延续,据说是一种效率较低的键盘。1936 年,一位名叫 Dvorak 的美国人发明了一种叫 DSK 的简化键盘。根据当时的宣传,有人认为 DSK 键盘通过平衡双手和更有力的手指之间的工作量,极大地提高了打字速度,并且有利于减少疲劳以及更容易学习。人们为什么没有采用 DSK 键盘呢? 流行的解释就是由于没有办公室使用 DSK 键盘,打字员不愿学习使用 DSK;而所有办公室又因为没人会使用 DSK 键盘打字,也不愿购买 DSK 键盘。也就是说,由于协调的问题,人们仍然使用低效率的键盘,出现了"锁定效应"现象。

---

① 路径依赖理论最初是经济学家发展出来解释技术采纳过程和产业演化历史的(见 Nelson & Winter 1982;Paul David,1985;Arthur,1994)。诺斯用路径依赖解释制度的演化(North,1990)。这个概念已被应用于比较政治学和社会学研究。

但是最新的研究表明情况并非如此,人们发现:①

(1) 关于 DSK 键盘优越性的论点证据不足,许多观点仅仅是一种猜想;

(2) 人体工程学的研究表明,与 QWERT 键盘相比,DSK 并没有可靠、重要的优势;

(3) 实际上当时打字机市场竞争十分激烈,存在多种可供选择的键盘;

(4) 一些有记载的比赛表明,当时存在的许多键盘比 DSK 更优越。

因此,我们不能断言,在键盘问题上,QWERT 的胜利就是因为"锁定效应"。

4.2 VHS 的秘密

在 DVD 发明之前流行的家庭录像机使用的磁带都是 VHS 制式的,但据说 Beta 制式的磁带质量更高,也更加清晰,而且体积又小。总之,Beta 制式的磁带比 VHS 制式磁带更加优越,VHS 的胜利被一些学者,如阿瑟(Arthur, 1990),认为可能又是一种"锁定效应"的结果。

但是,事实并非如此。利布维茨和马格利斯(Liebowitz, Stan J. and Stephen E. Margolis, 1999)详细考察了这一段历史。1975 年,索尼公司开始生产 Beta 制式磁带时,同时将技术提供给松下和 JVC。1976 年 4 月三家公司最终同意召开一个会议来比较 Beta、VHS 和 VX 的性能。由于 JVC 的坚持,大家不欢而散。索尼最终选择生产 Beta,并且和东芝及三洋结盟。而松下和日立、夏普和三菱联手,生产 VHS 制式的磁带。两大阵营在各个方面展开了激烈的角逐,一种制式的任何改进立刻伴随着另一种制式的相同改变;一方降价,另一方也跟进。两种制式几乎在所有方面都被证明是完全相同的,但是有一方面例外——播放时间,VHS 制式比 Beta 制式的播放时间更长。当 Beta 制式能播放 2 小时的时候,VHS 制式能播放 4 小时;而当 Beta 制式能播放 5 小时的时候,VHS 制式能播放 8 小时。市场竞争的结果表明,播放时间是决定性的。在竞争初期,Beta 制式占据市场主导地位;但是到 1984 年,松下大获全胜,几乎完全占领市场,只有索尼公司生产 Beta 制式的录像带。

4.3 微软神话

微软的成功,许多人认为与微软成立之初获得 IBM 的支持密不可分。② 据

① 进一步相关深入的分析参阅 Stan J. Liebowitz and Stephen E. Margolis(1990)所写的"键盘的寓言"一文,该文章收入在《经济学的著名寓言:市场失灵的神话》中,作者为丹尼尔·F. 史普博,上海人民出版社 2004 年版。

② 对微软神话的深入分析参见丹尼尔·F. 史普博,《经济学的著名寓言》,第五章,"Beta, Mactonish 和其他离奇传说"。

说当时 Mactonish 的操作系统具有视窗功能,性能比 DOS,甚至比基于 DOS 的 Windows 都要好。但是由于微软和 IBM 合作,而 IBM 是当时主要的计算机供应商,因此,人们一致认为微软会成功,从而都使用 DOS,于是微软就真的成功了。但是事情的真相并非如此,利布维茨和马格利斯(Liebowitz and Margolis,1999)通过考察,指出微软成功的主要原因是:

（1）成本优势:使用 Mactonish 的操作系统需要配备专门的打字机;

（2）速度优势:DOS 的速度比 Mactonish 的操作系统快;

（3）功能优势:DOS 虽然比较难学,但是 DOS 学会后可以进行多种技术操作;

（4）配套优势:基于 DOS 写应用软件比基于 Mactonish 容易。

因此,微软的成功并不是人们认为它会成功而成功,而是微软的技术优势和市场竞争的结果。

4.4 大学改革的童话

2003 年北京大学教师体制改革的一项重要内容就是废除"近亲繁殖"。所谓"近亲繁殖",就是学校只从本校毕业生中招收教员的情况,即所谓的"留校"制度。北大改革的核心内容就是彻底废除"近亲繁殖"现象,所有教师一律外聘,本校毕业生在校外工作过几年后才能再返聘。当时的一种反对意见是,如果只有北大实施改革,其他大学不做类似的改革,那么北大可能陷入改革的陷阱中:北大不留本校优秀毕业生,而外聘的教师又是其他学校较差的毕业生。也就是大学改革也面临"锁定效应"。因此,改革必须由教育部统一协调才能成功。但是事实并非如此。大学改革的可能结果可以用图 3-9 表示:

其他大学

	只留本校生	不留本校生
北大 只留本校生	2,2	2,0
北大 不留本校生	0,2	10,10

图 3-9 大学招聘改革

在以上博弈中,有两个纳什均衡:只留本校生,则每个学校都得 2;或者都不留本校生,都得 10。也就是说,所有大学都不留本校毕业生是一个帕累托最优均衡。假设只有北大实施改革,那么北大就只得 0,反而不如不改革。但是我国目前有 100 多所重点大学,只要其中有两所大学实施改革,这两所大学的人才可以相互流动,则这两所大学获得的好处肯定大于 2。即使没有任何一所其他大学改革,北大也有国际上优秀大学的毕业生可选择。只要北大开始改革,其他大学观察改革的好处,一定会再有一些大学跟进。人才可以更加充分地流动,改革的好处就增加了,自然又会有更多的大学进行改革,逐渐地,所有大学都会进行改革,我们就从一个坏的均衡走向一个好的均衡。自北大改革以来,越来越多的大学开始实行不留本校毕业生的制度,说明"锁定效应"并不像反对者当初说的那么严重。[①]

本 章 提 要

预测他人行为的困难,经常不是因为博弈没有纳什均衡,而是因为有太多的纳什均衡。如果一个博弈有多个纳什均衡,仅仅假定参与人是理性的,并且理性是参与人的共同知识,我们并不能预测哪一个纳什均衡会出现,甚至不能预测纳什均衡是否会出现。如果不同的参与人预测不同的纳什均衡出现,任何一个纳什均衡实际上都不会出现。

在存在多个纳什均衡的情况下,参与人的预期能否协调一致,就成为纳什均衡能否出现的关键。现实生活中,参与人会根据人们普遍习惯的行为方式预测别人的选择,并以此做出自己的选择。共同的生活背景、文化、行为规范,甚至大自然赋予人的一些自然特征,有助于人们达成一致预期。由于这个原因,许多情况下,某个特定的纳什均衡会作为一个"聚点均衡"出现。

如果不同纳什均衡之间有帕累托效率意义上的优劣之分,通过无成本或成本较低的相互交流,对所有人都有利的帕累托均衡可能会出现。

法律和社会规范是协调预期,从而实现纳什均衡的重要工具。法律和社会规范即使不改变博弈中人们的选择空间和支付矩阵,也可以通过改变人们的预期协调出一个特定的纳什均衡。事实上,这样的法律和社会规范本身就是一个纳什均衡,所以能够得到人们的自觉遵守。

文化是人们长期博弈的结果。不同文化的冲突实际上是不同游戏规则的冲突。化解冲突有三种办法:一是用其中的一个规则取代其他的规则(所谓"接

① 关于北大改革的详细讨论,参阅张维迎《大学的逻辑》(2004,2005,2012);沈颐主编的《燕园变法》(2003)收录了持不同观点的多篇文章。

轨"），二是建立全新的规则，三是建立协调规则的规则。

技术演进和社会发展中存在"锁定效应"和"路径依赖"。即使某种技术或制度安排不是帕累托最优的，但由于是纳什均衡，很难改变。"锁定效应"和"路径依赖"经常被用来证明"市场的失灵"，但大量经验研究和观察表明，问题的严重性被夸大了。在短期内，锁定效应是存在的；但从长期来看，帕累托最优的均衡更可能出现，如果有足够程度的竞争的话。计划经济制度的失败就是一个例子。

第四章
威胁与承诺

第一节　威胁的可信与不可信

1.1　动态博弈的描述

前两章分析的博弈中,所有参与人都同时行动,这样的博弈被称为静态博弈。这一章我们开始关注动态博弈。不同于静态博弈,动态博弈中的参与人行动有先后顺序,后行动者在先行动者做出决策之后再选择自己的行动。生活中大部分博弈属于动态博弈。比如,下棋时,一方先走,另一方后走;买东西时消费者和商家的讨价还价,一方先出价,另一方再还价;谈婚论嫁,一方求婚,另一方决定是否应允。企业之间的价格战往往也是以动态方式进行,一方先降价,另一方再跟进。

由于动态博弈行动有先后顺序,在描述动态博弈时,需要把参与人行动的顺序刻画出来,所以,博弈论中常用博弈树(game tree)描述动态博弈,如图4-1所示:

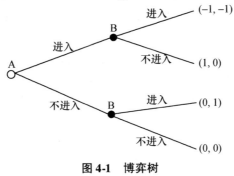

图 4-1　博弈树

这个博弈可以理解为市场进入博弈(设想为一个规模不大的市场,只能有一个企业可持续生存)。图中空心圆圈表示初始决策点,实心点表示之后的决策点,从决策点后引申的直线叫做路径(path),代表参与人在特定时点上的行动。参与人(企业)A首先选择"进入"或"不进入";A选择后B再做选择。假如A首先选择进入,如果B同样选择进入,则两人得到的收益都为 -1;如果B选择不进入,则A得到1,B得到0。假如A选择不进入,如果B选择进入,则A、B得到的收益分别为0和1;如果B也选择不进入,则各自得到0。习惯上,在博弈树最后的支付组合中,第一个数字表示第一个采取行动的人的收益,第二个数字表示第二个采取行动的人的收益(三人及三人以上的博弈以此类推)。

用博弈树的方法来描述动态博弈可以很直观地表明参与人的行动顺序、信息和收益。不足之处在于,博弈树无法直接表明参与人的战略,需要我们根据行动和信息等条件来确定。

1.2 作为行动计划的战略

在静态博弈里,战略和行动是一样的。但在动态博弈里,参与人的决策是在不同时点做出的,因而战略并不一定是单一的行动,而是一个完备的行动计划,要为参与人在每个时点上规定一个行动。比如在上述博弈中,A首先行动,他的决策不可能建立在B行动的基础上,所以其战略是进入或者不进入,但B不一样:B后行动,他可以根据A的选择制定自己的行动计划。这样的话,由于A有两个不同选择,B依据A的每一个选择又具有两个不同的选择,从而B总共有4个战略:

战略1:无论A进入还是不进入,B都选择进入;

战略2:如果A进入,则B不进入;如果A不进入,则B进入;

战略3:如果A进入,则B进入;如果A不进入,则B也不进入;

战略4:无论A进入还是不进入,B都选择不进入。

对于B来说,上述的4个战略相当于4个行动计划。他需要在博弈开始之前为自己确定一个行动计划。假如B宣称自己将会选择战略1,即"无论A进入还是不进入,B都选择进入",这时A将如何选择?

如果A相信B真的选择这一战略的话,自己选择进入,就会得到 -1,而如果自己不进入可以得到0,因此A的最优选择是不进入。实际上,A选择不进入和B选择战略1构成了一个纳什均衡,因为:给定A不进入,B的战略也是最优的;给定B的战略,A不进入是最优的。但问题是B的声明可信吗?

静态博弈中,参与人一旦选定战略(行动)后,就不会改变了。但是,在动态博弈中,参与人在博弈开始前选择的战略(行动计划)可能在博弈开始后进行调整,不一定按照原定的战略(行动计划)来进行。也就是说,事前最优的战略在事中或事后不一定是最优的。在本例中,B 在事前声称要选择战略"不管 A 进入不进入,自己都选择进入",但一旦 A 没有理会这一声明,选择了了"进入",此时 B 就会发现选择原来的战略并不是最优的,因为如果他此时改为选择"不进入"可以得到 0,而坚持原定战略会得到 −1。这说明 B 声明自己会选择战略 1 并不可信。

生活中,这种声明可能是"威胁性"的(threat),类似"如果你不答应做某事,我就会如何",也可能是"许诺性"的(promise),类似"如果你答应做某事,我会如何"。其实"威胁性"声明可以变成"许诺性"声明,比如,"如果你不答应做某事,我就会如何"可以改变为"如果你答应不做某事,我会如何"。一个例子是,家长管教孩了,可以威胁性地说,"如果你不答应放弃玩游戏,我要扣除你这个月的零花钱";也可以许诺性地说,"如果你答应放弃玩游戏,我就不扣除你这个月的零花钱"。同样,许诺性的声明也可以变成威胁性的声明。这样,从分析的角度来看,就没有必要对威胁性声明和许诺性声明加以区分了。其实质都是发出声明的一方希望以此来影响对方的行动。因此,下文我们就把这些声明统称为"威胁"。

1.3 威胁的可信性

"**威胁**"是现实生活中经常遇到的问题。比如,员工可能扬言,如果不给加薪就报复上司;热恋中的女子可能威胁说,如果男方与她分手,她就不再活下去;存在领土争议的国家可能宣称,如果对方不让步,就诉诸武力,等等。[①]

当博弈的一方发出威胁,接到威胁的一方就需要判断这一威胁是否可信。如前述分析,这一威胁可信性问题的根源是动态博弈中事前最优和事后最优的不一致性。而适用于静态博弈的解概念——纳什均衡并没有考虑这种动态不一致性。因此,当我们用纳什均衡概念来求解动态博弈时,有可能会出现包含**不可置信威胁**(non-credible threat)的纳什均衡。

下面我们通过分析学校里的师生博弈来说明这一问题。学校设计的课程是为了给学生传授知识,考试的目的是通过评价学生的成绩督促学生认真学习。出于职业道德和声誉的考虑,老师一般会根据学生答题的情况给出公平的分数,如及格还是不及格。但无论实际考得如何,学生都希望老师给个好成绩,至少及格,因为考试成绩关系到学生的利益,包括能不能顺利毕业,以及能否找

[①] 2005 年诺贝尔经济学奖得主托马斯·谢林(Thomas Schelling)因分析国际关系中的"威胁"而闻名。参阅 Schelling(1960,2006)。

到满意的工作。现假定有一个学生平时没有好好学习,期末考试考得不好,到不了60分。他去找老师希望老师能够让他及格。因此,我们有如下的师生博弈:

老师先行动,他的战略是判卷时给学生及格或不及格;学生后行动,他的战略是依据老师所给他的成绩来决定自己是欣然接受这一成绩还是要报复老师。所谓欣然接受是指认可老师给出的分数;所谓报复老师是指对老师采取一些人身或名誉伤害的行动。

具体来说,学生会有4个战略可选择:

战略1:如果老师给及格,则欣然接受;如果给不及格,则报复老师。

战略2:如果老师给及格,则报复老师;如果给不及格,则欣然接受。

战略3:不管老师是否给及格,都欣然接受。

战略4:不管老师是否给及格,都报复老师。

双方的收益情况是:如果老师违心给了学生及格,学生没有报复他,他的收益为 -1,学生的收益为1;如果他违心给了学生及格,但学生还是报复了他,则他的收益为 -10,此时学生也因为报复老师被学校处分,收益也为 -10;如果老师秉公给了学生不及格,学生报复,则老师为 -10,学生也为 -10;如果老师秉公给了学生不及格,学生接受,则老师收益为1,学生为 -1。

我们可以用如图4-2所示的博弈树表述这一博弈。

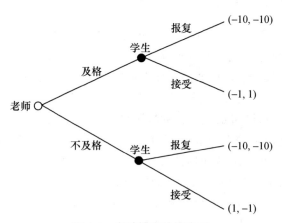

图4-2 考试博弈的博弈树

可以将学生上述的4种策略相应地简记为(接受,报复)、(报复,接受)、(接受,接受)、(报复,报复)。这里,(接受,报复)读为:如果老师给及格,就接受;如果老师给不及格,就报复。类似地,(报复,接受)、(接受,接受)、(报复,报复)可以做相应的解读。这样,我们就可以把上述博弈用图4-3所示的战略式(即标准式)来描述。

学生

（接受,报复）（报复,接受）（接受,接受）（报复,报复）

老师	及格	$\underline{-1},\underline{1}$	$-10,-10$	$-1,\underline{1}$	$-10,-10$
	不及格	$-10,-10$	$\underline{1},\underline{-1}$	$\underline{1},\underline{-1}$	$-10,-10$

图 4-3 考试博弈的战略式表述

通过划线法求解这个博弈的纳什均衡,可以发现共有三个纳什均衡:

第一个纳什均衡是"老师选择及格,学生选择(接受,报复)"。均衡结果是:老师选择及格,学生不报复;双方的收益为:老师 -1,学生 1。意思是,学生前来找老师时声称自己将选择(接受,报复),即老师给及格就接受,不给及格就报复。老师担心自己会报复,违心地打了及格,故收益为 -1。而学生呢,本来自己不会及格,现在及格了,故收益为 1。这一纳什均衡隐含着老师屈从学生的威胁。但学生如果真的报复老师的话,又会遭受学校更为严厉的处罚,使得他的收益成为 -10。因此,如果学生理性的话,应不会选择报复。进一步,如果老师知道学生是理性的,就不应该相信其威胁。所以,这一纳什均衡尽管满足互为最优,但却包含了一个不可置信(non-creditable)的威胁。

第二个纳什均衡是"老师选择不及格,学生选择(报复,接受)"。均衡结果是:老师选择不及格,学生不报复;双方的收益为:老师 1,学生 -1。直观含义是,学生声称老师给及格就报复,不给及格就接受,而老师则该给不及格就给了不及格。老师因为公正评分,得到的收益为 1,而学生选择接受,得到不及格的结果,收益为 -1。但这一纳什均衡中,学生的战略(报复,接受)要求在老师给及格的情况下选择报复,但报复又会让其得到 -10 的收益。所以,这其实也是一个不可置信的威胁。

第三个纳什均衡是"老师选择不及格,学生选择(接受,接受)"。均衡结果是:老师选择不及格,学生接受;双方的收益为:老师 1,学生 -1。意思是,学生的态度很端正,不管老师给不给及格,自己都能接受,老师则实事求是,该给不及格就给了不及格。老师因为公正评分,得到的收益为 1,而学生选择接受,得到不及格的结果,收益为 -1。这个纳什均衡比较合理,没有包含不可置信的威胁在里面。

上述三个纳什均衡中的前两个都包含了不可置信的威胁。为什么这两个纳什均衡会包含不可置信的威胁或者说不合理的战略呢? 这是因为动态博弈中会出现动态不一致性:事先最优战略和事后最优战略会不一样。学生事先宣布其要采取的战略(比如"及格则接受,不及格就报复"等),从事后看可能并不是最优,因为如果老师真的判了不及格(或及格),学生的最优选择是接受。因而这样的威胁是不可信的。这就意味着,我们不能简单地把纳什均衡应用到动态博弈中。动态博弈需要能够反映动态一致性、排除不可置信威胁的均衡概念。因此,我们需要对原来的纳什均衡概念进行改进。

第二节 序贯理性

2.1 动态博弈中的理性要求

根据 1994 年诺贝尔经济学奖得主、德国经济学家泽尔腾(Selten)教授的思想[①],在一个动态博弈中,参与人如果是理性的,他应该往前看,即不管事前制定的计划如何,他在新的时点上做决策都应该根据当前的情形选择最优的行动。我们可以把动态博弈中的这种理性行为称为**序贯理性**(sequential rationality),因为它要求参与人在一个接一个的决策节点上都要选择最优行动。[②] 这和静态博弈中仅要求参与人在事前一次性选择最优行动相比,要求就更高了。

实际上,如果说"运筹帷幄,决胜于千里之外"体现的是事前制定一个最优行动计划的重要性,那么"将在外,君令有所不受"体现的就是事后调整、伺机而动的重要性。由于事前很难想到所有可能出现的情形,因此事前制定一个最优的行动计划也是非常困难的。这时,事后的权变调整就变得非常重要。对此,我们可以想象这样一种情景,君王把某一行动计划写在一个锦囊中,交给将军,让他面临某一情形时按照锦囊上的"妙计"来行动。但将军出征在外,情况千变万化,如果出现了锦囊上没有规定的情形,该如何办?显然,这时将军要抛弃"锦囊",根据新的情形,预计对手未来可能采取的行动,然后再决定自己的最优行动。

进一步,如果某一参与人总是序贯理性的,那么他所使用的战略将是由他在每一个时点上的最优行动组成的。换句话说,该战略将不仅是事前最优的,也会是事后最优的,将满足动态一致性的要求,从而不会包含不可置信的威胁。

我们把所有不包含不可置信的行动的战略组成的纳什均衡称为**精炼纳什**

---

① 泽尔腾(R. Selten)教授于 1965 年发表《需求减少条件下寡头垄断模型的对策论描述》一文,提出了"子博弈精炼纳什均衡"的概念来对纳什均衡概念进行完善。该论文在"非合作博弈理论中开创性的均衡分析"帮助他与纳什和海萨尼分享了 1994 年的诺贝尔经济学奖。

② 参阅 Gibbons (1992) 第 177 页有关序贯理性的讨论。

均衡（perfect Nash equilibrium）①。这意味着，精炼纳什均衡要求博弈的参与人必须是序贯理性的，因此有时候精炼纳什均衡也被称为序贯均衡。②

2.2　子博弈

精炼纳什均衡首先必须是一个纳什均衡。而在所有的纳什均衡中，只有那些战略中不包含不可置信威胁的纳什均衡才是精炼纳什均衡。问题是：如何在所有的纳什均衡中找出精炼纳什均衡？

精炼纳什均衡要求参与人是序贯理性的，在每一个决策节点都要选择最优行动。而一个行动是否是最优选择需要比较选择这一行动后最终得到的报酬与选择其他行动的报酬，而这些报酬不仅取决于自己选择的行动，还有赖于其他参与人对自己选择的应对。这意味着从任意一个决策节点开始的决策情形就像是在原有博弈基础上开始一个"新的博弈"。如果我们能够在每一个这样的"新的博弈"上把最优行动都确定下来，所有这些"新的博弈"上的最优行动就构成了原有博弈的精炼纳什均衡。

为了准确刻画这些原有博弈基础上的"新的博弈"，泽尔腾（Selten,1965）引进一个概念：**子博弈**（subgame）③。子博弈是指原博弈中由某一个决策时点开始之后的部分所构成的博弈，它本身可以视为一个独立的博弈，代表的是参与人在博弈过程中某一个决策时点所面临的决策情形。子博弈体现在博弈树上，相当于从博弈树中某一个决策节点出发，保留原有博弈树结构的部分。原博弈可以看成是一个从初始点开始的子博弈。如果一个子博弈起始点不是初始点，可以把它称为原博弈的一个**真子博弈**（proper subgame）。

一个具体的例子如图 4-4 所示。

图 4-4 中最左侧的博弈表示原博弈，从决策点 1 开始，如果参与人 1 选择上面的路径，博弈到达决策点 2；如果选择下面的路径，到达决策点 3。从决策点 2 和决策点 3 开始的博弈，都是原博弈的子博弈。④ 包括原博弈在内，则这个博弈共有 3 个子博弈。

可以看出，每一个子博弈都代表着参与人所面临的一个决策时机或情形。按照序贯理性的定义，只要博弈的参与人在每一个子博弈上面都选择了最优行

---

① "perfect Nash equilibrium"也可以译为"完美纳什均衡"。考虑到"完美"一词在中文中有很强的价值判断色彩，我把它译为"精炼纳什均衡"，它的确切含义是"改进的纳什均衡"。

② 参阅 Kreps and Wilson（1982）；Kreps（1990），第 12 和 14 章。

③ 本章对于子博弈的讨论是一种不严格的非技术讨论，侧重于介绍其直观含义。一个严格的技术性讨论参见张维迎《博弈论和信息经济学》第 2 章的相关内容。

④ 实际上，只要有人在做出决策，就可以认为是一个博弈。

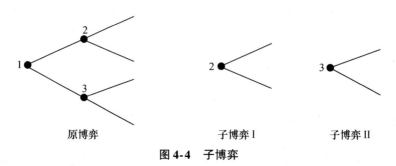

图 4-4　子博弈

动,该参与人一定是序贯理性的。同时,既然子博弈也是一个独立的博弈,那么它也有它的纳什均衡。某一子博弈上的纳什均衡是由所有的参与人在该子博弈上面的最优行动组成的。这就意味着,如果参与人是序贯理性的,其在子博弈上选择的最优行动就一定构成了该子博弈的纳什均衡。若一个博弈有多个子博弈,那么参与人在每一个子博弈上选择的最优行动就构成了相应子博弈上的纳什均衡。显然,由这些每一个子博弈的纳什均衡策略所组成的策略组合也就构成原有博弈的精炼纳什均衡。这样,我们就可以通过逐一确定每一个子博弈上的纳什均衡得到原有博弈的精炼纳什均衡。正因为如此,精炼纳什均衡又被称为**子博弈精炼纳什均衡**(subgame perfect Nash equilibrium)。

回到前文的师生博弈。该博弈包括原博弈在内总共有三个子博弈。如图 4-5 所示:

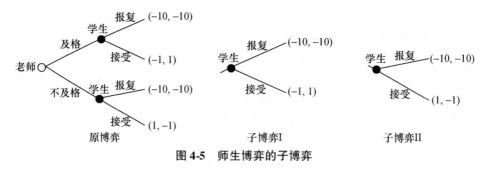

图 4-5　师生博弈的子博弈

在图 4-5 的原博弈中,根据我们前面的分析,总共有三个纳什均衡,分别为:(1) 老师选择及格,学生选择(接受,报复);(2) 老师选择不及格,学生选择(报复,接受);(3) 老师选择不及格,学生的战略为(接受,接受)。如前所述,第一个和第二个纳什均衡都包含了不可置信的威胁,第三个则没有。现在,我们来检验一下它们三个是否也都构成了子博弈精炼纳什均衡。

按照子博弈精炼纳什均衡的定义,参与人的战略要在每一个子博弈上都为参与人规定最优的行动。在第一个纳什均衡"老师选择及格,学生选择(接受,报复)"中,老师的战略在其对应的子博弈中(该子博弈实际为原博弈)规定的最优行动为选择及格;学生的战略(接受,报复)分别对应两个子博弈,规定在子博弈 I 中选择"接受",在子博弈 II 中选择"报复"。而在子博弈 II 中,选择"接受"得到的收益为 −1,而选择"报复"为 −10,因此"报复"并不是子博弈 II 上的最优行动。也就是说,学生的战略(接受,报复)并没有在学生的每一个子博弈上都规定最优行动,因此不满足序贯理性。因此,纳什均衡"老师选择及格,学生选择(接受、报复)"也就不是子博弈精炼纳什均衡。

第二个纳什均衡"老师选择不及格,学生选择(报复,接受)"中,学生的战略(报复、接受)规定在学生面临的子博弈 I 中选择"报复"显然不是最优,也不满足序贯理性的要求。因此该纳什均衡也不是子博弈精炼纳什均衡。

在第三个纳什均衡"老师选择不及格,学生的战略为(接受,接受)"中,老师的战略为不及格,学生的战略为(接受,接受)。学生的这一战略要求学生在子博弈 I 中选择"接受",在子博弈 II 中也选择"接受"。如果老师判及格,学生选择"接受"可以得到 1,是最优选择;如果被判不及格,学生选择"接受"可以得到 −1,但也是最优选择。这说明学生的战略(接受,接受)在每个子博弈上规定的行动都是最优的。给定学生总会选择"接受",老师的最优选择就是"不及格",因此这一纳什均衡是精炼纳什均衡。

2.3　逆向归纳与理性共识

上述剔除不可置信威胁的过程,我们是先确定原博弈的纳什均衡,然后检验纳什均衡战略在每一个子博弈中是否构成该子博弈的纳什均衡,以此来确定原博弈的哪一个纳什均衡会构成精炼纳什均衡。这一过程实际上是一种向前展望的顺向推理过程:先确定从起始节点开始的子博弈的最优选择(也就是确定原博弈的纳什均衡),然后顺着博弈发展的方向去确定第二个子博弈、第三个子博弈等的最优选择。但是,如果一个动态博弈阶段较多,这一过程就会比较复杂,甚至会到了很难处理的地步。[①] 因此,我们希望能找到一个比较便利的方法来确定子博弈精炼纳什均衡。

根据序贯理性,博弈的参与人在每一个子博弈上都会进行最优选择。那么,他在最后一个子博弈上也会是最优选择,再倒回第二个子博弈点,参与人在这个子博弈上也会进行最优选择。那么,当我们顺着博弈的发展方向难以确定

---

① 比如下棋,由于回合较多,作为求解精炼纳什均衡的第一步,确定其第一个子博弈——原始博弈的纳什均衡就将是一个非常复杂的过程,再去逐个子博弈进行检验更是复杂。

最优选择时,就可以倒着找出每一个子博弈上的最优选择,进行**逆向归纳**(backward induction),一直到初始决策点。这样找到的战略组合在每个子博弈上都构成一个纳什均衡,从而也是整个博弈的子博弈精炼纳什均衡。

以前述师生博弈为例。回顾图 4-5 中的 3 个子博弈。从最右侧的子博弈 II 倒着开始,学生的最优反应是选择"接受";然后在子博弈 I 上面,学生的最优反应也是选择"接受"。这意味着无论老师选择什么,学生都会接受。预期到这一点,回溯到原博弈的初始决策点,老师如果判及格,学生会接受,这时老师得到 -1;如果老师判不及格,学生也会选择接受,老师得到 1。显然,老师应该选择判不及格。这样,我们从最后一个节点开始逆向归纳,求解出了原博弈的精炼纳什均衡。这比顺向求解快捷多了。

再看如图 4-6 所示的博弈。

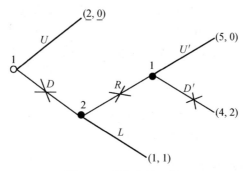

图 4-6 逆向归纳示例

参与人 1 先选择 U 或者 D(up 或 down)。如果选 U,博弈结束,二人的收益分别为 2 和 0;如果选 D,则参与人 2 接着选择 R 或者 L(right 或 left)。如果参与人 2 选择 L,博弈结束,二人的收益都为 1;如果选择 R,参与人 1 再进行选择 U′ 或 D′。如果参与人 1 选择了 U′,二人的收益为 5 和 0;如果选择了 D′,则二人的收益为 4 和 2。

我们可以尝试采用逆向归纳来求这个博弈的子博弈精炼纳什均衡。假如博弈进行到最后一个子博弈,从参与人 1 的第二个决策节点开始。此时参与人 1 做选择,他选择 U′ 得到 5,选择 D′ 得到 4,因而他的最优选择为 U′。在此子博弈上由于只有一方在做选择,因此其最优选择也是纳什均衡战略。再看倒数第二个子博弈,它从参与人 2 的决策节点开始。此时由参与人 2 先行动,选择 R 或 L,然后参与人 1 再行动,选择 U′ 或 D′。那么参与人 2 如何选择?由于下一步参与人 1 会选择 U′,如果参与人 2 现在选择 R,他最终会得到 0;如果参与人 2 选择 L,则得到 1。显然,参与人 2 应该选择 L,所以第二个子博弈上的纳什均衡战略组合为(L,U')。进一步倒推到第一个子博弈(也就是原博弈),从参与人1的第一个决策节点开始。参与人1选择 U 得到的收益为2;选择 D,由于接下来参与人2会选择 L,故其收益为1。因此他的最优选择为 U。这样,在第一个子博弈上面,参与人1最优战略是(U,U'),参与人2的最优战略为 L。因此,战略组合【(U,U'),L】构成了整个博弈的子博弈精炼纳什均衡(解读为:参与人1首先选择 U;如果有第二次选择的机会,选择 U';参与人2如果有机会选择,就选择 L)。均衡结果是:参与人1一开始就选择 U,参与人2没有任何选择的机会。

逆向归纳的合理性在于我们假定参与人满足第二章讲的理性共识的要求。在这个例子中,参与人1之所以一开始就选择 U,是因为他知道第二个人是理性的,如果他选择 D 就会让参与人2有机会采取行动,且参与人2会选择 L。为什么他认为参与人2会选择 L?因为他知道参与人2知道如果把机会再留给参与人1,参与人1肯定会选择 U'。所以说如果参与人1是理性的,参与人2也是理性的,并且参与人2知道参与人1是理性的,则参与人2就会选择 L;如果参与人1知道参与人2知道自己是理性的,参与人1一开始就会选择 U。因而,参与人1一开始选择 U 的合理性,很大程度上取决于理性共识的假设是否成立。这表明,在逆向归纳的过程中,需要假定参与人有理性共识,即每个人都是理性的,而且每个人都知道其他人是理性的,等等。

在现实中,如果参与人不满足理性共识的要求,由逆向归纳得出的结论就可能不符合参与人的实际选择。比如说,如果参与人1不知道参与人2知道自己是理性的,参与人1就很有可能选择 D,期待参与人2选择 R,自己最后选择 U',从而得到5单位的收益。当然,如果参与人2实际上知道参与人1是理性的,参与人1选择 D 就只能得到1。现实中,类似的情况确实会发生,所以我们时常会有"早知如此,何必当初"的感叹!

精炼纳什均衡在博弈树上所经过的决策点和最优选择构成一个路径,称为**均衡路径**(equilibrium path)。相应地,精炼纳什均衡不经过的决策点和选择构成非均衡路径。在上例中,只有节点1和 U 构成均衡路径。其他路径都是非均衡路径。

不过需要注意的是,均衡路径的构成依赖于参与人在非均衡路径上的选择。比如参与人1选择 U 之所以会构成均衡路径,是因为参与人2会在非均衡路径上选择 L。在师生博弈中,均衡路径是老师选择不及格,学生选择接受,老师得到1,学生得到 -1,其他的都是非均衡路径。这个均衡之所以会出现,是因为在非均衡路径上,即使老师判给及格,学生也会接受。这说明非均衡路径上的行为在决定着均衡路径的构成。作个通俗的类比,一个国家之所以选择不对另一个国家发动战争(均衡路径),是因为它预期到一旦爆发战争(非均衡路径），对方会猛烈还击，自己的损失更大。

2.4 反事实悖论

精炼纳什均衡战略不仅在均衡路径上是最优的，而且在非均衡路径上也是最优的。也就是说，参与人在不可能事件发生时，也应该按照理性的原则选择最优行动。这就出现了一个悖论：最优战略是基于理性假设做出的，但满足理性假设意味着不可能事件不会发生，如果不可能事件发生了，说明理性假设不成立，在采取下一步的行动时为什么还要假定对方是理性的呢？

在前面图 4-6 的例子中，如果参与人 1 选择了 D，参与人 2 应该选择 L，因为他预期选择 R 只能得到 0。但如果参与人 1 真的是理性的，并且知道参与人 2 也是理性的，也知道参与人 2 知道自己也是理性的，他就不可能选择 D。现在如果他真的选择了 D，参与人 2 为什么还要相信他是理性的并且知道自己（参与人 2）也是理性的呢？参与人 2 会想，一种可能性是参与人 1 是理性的，但不知道参与人 2 也是理性的，或者不知道参与人 2 知道参与人 1 是理性的。此时，参与人 2 选择 L 仍然是最优的。但也有另一种可能：参与人 1 不是理性的。此时，参与人 2 选择 L 就不是最优的，因为非理性的参与人 1 在最后阶段可能会选择 D'。但这又带来了另一个问题：即使参与人 1 本身是理性的，他也可能选择 D 以误导参与人 2 以为他是非理性的，从而有机会在最优阶段选择 U'，得到 5。但理性的参与人 2 怎么可能不想到参与人 1 是假装非理性呢？识破了参与人 1 的伎俩，参与人 2 的最优选择仍然是 L。但这样一来，参与人 1 为什么还要假装非理性呢？也就是说，如果你认为一件事是不可能的，它恰恰是可能的；如果你认为一件事是可能的，它恰恰又是不可能的。

这被称为**反事实悖论**（counter-factual problem）。这是博弈论至今没有解决的难题。泽尔腾的"颤抖手均衡"理论将不可能事件的出现解释为理性的参与人不经意间犯的一个错误（Selten, 1975），试图解决这一难题，但并不能完全让人信服。[1]

第三节　承　诺　行　为

3.1 承诺的作用

上一节，我们探讨了如何在求解博弈时把不可置信的威胁或许诺排除出

---

[1] 反事实悖论问题在文献中有很多讨论。参阅 Elster（1978），Binmore（1987），Mahoney and Sanchirico（2003）。

去,从而对参与人的行为做出合理的预测。如前所述,其中一个隐含的前提条件是,参与人要具有理性共识。而理性共识是一个要求很高的条件,现实生活中往往难以做到。这也使得不可置信的威胁或许诺经常出现在我们的生活中。

尽管如此,这一理论对现实仍然有很强的解释能力。比如,金融危机的发生很大程度上是惩罚的不可信导致的。如果经营不善的企业必须倒闭,欠债不还的人必须坐牢,每个人融资时就都会谨慎行事,就不会过度负债,金融危机就可能避免——至少不会那么严重。但现实中,由于担心大企业,特别是大的金融机构的倒闭会带来一系列的社会问题,一旦大企业出现债务危机,政府就会出手救助。这种现象被称为"大而不倒"(too big to fail)。预期到这一点,企业在融资时就更喜欢冒险,因为成功的收益归己,失败的成本可以由社会承担,结果出现了金融危机。[①]

再比如,在传统的农村社会,男女结婚要依循媒妁之言、父母之命,但总会有年轻人自由恋爱,老父亲知道后可能就会要求女儿与男友分手,否则就威胁断绝父女关系。老父亲的这个威胁是不可信的,因为如果真的与女儿断绝关系,老父亲的损失更大。如果女儿知道老父亲是理性的,她就不会顺从。所以,经常发生的情形是,女儿和男友私奔了,等过几年抱着小孩回来后,老父亲也就会认了这门亲事。

由于存在着不可置信的威胁或许诺,使得人和人之间一些有效率的合作无法实现,即无法实现帕累托最优。

以前述图 4-6 所示的博弈为例。按照前文的分析,我们知道这一博弈的结果为参与人 1 选择 U 之后,博弈结束,参与人 1 和 2 分别得到 2 和 0。但这个纳什均衡不是帕累托最优的。现在,假如参与人 1 向参与人 2 许诺,如果我先选择 D,只要你答应选择 R,我接下来就再选择 D'。如果参与人 2 相信参与人 1 的许诺,自己选择 R,而参与人 1 也信守诺言选择了 D',这时,参与人 1 得到 4,参与人 2 得到 2。这一结果相对于原来的博弈结局使得两个人的收益都提高了,可以称为帕累托改进。

首先注意到,参与人 2 有积极性答应参与人 1 自己会选择 R,即使他并没有积极性实际上这样做。但问题是,参与人 2 选择 R 之后,参与人 1 会背弃诺言,选择 U',让自己得到收益 5,参与人 2 这时的收益就只有 0 了。参与人 2 会预料到这种情况,因而不会选择 R,而会选择 L,确保自己的收益为 1。这样一来,参与人 1 知道参与人 2 的应允会落空,一开始就不会选择 D,而会选择 U,确保自

---

① 安德鲁·罗斯·索尔金的《大而不倒》(Andrew Ross Sorkin,2009)一书对 2008 年的全球金融危机有精彩描述。

已得到 2。也就是说,每个人都有积极性许诺,但谁都没有积极性兑现自己的许诺,因为都不相信对方的许诺,从而帕累托改进无法实现。

政府与市场的关系也是类似。如果政府不能让市场相信它不会轻易改变政策,市场就会出现短期化行为。比如我国曾经出现的房地产市场种种混乱的局面主要就是政府政策摇摆所致。政府曾高调宣布"调整经济结构"不仅事关全局,还迫在眉睫,为调整经济结构开始对房地产进行调控。但是市场怀疑一旦经济增长放慢速度,政府还是要把保增长放在更加突出的位置,从而就会放松对房地产市场的控制,于是房价还要反弹。因此,政府调控房地产的政策要想有效,关键是如何让自己的威胁或许诺变得可信。

在这种情况下,如何使许诺或威胁变得可信,就成为帕累托最优能否通过纳什均衡实现的关键。在前述例子中,如果参与人 1 能够采取某种行动,让自己选择 D' 的许诺变得可信,那么参与人 2 就会选择 R,双方的合作就可以实现了。比如,参与人 1 在博弈开始前,拿出价值为 2 的保证金交给一个独立的第三方,宣称如果到博弈的第三阶段,他不选择 D' 的话,第三方就可以把他的保证金没收。这样一来,到了博弈的第三阶段,如果参与人 1 选择 U' 的话,其收益就只剩下 3 了,不如选择 D' 得到收益 4。因此,此时参与人 1 向参与人 2 许诺如果参与人 2 选择 R,自己将选择 D' 就变得可信了。

前文已经提到,不可置信威胁的根源在于事先最优与事后最优的不一致。比如,师生博弈中学生"不及格就报复"的威胁,事先看是最优的,但事后看并不是。父女博弈中,"断绝父女关系"的威胁事前看是最优的,但一旦女儿私奔后,事后就不是最优的。债务博弈中,事前看惩罚是最优的,但事后看救助是最优的。政府与市场博弈中,事前看"调结构"是最优的,事后看可能需要"保增长"。

在博弈论中,如果某个参与人采取某种行动,使得一个原来事后不可置信的威胁变成一个事后可以置信的威胁,事前最优和事后最优相一致,则这种行动被称为**承诺**(commitment)。[①] 注意,这里"承诺"和前面提到的"许诺"(promise)的含义有所不同。"许诺"和"威胁"都可以看成是一种言辞上的表示;而"承诺"指的是一种行动,言而有信。语言是矮子,行动是巨人。这表明承诺比许诺重要,只有通过承诺,才能使得原本不能实现的帕累托最优成为均衡结果。

---

① 托马斯·谢林被公认为是最早提出和定义"承诺"概念的人(参阅 Schelling, 1960, 第 2 章)。但他本人说这个概念最早是由 2400 多年前的色诺芬(Xenophon, 古希腊雅典城邦的军人、历史学家和作家)提出的(Schelling, 2006, 第 1 章)。当然我们同样可以说,《孙子兵法》中也有类似的概念。

3.2 承诺的成本

让承诺能够发挥作用的关键是承诺需要花费成本。在上例中,参与人 1 所交的价值为 2 的保证金实际上就是参与人 1 的承诺成本。显然,承诺的成本越高,就会使得许诺的可信性越大,从而合作实现的可能性就越大。上例中,如果参与人 1 交的保证金低于 1 的话,该许诺仍然是不可信的。现实中的一个例子是,淘宝网曾于 2011 年 10 月 10 日宣布建立"商家违约责任保证金"制度,向淘宝商城内的商家收取 1 万元至 15 万元不等的"信用保证金"。尽管此事曾经在淘宝网和入驻的商家之间掀起一阵风波,但应该承认的是,提高保证金的确会起到让商户更加守信的作用。①

在我国古代的婚姻关系中,由于结婚后男方可以通过"一纸休书"就把婚离了,因此尽管结婚之前男方山盟海誓,但女方仍担心嫁过去后,男方会不遵守诺言,始乱终弃。这种情况下,男方可以通过送昂贵"彩礼",或举办成本极高的婚礼,来对自己的婚姻行为做出承诺:如果男方结婚后写休书的话,彩礼就不退了。显然,男方送的彩礼越贵重,婚礼的成本越高,其承诺作用就越强。一次婚姻就几乎倾家荡产的人是不大可能离婚的。

在创业投资中,创业者出资的数量也能起到承诺作用。创业者出资越多,投资者可能越愿意投资。因为一旦创业者不好好经营的话,他的损失是很大的。更一般地,一个人对其财产拥有的所有权可以起到他对社会的承诺作用。②也就是说,"恒产者有恒心"。比如中产阶级参与革命的可能性比较小,而没有资产的人群,因为机会成本小,更有可能揭竿而起。有一定资产的人希望社会是稳定的,因为如果社会不稳定,动荡不安,他们的损失也会更大。从这个意义上讲,中产阶级是社会稳定的重要因素。

承诺行动的实质是限制自己的选择范围,即放弃某些选择,或使得如果不选择所许诺行为而是选择其他行为的话,就要付出更高的代价。选择少,让自己的许诺变得可信,反倒对自己有利。这实际上是"置之死地而后生"的道理。③ 比如,我们都知道项羽"破釜沉舟、背水一战"的故事。公元前 207 年,项羽的军队和秦军主力部队在巨鹿作战,项羽只有 20 万人,而秦军有 30 万人,在这种情况下,"项羽乃悉引兵渡河,皆沉船,破釜甑,烧庐舍,持三日粮,以示士卒必死,无一还心。"④这样一来,项羽的士兵都明白,别无选择,要想活命,只有拼

---

① 有关淘宝网提高保证金的相关风波,可参见《金融时报》2011 年 10 月 24 日的相关报道。
② 参阅张维迎,《产权、激励与公司治理》,经济科学出版社 2005 年版,第 2 章。
③ 《孙子兵法·九地篇》中有"投之亡地然后存,陷之死地然后生"的说法。
④ 出自《史记·项羽本纪》。

命一搏了。最后,项羽的士兵九战九捷,打败了秦朝的主力军队。

通过限制己方的选择可以让己方的许诺或威胁变得可信。同样,增加对方的选择也可以让对方的许诺和威胁变得不可信。这可以称为"反承诺"策略。比如《孙子兵法》第七篇"军争篇"中提到"围师必阙,穷寇勿迫"的说法,前者是说如果己方包围敌军时,并不是要四面围住,而要围住三面放一面,这样敌军就会从未被包围的城门逃跑,己方就可以较为轻松地占领城池。但如果所有城门都被围,守军无路可逃,只有一个选择,那就是抗争到底,造成己方增添伤亡。后者是说,对于没有战斗能力、陷于绝境的敌人不要过于追迫他,否则有可能让其狗急跳墙、鱼死网破。这两句话的共同含义都是指通过给敌人提供更多的选择而消磨对方的抵抗意志,让对方无法进行血战到底的承诺。[①]

承诺是企业在市场竞争中经常使用的策略。1991 年诺贝尔经济学奖获得者罗纳德·科斯在 1972 年发表的《耐用消费品和垄断》一文中就认识到,生产耐用品的垄断企业需要对消费者进行承诺,因为即使没有对手,它也经常面临现在和未来之间的竞争(Coase, 1972)。举例而言,假设某企业的生产成本为 0,他可以生产 1 单位耐用消费品,也可以生产 2、3 或 4 个单位产品。如果生产 1 单位,消费者愿意支付的最高价是 100,这样,企业利润也是 100;如果生产 2 单位,消费者愿意支付的最高价是 80,企业的利润为 160;如果生产 3 单位,消费者愿意支付的最高价是 50,利润为 150;如果生产 4 单位,消费者愿意支付的最高价是 30,企业得到的利润是 120。如果从利润最大化的角度,企业应该生产 2 单位产品,获利 160。但是进一步思考会发现,最好的办法是先生产第一个单位,并卖给愿意出 100 的消费者;然后再生产第二个单位,并卖给出价 80 的人;再继续生产第三个单位,卖给出价 50 的人;最后生产第四个单位,卖给出价 30 的消费者。这样就总共可以赚到 260,这可以说是最大的利润了。

不过问题在于,第一个消费者会预计到自己买后企业就会降价,因此他会选择等待。同理,第二个人也会等待,因为他预期产品的价格会继续下降到 50,第三个人预期价格会下降到 30,同样会选择等待。所以最后产品的价格为 30,这就是著名的科斯猜想。

这样的困境显然对企业不利。为了改变困境,企业可能会告诉第一个消费者,自己只会生产一个单位的产品,但如果消费者是理性的,他显然不会相信。为此,厂商需要做一个承诺,比如补差价。企业可以最初定价 80,并起草一个销售条款,规定如果一年之内降价的话,厂商就会把差价返还给已经购买了产品

---

① 实际上,现代战争中"缴枪不杀"、"优待俘虏"的政策也是起到相似的作用。生活中,"得饶人处且饶人"也是这一"反承诺"策略的体现。

的人。如果这个条款具有法律上的可执行性,或者企业非常重视自己的声誉,就不会降价了,因为,多生产一个单位的产品卖出 50,但必须给原来的两个买主返还 60,得不偿失。通过这个承诺,科斯猜想中的困境就会得到解决了。

画家和前述的生产耐用消费品的厂商性质类似。画是耐用消费品,而且时间越长可能越值钱。如果一个著名画家准备出售一幅名画,由于重新画一幅画的成本很小,画家同样面临科斯猜想中的困境。画家要想把画卖一个好价钱,必须要承诺自己不会画太多的画。如何让市场相信画家不会画太多的画,对于画家来说是非常困难的。口说无用。极端的情况是,画家过世等于是一个不会再画的承诺。所以,我们经常看到一个画家在死后其作品更加值钱的现象。同样的道理,邮政局发行纪念邮票时,为让其升值,往往会把印刷邮票的原版毁掉,起到的也是承诺作用。

我们也可以用这个理论来解释大学改革。2003 年的北京大学改革很重要的一个方面是实行“不升即走”(up or out)的制度①,也就是说,讲师和副教授阶段的老师,都有可能被淘汰。“不升即走”其实可以理解为大学不压制人才的承诺。如果没有这样的承诺,优秀的人才可能会被埋没、被压制,教授就得不到公平的待遇。这一机制可以用图 4-7 所示的博弈来说明。

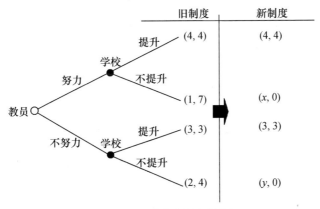

图 4-7　“不升即走”晋升博弈

在这个博弈中,教员可以选择努力或者不努力,学校可以选择提拔或者不提拔。假定教员努力,可以创造总价值 8。在旧制度下,如果学校提拔教员,教员和学校各得到 4;但如果学校不提拔,教员得到 1,学校得到 7。如果教员不努力,学校同样需要决定是否提升。如果提升的话,教员和学校各得到 3,加起来

_____

① 其实很多企业都实行“不升即走”的制度,比如麦肯锡咨询公司,员工在任何一个等级上,如果不能升上去,就必须离开麦肯锡。

是6;如果不提升,学校得到4,教员得到2。博弈的均衡是教员不努力、学校不提升(或者说,提升不提升与努力无关)。

"不升即走"可以改变这个博弈的均衡。在新制度下,如果教员努力而得到提升,双方的收益都为4;但如果教员努力而得不到提升,他会选择离开,这样学校得到0,教员走出去以后得到的收益假定是x(具体依赖于他自身的能力与市场价值)。如果教员不努力,而学校提升他,双方的收益都为3。如果教员不努力,而学校不提升他,教员离开,他的收益为y,学校的收益为0。新制度下博弈的均衡是什么?如果教员努力,学校提升他,学校得到4,不提升学校得到0,所以学校会选择提升。如果教员不努力,即使被学校提升,他也只能得到3,少于在努力情况下被学校提升时得到的4,所以教员的最优选择是努力。最后的均衡结果是教员努力,学校提升。①

读者可能会有疑问:旧制度下,如果学校对教员不公正,教员还可以继续待下去,而新制度下,如果学校对教员不公正,教员就必须走人,这不是更不公正吗?新制度的优越性恰恰来自这里。在旧制度下,一个教员无论多么优秀,因为他不能离开,学校不提升他仍然可以利用他,可谓"价廉物美",学校也就没有压力保持公正。在新制度下,如果学校对教员不公正,优秀教员也有更高的市场价码,优秀人才流失以后,真正损失的是学校,学校就不敢对教员不公正。也就是说,正因为"不升即走",学校就必须公正。所以说,"不升即走"是学校的一个承诺:不会亏待优秀人才。②

第四节　宪政与民主

4.1　有限政府

动态博弈理论对我们理解民主与法治具有重要的意义。

自人类进入文明时代以来,政府就是社会博弈重要的参与人。任何社会要有效运行,都需要赋予政府一些自由裁量权。但如果政府的自由裁量权太大,政府官员为所欲为,不仅老百姓的权利得不到保证,而且政府本身也会受到损害。这是因为,政府与老百姓之间是一种博弈关系,再专制的制度下,老百姓也有一些天然的选择空间(奴隶也有办法偷懒,如出工不出力,出力不出活)。如

---

① 我们这里只考虑了努力问题,另一个决定教员价值的因素是能力高低。但道理是一样的,在"不升即走"的制度下,高能力的人不被提拔就得离开,所以要想留住优秀人才,学校就不能论资排辈。参阅张维迎《大学的逻辑》。

② 关于从这个角度解释"不升即走"制度的理论模型,见 Kahn and Huberman (1988)。

果老百姓不相信政府,政府的政策就很难达到目的。

让我们以主权债务为例说明这一点。①

政府的支出主要依赖于两项收入:税收和公债。税收是强制性的,即便如此,横征暴敛也会导致老百姓减少生产性活动、隐瞒财富,使得实际税收减少,严重的情况下老百姓甚至揭竿而起,推翻政府。与税收不同,公债是自愿的(强制性公债等同于税收)。政府发行公债的能力依赖于老百姓的认购意愿。

主权债务博弈的基本结构是:政府首先决定是否发行公债及发行多少,老百姓决定是否购买;债务到期时,政府决定是按照当初的合同偿还债务,还是赖账;如果政府赖账,老百姓(债权人)决定如何惩罚政府。一般来说,政府只有在预期赖账后受到的惩罚不小于偿还债务的支出时,才会选择偿还,而债权人只有在预期政府有足够高的概率偿还的情况下,才愿意购买公债。

政府可发行的最大公债是多少呢? 如果我们用 D 表示最大公债,r 表示公债的利息率,P 表示政府违约时受到的惩罚,那么,政府履约的条件是:$D(1+r)$ $\leq P$。如果这个条件不满足,政府就可能选择赖账;预期到政府会赖账,债权人就不会选择认购。因此,政府可发行的最大公债为:$D \leq P/(1+r)$。

这意味着,政府在违约时受到的惩罚 P 越大,可发行的公债反倒越多。P 的大小取决于许多因素,但最重要的是老百姓约束政府的能力。如果政府的权力不受限制,违约时债权人毫无办法,政府发行公债的能力就非常小。反过来,如果政府是有限政府,政府只能在法治的范围内行事,则其发行公债的能力就很大。这是为什么现实中民主政府比专制政府具有更大融资能力的重要原因。

图 4-8 刻画的是 1620 年至 1790 年间英国国债总规模的变化。在 1688 年之前,英国的国债规模徘徊在 200 万英镑左右,但 1688 年之后国债规模迅速增

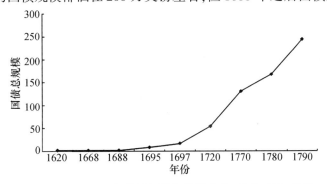

图 4-8　1620—1790 年英国国债规模的变化(单位:百万英镑)

---

① 参阅 North and Weingast (1989)。

长,1697年即达到1670万英镑,1720年达到5400万英镑,1790年为24400万英镑,100年间增长了120多倍。国债的增长提高了政府的财政能力,对1688年之后英国在数次欧洲战争中的胜利起到了举足轻重的作用,因为战争的能力很大程度上是由其财政能力决定的。

为什么英国的国债规模在1688年之后能迅速增长?最关键的因素是光荣革命将英国的政体由君主专制转变为君主立宪制,由无限政府变成有限政府,从而大大提高了国王违约时面临的惩罚(North and Weingast, 1989)。光荣革命前的君主专制政体下,尽管英国国王的行为也在一定程度上受到议会的约束,但国王可以随意单方面修改借款条款,拖延甚至拒绝支付,或者利用外国商人瓦解本国债权人之间的联盟,所以债权人非常不愿意向政府贷款。光荣革命使英国的政治和经济制度发生了重要变化,私有产权得到更有效的保护,决定国债的权力转到议会,议会主要由潜在的大债权人组成,他们可以推翻国王;英格兰银行统一协调债权的行动,通过优先权的规定限制了政府"离间"债权人的可能。因为对违约的惩罚变大了,政府举债的能力提高了。

更一般地讲,宪政和法治可以理解为政府对老百姓做的承诺:政府依法行事,接受老百姓的监督;政府不仅保护个人的基本权利不受其他人的侵犯,而且要把尊重这些权利作为对政府行为的限制。在宪政体制下,政府更受到老百姓的信任,所以政府的力量反倒更强大。人治的政府看起来强大,其实很脆弱——至少从长期看是这样,因为它得不到老百姓的真正信任。这一点在当今的国际竞争中表现得更为明显。

法律有民法和刑法之分。民法奉行的原则是"民不告,官不纠",而刑法实行的是公诉制度,也就是说,由国家机关对犯罪行为提出起诉。为什么有些事情适用于民法,而另一些事情适用于刑法?一个重要的原因是承诺的价值(张维迎,2003)。诸如杀人放火这样的行为应该受到严厉的惩罚,但如果由当事人之间谈判解决,罪犯就可能得不到应有的惩罚。比如说,富有的罪犯更愿意私了,而贫穷的受害人也更可能接受金钱的补偿。或者,在受害人已经死亡的情况下,原告甚至不会出现。刑法作为一种承诺,对潜在的犯罪行为具有更大威慑力。

4.2 民主作为一种承诺

如同宪政一样,民主也可以理解为一种承诺。民主制度包括多个维度。这里,我们集中讨论民主制度最核心的东西:选举制度。我们将民主制度定义为全民定期投票选举政治领导人的一种制度安排。[1]　在非民主制度下，政治权力掌握在少数人组成的特权阶级手中，获得统治权的方式或者是继承，或者是暴力革命。在民主制度下，政治权力是多数人通过投票赋予的，并且受到严格的法律约束，这些法律本身也是得到多数人认可的。由于这个原因，民主制度倾向于照顾普通大众的利益，而非民主制度更倾向于维护少数特权阶层的利益。自然，普通大众比特权精英更愿意选择民主制度。

当然，我们必须承认，非民主的政府有时也会关心普通人的利益。任何社会，普通老百姓最关心的是自己的生活、安全、自由。历史上，有些开明君主"爱民如子"，在为人民谋幸福方面做得甚至好于民主制度。但无论如何，在非民主制度下，"为人民服务"是一个不可信的许诺。只有在民主制度下，"为人民服务"才可能是一个可信的承诺。

当今世界的民主国家都是从非民主国家演变而来的。这种演变是如何发生的？为什么处于被统治地位的多数人不满足于开明君主，而要选择民主制度？为什么统治阶级会接受民主？下面，我们简要介绍一下 Acemoglu 和 Robinson（2006）的民主化理论。

设想我们现在生活在一个非民主的社会，这个社会由处于统治地位的少数人和处于被统治地位的多数人组成，前者拥有特权，相对富有；后者缺少基本的政治权力，相对贫穷。这两类人都不仅关心今天，也关心明天。假定由于某种原因，被统治者现在拥有一些事实上的政治权力，这种事实上的政治权力迫使统治者做出让步，如制定一些改善民生的经济政策，给予被统治者更多的自由和生活保障，从而使得他们的幸福指数得以提高。在非民主的社会这种情况之所以出现，是因为被统治者人数众多，他们可以发出抱怨，可以消极抵抗，也可以制造群体性事件，甚至以革命的方式威胁社会的稳定和统治者的利益，这是统治者绝对不能忽视的。但是，被统治者的这种政治权力只是暂时的，是事实上的而非法律上的。他们今天得到的福利和自由是统治者的"恩赐"。给予的可以拿走，没有任何制度性的力量可以阻止统治者明天实行相反的政策，从而使他们陷入更悲惨的境地。事实上，这种情况在过去经常发生。认识到这一点，他们就会要求将事实上的政治权力转化成制度化的政治权利，将暂时性的权力变成永久性的权利。他们不仅希望今天有面包、房子和自由，也希望明天仍然有面包、房子和自由。这个目的只有在他们有权利选举政治领导人的情况下才能达到。这就产生了对民主的需求。

---

[1]　这个定义是熊彼特在《资本主义、社会主义与民主》一书中给出的。有关民主制度的各种理论模型，参阅 David Held（2006）。

　　当然,政治制度的改变并不会只是因为老百姓的要求就自然发生。转向民主意味着政治权力向多数人的扩展,意味着统治精英的特权的消失,这是统治者总是想方设法阻止的事情。面临被统治阶级的强大的政治压力时,统治者通常的做法是给被统治者今天想要的东西,平息他们的怨气。如果老百姓仍然不满足,统治者也许会进一步宣布明天会继续这样的"亲民"政策。但这种许诺是不可信的,一旦政治压力消失,统治者会故伎重演。当老百姓不能被这些空头许诺说服时,他们就可能起来革命,推翻政权。这当然是统治者最不愿意看到的。为了阻止革命的发生,统治者就必须做出一个可信的承诺。为此就必须改变政治权力的结构,将政治权力交到老百姓手中。这就是民主制度的建立。这样,民主就作为一种保护公民长远利益的承诺而出现了。

　　这个模型尽管简单,但大致上可以解释包括英国在内的许多国家的民主化过程。① 英国的民主化开始于 14 世纪初议会的建立。议会最初只是贵族与国王协商税收和讨论公共政策的一个论坛,只是在 1688 年的光荣革命之后,议会才定期开会。但公民权受到严格限制,由贵族和大主教组成的上院起主导作用,下院由平民代表组成,其议员原则上由选举产生,但直到 19 世纪中期之前,选举只是个形式,由大地主或贵族提名的候选人很少受到挑战,因为投票是公开的,大部分投票人并不敢违背提名人的意愿。

　　英国迈向民主的第一个重要的步骤是 1832 年通过的《第一改革法案》(the First Reform Act),废除了旧的选举制度中的许多不公平规定,建立了基于统一的财产和收入标准的投票权制度,将总选民人数由原来的不到 50 万扩大到 80 多万(占全体成年男性人口的 14.5%)。这个改革法案正是在面临大众对现存政治体制日益增长的不满的情况下通过的。1832 年前,英国爆发了持续的暴乱和群体性事件(如著名的卢德运动)。历史学家一致认为,1832 年改革法案的动机是为了避免大的社会动荡。

　　正因为如此,这个改革法案只是政府的策略性让步,并没有建立大众民主。改革后,绝大多数英国人仍然没有选举权,贵族和大地主仍然可以操纵选举,选举中的腐败和恐吓现象非常严重。

　　1832 年的改革显然不能满足大众对民主的要求。1838 年,工人群众就发起了改革议会的"宪章运动",提出男性普选权、废除选举权的财产限制、实行议员薪酬制(议员不拿薪酬的情况下低收入者就当不起议员)等要求。宪章运动一直持续到 1848 年,虽然没有成功,但对之后的改革产生了重要影响。

　　随着改革的压力越来越大,1867 年,议会终于通过了《第二改革法案》,将

----

① 参阅 Acemoglu and Robinson (2006),第 1 章。

选民人数从136万扩大到248万,从而使得工人大众成为城市选区的主体。这一新的改革法案是多种因素作用的结果,其中最重要的是严重的经济萧条增加了暴乱的威胁,以及1864年"全国改革联盟"(the National Reform Union)的成立和1865年"改革联合会"(the Reform League)的成立,使得政府认识到改革已是刻不容缓,不改革将是死路一条。

1884年通过的《第三改革法案》将原来只适用于城市选区的投票规则同样扩大到乡村选区,使得选民人数增加了一倍。从此之后,大约60%的成年男性有了普选权。导致这一法案出台的背后因素仍然是社会动乱的威胁。

第一次世界大战之后,英国政府于1918年通过了《人民代表法案》(the Representation of the People Act),将投票权扩大到所有年满21岁的男性和年满30岁的女性纳税人(或配偶是纳税人)。这一法案是在大战期间协商的,在一定程度上反映了政府调动工人参战和生产积极性的需要,也可能部分受到俄国十月革命的影响。1928年,妇女获得了与男性同等的选举权。

纵观英国民主化的历史,尽管有些其他的因素也在起作用,但社会动乱的威胁是英国建立民主制度的主要驱动力。也正因为如此,英国的民主化是一个渐进的过程,每一次的让步只是满足当时的"威胁者"的要求——如1832年的时候,只要"买通"中产阶级就可以换得和平,所以投票权只扩大到中产阶级;待新的威胁者出现后,再做进一步的让步,直到全面普选权的实现。

当然,并不是所有非民主社会的政府都像英国政府那样识时务并能与时俱进。有些非民主社会的政府习惯于用武力镇压的方式应对老百姓的民主化要求,或者一开始得过且过,敷衍了事,最后实在没有办法时,才开始改革(如清朝政府),但往往为时已晚,等待他们的只能是革命。

本 章 提 要

动态博弈里,参与人的决策是在不同时点做出的,因而战略并不一定是单一的行动,而是一个完备的行动计划,要为参与人在每个时点上规定一个行动。后行动的人有机会根据先行动者的行动调整自己的选择,因此,先行动者必须预测后行动者如何对自己的行动做出反应,然后才能决定自己应该采取什么行动。

动态博弈的纳什均衡战略可能包含不可置信的威胁(或许诺)。所谓不可置信的威胁,是指尽管从事前看是最优的,但从事后看不是最优的,因此是不可信的。理性人不会相信不可置信的威胁。精炼纳什均衡排除了不可置信的威胁,保证均衡战略所规定的行动在每一种情况下都是最优的。

逆向归纳是剔除不可置信威胁、求解精炼纳什均衡的基本方法。这一方法是否恰当，取决于理性共识的假设是否满足。当且只当每个人是理性的，每个人知道对方也是理性的，每个人知道对方知道自己也是理性的，等等的时候，逆向归纳得出的预测才是合理的。

一种威胁是否不可置信，取决于当事人还有什么其他选择。将不可置信的威胁变为可置信威胁的行动被称为"承诺"。承诺意味着选择少反倒使威胁变得可信，从而对当事人有利。承诺可以改变博弈的均衡，有些情况下可以把无效率的均衡变成帕累托最优均衡，实现双赢。承诺的价值取决于承诺的成本。承诺的成本越大，承诺的价值越大。

许多制度的价值就来自其承诺的作用。如果没有这些制度，当事人的机会主义行为会导致囚徒困境问题。人类社会最大的博弈是老百姓与政府之间的博弈。宪政和民主制度，可以理解为政府对老百姓的承诺。这种制度下，政府必须接受人民的监督，真正为人民服务，不能为所欲为，结果是政府更能得到老百姓的信赖。专制制度看起来强大，实质上很脆弱，因为它得不到老百姓的信任，聪明反被聪明误。

第五章
讨价还价与耐心

第一节　讨价还价问题

1.1　合作与冲突

讨价还价(bargaining)在现实生活中普遍存在。例如,签订劳资合同时,雇员和雇主会就工作时间、工作条件、工资待遇、合同期限等方面进行讨价还价行为。合伙人之间会就资金的投入、股权的占比、利润的分配进行讨价还价。企业破产或重组时,利益相关者要就债务清偿、职工安置等问题讨价还价。生活中,夫妇之间谁来照看孩子,谁来做家务,可能也要讨价还价。离婚时涉及财产分配、子女抚养等问题,讨价还价更为复杂。在政治领域,政治家要就人事安排、权力划分讨价还价。中央和地方之间需要就税源的分配、转移支付的多少、配套资金的划拨等做出安排。国际上,中美之间的贸易摩擦、中日有关钓鱼岛的争议、朝鲜半岛核问题的六方会谈,等等,都是讨价还价的过程,达不成协议,可能爆发战争。

讨价还价问题的特点在于参与其中的当事方既有共同利益,又有利益冲突。即一般来说,只要达成协议,对于当事各方都有好处;但是,讨价还价可以达成不同的协议,产生不同的利益分配,使得各方得到的好处各异。这使得讨价还价问题非常类似前面第三章提到的多重均衡问题。即在一个博弈中,均衡太多了,反而有可能阻止任何一个均衡的出现。讨价还价达不成协议的原因,往往是因为可以达成的协议太多了:每一方都希望达成对于自己有利的协议,结果反倒可能任何协议都无法达成了。

但讨价还价中的多重均衡问题也不同于前面讲的可以用某种标准来加以衡量的多重均衡。例如,根据帕累托标准,如果一个博弈中存在两个纳什均衡,其中一个均衡帕累托优于另外一个均衡,则博弈的所有参与人会选择第一个均衡。又例如前面提到的交通规则问题,为避免冲突,所有的人会都选择靠左行走,或者都选择靠右行走。在这些例子中,参与者之间没有太大的利益分歧。而在讨价还价问题中,参与人之间存在利益冲突。但这种利益冲突也不同于零和博弈中的利益冲突,在零和博弈中一方得到的是另一方所失去的。讨价还价如果达不成协议,则所有人都会有损失。如果达成协议,各方都得到好处,各方收益之和大于零。从这个意义来讲,讨价还价问题实质上是一种具有利益冲突的**正和博弈**。

1.2　合作博弈与非合作博弈

研究讨价还价问题一般有两种思路。一种是**合作博弈方法**(cooperative game approach),另一种为**非合作博弈方法**(non-cooperative game approach)。合作博弈研究的视角是假定参与讨价还价的各方联合做决策,强调的是集体理性,协议追求的是集体利益的最大化,各方会自愿地遵守形成的决策或达成的协议。而非合作博弈研究的出发点是假定参与讨价还价的每一方都独立做出决策,强调的是个体理性,各方追求的是个人利益的最大化。这意味着,即使达成了一个能够给各方带来集体利益最大化的协议,如果这个协议不是一个纳什均衡,也不会得到执行。例如前面讲的囚徒困境的例子,两个囚徒可以达成"都抵赖"的协议,就是抓起来之后谁都不坦白,但是真正被逮捕之后,他们从各自利益最大化角度决策,就会都选择坦白了。需要注意的是,合作博弈理论和非合作博弈理论的区别,不是前者研究合作,后者研究不合作,而是做出决策的过程是基于个人理性还是集体理性。如我们将在以后的章节中看到的,非合作博弈理论是我们研究如何达成合作的最适当的理论。[1]

下面我们先从合作博弈的角度来讨论讨价还价问题,然后再从非合作博弈的角度研究讨价还价。[2]

---

[1]　合作博弈方法和非合作博弈方法对应于纳什(1953)区分的"公理式方法"(axiomatic approach)和"战略式方法"(strategic approach)。前者从一些被认为人们会普遍接受的公理出发推导出最优的分配方案,后者通过对个人最优选择的分析找出讨价还价的纳什均衡。参阅 Roth (1979, 1985)。

[2]　通常讲的博弈论是指非合作博弈理论,大部分博弈论教科书很少讨论合作博弈,詹姆斯·弗里德曼 1991 年出版的《博弈论》是少有的例外,该书对合作博弈有较为系统的介绍。

第二节　谈判砝码与谈判能力

2.1　蛋糕的大小与分配

合作博弈中一个非常重要的概念是**纳什谈判解**(Nash bargaining solution)。这个概念是诺贝尔经济学奖得主约翰·纳什在 1950 年发表的《讨价还价问题》(the bargaining problem)一文中提出的。下面,我们用一个简单的卖画例子来解释这一概念。

设想有一个画家准备卖掉自己创作的一幅画。他可以自己直接到市场上去卖,也可以交给画廊去卖。如果他自己去卖的话,这幅画可以卖 1 000 块钱;如果交给画廊卖的话,这幅画可以卖到 3 000 块钱。对于画廊来说,如果不接受该画家的委托,而是去卖其他作品,画廊的收入是 500 元。这样,如果画家委托画廊卖画,总收益为 3 000 元;如果画家自己卖画,画廊卖其他的作品,总体收益为 1 500 元。显然,从总体收益来看,画家与画廊合作卖画是有效的。现在的问题是:画家如果委托画廊把画卖了出去之后,双方如何分配这 3 000 块钱?画家和画廊应各拿多少?

现在把这个问题一般化。假如现在有两个参与者:一个 A,代表画家;一个 B,代表画廊。他们两个人分配数额为 V 的财富。如果他们能够达成协议的话,就按照协议分配;如果达不成协议的话,第一个人得到 a,第二个人得到 b。对应上面卖画的例子,$V = 3\,000$,$a = 1\,000$,$b = 500$。这里 a、b 的数值被称作"**威胁点**"(threat point),即如果谈判破裂了,每一方可以得到的利益。这时回复到非合作状态,因此威胁点也叫做"**谈判砝码**"(bargaining power)。画家的砝码 $a = 1\,000$,画廊的砝码 $b = 500$。需要注意的是,在一般情况下,$a + b$ 一定要小于 V,如果它们之和大于 V,就不可能存在帕累托改进,谈判也就没有意义了。正因为 $a + b < V$,才有帕累托改进,合作才有价值。这也表明,$V - a - b$ 必须是正数,即为合作带来**剩余**(surplus)。比如,有一位老太太手里有一幅名画,她想做的事情就是把画卖出去,换几个鸡蛋吃,如果将这幅画卖到 100 元,她就很满足了。但是买方是专业收藏名家,这幅画对他来讲值 10 000 元。买方的出价远远大于卖方的出价,因此两者交易将带来剩余。

一般地,如果我们用 x 代表参与者 A 在谈判中得到的数额,用 y 代表 B 得到的数额,应该有 $x + y = V$,即两个人刚好将所有价值分配完。[①] 如果我们用 h

---

① 我们这里假定分配对象是无限可分割的。现实中有些分配对象是不可分割的,如夫妇双方离婚时子女的抚养权就是不可分割的,抚养权只能是或者归父亲或者归母亲。这种情况下有时会通过货币的转移支付平衡利益分配,但货币转移支付并不总能解决问题。参阅 Elster (1989b),第 2 章。

和 k 分别代表两个人在总剩余价值中得到的份额,那么 $h+k=1$。根据定义容易得出:$x=a+h(V-a-b)$;$y=b+k(V-a-b)$。具体如图 5-1 所示:

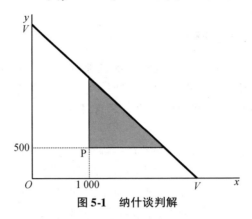

图 5-1　纳什谈判解

图 5-1 中,我们用横坐标代表 A 得到的数额 x,纵坐标代表 B 得到的数额 y,那么总价值 V 可以全部给 A,也可以全部给 B。所以 V-V 这一条连线是可行分配的边界线。所有分配方案均不可能超过这条线。点 P 代表前面提到的威胁点,其坐标为 $(1\,000,500)$,表明如果谈不成的话,画家自己卖画可以得到 $1\,000$ 元,画廊代理其他作品可以得到 500 元。从图中可以看出,任何一种分配不能处在 P 点左侧或者下方。因为,如果达成协议的状况比原来还要糟糕,每一个理性的参与者为什么还要签署协议呢? 所以满足个人理性的可行的协议合作解一定在阴影围起的三角形区域。

前面讨论的例子中,讨价还价中可分配的总价值 V 是固定的。但是实际生活中,V 值可以是不固定的。例如,如果分配比例不合适,画廊卖的积极性就不高;或者,如果协议是在画创作完成之前签订的话,画家也可能没有积极性把画画得完美,从而导致最终卖不到 $3\,000$ 元的价格。所以图 5-1 中 V-V 这条线不一定是一条直线,更可能是一条曲线边界,如图 5-2 所示。[①]

这种情况在社会分配问题中最为突出。设想一个由两个人组成的社会,社会的生产需要两个人相互合作。假定两个人的能力相当,对社会贡献相等。进行分配时,一人一半的话,就能有最大的利益。而如果一个人得到的多而另外一个人得到的少,少的这个人就没有积极性工作了。此时,另外一个人再有积极性工作也没有用。但是,如果人的能力是不对等的,对社会的贡献也不相同,此时进行平均分配的话,每个人都会没有积极性工作。如果不平均分配的话,

---

① 如果我们用效用水平表示可分配的财富,由于边际效用递减的原因,即使财富总量是固定的,可分配曲线也是一条如图 5-2 所示的向外凸的曲线。

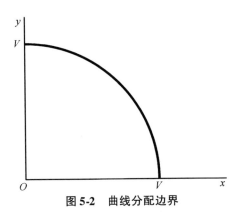

图 5-2　曲线分配边界

反而每个人都有比较大的积极性工作。但是如果太不平均了,又都会不好好工作。这说明分配问题(分蛋糕问题)和生产问题(做蛋糕问题)不能完全分开。在不同的分配方案或制度下,一个社会做出的蛋糕大小会有很大的不同。如果我们假定所有蛋糕都是固定的话,最公平的分配是给每个人同样的份额,也就是平均主义的分配方式。如果蛋糕的大小是不固定的,我们就不能采用平均主义分配,否则会使蛋糕变小。这就是我们在讨论制定分配政策的时候应该着重考虑的问题。

2.2　纳什谈判解

　　下面来分析纳什谈判解(Nash bargaining solution)。纳什谈判解建立在以下三个公理化条件之上:(1) 帕累托有效(Pareto efficiency);(2) 线性转换不变性(invariance of linear transformation);(3) 对非相关选择的独立性(independence of irrelevant alternatives)。[①]

　　条件(1)是讨价还价的效率标准,表明最后达成的协议应该是帕累托最优的。从图形上来看,意味着分配方案应该是在可分配财富的边界线上,而不能在这条线里边,如果在这条线里边就不是帕累托最优的。因为如果某个解在边界线里面,那么至少有一个人可以在不损害他人利益的情况下得到更多,故这个解不是一个帕累托最优解。因此,条件(1)意味着我们的分配方案一定要分配掉所有的剩余,就像我们前面分 3 000 元钱,一定要把这些钱分完,不能剩下。

　　条件(2)的含义是对效用函数进行线性转化不影响讨价还价的结果,类似将摄氏温度转化成华氏温度并不改变温度本身一样。这是经济学中预期效用

<hr />

　　① 限于篇幅,我们对这三个条件的讨论将非常简略。对这三个条件更详细的讨论,参阅弗里德曼(1991)第 6 章,也可参阅 Elster(1989b)第 2 章。

理论的基本假设,每一个人的期望效用水平不受度量的标量的影响。

有了这一假设后,我们还可以把多维谈判问题约减为一维谈判问题。一维谈判指的是谈判双方仅就一个方面展开谈判。比如,卖画问题中双方仅就价格展开谈判。但实际上,现实中的谈判往往是多维的:双方不仅要就价格展开谈判,还会就付款方式、交易期限、是否可以退货等展开谈判。每一个维度的得失都会对当事人的效用带来一定影响,我们把不同维度带来的效用加总后,就可以近似地看成一个维度的谈判问题了,从而可以使讨价还价模型简单化。

条件(3)无关选择的独立性,简单地说,就是如果原来可行的选择没有被选择,那么去掉这些无关的选择,不会影响讨价还价的结果。例如,在前面卖画的例子中,画家得1200、画廊得1800是可行的,如果协议不包含这一选择,那么即使在约束中去掉这一选择,协议也不会改变。这就是无关选择独立性的含义。

纳什证明:如果所有参与者都认可上述这三个公理性假设,而且知道对方也都认可这三个假设,即这些假设成为"共同知识"(common knowledge),那么,双方讨价还价就等价于在满足可行分配约束 $x+y \leqslant V(x,y)$ 的前提下最大化如下(两人的)社会福利目标函数:

$$W(x,y) = (x-a)^h (y-b)^k$$

这个社会福利函数可以理解为每个人净收益(或效用)对数的加权平衡,其中的权数是各自在剩余价值中的份额。

求解该最优化问题,可以得出下面的等式:

$$\frac{y-b}{x-a} = \frac{k}{h}$$

这实际上是剩余在双方之间的分配比例。如图 5-3 所示,它表示连接 N 点和 P 点连线的斜率。

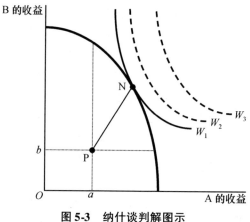

图5-3 纳什谈判解图示

上图中,N 点代表的是无差异曲线 W_1 和可行分配线的切点,是福利最大化的点。如果在这个点之内,代表的福利水平就变小了;如果在这个点之外,尽管福利水平更高,但超出可分配的总财富,是不可行的。P 点是双方的威胁点,或者说是保留价格点,表示如果双方无法达成协议,一方得到 a,另一方得到 b。

2.3 边际贡献与谈判能力

h 和 k 可以理解为双方的**谈判力**,或者说是双方的**边际贡献率**。某个参与者的边际贡献是指他参与合作与不参与合作产生的剩余之差。某个参与者的边际贡献率是指他的边际贡献在总的边际贡献中所占的比例。在前面卖画的例子中,画家和画廊的边际贡献是一样的,都是 $V - a - b$。缺少任何一方的合作,画家将得到 1 000 元,画廊将得到 500 元,总价值会减少 1 500 元,即每一方的边际贡献都为 1 500 元。也就是说,离开谁,这 1 500 元的增加值都不会实现。这样,双方的边际贡献的总和是 3 000 元,所以 $h = k = 1500/3000 = 1/2$。这表明两个人的谈判力是完全对等的,或者说所处的位置完全可以互换。

具体到卖画的例子中,此时问题变成:

$$\underset{x,y}{\text{MAX}}(x - 1\,000)^{1/2}(y - 500)^{1/2}, \quad \text{s.t.} \quad x + y = 3\,000$$

求解上面的最优化问题,可以得出下面的等式:

$$\frac{y - 500}{x - 1\,000} = 1,$$

最终可以得到:$x = 1\,750$,$y = 1\,250$。即:在 3 000 元的总售价中,画家得到 1 750 元,画廊得到 1 250 元。与不合作的情况相比,每个人从合作中得到的增加值都是 750 元,即增加值平均分配。

这是一个一般性的结论:当两个人的边际贡献(谈判能力)相等时,合作带来的剩余收入就应该平均分配。比如说,假定某种产品只有一个厂家生产,生产成本是 50;也只有一个买家,价值是 100。因此,交易带来的剩余价值是 50,那么,纳什谈判解的价格就是 75,双方各得 25 的剩余。[①]

以上是对称情况下的纳什谈判解。如果 h 和 k 不对等,就意味着双方的边际贡献率不一样。比如,参与人 A、B 双方合作得到 V,但 A 和第三方 C 合作也可以得到 V。这样一来,"A 和 B 合作"与"A 和 C 合作"能够实现的总价值是一样的。对于 A 来说,B 或者 C 可以完全替代。这样,B 和 C 每个人的边际贡献

---

① 一般地,如果在前面讲的三个公理的基础上再加上"对称性"假设,纳什谈判解就是增加值在二人之间平均分配。这里,对称性假设指的是,如果可分配曲线以过原点的 45° 线对称,当达不成协议的威胁点在 45° 线上时,谈判达成的分配方案也应该在 45° 线上。也就是说,如果双方的谈判砝码相同,结果在某种意义上讲应该反映这一平等性。

就变成 0 了。因为离开两个人中的任何一个，A 仍然可以实现合作的价值。这时，B 和 C 就丧失了讨价还价的能力，谈判力为 0。回到卖画的例子上来，假如只有一个画家，存在两个画廊。如果某个画廊不给画家卖画，画家还可以选择另外一个画廊卖画。两家画廊可以相互替代，谈判力为 0，那么它们从谈判中分配的剩余值就是 0，合作的好处都被画家拿走了，画廊只能得到 500 的"保留价格"（即谈判达不成协议时的收入水平）。

　　进一步，我们还可以假设画廊 B 和 C 给 A 带来的边际贡献不一样。比如画家 A 和画廊 B 合作，创造的总价值是 $V=3\,000$；如果 A 和画廊 C 合作，创造的总价值是 $2V=6\,000$。假定如果没有 A 这个画家，C 只能赚得 1 000 元。因此，A 与 C 的合作中，C 的边际贡献是 $6\,000-1\,000-3\,000=2\,000$。这是因为，如果没有 C 的话，A 还可以让 B 画廊卖画得到 3 000 元。A 的边际贡献是 $6\,000-1\,000-1\,000=4\,000$。A 和 C 的边际贡献加起来是 6 000 元，所以 A 在剩余价值中应该占到 2/3 的比例，C 在剩余价值中的分配比例为 1/3。即在 6 000 元的总售价中，画家 A 得到 3 667 元（等于价值 4 000 元的三分之二，加上保留价格 1 000 元），画廊 C 得到 2 333 元。注意，虽然由于 C 的加入使得画廊 B 退出了画家 A 的市场，但正是 B 的存在，使得画家 A 的谈判能力提高。如果没有画廊 B 的存在，A 只能分得总价格的 3 000 元。

　　可见，谈判中一方得到剩余的多少取决于他的边际贡献而不是总贡献。这一点其实很好理解。边际贡献简单地说，就是"有你没有你有什么差别"。一个人的谈判能力与其可替代性成反比，可替代性越高，谈判能力越低；可替代性越低，谈判能力越高。在产品市场上，需求方的人越多，供给方的谈判能力就越大；反过来，供给方的人越多，需求方的谈判能力就越大。拍电影时，大牌明星的片酬高是因为他的边际贡献高，有了他票房收入和广告收入也就高了，所以他的谈判能力就很强；而普通演员很容易被替代，谁上场对影片的价值没有什么影响，所以他们就没有太多讨价还价能力。

　　正因为这样，人们要想在谈判中提高自己的讨价还价能力，就需要考虑如何去提高自己的边际贡献。一种做法就是联合。如果 B、C 两个画廊联起手来一起跟画家谈判，结果就不一样了（此时，画家只能分得总售价的一半，即 3 000 元）。这也是为什么现实中连锁经营的商店比单个的商店有很强议价能力的原因。联系到劳动市场，工会最主要的作用也是在于集体谈判能够加强工人的议价能力——单个的个人总是可以替代的，但作为整体的工人队伍是不可替代的。

2.4 改变谈判砝码

提高议价能力的另一种途径是加强**谈判砝码**(**威胁点**,或者说**保留价格**)。即上面公式中的 a 和 b。它们是指如果谈判失败的话,当事双方各自能得到的结果。根据前面推导出的公式 $\dfrac{y-b}{x-a}=\dfrac{k}{h}$,可以看出,给定双方的边际贡献率的比值 k/h,谈判砝码 a 和 b 的变化,可以改变总价值在双方之间的分配 (x,y)。因此,双方都会想办法去提高自己的谈判砝码或者降低对方的谈判砝码。这样一来,我们就可以把谈判分成两个阶段:第一个阶段是一个非合作博弈,各自选择自己的谈判砝码 a 和 b;第二个阶段是一个合作博弈,根据 a 和 b 进行谈判。当然,只有在为提高谈判砝码付出的成本小于谈判砝码的增加值时,这样做才是值得的。

比如,如图 5-4 所示,A、B 双方一开始的谈判砝码(威胁点)位于 P 点,双方相应的分配结果如 E 点所示。但是,A 若能成功地降低 B 的砝码,而自己的砝码没有变化,使双方的威胁点从 P 点下降到了 P_1 点,此时相应的分配结果也就变成了 F 点。对照 E 点,A 在总收入中的份额显然增加了,B 的份额减少了。

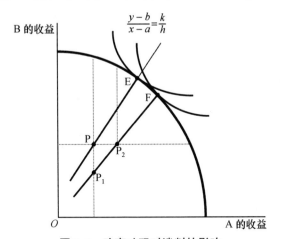

图 5-4 改变砝码对谈判的影响

当然,如果双方都想方设法来增加自己的砝码,将可能会构成一个"囚徒困境"。如图 5-4 所示,假如一开始双方的谈判砝码位于 P_1 点,分配结果为 F 点。然后,每个人都花了很多精力来提高自己的谈判砝码,使得双方的谈判砝码移动到 P_2 点,但此时由于 b/a 这一相对比值并没有改变,两个人得到的分配结果和原来是一样的,仍为 F 点。但双方为了提高砝码,反而增加了成本。[①] 这说明谈判优势是相对的,关键取决于 b/a 这个相对数值。

从这个角度我们可以理解为什么战争中常有"以打促和"的现象。战争的双方经常是一边谈判,一边打仗。打仗的目的实际是为了改变谈判中自己的砝码,战场上打得越好,谈判砝码就越大。[②] 劳资谈判也是这样。航空公司罢工大多集中在圣诞节前,因为圣诞节前生意最好,对公司造成的损害最大。公司越急切达成协议,对工人就越有利。

另外,权利的分配也会对谈判砝码产生影响。比如,如果老板有权决定员工是加班还是不加班,他就不一定给付加班费。如果员工有权利决定是否要加班,老板若想要让员工加班,就得给付加班费。这是法定权利对谈判砝码的重要性。由此可见,法律上权利的规定并不是阻止谈判的进行,而是在改变谈判的砝码,从而改变谈判的结果。[③]

2.5 应用举例:国有企业改制中的资产定价

下面,我们应用前面介绍的纳什谈判理论讨论一下国有企业改制中的资产定价问题。

假定某个企业现在由政府 100% 所有,由于效率低下,总价值只有 1 000 万元。设想有一个有能力的私人企业家,如果政府将企业 70% 的股权转让给这个企业家(政府保留 30%),企业的总价值可以增加到 5 000 万元。合理的转让价格应该是多少呢?

假定这个企业家是唯一的买家。那么,根据纳什谈判解,转让 70% 股权的合理价格是 1 500 万元。这是因为:(1) 政府的保留价格(即该企业现在的价值)是 1 000 万元;(2) 改制导致的企业价值的增加值是 4 000 万元,政府应得到增加值的 1/2,即 2 000 万元;(3) 因此,改制后政府应得的总价值是 3 000 万元;(4) 因为改制后政府仍然持有 30% 的股权,价值是 1 500 万元(=5 000×0.3),故企业家应该为 70% 的股份支付 1 500 万元的价格。在此价格下,政府和企业

---

① 因为简化,图形没有显示改变谈判砝码需要花费的成本。但事实上,这个成本通常是存在的。

② 但"囚徒困境"意味着最后的结果也许与原来并没有什么不同。这是交战双方经常遇到的情况,如朝鲜战争所显示的。

③ 格罗斯曼和哈特(Grossman and Hart, 1986)讨论了所有权安排如何影响谈判砝码,从而影响人力资本投资的积极性。他们的论文已成为企业产权理论的经典文献。

家各得 2 000 万元的增加值。[①]

　　一般地,如果国有企业现在的价值是 a,当百分之 β 的股份转让给企业家后企业的总价值上升为 $V(\beta)$(可以假定 V 随 β 增长,即企业家持有的股份越多,企业的价值越大),那么,纳什谈判解意味着价格平衡后双方得到的增加值应该相等,即转让价格 P 应该满足如下条件:$(1-\beta)V+P-a=\beta V-P$。由此得到:$P=(\beta-0.5)V+0.5a$(公示中 0.5 的出现是因为双方的谈判能力相同)。

　　在 20 世纪 90 年代和 21 世纪早期的中国国有企业改制中,对国有资产流失的指控不绝于耳。我们必须承认,改制中确实存在国有资产流失的现象,但如果认为转让价格低于改制后企业的市场价格就是国有资产流失,显然是没有道理的。企业改制与任何交易一样,一定应该是双赢,而不是好处由政府独占。

　　那么,是不是转让价格低于净资产价值就意味着国有资产流失呢? 也不一定。假定企业现在净资产的价值是 1 000 万元,转让 30% 的资产后企业的价值上升为 5 000 万元。那么,纳什谈判解的转让价格为 $P=-500$。也就是说,即使倒贴 500 万元转让 30% 的股权,政府也没有吃亏。反过来,容易证明,即使转让价格高于净资产 1 000 万元,也不意味着国有资产一定没有流失。

　　提高国有企业转让价格的最好办法是引入竞争机制,如公开拍卖产权。竞争机制可以降低收购方的谈判能力,提高政府的谈判能力。在上述例子中,假定另一个经营能力次一等的企业家可以把企业的价值做到 4 000 万元,让其加入竞争,那么,70% 股权的转让价格就可以由原来的 1 500 万元提高到 3 000 万元。当然,现实中,由于现任经营者拥有外人所不知道的一些经营信息,在谈判中会处于一定的优势地位。但这是任何交易(包括私有企业之间的产权交易)中都存在的问题。考虑到信息的价值和经营的连续性,给予现任经营者一定的优先权也未必是坏事。

　　由此看来,羞羞答答不敢公开地进行民营化才是改制中国有资产流失的真正原因。反对民营化本身不仅不能解决流失问题,反而会导致更大的流失,因为国有企业就像冰棍,拖延改制就会导致自然流失。[②]

---

　　① 我们假定企业家的谈判砝码为零。如果企业家的谈判砝码大于零,企业家应该支付的价格就更低。比如说,假定企业家经营其他企业时的利润是 1 000 万元,收购这个国有企业后就没有时间经营其他企业,那么,转让 70% 股权增加的价值是 3 000 万元。改制后政府应得的总价值应该是 2 500 万元,企业家为 70% 的股权应该支付的价格是 1 000 万元。

　　② 关于国有企业改制的争论,参阅张维迎,《什么改变中国》,中信出版社 2012 年版,第 II 编。

第三节　轮流出价与耐心

前面讲的合作博弈的谈判模型是以集体理性为前提的,在满足纳什假定的三个条件下,谈判问题等价于求解一个集体福利最大化问题。尽管它给出了一个可能是合理而有效的分配方案,但我们看不到真正的谈判过程。

现实中,谈判是一个参与人之间讨价还价的进程,每个参与人追求的是个人效用的最大化,而不是集体效用的最大化。因此,谈判更像一个**非合作博弈**。下面我们讨论如何用非合作博弈的思路去理解谈判。

3.1　有限次谈判与后动优势

非合作博弈讨价还价的基本模型如下:A、B 两个人分 1 块蛋糕。A 先出价,当 A 出价之后,B 可以接受也可以拒绝。如果 B 接受,就按照 A 提出的建议分配,谈判结束。如果 B 不接受,B 再提出自己的方案,由 A 决定是否接受。A 如果接受,谈判结束;如果不接受,A 再次提出一个方案来供 B 选择。然后 B 再做决策,决定要不要接受这个方案。如此不断,直至达成协议为止。[①]

首先注意到,这样一个动态博弈具有无穷多个纳什均衡。例如,A 每次都要求得到 0.9,任何低于 0.9 的分配方案都不接受。如果 B 是理性的话,他的最优反应是接受 0.1,因为 B 提出任何高于 0.1 的索求 A 都不会同意。实际上,A 坚持索要的[0,1]区间上任何一个份额且 B 同意都可以构成纳什均衡。

但这个博弈存在唯一的**精炼纳什均衡**。这一精炼纳什均衡的具体结果依赖于出价顺序、有无最后期限、双方的耐心程度以及谈判成本等因素。具体来说,记 A 得到的份额为 x,B 得到的份额为 y,满足 $x+y=1$。为刻画**耐心程度**,我们假设 A 的**贴现因子**是 m,B 的贴现因子是 n,m 和 n 都是大于 0、小于 1 的小数。[②] 为简单起见,先不考虑固定成本。

首先考虑一个最简单的情况:谈判最多进行两轮。此时,第一轮由 A 提出方案,如果 B 接受,谈判结束;如果 B 不接受,第二轮由 B 再提出方案,A 考虑接受还是拒绝。如果 A 接受,按照协议分蛋糕;如果 A 不接受,谈判也会结束,双方谁也没有得到蛋糕。

---

① 鲁宾斯坦(Rubinstein,1982)是用非合作博弈理论研究讨价还价的经典模型。Shaked & Sutton (1984)用较为简单的方法证明了鲁宾斯坦的结论,并将模型扩展并应用于劳资谈判分析。

② 贴现因子衡量的是未来的收益贴现到现在的价值。某个人的贴现因子越接近 1,说明在该人眼中未来的收益在现在的价值就越大,或者说就越重视未来,从而就越有耐心。下一章对贴现因子有更多的讨论。

按照精炼纳什均衡的逆向归纳思路,我们可以从第二轮开始考虑:此时 B 的最优方案是 $(0,1)$,即 A 得到 0,B 自己得到整个蛋糕 1,因为对于 A 来说,如果他不接受,谈判结束,他得到的也是 0,我们这里假定他会接受。给定 B 在第二轮会提出 $(0,1)$ 这个方案,A 在第一轮的最优方案是 $(1-n,n)$,因为 B 的贴现因子为 n,对于 B 来说第二轮的 1 块蛋糕就相当于第一轮的 n 份蛋糕,故 A 在第一轮就给他 n 和他在第二轮得到 1 是无差异的,所以 B 也会接受这一方案。因此,谈判会在第一轮就结束了,A 得到 $1-n$,B 得到 n。比如说,如果 $n=0.9$,A 得到 0.1 的份额,B 得到 0.9 的份额。

如果谈判允许进行三轮,则这个方案对 A 就不是最优的。若第三轮仍无法达成协议,双方的收益依然为 0。我们仍然可以按照逆向归纳的逻辑,先考虑第三轮的情况:此时轮到 A 提出方案,如果 A 提出 $(1,0)$,即他得到 1 块蛋糕,而 B 得到 0。此时 B 也会同意,因为谈判不再有下一轮。然后考虑第二轮,由 B 来提方案。此时,由于 A 的贴现因子为 m,第三轮中得到 1 块蛋糕贴现到第二轮就变成了 m 份,所以 B 在第二阶段给他 m,自己得到 $1-m$,A 就会答应。因此 B 在第二轮提出的方案就是 $(m,1-m)$。再倒推到第一轮,A 来提方案。此时由于 B 在下一轮可以得到 $1-m$,贴现到第一轮为 $n(1-m)$,故如果 A 在第一轮给予 B 的份额为 $n(1-m)$,B 就会答应。因此 A 在第一轮提出的最优方案为 $[1-n(1-m),n(1-m)]$,即让自己得到 $1-n(1-m)$,留给 B 的份额为 $n(1-m)$ 就可以了。比如说,假定 $m=n=0.9$,则 A 得到 0.91,B 得到 0.09。

类似地,我们可以推广到最多 N 轮的谈判。从中,我们可以得到两个一般性的结论:

1. 如果两个人的耐心都足够高的话,谈判就具有"**后动优势**"的性质,即谁在最后一轮出价谁就具有优势。在上述例子中,如果谈判只有两轮,B 是最后一轮的出价者,B 可以得到蛋糕的 90%,A 只能得到 10%;但如果谈判有三轮,A 是最后一轮的出价者,A 可以得到 91%,B 只能得到 9%。

2. 越有耐心的人,谈判中的优势越大。一个人对未来越没有耐心,那么他能从谈判中得到的东西越少,这是因为,如果他没有耐心,那么对手分蛋糕的时候,就可以给他很少的份额。如果他不接受,就要等到下一个时期再分,但是由于他缺乏耐心,下一个时期即使给他整个蛋糕也不如现在的较少的份额。可见,耐心对谈判结果是非常重要的。在前面两轮谈判的例子中,如果 B 的耐心 $n=0.9$,A 一开始会分给他 0.9,但如果 $n=0.6$,A 只会给他分 0.6。在三轮谈判中,如果 $n=0.9$(我们假定 A 的耐心 $m=0.9$),B 可得 0.09;如果 $n=0.6$,B 只能得到 0.06。

3.2　无限期谈判与耐心

如果谈判没有最后期限,也就是说,只要达不成协议,谈判将继续下去直到达成协议为止,情况会怎么样呢?

此时由于没有一个最后期限,我们就不能从最后一个阶段向前倒推,一直算到第一个阶段。但我们也可以采用类似的逻辑来考虑。

假设存在 A、B 两个人进行**无限期谈判**。最初由 A 先出价。任取某个奇数 $T > 3$,如果从第 T 期开始谈判,此时仍然由 A 来出价。假设他可以得到的最好的收益是 x。那么,回到 $T-1$ 期时,该由 B 出价。由于对 A 来讲,他在 T 阶段得到的 x 在 $T-1$ 阶段的价值等于 x 乘以他的贴现因子 m,即 mx,也就是说,如果 B 在 $T-1$ 阶段提出给 A 的份额为 mx,A 会接受。因此 B 在 $T-1$ 期可以得到的就是 $1 - mx$。那么再倒回到 $T-2$ 个阶段,A 如果提出给 B 的份额为 $n(1 - mx)$,等价于 B 在 $T-1$ 阶段得到 $(1 - mx)$,B 会接受,因此,A 可以得到的是 $1 - n(1 - mx)$。因为这是无限期谈判,所以从每一个 T 开始,A 得到的总收益都是一样的。如果存在均衡,那将意味着第 T 期的收益与第 $T-2$ 期的收益是相等的。所以 $1 - n(1 - mx) = x$,求解后得到:

$$x = \frac{1-n}{1-mn}; \quad y = \frac{n(1-m)}{1-mn}$$

这里,y 是第二个人得到的份额。这个式子表明:在谈判当中,一方最后得到的份额依赖于谈判双方的相对耐心程度。如果耐心程度相同,即 $m = n$,此时均衡解为:

$$x = \frac{1}{1+m}; \quad y = \frac{m}{1+m}$$

由于 m 总是小于 1 的,所以 A 的收益肯定是大于 1/2 的,B 的收益一定是小于 1/2 的。这说明,在谈判双方耐心程度一样的情况下,无限期谈判就变成了先动优势,即在不存在最后一期的情况下,谁先出价,谁就可以多拿一些。这与有限期谈判具有后动优势的特点不同。

与有限期谈判相同的是,越有耐心,参与人在谈判中的优势也就越大。假设第二个人 B 完全没有耐心,这意味着 y 等于 0。直观含义是,尽管他可以继续谈判,但是对于他来说蛋糕放到明天就发酸了,没有任何价值了。那么在这种情况下,第一个人就会得到完全的 1。反过来,如果第二个人有绝对的耐心而第一个人毫无耐心,那么 $x = 0$,$y = 1$。

由此我们得出的结论是:谈判当中能够影响到最终分配结果的因素有两个:一个是出价顺序,一个是参与人的耐心。

耐心可以理解为时间的价值,后者是经济学上最重要的概念之一。生命是在时间中进行的,人性的一个基本特点是现在比未来更重要,这不仅因为未来是不确定的(一个人随时可能死亡),而且因为对每个个体来说,现在是未来的前提。如果我们要让一个人放弃今天的消费换取明天的消费,就必须对其有所补偿,这是利息的根源。当然,人与人之间是有差异的。一个人越是没有耐心,需要的补偿就越多。这就是经济学上用贴现率(利息)或其贴现因子(等于 1 + 贴现率的倒数)表示耐心的原因。

我们前面的结论与现实观察是非常一致的。设想你开车在马路上和另一辆车发生了剐蹭事故(你方全责),你们应该私了还是找警察?如果私了,你应该补偿他多少?答案很大程度上取决于你和对方的相对耐心。如果时间对你们俩来说都不重要,你们更可能等待警察来处理。如果时间对至少一方来说非常宝贵,则更可能私了。在私了的情况下,如果你急他不急,你可能需要给他更多的补偿;如果他急你不急,只需较小的补偿就可以解决问题。

3.3　耐心与公平

前面第二节的合作博弈模型中,我们将双方的谈判力 h 和 k 解释为各自对合作的边际贡献率。现在,我们可以给予谈判力新的解释。[①]

简单地说,谈判力 h 和 k 可能是由非合作博弈中各自的贴现因子决定的。贴现因子越大,就越有耐心,那么谈判力也就越大。如果在无限期谈判中,谈判双方的耐心是一样的,即贴现因子相同且足够大,那么每个人都能拿到近似二分之一。严格表述如下:

定义 A 的贴现率 $s = (1-m)/m$,B 的贴现率 $r = (1-n)/n$。如果仍然是 A 先出价的无限期模型,此时双方得到的份额比例为:$\dfrac{x}{y} = \dfrac{h}{k} \cong \dfrac{r}{s}$。那么,A 的谈判力 $h = \dfrac{r}{r+s}$,B 的谈判力 $k = \dfrac{s}{r+s}$。比如说,如果 A 的贴现率 $s = 0.1$,B 的贴现率 $r = 0.05$,即 B 比 A 更有耐心,那么 A 的谈判力是 $h = 1/3$,B 的谈判力是 $k = 2/3$。显然,当 $r = s$ 时,分配的结果一定近似于每个人得到二分之一。此时,根据前面合作博弈的分析,纳什讨价还价问题变成了:$\max(x-a)(y-b)$。如果两个人的机会成本相同,即 $a = b$,那么最终他们将进行平均的分配。

如果两个人的耐心相同、机会成本相同、生产率相同,平均分配就是一个均

---

① 将合作博弈纳什谈判解与非合作博弈纳什均衡联系起来的研究被称为"纳什规划"(the Nash program)。它的目的是为从公理化方法推导出的纳什谈判解提供非合作博弈均衡基础。参阅 Nash (1953);Binmore (1987,1997);Houba and Bolt (2002),第 4 章。

衡。这或许是相同的人应该得到相同的份额这一公平社会规范的根源。毕竟，人类有关分配正义的观念是在长期的讨价还价中形成的。有了这样的观念，相同的人之间就不需要在每次分配时重复同样的讨价还价过程了，因为讨价还价的最后结果也不过如此而已。

3.4 谈判成本

现在我们来考虑固定成本的影响。固定成本是指谈判过程中，双方都会为谈判付出一定的费用、精力、时间等直接成本，以及为了参加谈判所放弃的其他利益等机会成本。比如，劳资双方如果达不成协议，企业需要为不能按时交货赔偿客户违约金。当谈判中固定成本比较显著时，就意味着每多谈一次，双方从谈判中得到的总收益就会减少一次。形象地说，就像是有待分配的蛋糕每经过一个谈判轮次就会缩小一块。

为叙述的方便，我们假定所有参与者的贴现因子等于 1。

仍然考虑 A、B 两个人轮流出价的模型。考虑一个最简单的情况：设想蛋糕以每次 1/4 的量缩小，到第 5 期时，蛋糕已没有任何价值，第 4 期是 0.25，第 3 期是 0.50，第 2 期是 0.75，第 1 期是 1。那么，在第 4 期，B 出价，将把整个蛋糕留给自己（价值 = 0.25）；在第 3 期，A 出价，自己可以得到一半的蛋糕（价值 = 0.25）；在第 2 期，B 出价，自己可以得到 2/3（价值 = 0.5）；第 1 期，A 出价，可以得到一半（价值 = 0.5）。所以，精炼纳什均衡是，每人得到 1/2 的蛋糕。

现在考虑一般的情况。假设总的分配额度为 1，在经历 N 期之后最终减少为 0。进一步定义在第 i 期减少的数量为 x_i，因此，$\sum_{i=1}^{N} x_i = 1$。那么，在第 N 期最后一个出价的人可以将最后剩余的总额 x_N 全部拿走，因为如果对方不同意这种分配，到了 $N+1$ 期双方只能得到 0。由此向前倒推：在 $N-1$ 期，出价者考虑到对手至少要得到 x_N 才会同意，因此他可以在当期得到 x_{N-1}。以此类推，最终第一个出价的 A 将按照每一期的出价人得到当期要消耗掉的那部分份额的原则进行报价。具体表述如下：

如果 N 为奇数，记为 $N = 2y + 1$，那么 A 将在第一期出价并得到 $\sum_{i=0}^{y} x_{2i+1}$，B 将得到 $\sum_{i=1}^{y} x_{2i}$；

如果 N 为偶数，记为 $N = 2y$，那么 A 将在第一期出价并得到 $\sum_{i=1}^{y} x_{2i-1}$，B 将得到 $\sum_{i=1}^{y} x_{2i}$。

比如说,如果第一次谈判不成蛋糕就完全变坏($x_1 = 1$),A 可以得到整个蛋糕;如果拖延两次蛋糕完全变坏($x_1 = x_2 = 0.5$),A、B 各得 1/2。容易验证,这种出价策略组合将构成精炼的纳什均衡。①

如果两个人的谈判成本不同,情况会怎么样呢? 一般来说,谈判成本较大的一方在谈判中处于劣势。这与耐心相似。②

固定成本的一种特殊形式是外部机会损失。所谓外部机会成本,是指由于谈判期间外部机会不能利用而遭受的损失。此时,外部机会损失越大,对谈判越不利。考虑夫妻离婚谈判。比如,如果男方因为某些特殊原因急于离婚,而女方没有,则男方的机会成本就大于女方,男方在谈判中就处于不利地位,因为女方拖得起,男方拖不起。此时,男方通常会愿意给女方更高的补偿,尽早了断他们之间的婚姻关系。反之亦然。商业谈判中的情况也类似。

3.5　谈判与信息

在前面的讨论中,尽管谈判允许多次,但均衡情况下,双方一开始就达成协议,之后的谈判路径都是非均衡路径。也就是说,博弈一开始,谈判就结束了。现实中,情况并不如此。通常,谈判双方总要进行多个回合才能达成协议,甚至经过多轮谈判之后最终还是破裂。如中国加入 WTO 谈判,进行了十几年,最难的是与美国的谈判。

为什么现实中的谈判与我们前面讲的理论不同? 原因是,我们前面假定当事人具有完全信息:知道价值 V 和每个人的机会成本或谈判砝码、每个人的耐心、谈判的时限等等。并且,每个人知道每个人知道;每个人知道每个人知道每个人知道,如此等等。

但在现实中,谈判面临的最大问题是信息不完全。比如,一件产品给买方带来多大的价值(V)卖方不完全清楚;企业的生产成本是多少买方不清楚;各方的谈判砝码(a, b)是多少、耐心有多大、机会成本有多高,等等,对方都不清楚。有时,自己也不完全清楚。在这些信息都不完全的情况下,均衡结果是不可能事前知道的,谈判当然不可能一开始就达成协议。

现实中的谈判过程,实际上是一个信息揭示和窥探的过程。每一方都想利用谈判摸清楚对方的底牌,每一方都会在谈判中尽量展示对自己有利的信息,同时隐瞒对自己不利的信息。如本来着急的人会假装耗得起,本来很喜欢的东

---

① 这里的策略组合包括各个时期无论是谁出价,都将秉承让各期出价者得到当期消耗份额的策略,因此在任何子博弈路径上也是纳什均衡。

② 贴现因子小于1等同于蛋糕随时间以一固定的比例缩小。

西假装无所谓,本来利润很高的产品宣称近乎白送,本来濒临破产的企业假装一切正常,山穷水尽的人表现得心如止水,等等。由于信息优势决定谈判中的地位,每一方都会绞尽脑汁获取信息,这就发展出了侦探产业和间谍行业,甚至有砍价公司。① 当信息获取得差不多的时候,谈判也就进入尾声,也就是我们前面讲的理论上的谈判开始之时。

在信息完全的情况下,谈判的结果一定是帕累托最优的。但由于信息不对称,谈判的结果并不总是帕累托最优的;事实上,许多双赢的机会没有被利用。例如消费者要买一件衣服,他愿意支付的价格高于店主真正的保留价格,显然进行交易对双方是帕累托有效的,但是由于双方都想争取价格使之更有利于自己,在对方不知道自己偏好的情况下,尽量表现出较弱的交易意愿,最后反而无法交易。

第四节 谈判中的社会规范

4.1 最后通牒博弈

考虑一个一次性的谈判博弈:假定我们交给 A、B 两个人 100 元钱,让 A 提出分配方案;如果 A 提出的方案被 B 接受,双方按此方案分配 100 元;如果 A 提出的方案被 B 拒绝,100 元被收回,双方什么都得不到。这被称为"**最后通牒博弈**"(the ultimatum game)。②

A 应该分给 B 多少呢?因为谈判没有第二次,如果 B 拒绝 A 的方案,只能得到 0,按照前面讲的动态博弈的思路,A 的最优选择是把 100 元都给自己。这是一个精炼纳什均衡。但大量实验表明,A 实际上不会这样做,他会分给 B 一定比例的钱,有时甚至接近 50;而给予对方低于 20% 的方案常常被拒绝。③

我曾在近 300 人的课堂上做过如下实验:让一部分同学充当角色 A,报出自己的分配方案(愿意给对方多少),另一部分同学充当角色 B,报出自己愿意接受的最低限(低于此数将被拒绝)。我还提供了三种设想的情景:(1) 对方是同班同学;(2) 对方是北大同学但不是同班同学;(3) 对方是陌生人。可分配的

---

① 沈阳市曾出现过一个"砍价公司",帮助客户讨价还价,收取差价的 30%。这个公司的价值就来自信息优势,它对沈阳市场上各种商品的成本和价格了如指掌,一件服装你只能砍到 1 000 元,它可以帮你砍到 700 元,结果你少付 210 元,它赚 90 元。

② 最后通牒博弈最初是由 Güth, Schmittberger, and Schwarze (1982) 正式提出来的,现在已成为最流行的实验研究领域之一。参阅维基词典(Wikipedia)中的"ultimatum game"词条。

③ 参见 Thaler (1988),Tompkinson and Bethwaite (1995),Oosterbeek 等(2004)。

钱有 10 元、100 元、1 000 元和 10 000 元四种情况。

表 5-1 至表 5-3 是实验的统计结果(取平均值):

表 5-1　对方为同班同学

总钱数(元)	A 给对方钱数(元)	B 接受最低钱数(元)
10	4.9	3.39
100	48.17	35.64
1 000	463.0	363.45
10 000	4 537.43	3 595.13

表 5-2　对方为校友但非同班同学

总钱数(元)	A 给对方钱数(元)	B 接受最低钱数(元)
10	4.57	3.74
100	43.26	37.72
1 000	409.26	370.17
10 000	3 880.78	3 539.68

表 5-3　对方为陌生人

总钱数(元)	A 给对方钱数(元)	B 接受最低钱数(元)
10	4.09	4.05
100	35.41	35.04
1 000	343.11	342.67
10 000	3 134.37	3 127.78

上述实验结果表明,无论对方是同班同学、北大同学,还是陌生人,也无论可分配的总数是 10 元、100 元、1 000 元,还是 10 000 元,提出分配方案的同学愿意给对方的数平均都不低于 30%,接受方案的同学愿意接受的最低数的平均值也不低于 30%。但有两个有意思的现象:第一,愿意给予对方数额的平均值在对方是同班同学时最高,北大同学次之,陌生人最低;第二,无论与对方是哪种关系,愿意给予对方数额的平均值依可分配总额的增加而下降。例如,在对方是陌生人的情况下,给对方的比例依次为 40.9%、35.4%、34.3% 和 31.3%。第一个现象可能与我们下一章要讲到的重复博弈有关,长期关系中人们更注重声誉,同班同学之间更可能是长期的关系,北大同学次之,陌生人之间重复博弈的可能性最小。第二个现象可能是源于,当绝对数额较大时,即使比例较小,对方也不大可能拒绝。比如说,如果对方从 10 元中分给我 1 元,我可能生气地拒绝,但如果是 100 万元中分给我 10 万元,即使不高兴,我也可能接受。

课堂实验的情景是假想的,当然不能等同于现实。但现实生活中确实如此。比如,西方人在餐馆、酒店等场合接受服务后有给服务人员小费的习惯。既然服务已经结束,为什么还要给小费呢?并且,如果你给的小费太吝啬,常常会被拒绝。既然有胜于无,服务员为什么不接受 1 分钱的小费呢?在我们国家,有一个说法叫"事成之后,必有重谢",是说请托关系中,受托人帮助请托人做完一件事之后,请托人会重重感谢受托人。为什么事情已经过去了,还要重谢呢?

这些问题表明,我们前面讲的动态博弈理论忽略了现实中影响人的行为的一些重要因素,其中最重要的是长期历史中形成的社会规范。

4.2 社会规范

第三节讲的模型叫做**无规范约束的讨价还价**(norm-free bargaining)理论,每一种情况都是建立在纯理性的假定上,即每个人都努力使他自己得到的支付最大。实际上,人们在讨价还价中的行为是受社会规范约束的(norm-constrained)。① 这当然不是说,遵守社会规范就是非理性的。恰恰相反,在大多数情况下,遵守社会规范是理性人的最好选择,因为如我们在第三章所讲到的,规范本身是理性人长期互动的结果,是一个纳什均衡。一个人一生中要参与无数次的博弈,每次选择都可能关系到一生。但理论家为了分析的方便,孤立地分析一个博弈时,不得不省略去许多因素,但这不等于现实中的人在博弈中不考虑这些因素。这一点是我们必须注意的。

有很多的社会规范在约束着博弈参与者的行为。谈判中的社会规范可以分成两类,一类叫做**程序规范**(procedure norms),一类叫做**实体规范**(substantial norms)。程序规范包括:谁先出价,什么情况下算是达成协议,谈判当中可以使用什么手段,不可以使用什么手段,等等;实体规范就是指诸如什么是公平正义,什么是合作行为,等等。

先看程序规范。比如说谈恋爱,谁先"出价"?在中国传统社会里面,谈婚论嫁要有一方求婚。一般来说是男方求婚而不是女方求婚,这就是一个社会规范。如果不是男方求婚而是女方主动去求婚,就有悖于社会规范,会降低女方的谈判地位。这个规范即使在今天也普遍存在,所以我们发现,即使女方看上男方,也会想方设法让男方先提出,而不是自己采取主动。交易中也有程序性社会规范,如过去农村人卖房时,要遵守"卖房先问邻"的原则,甚至有左邻右邻之分,只有邻居不买的情况下,才可以卖给别人。

又比如我们去商店里买东西,一般是卖方先出价,通常价钱已经标在商品

---

① Elster(1989)第 6 章对讨价还价中的社会规范做了详细讨论。

上了。现在市场上许多商店不允许讨价还价,买方只能选择要么接受,要么不买。在这样的商店,如果你要讲价,就违反了程序规范,可能会惹恼店主。有些交易可以讨价还价,此时买方可以根据卖方提出的价格进一步还价,最终双方可能达成一致而成交。在可以讨价还价的情况下,一旦一方接受了另一方的出价,对方就不能够反悔。因为如果没有这样一个规范,那么谈判达成的协议就失去了保障,每个人都不会信任对方。还有一些程序规范也是很重要的,如双方在谈判结束前第三方不能进去撬价;有些交易可以公开叫价,而有些交易必须秘密谈判(国家之间的谈判更是如此),且谈判的过程不能泄露给第三方,等等。违反程序规范常常导致谈判破裂。

在实体规范中,最重要的一个问题就是利益分配的公正性。[①] 谈判中,如果有一个共同认可的公正标准,谈判就容易达成协议。常用的有两个重要的标准,即**平等原则**(norm of equality)和**公平原则**(norm of equity)。平等原则指每个人得到的好处应该一样多。比如,如果一个产品的成本是 5 元,对买主的价值是 10 元,合理的价格应该是 7.5 元,即每人得到 2.5 元的好处,否则就是不平等的。前面讲的最后通牒博弈中 A 之所以要给 B 一定的份额,就是要遵守平等原则。公平原则是指诸如同工同酬、按劳分配、按需分配等这样一些规则。公司治理中最大的出资人通常会出任董事长一职,就是一个普遍接受的公平原则。平等原则和公平原则之间有时是有矛盾的,如百度公司的创始人李彦宏成为亿万富翁符合公平原则,但不符合平等原则。有些社会更重视平等,而另一些社会则更重视公平。平等和公平的相对重要性也随时间而变化,如计划经济是平等原则主导,市场经济则是公平原则主导。

公平在不同的环境下可能有不同的含义。比如熟人之间交易,如果卖方富有而买方贫穷,价格就应该较低;相反,如果卖方贫穷而买方富有,价格就应该较高。否则,就会被认为是不公平的。但陌生人之间交易就不需要按这一规则,市场价格就是最公平的。再比如一个产品有多个人想买时,"出价最高者得"通常被认为是公平的。但如果火车上座位紧缺,即使有人愿意付钱一人占两个座位,也会被认为是不公平的。

谈判实际上是一个利益分配的问题,但是如我们已经指出的,这个分配不是一个零和博弈,而是一个正和博弈,如果谈不成,谁也得不到任何好处。可见,谈判双方既存在合作关系又存在竞争关系。谈判的这一特性决定了我们在现实中的谈判既不能总是采取咄咄逼人的"硬式谈判",也不能采取过于委曲求

---

① 纳什(1953)有关合作博弈的基本公理本身就反映了有关公平、正义的观念。

全的"软式谈判"。哈佛的学者曾经总结出"原则式谈判"就充分反映了这一点。①

本 章 提 要

　　任何交易都可以看成一个讨价还价博弈。达成协议是双方的共同利益所在，因而是一个帕累托最优。但不同的协议意味着不同的利益分配，因而也存在着利益冲突。

　　研究讨价还价问题有两种方法：一种是公理化方法(合作博弈方法)，另一种是战略式方法(非合作博弈方法)。公理化方法的出发点是集体理性，战略式方法的出发点是个人理性。

　　依公理化方法，讨价还价的结果取决于双方谈判的砝码、对交易价值的边际贡献。如果双方是对称的，纳什谈判解意味着双方会平均分配交易带来的剩余价值。这一结论包含公平的概念。

　　依战略式方法，谈判的均衡分配方案取决于谈判的顺序(谁先出价)、可谈判的次数、当事人的耐心、谈判成本等。一个人的耐心越大、谈判成本越小，谈判中越占优势。如果双方是对称的，允许谈判无限期进行，精炼纳什均衡的分配方案几乎是平均主义的(先出价者略占优势)。

　　现实中，谈判之所以需要多个回合，甚至达不成协议，主要是因为有关交易的价值、谈判砝码、耐心等信息不完全。谈判过程实际上是双方相互获得对方信息的过程。

　　人们在讨价还价中的行为是受社会规范约束的。这些社会规范包括程序性规范和实体性规范两类。违反这些社会规范会导致谈判破裂。"最后通牒博弈"的实验表明，公平观念是大多数人都具有的观念，对谈判结果有重要影响。但这并不证明人是非理性的。理论预测与现实的不一致，主要是因为理论家知道的信息太少。

---

　　① 有关原则式谈判，参见哈佛大学荣格·费舍尔在《赢得协议》一书中的论述(Fisher, Ury and Patton, 1991)。

第六章
重复博弈和合作行为

第一节　走出囚徒困境

1.1　重复博弈

回顾前面第二章讲过的囚徒困境博弈,尽管合作对双方都是一个帕累托最优的选择,但是每个参与人的个体理性决定了他们都会选择不合作,以致帕累托最优无法实现,双方都受损。

这个结果听起来让人沮丧。但现实社会当中,存在着大量的合作行为,甚至可以说整个人类文明就是合作的结果,人类社会的进步就是在不断合作的过程中取得的。不仅个人之间、家庭之间、企业之间存在合作,不同种族、不同国家之间也存在大量合作。人类合作的方式多种多样,而且不断演化,从简单的物物交换,到今天复杂的货币经济,从家庭到企业,从部落组织到国际联盟,都是人类合作的方式。没有合作,人类可能至今仍然在原始状态下生活。通过国际和地区比较,我们会发现,一个社会的合作程度越高,这个社会就越发达,人民生活福利就越好。① 因此,从理论上回答如何走出囚徒困境,如何把社会上的各种不合作行为转变为合作行为是博弈论研究的一个重要任务。

是不是我们有关人类理性的假设有问题呢? 不是的。理性人可能选择不合作,也可能选择合作。我们观察到的大部分合作,正是人们理性选择的结果。不理性的人反倒可能不会选择合作。

---

① 　参阅福山(1998),Putnam（1993）,Knack and Keefer（1997）,张维迎、柯荣住(2002)等。

问题的关键是,在前面有关囚徒困境的讨论中,我们假定博弈是一次性的,每个人都只考虑眼前利益。现实社会中,人与人之间既有一次性的短期博弈,也有多次性重复的长期博弈,人类也有将一次性博弈转化为长期博弈的天性和智慧。博弈论证明,在**重复博弈**(repeated game)的情况下,合作对每个理性人来说可能是最好的选择。正是重复博弈,使得理性人走出囚徒困境。非合作博弈的方法可以得出一个合作的结果,这是博弈论最伟大的成就之一。①

重复博弈是一种特殊的动态博弈。第四章讲的动态博弈中,我们假定同样结构的博弈只出现一次。但是,在重复博弈当中,同样结构的博弈要重复多次。比如生活中,我们总是需要和亲戚朋友、左邻右舍来往;工作中,每天都要和同样的同事打交道;商场每天都在出售商品给顾客,而不是只售一次,等等。这些都是同样结构的博弈重复多次。我们把重复博弈中的每一个子博弈叫做**阶段博弈**(stage game)。这个阶段博弈本身也可能是一个动态博弈,并且可以重复出现。

进一步讲,理论上讲的重复博弈有如下三个基本特点:

一是阶段博弈之间没有物理上的联系(no physical link),即前一段博弈的结果不改变后一阶段博弈的结构。比如,双方玩两次"剪刀石头布"的游戏,第一次一方可以从"剪刀"、"石头"、"布"三种战略中选一个,第二次还是可以从同样的三种战略中选择一个。第一次的选择不会对第二次带来影响。当然,现实中的重复博弈这个特点并不能严格保持,比如说,企业与客户之间是重复博弈,但企业生产的产品还是会随时间变化的,客户的偏好也会随时间变化;中国与美国之间是重复博弈,但各自的内部结构和在国际关系中的相对地位在不同时期是不同的。但是"田忌赛马"的游戏不是一个重复博弈,因为田忌和齐王在第一轮比赛中所使用的马匹到第二次不能再使用了,这样一来,上一阶段的选择对下一阶段的选择会产生影响。当然,如果田忌和齐王愿意的话,可以举行多次赛马比赛,就是重复博弈了。

二是每个参与人都能够观察到博弈过去的历史,也就是博弈过去发生的事情。比如,每个参与人在过去的博弈当中,选择了欺骗还是诚实,选择了合作还是不合作,这些行为都是可以被观察到的。②

三是每个参与人得到的最终报酬是各个阶段博弈支付的贴现值之和。含义是,由于博弈重复多次,参与人关心的不仅仅是现阶段的收益,还包括未来的

① 当然,重复博弈并非走出囚徒困境的唯一方法。还需要指出的是,就像前边讲到的,不可以认为非合作博弈就是教导人们如何去不合作。非合作博弈只是一种方法,它是指每一个人按照个体理性做出独立的决策,决策的结果可能是相互之间不合作,也可能是相互之间合作。

② 在有些情况下,阶段博弈的结果可能无法及时观察到,这时会对博弈的结果带来影响。

收益。正是这一点使得他们有积极性做出不同于一次性博弈时的最优选择。

重复博弈有有限次重复博弈和无限次重复博弈之分。所谓"**有限次重复博弈**",是指博弈在某一特定的时刻(或次数)后就结束,当事人不再进行同样的博弈。所谓"**无限次重复博弈**",是指博弈一直会进行下去,没有结束的时刻,或者,尽管博弈有可能在某个时刻结束,但参与人不知道什么时候会结束(类似每个人每天都可能死亡,但我们并不知道自己什么时候死亡)。

本章我们集中讨论无限次重复博弈,下一章讨论有限次重复博弈。

1.2　战略空间

重复博弈之所以会导致合作,是因为它可以改变参与人的战略空间。在一次性囚徒困境博弈中,参与人只有两种选择(或多种给定的选择):合作还是不合作。每个参与人的选择没有办法建立在对方如何行动的基础上。但在重复博弈中,由于参与人过去的行动历史是可以被观察到的,每个参与人就可以把自己今天的选择建立在其他参与人行动历史的基础之上。比方说,你过去骗我,那么我这次就选择不与你合作或者也欺骗你;你过去与我合作过,而且还很愉快,那么我这次也选择与你合作。由于过去的行动历史多种多样,当前的行动和历史关联的方式也多种多样,这就使得每个人的战略空间大大扩展了。正是这种可能性使得合作有可能作为均衡结果出现。

比如将一次性囚徒困境博弈重复多次时,参与人可以选择一种永远背叛的战略,即无论过去发生什么,自己总是选择不合作(always defect,简记为 All-D);另外一种可以选择的战略是永远合作战略,即无论过去发生什么,自己总是选择合作(always cooperate,简记为 All-C)。以上两个战略都不依赖于过去的行动历史。更复杂一点的战略包括:无论你选择什么,我合作和不合作交替进行;你骗我一次,我原谅你,继续选择合作,但你再骗我一次,我将永远不再与你合作;先合作三次,然后不合作二次,再合作三次,再选择不合作二次,如此循环。类似的战略很多,举不胜举。

这样,在重复的囚徒困境博弈中,参与人可以选择的战略大大增加了。新战略的出现可以让参与人针对对方过去的行动进行报复或回报,从而使得双方之间的合作成为可能。但合作结果能否出现,依赖于参与人选择什么样的特定战略。比如,如果双方都选择"总是不合作",合作就不会出现。你可能认为,如果双方都选择"总是合作",合作就会出现。但这样的战略不是纳什均衡,因为给定对方选择"总是合作",你的最优战略是"总是不合作",从而每次都赚对方的便宜,而不是"总是合作"。

由于合作可以给双方带来好处,自然,参与人可能有积极性选择导致合作结果出现的战略。问题是,什么样的战略既满足个人理性又能保证合作结果的出现?

现实观察表明,有两种战略是人们最普遍使用的。理论和实验证明,这两种战略也是最有可能导致合作行为的。

一种是**"针锋相对"**(tit-for-tat)战略:每一次的行动都建立在对手前一次行动的基础上。比如,我开始与你合作,如果你今天骗我,我明天就不与你合作;如果你明天又没有骗我,我后天就再与你合作。这实际上就是我们经常讲的"你对我仁义,我也对你仁义;你对我不仁,我就对你不义",也可以说成"以牙还牙,以眼还眼"。

另一种是**"触发战略"**(trigger strategy,也可以翻译成**冷酷战略**),是指一开始我跟你合作,然后只要你没有欺骗我,我就会一直合作下去;但只要你有一天欺骗了我,从此以后我就永远不再与你合作了,或者反过来说,只要有一天我欺骗了你,我就会永远把你欺骗下去。这表明,触发战略中只要有任何一个人采取一次不合作行为,就可以使整个合作彻底破裂。这样的战略其实很残酷,即使是对方不小心犯错误,也会导致合作关系破裂。也正因为这样,它可以促使人们选择合作时倍加小心和认真。

1.3　合作的价值与耐心

重复囚徒困境博弈中,合作之所以有可能出现,是因为参与人不仅关心眼前利益,也关心长远利益。因此,在具体考察什么样的战略可能导致合作结果出现之前,我们先讨论一下如何计算长远利益,或者说维持长期的合作关系值多少钱?

在第二章中,我们借助图6-1描述一般性的囚徒困境博弈。

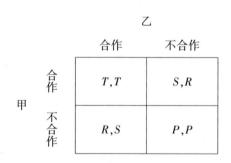

图6-1　囚徒困境博弈

如图所示,在一次性博弈中,如果甲、乙二人合作,每人都得到 T;如果两个人都不合作,每人都得到 P;如果一个合作、另一个不合作,合作的人得到 S,不合作的人得到 R。这样一来,对于个人来讲最好的结果是:别人合作,自己不合作,占对方的便宜,得到 R;其次是两个人都合作,各得到 T;再次是两个人都不合作,各得到 P;最糟糕的结果是自己合作,对方不合作,自己被骗了,只得到 S。因此,我们有 $R > T > P > S$。同时,我们假定合作的总价值大于一方合作、另一方不合作的总价值,即 $(T + T) > (S + R)$。当然,$(T + T) > (P + P)$。

现在假设甲、乙二人进行无限次重复囚徒困境博弈。假如两个人从来不合作,那么第一个阶段得到的是 P,第二个阶段得到的也是 P,第三个阶段得到的还是 P……一直到最后,即每个阶段得到的报酬与在一次性博弈中纳什均衡所产生的报酬一样。反之,如果双方从开始一直合作下去,每个人的收入流将是 $T, T, T, T, \cdots$

设想双方之前一直合作,但到某个时点 t,继续维持合作到永远对每一方的价值是多少?

为了计算这一价值,我们需要引入个人的**贴现因子**,也就是明天的 1 元钱值今天的多少。明天的 1 元钱当然比不上今天的 1 元钱。我们将用 $\delta < 1$ 表示贴现因子,它反映的是参与人的耐心程度,δ 越大意味着一个人越重视未来,和我们前面第五章讨价还价提到的 m 和 n 含义是一样。这样,今天的 1 元钱是 1 元钱;明天的 1 元钱值今天的 δ;后天的 1 元钱值今天的 δ^2;如此等等。离现在越远的 1 元钱在今天就越不值钱。

这样,维持长期合作关系的贴现值是:
$$V = T + \delta^1 T + \delta^2 T + \delta^3 T + \cdots$$
从数学上我们知道,这个价值等于 $T/(1 - \delta)$。[①] 显然,δ 在这里起着关键作用。δ 越大,合作的长期价值越大,反之亦然。这就是耐心对合作行为的重要性的来源。

我们还可以给 δ 第二种解释,即把 δ 看成是博弈下一次重复的可能性。含义是,假定今天彼此相互博弈,那么明天我们继续博弈的可能性有多大。即使明天的 1 元钱值今天的 1 元钱,如果明天得到 1 元钱的可能性小于 1,参与人也会对明天的收入打个折扣。这样,今天双方合作,得到的价值是 T;明天继续合作,得到的价值仍然是 T,但如果明天博弈的概率只有 δ,明天的预期收入就是 δT;如果给定明天博弈的情况下,后天博弈的概率同样只有 δ,从今天来看,后天

①　因为 $1 + \delta + \delta^2 + \delta^3 + \cdots = \dfrac{1}{1 - \delta}$。我们在计算任何资产价值的时候,实际上用的都是这种贴现的思想。比如考虑无限期年金,它每一年都为投资者带来盈利 P,其价值就是 $P/(1 - \delta)$,即 $(P + P\delta + P\delta^2 + P\delta^3 + \cdots)$。如果年金价格低于这个值就可以买,高于这个值就不值得投资。

博弈的概率就只有 δ^2，后天的预期收入就是 $\delta^2 T$；如此等等。当然，时间越是久远，继续博弈的概率就会越小，从而预期收入也越小。

我们还可以把贴现因子和博弈重复的概率结合起来考虑。比如贴现因子是 a，那么明天的 1 元钱是今天的 a 元钱；但是明天能够得到 1 元钱的可能性只有 b，那么这两个乘起来就是 δ。

上述三种解释实际上都包含了一个共同的含义，那就是代表了未来收益对参与人的重要程度。这也是我们为什么将贴现因子 δ 笼统地解释为"耐心"的原因。

生活中，未来利益对一个人的重要程度和该人的年龄、健康、婚姻家庭、宗教信仰等都有关系。领导干部经常会有"59 岁现象"，就是由于 60 岁要退休了，仕途到头了，就可能会选择更加重视眼前利益的行为，滥用职权谋取私利。一个人预期自己明天就会去世，与预期 20 年以后才会去世相比，所做出的行为也是不一样的。一个具有美满婚姻和幸福家庭的人也往往更加重视未来利益。一个信仰宗教并接受可以在来世取得回报的人，也会更重视未来利益。从这个意义上来说，宗教可以促进社会成员之间的合作，这也是宗教重要的社会功能。[1]

对未来利益的重视程度是决定参与人行为的一个重要变量。根据重复博弈中著名的**无名氏定理**（folk theorem）[2]，在无限期的重复博弈中，如果每个参与人都对未来足够重视，即 δ 足够大，那么任何程度的合作都可以作为一个精炼纳什均衡结果出现。这里"任何程度的合作"或者说"合作程度"，是说在整个博弈当中合作出现的频率：可以是 100% 的合作，即每一次都不欺骗；也可以是 0% 的合作，即每次都欺骗。

第二节　合作与惩罚

2.1　针锋相对

接下来我们讨论什么样的战略可能导致合作，具体的合作程度是由什么因素决定的。

首先考虑**针锋相对**（tit-for-tat）战略。如前所述，这个战略指第一期选择合作，然后下一期的行动完全依赖于对方前一期的选择。如果双方都坚持这样的

---

① 我们将在第十四章讨论宗教对人的行为的影响。

② 从 20 世纪 50 年代起，所有的博弈论学者都知道有这样一个结论存在，但是却没有一个人能够声明这个结论是自己最先提出的，因此它叫做 folk theorem，即无名氏定理。弗里德曼（Friedman，1971）将无名氏定理扩展到子博弈精炼纳什均衡。

战略,没有人挑起不合作,双方在每一期都会选择合作,则双方每一期的收益都是 T,贴现加总后总收益为 $\frac{T}{1-\delta}$。容易证明,如果 δ 足够大,这个战略构成一个纳什均衡。

给定对方使用针锋相对战略,并在第一期选择合作,如果己方选择总是不合作(All-D),就意味着从第二期开始对方也将开始永远选择不合作。此时己方的收益为:在第一期,对方合作而己方不合作,己方的收益为 R;从第二期开始,双方都选择不合作,每个人从此都只得到 P,经贴现加总后为 $R+P\dfrac{\delta}{1-\delta}$。

比较两个选择的不同总价值,容易看出,只要 δ 足够大从而满足 $\delta \geqslant \dfrac{R-T}{R-P}$,那么给定对方选择针锋相对战略的情况下,你选择总是背叛战略肯定不是最优的[①],你应该同样选择合作。当然,如果不满足这个条件,合作就不是最优的。进一步,维持合作所要求的最低 δ 值大小,依赖于 R、T 和 P 三个值的相对大小。显然,合作的好处(T)越大,单方不合作的好处(R)和双方都不合作时的收益越小,满足合作条件的 δ 就越小,合作的可能性就越大。

双方都使用针锋相对的战略构成的是一个纳什均衡,却不是一个精炼纳什均衡。为什么呢?设想在第 t 个阶段 A 没有合作,那么这个战略意味着 B 应该在下一个阶段,也就是 $t+1$ 这个阶段,选择不与 A 合作。但问题的关键在于:B 会这样做吗?如果 B 相信 A 采取的是针锋相对战略,那么 B 对 A 在第 t 个阶段的不合作行为实施惩罚,双方从 $t+1$ 期开始的行为将变为:

A 的行为:合作;不合作;合作;不合作;……
B 的行为:不合作;合作;不合作;合作;……

B 的预期收入流将是:

$$R, S, R, S, R, S, \cdots$$

这样一直交替下去。但是如果 B 选择原谅 A,合作就从第 $t+1$ 个阶段又开始恢复了,B 的预期收入流为:

$$T, T, T, T, T, T, \cdots$$

比较这两个收入序列,后者大于前者。[②] 也就是说,给定一方在某个阶段没有合作,只要另一方相信对方实行的是针锋相对战略,那么他就没有积极性去实施

惩罚,而是选择原谅对方继续合作。但是这时,对方又会考虑,既然自己可以被原谅,那么又为什么不继续行骗呢?所以,它不是一个精炼纳什均衡。

但是,"针锋相对"战略确实是人们在生活最经常使用的战略,无论是出于理性的考虑还是情绪使然。事实上,这样的行为方式已成为一种普遍接受的社会规范。在我们的社会中,按这种方式行事的人被认为"讲义气"、"有骨气"。相反,习惯于总是原谅别人的人被认为"窝囊"。在研究社会合作博弈中,Axelrod(1984)做了大量的计算机模拟实验,发现在所有的战略当中,针锋相对是成功率最高的一种战略,选择这种战略的人,平均获得的报酬最高。我们到后面讲到演化博弈的时候,还会再讲到这一点。

2.2 永不原谅

现在我们讨论**触发战略**(triger strategy)。如前所述,触发战略是指如果任何一方有一次背信弃义,双方将永远不再合作。这个战略意味着一旦对方犯错,你将永远不会原谅他,真有点疾恶如仇的味道,所以又被称为**冷酷战略**(grim strategy)。有意思的是,在信息完全的情况下,这个战略反倒最容易导致合作的出现。这或许是黑社会组织成员通常最"团结"、最"忠诚"的原因。

容易证明,如果 δ 足够大,触发战略将不仅构成一个纳什均衡,而且是一个精炼纳什均衡。具体来说,假定双方选择触发战略,即一开始选择合作,随后一直合作,直到有一天发现对方不合作,然后就永远选择不合作。设想双方一直合作到 t 时刻,考虑某个参与人在 t 时是应该选择合作还是不合作。

此时,给定对方坚持触发战略,如果己方合作,那么能够得到 T,并且下个阶段得到的也是 T,之后每阶段得到的也一直都是 T,那么收入流的贴现值是 $\frac{T}{1-\delta}$;但是如果选择不合作,本阶段骗对方一次,得到 R,从下个阶段开始,由于对方发现你欺骗了他,他会选择永远不再与你合作,此时你能得到的最好结果也是永远不再合作,那么之后你每阶段就都只能得到 P,总的收入流的贴现值就是 $R+P\frac{\delta}{1-\delta}$。如果 δ 值满足 $\frac{T}{1-\delta}\geq R+P\frac{\delta}{1-\delta}$,你的最佳选择就是合作,而不是不合作。也就是说,只要 $\delta\geq\frac{R-T}{R-P}$,每个人都选择双方触发战略(不首先发起不合作)就是最好的。同时,由于在任一期开始,结果都是如此,因此它也是精炼纳什均衡。

上述条件可以重新表述为:$\frac{\delta(T-P)}{1-\delta}\geq R-T$,其中不等式右边 $R-T$ 代表的

是某次选择不合作带来的当期收入的增加值,不等式左边 $\frac{\delta(T-P)}{1-\delta}$ 代表这一不合作行为导致的未来损失的贴现值(其中 $T-P$ 是每期的损失)。因此,参与人合作与否就取决于长远收益是否能抵得过眼前收益的诱惑,以及耐心程度的大小。具体来说,给定耐心程度(对未来利益的重视程度),一次不合作的诱惑越大,也就是不合作带来的眼前收益相对于合作带来的长远收益越大,那么参与人选择不合作的可能性就越大。反过来说,不合作带来的一次性眼前收益相对于合作带来的长远收益越小,那么合作的可能性就越大。另一方面,给定不合作带来的诱惑和合作能够带来的长期利益,未来越重要,合作的可能性就越大。

让我们用一个具体的例子来说明这一点。假定对方合作,你不合作时的收益 $R=3$,双方都合作时的收益 $T=2$,双方都不合作时的收益 $P=1$,那么,当只当 $\delta \geqslant 0.5$ 时,双方才有积极性合作。但如果我们将 R 提高到 3.5,同时保持其他两种情况下收益不变,那么,要使双方有积极性合作,δ 必须大于或等于 0.75。假如参与人实际的贴现因子 $\delta=0.6$,在第一种情况下合作可以出现,但在第二种情况下合作就不会出现。

这可以解释现实中观察到的这样的情形:正常时候两人之间合作很好,但一旦出现暴利的机会,合作就破裂,甚至朋友间也如此。原因在于,能支持正常情况下合作的贴现因子到暴利出现时就不够了。

如果我们将 δ 解释为参与人预期博弈重复的可能性(概率),上述合作条件意味着博弈重复的可能性越小,合作出现的可能性越小。这可以解释为什么稳定社会中的人比动乱社会中的人更值得信赖,也可以解释为什么人们在法治社会比在人治社会更有合作精神。与法治社会相比,人治社会具有更大的不确定性。[①]

如果我们将 δ 解释为贴现因子和概率的结合,二者之间存在着替代关系:如果参与人的贴现因子较低,合作作为均衡出现要求博弈有较大的可能性重复;反之,如果博弈重复的可能性较低,就要求参与人有更大的贴现因子。在前面($R=3,T=2,P=1$)的例子中,如果博弈重复的概率是 1,贴现因子大于 0.5 就可以导致合作;但如果博弈重复的概率只有 0.7,则只有在贴现因子大于 0.715 时,合作才可能出现。如果博弈重复的概率小于 0.5,则不论贴现因子多高(极限是 1),合作都不可能出现。

图 6-2 中,我们在二维空间上画出了合作区间和非合作区间,其中横坐标代表贴现因子 a,纵坐标代表博弈重复的概率 b。曲线 DD 代表所有满足 $\delta=ab=$

① 这一点部分地解释了为什么中国社会的合作程度较低。

$\dfrac{R-T}{R-P}$ 的点 (a,b) 的组合。如果坐标点所对应的概率和贴现因子在该曲线的右边,合作可以出现;如果在该曲线的左边,合作不可能出现。如果一次性背信弃义的收益 R 增加,假定其他情况不变,则曲线向右移。如果双方都合作时的收益 T 上升或双方都不合作时的收益 P 下降,则曲线向左移。

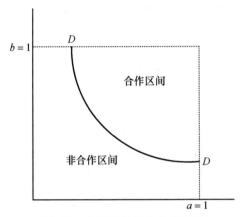

图 6-2　合作区间与非合作区间

2.3　信息与合作

前面的分析中我们假定,每一个参与人的行为都可以立即被对方观察到,如果一方参与人行骗,另一方马上就可以对其实施惩罚。但是,假如一方行骗的手法较为隐秘,另一方暂时不知道自己有没有被骗,需要过几期才能知道,这时结果会怎样呢?

假如欺骗两次才会被发现,并开始受到惩罚。那么行骗方选择不合作,第一个阶段可以得到 R,下一个阶段仍得到 R,从第三阶段开始,对方不再合作,收益从此变为 P。这时,在任意的某个时期选择不合作的预期收益应为:

$$R + R\delta + P\delta^2 + P\delta^3 + \cdots = R(1+\delta) + P\frac{\delta^2}{1-\delta};$$

选择合作的预期收益仍然是 $\dfrac{T}{1-\delta}$。这样,如果仍要保证交易双方实现合作,δ 的值必须使得下述不等式成立:

$$\frac{T}{1-\delta} \geqslant R(1+\delta) + P\frac{\delta^2}{1-\delta}$$

即

$$\delta \geqslant \sqrt{\frac{R-T}{R-P}} > \frac{R-T}{R-P}$$

回忆前面的分析,如果欺骗一次就会被观测到,δ 只要满足 $\delta \geqslant \dfrac{R-T}{R-P}$ 就可以了。可见,与前面的合作条件相比,这里对于 δ 的要求提高了。比如,若 $R=3$,$T=2$,$P=1$,那么,如果欺骗一次就被发现,只要 $\delta \geqslant 0.5$,合作就可以实现;而如果欺骗两次才被发现,δ 至少要等于 0.71,合作才可以实现。这意味着,合作比之前更难了。设想某个人,他实际的 $\delta=0.6$,这时,如果欺骗一次就被发现,他就有积极性合作;而如果欺骗两次才被发现,他就不会选择合作了。

容易证明,观察越滞后,合作所要求的贴现因子越大。这就是说,当欺骗行为不容易被发现时,要维持合作,需要博弈的参与人更有耐心,对未来的利益更加重视。或者反过来说,欺骗行为越难以被发现,欺骗发生的可能性就越大,合作就变得越困难。极端地,如果欺骗行为永远不可能被对方观察到,合作结果是根本不可能出现的。

一个人欺骗别人多少次会被发现和一个社会中的信息传递速度有很大的关系。比如,过去在农村,人与人之间相互熟悉,村民之间的家长里短的议论实际上在发挥信息传递的作用,以至于如果村里有一个人做了坏事后,很快就会被大家知道。由此使得坏人也只好“兔子不吃窝边草”,到别的村子去做坏事了。现在,城市居民流动频繁,相互陌生,一个人干了坏事很容易躲避,所以需要借助公共的媒体平台或专业化信息提供商来获取信息。① 因此,媒体的发达程度对于维护社会合作非常重要。另外,一些新的沟通媒介的出现,如微博、社区性网站(如 facebook) 、点评类网站(如大众点评网) 之类有助于信息的迅速传递,这对于维持社会的合作也非常重要。信息的传递又依赖于很多技术的因素和制度的因素。技术的因素具体指那些可以使信息的传达变得更加快捷的各种工具。制度因素,比如参与人信息披露的积极性等等,我们会在后面进行探讨。②

2.4　胡萝卜加大棒

重复博弈中合作之所以出现,是因为人们担心不合作会受到惩罚。在我们所叙述的模型中,这种惩罚表现为对方以后不再与你合作,或者说本来有利可图的交易的中断。如果没有惩罚,或是惩罚的力度不够,那么,就不会出现合作。因此,有关惩罚的一个重要的问题就是:什么样的惩罚最有利于鼓励人们

---

① 关于农业社会和工业社会维持合作的信息传导机制,参阅 Shearmur and Klein (1997) 及 Klein (1997) 中的有关文章。

② Fishman and Khanna (1999) 从跨国数据的分析中发现,信息交流尤其是双向信息交流对信任具有显著的影响。

合作?

Abreu 在 1986 年的一篇文章中指出,即使不使用无限期惩罚战略,使用**严厉可信惩罚战略**(strongly credible punishment)也能够促使人们在博弈中选择合作。所谓"严厉可信惩罚战略"是指当发现对方有不合作行为时,对于对方的惩罚期限足够长、足够大,并对实施处罚的人来说是最优的。比方说,我执行这样的战略,假设我知道你欺骗了我,那么你每欺骗我一次,我就惩罚你三次。此时你选择欺骗的总收益为欺骗一次得到的收益 R 加上未来的三次惩罚让你得到的收益 $P\delta + P\delta^2 + P\delta^3$,即 $R + P\delta + P\delta^2 + P\delta^3$;而总是选择合作得到的收益为 $T + T\delta + T\delta^2 + T\delta^3$。因此,只要

$$T + T\delta + T\delta^2 + T\delta^3 > R + P\delta + P\delta^2 + P\delta^3,$$

那你就会选择合作,而不是欺骗。这就是说,不一定需要无限期的惩罚,只要惩罚期足够长就可以了。[①]

这里要特别提到 Abreu 的一个所谓"**胡萝卜加大棒**"(stick and carrot)战略。该战略是这样的:开始我们每个人都选择合作;如果在第 t 期我发现你欺骗我,我在 $t+1$ 期就不与你合作了,但是你在 $t+1$ 期必须与我合作(代表你认罚);接着,从 $t+2$ 期开始,我们恢复合作。如果 $t+1$ 期该合作的一方没有合作,或者该惩罚的一方没有惩罚,那么在 $t+2$ 期我们继续按照原来 $t+1$ 期应该采取的方式进行博弈。也就是说,如果我在 t 期与你合作,但你在 t 期没与我合作,那么不合作就从此发展下去,直到你承认错误并且与我合作为止。所以说,惩罚不仅仅要惩罚那些首次不合作的人,而且要惩罚那些该惩罚却没惩罚的人。这个博弈在一般意义上就是说:你犯了错误之后,一定要老实认错,自己惩罚自己,那么对方就会饶恕你,从此继续合作下去。

具体来说,假设每个人都选择胡萝卜加大棒的战略,这时的参与人如果选择合作,那么第一阶段可以得到 T,而且下一阶段也可以得到 T;如果在这一阶段不合作,欺骗对方,得到 R,但是下一阶段必须接受惩罚,得到 S(如果下一阶段不接受惩罚,那么博弈就变为下一部分讨论的状况了)。所以实现合作就一定要满足 $T + \delta T > R + \delta S$,得到的结果是 $\delta > \dfrac{R-T}{T-S}$。另外一种情况是:我曾经骗过你,你要让我接受惩罚,如果我接受惩罚,得到 S,然后我们从下期开始继续合作,每个人都得到 T,贴现回来是 $S + \delta T$;如果这次不接受惩罚,我们还是继续不合作,那么我得到的是 P,但是下一次我还是要继续接受惩罚的,也就是最终的

---

① 这里,惩罚三次就足够了,意思是说,三次的惩罚就可以使得对方收益减小的现值 $(T-P)(\delta + \delta^2 + \delta^3)$ 超过因一次行骗带来的诱惑 $(R-T)$,从而约束其选择合作。

贴现值为 $P+\delta S$。如果 $S+\delta T>P+\delta S$ 成立,我就甘愿受罚。这个条件就是 $\delta >$ $\dfrac{P-S}{T-S}$。这两种情况都可以证明,如果贴现因子足够高,不需要无限期的惩罚,只要惩罚足够严厉,就完全可以形成威慑,促使参与人合作。

之前我们假设惩罚是可信的。参与人实施惩罚的条件是:当发现对方欺骗自己,如果实施惩罚,那么这一阶段得到 R,下一个阶段得到 T;如果不惩罚,这个阶段得到 T,下个阶段得到 S。很显然,实施惩罚的所得一定大于不实施惩罚的所得($R>T>S$)。可见,实施惩罚的条件在这里是满足的。但是,当实施惩罚的条件不可信时,合作是不可能维持的。

2.5 皇帝女儿不愁嫁

但在有些重复博弈中,惩罚确实是不可信的。

考虑某垄断厂家(如电信公司、煤气公司、自来水公司等)与它的客户——普通消费者之间的博弈。因为消费者每天都使用它的服务,所以是一个重复博弈。消费者每次面临一个选择:购买或者不购买。如果不购买,双方都得到 0 的收益。如果购买,又面临另外一个情况:商家是选择诚实(高质量服务)还是不诚实(低质量服务)。如果商家选择诚实,双方各得到 5;如果商家选择不诚实,消费者得到 1,商家得到 7。其博弈树如图 6-3 所示。

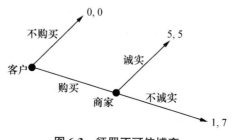

图 6-3 惩罚不可信博弈

如果这个博弈只进行一次,那么精炼纳什均衡是商家选择不诚实,客户选择购买。如果博弈无限次重复下去,商家会变得诚实吗?设想客户宣布这样一个战略:如果商家诚实,我将继续购买;但一旦受骗今后将不再购买。如果商家相信消费者确实会这样行为,它的最优选择是诚实。但是,商家知道,消费者的这一声明是不可信的。因为客户受骗后,不再购买会得到 0,这不是他的最优选择。所以惩罚就是不可信的,商家从来不会选择诚实。

这实际上是一个**单边囚徒困境博弈**(one-sided prisoners' dilemma),就是说只有一方参与人有机会主义行为。在我们的例子中,企业有机会主义行为,而客户没有机会主义行为。由于不合作的企业是一个垄断者,客户没有办法对其实施惩罚,企业很显然是不会改善其服务的。

这可以解释为什么国有垄断企业的服务质量总是比较差。解决问题的办法是引入竞争。如果有另一个企业提供替代性的产品或服务,消费者的惩罚就变得可信了,每个企业都不得不选择诚实。

其实,政府对老百姓的统治也是如此。专制政府一定需要严格的边境控制,如果出入境是自由的,各国政府之间就有了竞争,老百姓就有了"用脚投票"的可能,每个政府就必须转向"以人为本"。这是为什么加入 WTO 可以改变政府行为的重要原因。

2.6 过犹不及

在前面的模型中,我们证明,对不合作行为的惩罚越严厉,合作的程度就越高。正因为害怕惩罚,所以不敢欺骗。但这一结论只在没有不确定性的情况下才成立。在确定性的世界里,任何错误都是当事人主观所为,我知道什么情况下你欺骗了我,什么情况下你没有欺骗我。此时,惩罚只是一种威胁,均衡情况下实际上并不会发生。所以,这一类的惩罚没有成本。

但是,现实世界是不确定的,有许多因素在影响人的行为,这些因素是当事人无法控制的,我们观察到的不合作行为也许并非对方故意所为,可能是迫不得已,也可能是判断失误,或者可能只是一个意外事件。人也并不总是理性的,有时会受情绪的支配,晕晕乎乎中做出自己本来并不想做的事情。此时,如果惩罚力度过大,就像触发战略,哪怕是对方不小心犯了错误,都会对对方进行无限期的惩罚,并不一定有利于双方的长期合作。

比如说,设想买方由于某种不可控制的原因,有一次没有能按时付清货款,如果卖方从此就不再供货的话,本来可进行的合作也就中断了。买方甚至一开始就不会愿意与这样的供货商签订合同,因为中断供货可能导致买方巨大的损失。因此,为了维持合作,惩罚必须适度;不仅需要惩罚,有时也需要谅解和宽恕。

20 世纪 60 年代美国立法强制要求开车时司机系安全带。对此,芝加哥大学的米尔顿·弗里德曼教授提出一个观点,认为系了安全带反倒不安全,因为如果驾驶员相信系了安全带就会安全,那么就容易开快车或是注意力不够集中。这样一来出事故的概率反而提高了。他认为最安全的办法是在方向盘前面钉一把锥子,锥子的尖端对准驾驶者的胸膛。为什么呢?因为这时只要急刹车,身体前倾,锥子就扎进去了。这样,驾驶员在开车的时候一定不会开快车或是心不在焉了。

弗里德曼的这一观点当然是错误的。错在何处？他忽视了这样一点，事故不一定完全是由驾驶员控制的。无论驾驶员多谨慎，总会有突发事件，比如一块石头从悬崖上掉下，或者一个行人突然横冲马路，这时急刹车，驾驶员就很容易被捅死。这样，弗里德曼的观点就是不成立的。

如果世界是不确定的，行为的结果不是由当事人能完全控制的，实行太严厉的惩罚，就会冤枉好人，从而破坏合作。因为，既然不做坏事也有可能受到惩罚，那么又为什么不做坏事呢？

因此，无限期的惩罚并不一定带来合作。但是，完全不惩罚也不会带来合作。因为，如果任何错误都可以怪罪于外部因素，为什么不采取机会主义行为赚对方的便宜呢？这就提出了一个最优惩罚问题。比如说，当发现对方违约时，最优的办法可能是：先惩罚几次，然后再恢复关系（Green and Porter, 1984）。从这个意义上，我们说针锋相对战略可能更为合理。只要不是明知故犯，你欺骗我一次（比如电话费或是买车的抵押贷款没有按时交，不是故意拖欠，而是诸如出差，或是其他可以理解的原因），我惩罚你一次。只要你承认错误，我就依然与你合作，为你服务，这样合作可能会更容易一些。当然，现实中人们并不是机械地执行给定的惩罚程序，当遇到对方的违约行为时，人们会尽量获得一些相关的信息，判断这种违约行为多大程度上是故意的，多大程度上是客观环境造成的，然后再决定是否惩罚以及多大的惩罚。一个有良好声誉的人偶尔犯一次错误通常会得到原谅，而一个声誉不佳的人的一次错误就可能导致合作的永久中断。

刑法上讲量刑必须适度，社会治理上讲"宽严结合"，管理上讲"恩威并施"，等等，都是出于同样的原因。

第三节　大社会中的合作

我们前面讨论的重复博弈是两人世界的长期博弈：交易是在固定的一对一的关系中进行的；并且，他们之间的关系是一维的，比如只是某种特定商品交易，除此之外没有其他关系。在这样的两人世界里，维持合作的惩罚是由受害一方实施的，所谓惩罚也就是中断这一关系中的合作（即回到一次囚徒博弈的纳什均衡）。

现实世界是多人组成的大社会，在这样的社会，即使长期博弈，合作对象也不一定是固定的。而且人与人之间的关系通常是多重的。多人社会和多重关系下维持合作的机制与双人和单一关系下有所不同，本节我们讨论这种多人—多重关系中的合作问题。

3.1 多重关系下的合作

生活中,人与人之间的交往是多维度的。比如说,两个生意伙伴原来是大学同学,甚至师出同门,或许还有一点亲戚关系;你的老板是你父亲的老朋友;你的原料供应商同时还是你某种产品的客户;与你在战场上并肩作战的战友是你的同乡,他父亲还曾经是你父亲的老领导;你和你的竞争对手不仅在彩电市场上竞争,同时还在冰箱市场上竞争,而你和他都是某个俱乐部的会员;如此等等,举不胜举。这就是人们之间的多重交易关系。这种多重交易关系会对人们博弈中的行为产生重要影响,使得人们之间更容易达成合作。即使某个特定的交易中可能是一次性博弈,在其他方面也可能是重复博弈,后一种关系会影响前一种博弈中的行为。容易想象,即使是一次性真正的囚徒博弈(如参与人参与了抢劫银行的行为),如果两个囚徒是亲兄弟,他们也可能不会出卖对方,因为出卖行为会受到父母的谴责,导致家庭的不和。

具体地,让我们考虑如图6-4所示的两种关系:

交易关系 I

	合作	不合作
合作	3,3	-1,4
不合作	4,-1	0,0

交易关系 II

	合作	不合作
合作	5,5	0,9
不合作	9,0	4,4

图6-4 多重交易关系与合作

这是两个典型的囚徒困境博弈。[①] 如果博弈只有一次,双方都会选择不合作。假如以上这两个交易关系在不同的两个人之间进行,比如 A 和 B 进行交易

---

① Bernheim and Whinston (1990) 在寡头竞争的框架内分析了多重市场接触如何影响企业之间的合作。本小节的内容很大程度上是受他们的启发。

关系 I,A 和 C 进行交易关系 II,那么,在无限期重复博弈下,要维持第一个交易中的合作,必须满足 $\delta \geq 0.25$;要维持第二个交易中的合作,δ 应该不小于 0.8(假定双方都采取触发战略)。显然,维持第二个交易的难度要大得多。

现在,如果把两个交易放在一起,由同样的两个人来做,结果会怎样呢?

假定参与人实行这样一种战略:一方若在任何一个交易中欺骗了另一方,那么另一方在两个市场上都不再与对方合作,以此作为惩罚。在这种情况下,维持这两个市场的合作需要的是 $\delta \geq (4+9-3-5)/(4+9-0-4) \cong 0.56$。也就是说,如果我们把两个交易放在一起相互制约,那么 $\delta > 0.56$ 就可以实现合作。设想一下,假定实际的 $\delta = 0.6$,那么两种交易发生在不同人之间,则只有第一个交易能实现合作,第二个则不能;如果两个交易在同样的两个人之间发生,那么两个市场都会实现合作。由此可见,多重交易关系在一定条件下促进了合作的实现。①

事实上,容易证明,即使交易关系 II 是一次性的,只要交易关系 I 是重复博弈,$\delta \geq 0.56$ 也可以维持两个市场上的合作,而如果两种交易在不同的人之间进行,无论 δ 多大,关系 II 中的双方都不可能选择合作。

正因为如此,生活中我们总是希望建立更多的关系以维持合作,或者在已有的关系中增加新的交易。比如,员工之间有工作关系,很多企业鼓励发展一些家庭或是其他的关系(如邀请家属参加集体旅游),以这些关系来进一步提升员工在企业中的合作精神,这些关系都统称为社会关系。社会关系会有助于经济关系中的合作行为,这就是人们愿意发展这种社会关系的一个原因。一般来讲,所有的经济关系都是镶嵌在各种复杂的社会关系当中的。

举一个数字的例子,在刚才交易关系 II 当中实现合作很困难,但是我们现在考察另外一种关系,也就是我们说的社会关系。假设这个社会关系对每一方的现值为 V,如果你欺骗我一次,我就不再认你做朋友,你就会失去 V。现在分子、分母后面同时减去 V,如果 V 足够大(比如这里 V 等于 4 即可),即使参与人在经济关系中再不重视明天他也会选择合作,这时,甚至可以保证一次性交易都可以实现合作。这样,我们就可以理解为什么朋友之间可能会更加信任一些:如果欺骗朋友而在一次性的交易中赚得好处,但会因此失去朋友,丢掉自己

① 当然也可以倒过来讲,假如 δ 不是 0.60,而是 0.5,会出现什么结果呢?如果两个交易放在一起,都不能达成合作;但是如果分开,还是有一个市场可以实现合作的。可见,多重交易关系对于合作的实现需依赖具体情况。

的 V,这实际上是很划不来的。①

　　同样地,同事关系、老乡关系都是如此。比如,很多中国城市家庭找保姆都愿意从老家找。为什么? 因为从老家来的人,除了雇用保姆这个关系,还有另外一层关系,比如说你家的保姆,是妈妈的侄女,或是叔叔的外甥女。有了这层关系,她如果在你家偷东西,或是不辞而别,他们就会管教她。

　　我们可以借助图 6-5 简单地表达一下这里的含义(张维迎,2003)。

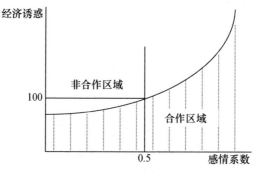

图 6-5　人际关系与合作

　　图 6-5 中,横坐标表示人际关系的深浅,可以叫做感情系数;纵坐标表示经济交易关系当中一次性的诱惑。曲线代表感情系数与经济交易之间的这样一种关系:感情越深,能抵制一次性欺骗的诱惑就越大;感情越浅,抵制一次性欺骗的诱惑就越小。曲线之下是可以达成合作的区域,而曲线之上是非合作区域。比如两个人的感情系数是 0.5,这时,只要一次性欺骗的诱惑小于 100,双方就可以相互信赖,形成合作。

　　这也说明了另一个问题:并不是所有的朋友都可以无限地相互信赖。很多朋友之间一做大生意就会闹翻。如果生意失败他们可能还是好朋友,而一旦生意成功,一次性欺骗的诱惑超出了双方情感可以抵制的范围,大家就不守规则了。

　　这种朋友之间"共患难易,同享福难"的例子在我们身边有很多。比如 A 借给 B 10 万元钱拿去炒股票,并约定好利息,但没有形成书面文件。结果 B 炒股

---

　　① 明白了这一点,我们就可以理解很多其他的道理。比如家庭学中,家庭关系就是一个多维的关系,当然家庭关系更重要的一点就是血缘关系。英国生物学家道金斯在《自私的基因》一书中提到,我们每个人都像一条船,而基因就像兔子,它从这艘船跳到那艘船,如果船旧了就会被它抛弃。实际上我们都是基因的苦力,生存的竞争事实上是基因的竞争,而不是人的竞争。由于你的身上有你父母亲各一半的基因,所以你的父母一定会把你的福利内在化,他们一定会关心你,这个时候血缘关系就变成了一种内在化的合作。我们刚才提到的朋友关系,实际上也是一样的。除了一般的经济关系之外,我们还是朋友,彼此拥有更多长期积累的资本,即使仅仅出于感情我也不好意思再欺骗你。

半年赚了 300 万元,这时候 A 就很可能说当初不是借钱给 B,而是委托 B 投资,从而要求分红。还有些人本来是说好投资炒股,利润两个人分,结果赚了钱以后负责炒股的人就不承认了,只答应归还本金和利息,等等。还有一个例子。两个朋友分别出了 10 元钱买了两张彩票,说好两张彩票无论哪一张中了奖都由两个人平分,结果其中一个人的彩票中了奖却不答应分,于是另一个人将他告上法庭。这就说明,一旦经济的诱惑过大,朋友关系可能就难以支撑这种交易了。现实生活中,一般的交易我们可以没有合同,但是关于土地、房屋的交易一定要有,因为这时,机会主义的诱惑太大了。

现在还要考虑这样一个问题:多维交易关系所产生惩罚的不可信问题。设想一个陌生人欺骗了你,你可以把他告上法庭;但是,如果是家人,你还会不会把他告上法庭呢? 通常是不会的。惩罚的不可信通常是由于惩罚不仅惩罚了被惩罚者,而且也惩罚了惩罚者本人。① 惩罚的不可信带来了家族企业的控制问题,使得在家族企业当中,实行规范的现代化企业制度管理异常困难。有些人专门欺骗朋友,叫做"杀熟",这也和惩罚的不可信有关。② "杀熟"并不是一个新现象,它自古就有,比如封建社会,造反谋逆的往往都是皇帝的亲戚,像汉景帝时期的"七王叛乱"等等。家族企业管理的困难与封建王朝统治的困难实际上是一样的。③

3.2 长期参与人

我们前面讨论的都是两个参与者之间进行的博弈,而且这两个参与者是固定的,比如说一个买者、一个卖者在不断地进行交易,此时若有一方欺骗,另一方便会用停止交易来对其进行惩罚或者约束,我们称这种惩罚或者约束机制为"第二方执行"(second party enforcement)机制,即这种惩罚或者约束机制由参与者中的另一方来实施惩罚,也叫个人惩罚(personal enforcement)。当然,如果参与者依靠自身内在的道德力量来积极执行合作协议,我们称这种惩罚或者约束机制为自我约束。

然而,现实中交易的对象或者交易的伙伴通常不是固定的,比如在商店购物,商店是比较固定的,但是消费者却并不固定,像汽车等耐用消费品更是如

---

① 成语"投鼠忌器"讲的是同样的道理,看到老鼠在吃盘子里的蛋糕,本来可以一下子将它拍死,但是由于心疼盘子,不敢下手,只能任老鼠肆无忌惮地到处游走。

② 但是,"杀熟"现象也有一个好处,它可以促使大家逐步走向一些规范化的交易,因为这时,朋友也未必总是可以信任的。

③ 过去的皇帝不能将自己的亲戚儿女都留在身边,而一定要给他们一块封地并规定其不得离开封地,这里的道理是一样的。

此,因为很少有人会每年都买车。在这种情况下如何保证合作的实现呢？这时可以依靠"第三方执行"(third party enforcement)机制,即不是由受害方去惩罚违约方,而是由非受害的另一方代替受害方"打抱不平"。例如法律上规定的一些合同的执行,我们就可以称之为"第三方执行"机制,这里的"第三方"便是政府、国家的法律机关,比如警察或者法院等。

更值得我们研究的却是非法律性质的"第三方",因为这一类"第三方"会面临自身激励问题。做出惩罚措施的第三方需要付出一定的成本,可能会遭受一定程度的损失,或者是会失去未来合作的机会,这相当于第三方在实施惩罚时类似在提供某一类的公共产品。比如说交易一方 A 欺骗了另一方 B,而 B 没有办法惩罚 A,此时,作为第三方的 C 不再与 A 进行交易,以此来惩罚 A 的欺骗行为。然而 C 面临一个切切的利益问题,即停止与 A 的交易可能会损失掉本来能给自身带来收益的一个机会。这个问题被称做 **"二阶囚徒困境"** (second-order prisoners' dilemma,或者 second order selective choice problem)。[①] 换句话说,第三方做出惩罚措施的积极性在什么地方？

对"二阶囚徒困境"问题,我们可以在几个不同的具体环境中进行讨论。

先考虑最简单的情况,例如一个商家或商场和无数消费者之间的博弈。在这个博弈中,商场被称为 **长期参与者** (long-run player);每个消费者在此博弈中却往往是一次性参与的,如一个消费者一般来说短期内只会买一台电视机。博弈的合作结果意味着商场不出售假冒伪劣商品,消费者不停止交易。那么在这个博弈中,如何出现合作结果呢？大家可能会想到,消费者买了假冒伪劣商品之后可到具有公权力的第三方如工商部门投诉,然后工商部门对商场进行处罚。这在公权力运转非常高效或者消费者权益保护法完全有力的情况下,是可以发挥作用的。但是,在政府等公权力部门非常低效,或者在使用法律渠道的成本非常高的情况下,消费者又该怎么办呢？我们可以证明,在一定条件下,没有公权力的其他消费者也可以对商家进行有效惩罚,从而促使商家选择合作行为。

具体地,我们可以用如下博弈刻画这个问题。消费者可以选择购买,也可以选择不购买;商家可以选择生产高质量的产品,也可以选择生产低质量的产品。双方的收益如图 6-6 所示。

---

① 二阶囚徒困境是执行社会规范时面临的重要挑战。参阅:Ellickson(1991),第 237 页;Ellickson(1999);McAdams(1997),第 352 页。

商家

	高质量	低质量
购买	1,1	−1,2
不购买	0,0	0,0

消费者

图6-6　商家与消费者的博弈

如果博弈只进行一次,均衡是消费者不购买,商家选择生产低质量的产品,也就是双方会不合作,我们把这种情况称为单边囚徒困境。这是因为只有厂家有激励问题,而消费者没有激励问题,消费者只选择购买或者不购买,自己本身不存在欺骗行为的问题。

现在,假定有无穷多个消费者在和商家进行博弈,每一期只有一个消费者,每个消费者只买一次。可以证明,如果商家的贴现因子 δ 足够大,如下战略组合构成一个使得商家生产高质量产品的精炼纳什均衡:

商家的战略:如果一开始生产高质量的产品,便会继续生产高质量的产品,除非曾经生产过低质量的产品;如果有任何一次生产了低质量的产品,那么以后就会永远生产低质量的产品。

消费者的战略:第一个消费者选择购买。后面的消费者的行动取决于前一个消费者所购产品的质量:只要前一个消费者买的是高质量的,那么后一个消费者就会继续购买;一旦有任何一个消费者购买了低质量的产品,那么之后的消费者就都不再购买了。

我们来检验一下,为什么这一战略组合能构成一个精炼纳什均衡。

首先看商家的战略。给定消费者的战略,假如在这之前的任何时候,商家都没有生产过低质量的产品,那么从任何一期,如果继续生产高质量产品,消费者就会不断购买下去,商家从第一个消费者身上获益 1,第二个消费者仍为 1,第三个亦然……对这个收益序列进行贴现,总的收益为 $\frac{1}{1-\delta}$。如果商家生产低质量产品,他从第一个消费者身上赚得 2 的收益,但之后不再有新的消费者前来购买,商家每期的收益都是0。

因此,给定消费者的战略,当 $\frac{1}{1-\delta} \geq 2$,即 $\delta \geq 0.5$ 时,换句话说,如果商家的耐心足够大,大于1/2,那么就会生产高质量产品。

现在我们再回到消费者。对第一个"吃螃蟹"的消费者,如果商家的贴现因子 $\delta \geqslant 0.5$,不会一开始就欺骗自己,他购买的决策是正确的。对之后的消费者,如果商家没有欺骗之前的消费者,说明 $\delta \geqslant 0.5$,他也不会有积极性欺骗自己。所以购买是正确的。反之,如果商家欺骗了前一个消费者,说明他将欺骗所有之后的消费者,不买是最优的。

至此我们证明,如果 $\delta \geqslant 0.5$,合作就可以作为一个精炼纳什均衡出现,即消费者购买,企业生产高质量产品。[①]

这个结论有助于我们理解连锁店的价值。我们知道,旅游景点的饭馆一般来说都是价格高、质量差。为什么呢?因为旅游景点的饭店与顾客之间进行的是一次性博弈,因此没有积极性提供高质量的产品。连锁店不同于旅游景点的饭店,连锁店的数目多和分散广的特点使得本来是一次性的博弈变成类似无限次的博弈,比如广布全球的麦当劳有几万家分店,有上百万名员工。这样,任何一个分店提供低质量的产品就会给所有分店带来名誉损失,所以各个分店就都会有积极性来维护这个声誉,一起来提供高质量的产品。因此,当你来到一个陌生的旅游景点而不知道要去哪一个餐馆吃饭的时候,有一个放心的选择就是去连锁性餐厅。

3.3 和尚与庙

其实,市场经济中,所有的企业都是一个长期参与人。每个人的生命是有限的,但组织的生命力可以是无限的。企业将一次性博弈转化为无限次重复博弈,从而使我们可以更好地走出囚徒困境,实现更大范围的合作。Kreps(1986,1990)用一个简单的模型证明了这一点。[②]

设想一个人活两个阶段,第一阶段从事生产活动,第二阶段退休(或将遗产传给后人)。假定在从事生产活动阶段,如果诚实,他得到 5 个单位的收益;如果欺诈,他得到 10 个单位收益。如果他只以个人的身份从事交易活动,第一阶段选择诚实是没有意义的,十有八九,他会干一锤子买卖。但是,假定他成立了一个商号,商号的活动并不随个人的退休而终止,他退休之后的生活费用来自出售商号而得到的收入。显然,商号的信誉越好,可变卖的价值就越高。因而,只要出售商号的收益的贴现值大于 5,他就会非常重视自己商号的信誉,诚实经营。为什么有人愿意购买声誉好的商号?因为理性的消费者只愿意与声誉好

① 上述例子是 Klein and Leffler(1981)模型的简化。西蒙(Simon,1951)和克瑞普斯(Kreps,1986,1990)用类似的思路解释雇佣关系,认为,企业存在的价值之一正是创造一个"长期参与人",这样一个长期参与人由于对未来利益的考虑,会更重视信用。我们将在下一小节简述克瑞普斯的模型。

② 本小节下面一段文字转自张维迎(2001)。

的商号做交易。新成立的商号由于没有良好的记录,更难得到消费者的信赖。所以,对一个新的进入者而言,从市场上购买声誉良好的商号可能比新办一个商号更划算,而新办一个商号比购买一个声誉不好的商号更划算。①

这样的"商号",就是经济学上讲的"企业"。有了企业,欺骗行为也就更容易被观察(例如,要搞清楚某个连锁餐厅哪个员工欺骗是不容易的,但观察并传播餐厅的欺骗行为就相对容易得多)。现代社会的"商号"起着传统社会"姓氏"的作用;或者说,现代社会是通过"庙"的声誉来约束"和尚"的行为。一个人可以很容易地消失在黑暗中,而一个企业是不容易逃跑的。② 这就是企业的价值所在。

3.4　联合抵制的社会规范

现在我们转向讨论更一般的非固定交易重复博弈情况下的合作问题。在社会中,我们每个人每天都在与他人进行各种各样的交易,尽管有像企业这样的长期组织,我们的交易合作对象经常是不固定的。在一个如此复杂的人际网络中,如何使得每个人有积极性跟别人合作呢? 由于每个人和另外一个人继续交易的可能性只有百分之一,甚至只有千分之一,那么直观看来,交易的每一方实施欺骗或者是背叛的积极性就会增大。这样一来,这个社会似乎就没有办法合作了。但我们还可以借助一些特定的社会规范(social norm)来促进社会成员的合作。

比如,在刚才讨论的第三方惩罚问题上,A 欺骗了 B,那么 C 如果对 A 实施惩罚就可以实现社会成员之间的合作。这种 C 对 A 进行惩罚的积极性可以通过"**联合抵制**"(boycott)这种社会规范来保证。所谓"联合抵制"是指:每一个社会成员都应该诚实,都应该和别的成员合作,而不应该欺骗;并且每一个成员都有责任去惩罚那些骗过人的人。如果某个成员不惩罚骗过人的人,那么不实施惩罚的这个成员就应该再受到其他人的惩罚。也就是说,作为一个社会成员,如果不主张正义,姑息他人的欺骗行为,那么就应该受到惩罚。

直观地讲,如果社会规范本身包括不履行惩罚责任的人也应该受到惩罚,每个人既有合作的积极性,又有惩罚违规者的积极性,这个社会规范就是一个精炼纳什均衡,可以自行实现。Mahoney and Sanchirico(2003)证明了这一点。

设想一个多人组成的社会,每次博弈在任意的两人之间进行,每个人可以选择合作,也可以选择不合作,每个人的行为可以被所有的人观察到,博弈是无

---

① 这可以解释为什么一个由于某种原因而使声誉受到损害的公司更可能更名(Tadelis, 1999),也说明保护商标对社会合作是非常重要的。
② Kreps(1990)强调了企业作为长期参与人的作用,但没有强调企业的信息功能。

限期重复的。考虑如下社会规范:(1) 在第一次每个人都必须选择合作;(2) 从第二次开始所有人不与任何前一次违规者合作,任何违规者在接受惩罚之后可以得到宽恕,从下次开始继续合作。这里,"违规者"包括:(1) 首先选择不合作的人;(2) 没有对首先不合作者施行惩罚的人;(3) 没有惩罚该惩罚而没有惩罚的人的人。

注意,这个社会规范不同于简单的"针锋相对"战略,后者不仅惩罚首先不合作的人,也惩罚惩罚者(即如果 A 在第一次不合作,B 就在第二次选择不合作以作为对 A 的惩罚,A 又在第三次选择不合作作为对 B 在第二次不合作的惩罚,等等),但不惩罚不惩罚者(即如果 B 第二次没有惩罚 A,A 在第三次继续合作),所以不是一个精炼纳什均衡。联合抵制的社会规范不仅惩罚首先不合作者,也惩罚不惩罚者,但不惩罚惩罚者(即惩罚骗子的行为不受惩罚)。①

让我们用一个例子来说明。假定有一个由 A、B、C、D、E、F、G、H、I 和 L 十个人组成的社会。在第一阶段 A 和 B 博弈,C 和 D 博弈,……;第二阶段 A 和 C 博弈,B 和 D 博弈,……;第三阶段 A 和 D 博弈,B 和 E 博弈,……;等等。设想第一阶段其他所有人都选择了合作,但 A 欺骗了 B。那么,按照社会规范,在第二阶段,C 就应该惩罚 A,选择不合作,但 A 应选择合作,表示接受惩罚;其他人照样合作。如果 A 和 C 都按照这样的规则行事,第三阶段开始所有人都选择合作。但如果 C 在第二阶段没有惩罚 A(假定 A 选择了合作,表示愿意接受惩罚),第三阶段 C 和(比如说)F 博弈的时候,F 就应该选择不合作以惩罚 C,但 C 必须选择合作。如果 F 这样做了,并且 C 也接受了惩罚,从第四阶段开始,所有人都恢复合作。但如果第三阶段 F 没有惩罚 C,那么在第四阶段 F 和(比如说)L 博弈的时候,L 就应该选择不合作以惩罚 F,但 F 必须选择合作。如此等等。

容易证明,如果每个人都有足够的耐心,这个惩罚规则就可以保证合作的出现。如前一样,假定任何一次博弈中,双方都合作各得 T,双方都不合作各得 P,一方合作另一方不合作的话,前者得 S,后者得 R,贴现因子是 δ。那么,在任何一次博弈中,给定对方合作,如果自己选择不合作,他可以多得 $(R-T)$,但下一次他需接受惩罚,少得 $(T-S)$,因此,只要 $R-T \leqslant \delta(T-S)$,即 $\delta \geqslant (R-T)/(T-S)$,他就没有积极性选择不合作。现在考虑该惩罚违规者的时候,一个人是否应该选择惩罚。假定对方愿意接受惩罚(即选择合作),如果他选择惩罚(即不与对方合作),本次得到 R,下次与别人合作得到 T;如果他选择不惩罚(即与对方合作),本次得到 T,但下次被别人惩罚,只能得到 S。给定我们的假

---

① 针锋相对的英文是 tit-for-tat,Mahoney and Sanchirico(2003)用 def-for-dev 代表这里的战略,意即背叛违规者(defect for deviate)。

设 $R > T > P > S$，无论 δ 是多少，他都有积极性惩罚违规者。[①] 再考虑违规者是否愿意接受惩罚。接受惩罚意味着对方选择不合作而自己必须选择合作，因此，如果接受惩罚，他本次得到 S，下次得到 T；如果不接受惩罚，他本次得到 P（即一次博弈的纳什均衡结果），但下次还得接受惩罚，只能得到 S。这样，如果 $S + \delta T \geqslant P + \delta S$，即 $\delta \geqslant (P-S)/(T-S)$，接受惩罚就是最优的。综合起来看，只要 δ 大于 $(R-T)/(T-S)$ 和 $(P-S)/(T-S)$ 中较大的一个，就没有人会首先选择不合作，每个人都有积极性惩罚违规者，每个违规者都愿意接受惩罚，整个社会的合作就会作为一个精炼纳什均衡出现。

3.5　敌友规则

联合抵制规则既包含了惩罚，又包含了宽恕，体现了孔子讲的"以德报德、以直报怨"的恕道精神，执行起来也并不复杂。它与日常生活中的"敌友规则"非常类似。该规则是这样规定的：一开始每个社会成员都是自己的朋友，但是下一次某个成员还是不是你的朋友取决于他在前一次博弈中的行为：如果这个成员在前一次没有欺骗过任何人并且没有同你的任何一个敌人合作，那么他还继续是你朋友；相反，如果这个成员欺骗过任何一个朋友，就永远成为你的敌人。于是这个规则可以由以下具体规则来组成：(1) "朋友的朋友是朋友"；(2) "朋友的敌人是敌人"；(3) "敌人的朋友是敌人"。

"朋友的朋友是朋友"是指，假如 A 和 B 是朋友和合作伙伴关系，A 没有欺骗过 B，B 也没有欺骗过 A；C 和 B 也是朋友和合作伙伴关系，C 没有欺骗过 B，B 也没有欺骗过 C。那么，A 就把 C 当朋友，C 也把 A 当朋友，可以相互合作。

"朋友的敌人是敌人"是指，如果 A 和 B 是朋友关系，如果 C 欺骗了 B，那么 C 就成为 A 的敌人了，A 就不应该与 C 进行合作。

"敌人的朋友是敌人"是指，如果 A 和 B 合作很好，C 欺骗了 B，那么像我们刚才说的，根据规则"朋友的敌人是敌人"，C 就变成了 A 的敌人了，当然也是 B 的敌人。现在假如有一个 D，继续和 C 合作，那么这个 D 就变成了 A 和 B 的敌人了。

Bendor and Swistak（2001）证明，如果每个人足够重视未来，上述"敌友规则"不仅是一个纳什均衡战略，而且是演化稳定战略，即采取这一战略的人在社

---

① 这里，给定违规者愿意接受惩罚，惩罚者当期的收益也大于不惩罚时的收益，所以该模型其实没有真正处理"二阶囚徒困境"的问题。当然，在违规者愿意接受惩罚的情况下（如接下来所证明的），惩罚者的积极性就不是问题。读者可以构造一个更复杂的模型，证明即使惩罚者在惩罚的当期收益小于不惩罚时的收益，考虑到长远利益，他也有积极性实施惩罚。

会竞争中最具有生存能力,演化的结果是整个社会变成一个合作社会。① 直观地讲,给定其他人都遵守这个规则,如果你欺骗任何一个人,你就变成所有其他人的敌人。

但是有没有这样一种可能,即每个成员都不遵守规则?这涉及所有的社会成员的信念。如果一个社会成员有一种信念,即相信足够多的人会遵守这一规则,那该社会成员就会遵守规则,合作均衡就可能会出现。举例来说,在我们的社会中,我们大家判断小偷所占的比例是很小的,比如说是百分之一、二。如果大家都认为小偷的比例不会超过百分之一、二,那么我们这个社会的大部分人都是遵守规则的,社会的合作均衡还可以维持。但如果这个社会中小偷的比例已经达到30%以上了,那就可能整个社会里的人都变成小偷了。②

现实社会中大量的合作机会都是靠联合抵制的模式来维持和实现的。这样的例子比比皆是,小至一个班集体,大至国际联盟,很多合作都是依靠集体惩罚维持的。假设甲同学在班级里欺负人,那么其他同学就会看不起甲,孤立甲,如果有一些同学和甲继续保持良好关系,那么这些同学也将会遭到所有其他同学的鄙视。如果这些结果会被包括甲在内的所有同学所预见到,那么甲同学就不会欺负人了。国际联盟内采取联合制裁的手段便会形成联盟的集体行动,例如在伊拉克战争中,美国的盟国会因为可能受到美国发起的联盟集体制裁的惩罚威胁而加入这场战争中来。比如说,美国发起的联盟制定出的规则是:所有关于伊拉克重建的合同都只给在伊拉克战争期间持积极态度以及支持战争的国家,这样美国的盟国必然会纷纷加入战争中来。

显然,联盟中的单个成员可能存在我们前面讲的"二阶囚徒困境问题",因为参与抵制会损失与被抵制对象合作的机会。如果这种机会的诱惑足够大(类似贴现率大于临界值),联盟就没有办法维持。这是国际贸易制裁面临的最大挑战。

中世纪地中海地区的**商人法庭制度**(Law Merchant)就类似一个联合抵制机制。这个制度运作的基本特征是:当一个商人在与另一个陌生人做生意之前,首先向法商咨询后者是否有不良记录(是否有过违约行为;如果有,事发后是否执行了法商的处罚决定)。当然这种咨询是付费的。如果没有不良记录,就可以与其做生意。做生意之后如果任何一方受骗,受害者就可以向法商提出上诉,由法商做出判决。如果违约方没有执行判决,就会被记录在案。如果对方

---

① 关于"演化稳定战略"的概念,我们将在第十二章讨论。

② 这实际上也和我们第十二章中要讲到的演化过程有关。当遵守规则的人数足够多时,不遵守规则就不是个人最好的选择。但当遵守规则的人很少时,遵守规则就可能不是个人的最优选择。

有不良记录,你就不应该与他做生意;如果你一定要做,受骗后法商将不负责判决。或者,如果你没有事先咨询过法商,受骗后法商也不负责判决。Milgrom、North 和 Weingast (1990)证明,如果合作带来的收入足够大,每个人的耐心足够高,这个机制可以形成一个精炼纳什均衡:每一个人有积极性合作,有积极性咨询信息;受骗人有积极性上诉;违约者有积极性执行法庭的判决;法庭有积极性提供真实信息。这个商人法庭制度演变成今天的国际仲裁机构。

商人法庭的一个重要功能是用集中化的方式传递当事人的信用信息,这种信息对维持合作是非常重要的。法庭将信息只传递给需要信息的人,大大节约了信息成本。现在社会的法院也有类似的功能。

3.6　连带责任

维持大社会中人与人合作的另一种机制是"**连带责任**"。所谓连带责任是指,当某一群体中的个别成员对群体之外的人有违约行为时,群体之外的人将对该群体所有成员进行连带惩罚,如不再与他们中的任何人有生意往来。

有些连带责任是自然形成的。如中国有不同的省,有河南人、陕西人、浙江人、广东人,等等。每省又分为不同的区,如陕西人分为陕北人、关中人、陕南人等。这样,来自同一地区的人相互之间事实上都有一定的连带责任,如一个陕北人干了坏事会影响所有陕北人的声誉。全体中国人相互之间在国际上也有连带责任,因为任何一个中国人干了坏事都会损害所有中国人的名声。

当然,大量的连带责任来自组织制度设计。即使一个组织在形成的时候不是出于连带责任的考虑,一旦成立之后,组织成员间就有了连带责任。如韦伯在 100 年前观察到的,参加社团组织等于获得一个"社会印章"(a social seal of approval),得到一个信誉认证。[1] 如果某个人干了坏事,外人也许无法追踪这个具体的人,但他们很容易识别这个人所属的团体,从而对其实施"团体惩罚",类似一种"连坐制"。[2] 这样,社团成员个人的不当行为会损害社团整体的声誉,从而损害每个社团成员的个人利益,社团成员就有积极性对行为不轨者实施内部惩罚,就像古代一个家族有积极性惩罚犯上作乱的家族成员一样。这可能是为什么教徒比不信教的人更值得信赖、穿军装的军人比不穿军装的军人更值得

---

① 1904 年,韦伯在美国碰到一位到教堂接受洗礼的银行家,了解到因教会对接受洗礼的考察严格,只有该银行家接受了洗礼,加入了当地的教会,当地社区的居民才会信任他。由此启发他认识到,社会团体可以为个人的信用进行背书,个人加入一个社会团体,相当于得到该组织加盖的"信用的印章"。转引自 Klein(1997)第 36 页。参见马克斯·韦伯,《新教伦理与资本主义精神》,江西人民出版社 2010 年版。

② 张维迎、邓峰(2003)从激励机制的角度分析了中国古代的"连坐制"。

信赖的一个重要原因。社团的这种信誉资本使得个人有积极性加入社团,并为维持社团的声誉而努力。① 当然,社团信誉资本的存在有两个前提条件:一是社团成员不能有垄断的特权;二是加入和退出必须是自由的。如果社团成员享有垄断特权,加入该社团就可能变成一种寻租行为,而不是建立信誉的行为,如我们中国社会的某些组织。如果没有退出自由,社团成员就难以对违规者实施有效的惩罚,个人就更可能从事欺骗活动。②

或许,现代社会最重要的连带责任来自企业组织。企业由许多人组成,但市场上消费者是根据企业的整体表现(如产品和服务的质量)支付价格,因此,企业成员之间必然是连带责任。为了使这种连带责任有效地发挥作用,就产生了企业所有权。所谓"老板",实际上是为所有员工承担连带责任的人。有了这种连带责任,老板就获得了监督员工的积极性和权威,从而使得市场交易能有序进行。事实上,生产最终消费品的企业还需要为所有的供应商承担连带责任。如果没有企业,或者企业没有老板,市场经济是不可能有效运行的。③

社会是复杂的,推动和维护人与人之间的合作需要社会规范,也需要诸如企业这样的组织。如果没有明确的社会规范和健全的组织制度,整个社会就会处于失范状态,自然而然,社会成员之间的合作程度就高不到哪里去了。因此,对于中国当前社会而言,要想提高社会成员之间的合作程度,就需要逐步确立起符合市场要求的社会规范,并完善我们的企业制度和中介机构。

本 章 提 要

重复博弈增加了博弈参与人的战略选择,从而可能出现一次性博弈中不会出现的纳什均衡。

重复博弈可以帮助我们走出囚徒困境,这是博弈论最重要的成就之一。在一次性囚徒困境博弈中,唯一的纳什均衡是都不合作。但在重复博弈中,如果参与人有足够的耐心,合作可以作为精炼纳什均衡结果出现。这里的关键是,有耐心的人更在乎长远利益,从而愿意为长远利益放弃短期的机会主义行为。

除了耐心,合作是否出现还受博弈重复的概率、行为的可观察性、对违约行为惩罚的可能性等因素的影响。博弈重复的概率越大、行为越容易观察、惩罚

---

① Putnam(1993)发现,意大利北部的社会信任度高于南部,是因为北部有更发达的社团组织。
② 这可以解释为什么中国的社团组织不仅不能成为维护信誉的工具,而且经常变成欺诈行为的避难所。参阅张维迎(2001)。Knack and Keefer(1997)发现,寻租性的社团对社会信任有损害。
③ 参阅张维迎(2012)。

越可信,合作的可能性越大。垄断使得惩罚不可信,因而不利于合作。

在重复博弈中,人们之所以愿意选择合作,是因为不合作行为会受到对方的惩罚。如果没有不确定性,惩罚越严厉,越有助于合作。但如果有不确定性,太严厉的惩罚也不利于合作。此时,最优的惩罚需要一定的宽恕。

人们之间的多重关系也有助于合作的出现。这是社会关系的价值所在。但多重关系也可能导致惩罚的不可置信,如我们在家族企业里看到的情形。

简单的重复博弈模型是固定伙伴之间的博弈。但现实社会的重复博弈经常不是两两之间重复进行的,而是不同人之间进行的。此时,为了使人们有积极性合作,需要第三方履行对违约的惩罚责任。这就带来了"二阶囚徒困境"问题:非受害者为什么有积极性惩罚?"联合抵制"作为一种社会规范可以构成一个精炼纳什均衡,从而解决二阶囚徒困境问题。连带责任也有助于监督违约行为,从而促进社会合作。

企业及其他形式的社会组织作为一种连带责任机制对社会合作具有重要意义。政府对社会组织的垄断不利于社会合作。只有有了真正的结社自由,中国才有可能建立起真正的社会信任。

第七章
不完全信息与声誉

第一节 连锁店悖论

1.1 连锁店悖论

上一章讨论的重复博弈是无限次的重复博弈,但现实中的重复博弈一般都是有限次的。我们从无限次重复博弈得到的基本结论在有限次博弈中是否仍然有效? 就我个人观察,结论是肯定的。但理论上存在一个问题。根据逆向归纳逻辑,在有限次重复博弈中,合作行为并不会出现。比如,将囚徒困境博弈重复进行一万次。在第一万次,也就是最后一次,参与人不会选择合作;进一步倒推可知,双方在第九千九百九十九次也是不会合作的,因为这次合作与否并不影响最后一次的选择;同样的道理,第九千九百九十八次,以及之前的每一次,双方都不会合作。

但是,现实生活中,即使是有限次重复博弈,我们也可以看到合作会出现。比如,我们对于泛泛之交的人往往也愿伸出帮助之手。在大学中,短短的一个月的军训活动,大多数学生也会和教官们保持良好的合作。如何解释这种有限次重复博弈中的合作行为呢?

最早注意到有限次重复博弈中的合作悖论的是 1994 年诺贝尔经济学奖获得者泽尔腾(Selton,1978)。他在 1978 年用"**连锁店悖论**"(chain-store paradox)来描述这一问题。具体来说,设想生产同样产品的两个企业,一个企业已经在市场上(所以称为"在位者"),另一个企业(称为"进入者")需要选择进入还是不进入这个市场。如果不进入,在位者的利润为 100,进入者只能得到零利润;

如果选择进入,接下来,在位者需要决定是默许新进的企业,还是与其打价格战 (简称为"斗争")。如果在位者选择默许,与新进入的企业共同分享市场,在位 者和进入者获得的当期利润都是 50。假定进入成本是 10,因而进入者的净收 益是 40。如果在位者选择斗争,结果将是两败俱伤,最终在位者的利润是 0,而 进入者将承受 10 单位的损失。该博弈的扩展式描述如图 7-1 所示:

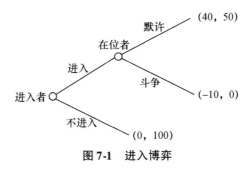

图 7-1　进入博弈

　　在一次性动态博弈中,给定进入者已经进入,在位者的最优选择是"默许", 而不是"斗争";因为能够理性地预期到在位者将会选择默许,进入者会选择进 入市场。因此,博弈的精炼纳什均衡结果是"进入者选择进入,在位者选择默 许"。当然,在位者也有可能会事先威胁进入者:如果你来,我将降价竞争。 但是,在一次性博弈中,在位者的这种威胁是不可信的。因此,进入者会选择 进入。

　　现在设想在位企业是一个连锁店,同时在 20 个市场上有分店,潜在的进入 者可能会相继进入 20 个市场(或者有 20 个潜在的进入者可能会相继进入每个 市场)。当进入者在第一个市场上进入时,在位者该如何办呢? 直观地看,如果 在位者在第一个市场上容忍了进入者,在其他 19 个市场上也会有新企业进入; 但如果在位企业一开始便选择降价来抵制和排挤进入企业,短期内可能会承受 损失,但在剩下的 19 个市场上进入者将不敢进入,在位者会因为没有进入者的 竞争而获得更多收益。因此,在位者应该在一开始就选择"斗争"。

　　但从逆向归纳的逻辑来看,这个结论是不对的。设想前 19 个市场已经被 进入者进入,进入者现在要决定是否进入第 20 个市场。因为在最后阶段在位 者的最优选择是容忍,进入者将选择进入。如果进入者知道在位者在第 20 个 市场的选择是容忍,在第 19 个市场的进入问题上,博弈的结果依然是在位者选 择容忍,进入者选择进入。以此类推,从第一个市场开始,在位者就会选择容 忍,进入者会进入所有市场。

　　这就是逆向归纳得出的结论。但现实生活中,如直观告诉我们的一样,企 业往往会一开始就采取"斗争"的做法,从而吓得进入者不敢再进入。这表明,逆向归纳逻辑和现实的实践存在着矛盾。泽尔腾教授把这一矛盾称为"**连锁店悖论**"。

除了企业竞争领域存在这一悖论外,在生活中的其他方面也有类似的现象。比如我们在第四章谈到的父母与儿女之间就"自由恋爱还是包办婚姻"进行的博弈。如果只有一个女儿,老父亲"断绝父女关系"的威胁显然是不可信的。但如果老父亲有 9 个女儿,情况会怎么样呢?直观地讲,老父亲希望按照自己的意愿操办女儿的婚姻,因此他首先要管教大女儿,如果大女儿自由恋爱,那剩下的 8 个女儿可能都会仿效,这样便违背了老人的意愿。为了"杀一儆百(八)",老父亲真的会不再认这个"伤风败俗"的大女儿。但逻辑上讲,如果前 8 个女儿都嫁出去了,只剩下最小的女儿,由于老父亲"永不相认"的威胁不可信,小女儿肯定会自由恋爱;倒推至第八个女儿,由于第八个女儿预期到自己的行为不会影响到第九个女儿的选择,因而老人和她中断关系的威胁也是不可信的;以此继续反推,从大女儿开始都不会听话。但现实中,拥有多个孩子的家长大多还是对第一个孩子管教最为严厉。逆向归纳的逻辑和现实再一次抵触。

是什么造成这种理论与现实间的矛盾?一种可能是我们在使用逆向归纳时有关理性的假设与现实不相符,另一种可能是我们有关参与人信息的假设与现实不相符。在前面的分析中,我们假定参与人有完全的理性,这样的理性人有完全的计算能力,对每一种结果都了如指掌。并且,理性对所有人是一样的。现实中,人的理性是不完全的,对许多结果我们有自己的大致判断,但并不能精确计算,每个人都可能在不经意间犯错误。即使我们知道一个人是理性的,他的偏好我们也不可能完全了解。仅仅由于这个原因,我们有关收益函数和战略空间的完全信息的假设在现实中也是不成立的,我们所说的某种情况下他的"收益"可能只是我们的主观臆断,并非他的实际收益。比如说,一个天性善良的人可能有"防人之心",也可能"疾恶如仇",但没有"害人之心"。对这样的人,即使欺骗别人一次能多得 10 元,他也不会这样做。这不是因为他不理性,而是对他来说,骗人有很高的心理成本,远大于 10 元的货币收益。如果我们仅仅根据货币收益预测他的行为,我们将做出错误的判断。或者,如果由于他没有选择"收益"最大化的行为,我们就说他是非理性的,也是错误的。另外,如我们在后面将看到的,在博弈中,信息的不完全对人的行为有重要影响。

还有一种可能性是,现实的博弈中,参与人对不合作的行为进行有效处罚或者对合作的行为进行奖励的策略有多种,而不是我们前面假定的只有一种。在前面重复博弈的讨论中,我们假定阶段博弈只有一个纳什均衡,并且是非帕累托最优的;所谓对不合作行为的惩罚,就是回到一次性博弈的纳什均衡。事实上如我们在第三章所看到的,许多博弈有多个纳什均衡。多个纳什均衡的存在使得重复博弈中对不合作行为的惩罚措施增加了,即使博弈重复的次数是有限的,合作也可能出现。[①]

下面,我们通过放松这些假设来考察有限次重复博弈中的合作问题。我们首先讨论多重均衡下的合作问题,然后转到本章的重点:不完全信息与声誉。

1.2　奖惩与合作

密歇根大学社会学家罗伯特·艾克斯德罗(Robert Axelrod)曾在 1981 年做了重复囚徒困境博弈的实验。[②] 他邀请了多位博弈论学者、经济学家、心理学家、数学家等各自提交自认为最佳的囚徒困境博弈中的策略,编成计算机程序,然后采用计算机模拟的方式,让两两程序配对,进行了长达 200 次的重复博弈,来考察哪一种策略能够产生最大的收益。结果来自多伦多大学心理学教授安纳托尔·拉普伯特(Anatol Rapoport)所提交的"针锋相对"(tit for tat)的策略赢得了最大的收益。"针锋相对"的策略在上一章我们给大家介绍过,它的特点是首先选择合作,而且只要对方不背叛,自己就会一直合作下去;而一旦对方背叛,自己就报复对方;但只要对方接受了惩罚,自己则会恢复合作。拉普伯特教授的这一策略在和所有策略的博弈中都取得了最多的合作结果,从而获得了最大的收益。

为了更好地体现奖惩策略给合作所带来的影响,我们构造如图 7-2 所示的博弈。

乙

		L	M	R
甲	L	1,1	5,0	0,0
	M	0,5	4,4	0,0
	R	0,0	0,0	3,3

图 7-2　奖惩与合作

如果把该博弈进行一次,则会有两个纳什均衡:一个是(L,L),另一个是

---

① 参阅 Fudenberg and Tirole (1991),第 112 页。

② Robert Axelrod, and William D. Hamilton, 1981, "The Evolution of Cooperation", *Science*, *New Series*, 211(4489):1390—1396.

(R,R)。带来的报酬分别为$(1,1)$和$(3,3)$。这个博弈仍然是个囚徒困境博弈，因为帕累托最优(M,M)并不是纳什均衡，而纳什均衡(L,L)和(R,R)都不是帕累托最优的。现在，如果甲、乙二人将该博弈重复进行两次。注意，进行到第二次博弈时，由于博弈到此结束，大家不会合作，此时可以好聚好散（即大家选择R来结束，各得到3），也可以不欢而散（大家都选择L来结束，各得到1）。那么，在第一次博弈时，双方会实现合作吗？

如果每一方在博弈中都使用类似"针锋相对"这一具有奖惩性质的策略，则可以使得双方在第一次博弈中出现合作。具体来讲，每一方都采用如下策略：自己在第一次博弈选择M，如果对方在第一次博弈中也选择M（此时双方的收益都为4），则自己在第二次博弈中选择R；如果对方在第一次博弈中没有选择M，则自己在第二次博弈中将选择L。这一策略的直观含义是，在两次博弈中，自己先选择合作，如果对方也合作，则到第二次博弈时，由于博弈到此结束，大家不会再合作，此时可以"好聚好散"；若对方在第一次博弈中没有合作，则选择"不欢而散"。这样一来，我们就可以把两次博弈的结果简化为图7-3所示的一次性博弈。即把第一次博弈的结果除了(M,M)的支付加上了$(3,3)$，其余都是加上$(1,1)$。显然，现在给定自己使用这一策略，即第一次博弈选择M，第二次博弈选择R，对手的最佳应对也是这一策略。因此，图7-3所示的(M',M')构成一个纳什均衡。而该纳什均衡包含了双方在第一次博弈中选择合作的结果，此时双方的收益也是最大的，都为7。

乙

		L'	M'	R'
甲	L'	2,2	6,1	1,1
	M'	1,6	7,7	1,1
	R'	1,1	1,1	4,4

图7-3 两次博弈合作支付的加总

在以上博弈中，参与人的奖惩能力主要体现在第二次博弈时，参与人可以在两个报酬不等的纳什均衡中进行选择。如果对方在第一次博弈中合作，就在第二次博弈时选择一个报酬高的纳什均衡来回报对方；如果对方在第一次博弈中不合作，就在第二次博弈时选择一个报酬低的纳什均衡来惩罚对方。

如前面章节所讨论的，进行奖惩时还有一个可信性的问题。实际上，考虑

图7-2 所示的博弈,如果参与人甲在第一次博弈中没有选择合作行为 M,而是选择了 L,而乙选择了合作行为 M,此时甲得到了5,乙得到了0。对此,乙非常气愤,决定在第二次博弈中选择 L 来对甲进行惩罚。但在乙还没有采取行动时,甲来和乙沟通说:

"现在你选择 R,我也选择 R,咱们都可以得到3。如果你选择 L,我也只好选择 L,咱们都才得到1;你在惩罚我的同时也在惩罚了自己。不如过去的事就让它过去吧,你不要记恨我,向前看,咱们都选择 R 吧!"

显然,如果乙是理性的,就会接受甲的劝告,放弃选择 L 来惩罚对方。那么,如果甲知道即使自己在第一次博弈中不合作后,对方也不会惩罚的话,甲就会坚决地选择不合作了。此时,有限次重复博弈中合作就不会出现了。原因就在于,阶段博弈中均衡 (R,R) 帕累托优于 (L,L) 会导致重新谈判,使得惩罚不可信。

如果阶段博弈中的多重纳什均衡之间不存在帕累托优劣问题,则此时就会使得惩罚变得可信。比如,我们下面分析图7-4 所示的博弈。

乙

		L	M	R	P	Q
	L	1,1	5,0	0,0	0,0	0,0
	M	0,0	4,4	0,0	0,0	0,0
甲	R	0,0	0,0	3,3	0,0	0,0
	P	0,0	0,0	0,0	4,1/2	0,0
	Q	0,0	0,0	0,0	0,0	1/2,4

图7-4　帕累托最优与惩罚可信性

显然,在此博弈中,存在四个纳什均衡,分别为 (L,L),(R,R),(P,P) 和 (Q,Q)。其中,均衡 (R,R) 帕累托优于 (L,L),但并不优于 (P,P) 和 (Q,Q)。

现在,假如甲、乙二人将此博弈重复进行两次,结果会如何?如果说二人仍然采用奖惩性质的策略,此时将确定会出现合作的结果。具体来说,假设两个参与者奉行如下策略:

如果第1阶段为合作结果 (M,M),则在第2阶段双方都选择 (R,R);

如果第 1 阶段,参与人乙不合作,结果为(M,X),则参与人甲在第 2 阶段选择 P(其中 X 代表参与人乙除 M 以外的选择);

如果第 1 阶段,参与人甲不合作,结果为(Y,M),则参与人乙在第 2 阶段选择 Q(其中 Y 代表的是参与人甲除 M 以外的选择);

如果第 1 阶段,双方都没有选择合作行为,结果为(Y,X),则双方在第 2 阶段选择(R,R)。

给定上述策略,我们会发现均衡结果将是:双方第 1 阶段选择(M,M),第 2 阶段选择(R,R)。这一结果包含了第 1 阶段双方会选择合作的结果。

对比图 7-2 和图 7-4 所示的博弈,会发现在第一个博弈中,用以对参与者不合作行为进行惩罚的均衡(L,L)由于帕累托劣于(R,R),所以在惩罚对方的时候也惩罚了自己,以致存在事后的重新谈判,使得惩罚变得不可信。而在第二个博弈中,由于有三个均衡处于帕累托边界上,其中之一(R,R)可以奖励合作,另外两个均衡都可以起到惩罚不合作者的同时奖励自己(惩罚者)的效果。这样,在第 2 阶段一旦需要实施惩罚,惩罚者就不会有丝毫的犹豫,不会给重新谈判留有余地,从而保证了惩罚变得可信。

这个例子的一般结论是,如果博弈中可信的惩罚措施足够多,重复博弈中就可能出现一次性博弈时不会出现的合作行为,即使博弈重复的次数是有限的。

第二节　信息不完全与声誉机制

现在我们讨论不完全信息情况下的有限重复博弈。**不完全信息**(incomplete information)是指,一方参与人对另一方的偏好、支付函数、战略等方面的知识是不完全的。比如说,市场上一个企业对竞争对手的生产成本、技术实力、经理人决策的程序等并不完全了解;生活中,一个人是"性本善"还是"性本恶",我们并不清楚;国际谈判中,谈判对手是偏好妥协还是偏好强硬,另一方可能并不知情。博弈论理论家用"**类型**"(type)来刻画不完全信息,如类型 1 代表"性本善",类型 2 代表"性本恶"。当我们不知道某个人究竟是性本善还是性本恶时,我们有关他的信息就是不完全的。①

不完全信息如何影响人们在重复博弈中的行为?对这一问题,克雷普斯(Kreps)、米尔格罗姆(Milgrom)、罗伯茨(Roberts)和威尔逊(Wilson)于 1982 年

---

① 不完全信息博弈的开创性研究是海萨尼(Harsanyi, 1973)做出的,他因此贡献而分享了 1994 年诺贝尔经济学奖。

提出了一个著名的"四人帮模型"(Gang of Four Model)——声誉模型来进行解释。① 在这篇文章里,他们证明了如果所有的参与人对其他参与人的特性并不具有完全信息的话,那么即使重复博弈的次数是有限的,人们仍然有积极性来建立合作的声誉(reputation),因而合作仍有可能会出现。

2.1 单方信息不完全与声誉机制

我们以图 7-5 所示囚徒困境为例来对他们的思想进行解释。在完全信息条件下,嫌犯 A 知道嫌犯 B 的所有特性(类型、战略空间和收益等等),B 也知道 A 的所有特性。两个人都是理性的,每个人每次都有两种选择,合作或者背叛。如果博弈进行有限次,根据之前的分析,每次博弈都会按照阶段博弈来重复,也就是说每次博弈的均衡都是(背叛,背叛)。

	B 合作	B 背叛
A 合作	3,3	-1,4
A 背叛	4,-1	0,0

图 7-5 囚徒困境博弈

如果信息不完全,情况则会发生变化。首先考虑参与人单方信息不完全,即一方对另一方比较了解,但另一方对己方的某些特性掌握的信息不完全,比如,对方是什么样的类型,强硬派,还是懦弱派;对方是否有隐藏手段(策略空间)等等。特别地,假设嫌犯 B 的所有特性都被 A 所了解,但 B 并不了解 A 的特性。在 B 的眼里,A 有两种类型:可能是疯狂、不理性的,也可能是理性的(rational)。假定非理性的 A 只会使用"针锋相对"策略,即如果对方一直合作,就与对方合作下去,一旦对方背叛,就中止与对方的合作,除非对方之后再主动恢复合作。而理性的 A 则会选择任何对自己有利的策略。假设 B 认为 A 是非理性的概率是 p,A 是理性的概率是 $1-p$。

需要提醒读者注意的是,这里的"非理性型"只是我们对不同于通常理解的理性行为的特征的简略概括,并不是在实际意义上说他是非理性的。我们也可

---

① 参阅 Kreps, D., R. Milgrom, J. Roberts and R. Wilson (1982)。

以用"疯狂型"、"合作型"、"善良型"、"义气型"等这样的词来描述这种类型的人。具有这种特征的人不像"理性人"那样时时刻刻都在算计,而更像一个事先编好的计算机程序。在另一些场合,它可能是指"强硬派"(谈判博弈中)、"低成本"(市场进入博弈中)等。

现在假设在这种单方信息不完全的情况下,双方把囚徒困境博弈重复进行两次。我们用图7-6来表示这一博弈。

	$t=1$	$t=2$
非理性(p)	合作	X
A 理性型($1-p$)	背叛	背叛
B(理性型)	X	背叛

图7-6　信息不完全下重复两次的囚徒困境博弈

如图7-6所示,在博弈进行到第2次时($t=2$),B必定会选择背叛以最大化自己的收益。如果A是理性的,也会在此时选择背叛;如果A是非理性的,那么他在第2阶段的选择取决于B在第1阶段的选择。该选择可以是合作,也可以是背叛,为简单起见,我们记为X。

如果A是理性的,他在第1阶段也一定会选择背叛,因为他的选择不会影响B在第2阶段的行为。如果A是非理性的,他在第1阶段会本能地选择合作。

但B与A不同,尽管他是理性的,但一开始就选择背叛不一定是最好的,因为那样做意味着有p的概率失去第2阶段再赚便宜的机会。理性的B需要计算一下这样做是否值得。

如果B在第1阶段选择背叛,他在本阶段的期望收益为$p \times 4 + (1-p) \times 0 = 4p$;在第2阶段的期望收益为$p \times 0 + (1-p) \times 0 = 0$。两阶段的总预期收益为$4p$(我们省略了贴现因子)。

如果B在第1阶段选择合作,他在第1阶段的期望收益为$p \times 3 + (1-p) \times (-1) = 4p - 1$,在第2阶段的期望收益为$p \times 4 + (1-p) \times 0 = 4p$。两阶段的总预期收益为$8p - 1$。

显然,如果$(8p-1) \geq 4p$,即$p \geq 0.25$,B会在第1阶段选择合作。也就是说,如果B对A是非理性类型的概率的判断大于或等于0.25,就会选择与A在第1阶段合作,在第2阶段再背叛。

这就是说,因为信息不完全,博弈即使只有两个阶段,理性的B也会在第1阶段选择合作。A非理性的可能性改变了理性的B的行为,而如果B确切知道A是理性的,这个合作不会出现。当然,如果B认为A是非理性的概率小于

0.25,B 不会在第 1 阶段选择合作。B 权衡的仍然是眼前利益与长远利益的关系：背叛得到眼前收益但损失未来的收益，这样做值不值得？

下面看博弈重复进行三次的情况（如图 7-7 所示）。

	$t = 1$	$t = 2$	$t = 3$
A 非理性(p)	合作	X	X
A 理性型($1 - p$)	?	背叛	背叛
B(理性型)	X	X	背叛

图 7-7　信息不完全下重复三次的囚徒困境博弈

先看 A 的选择。如果 A 是非理性的，他在第 1 阶段会合作，第 2 阶段和第 3 阶段的选择取决于 B 在第 1 阶段和第 2 阶段的选择。如果 A 是理性的，他在第 2 阶段和第 3 阶段肯定会选择背叛，如同两次博弈一样。但在第 1 阶段就背叛不一定是理性的 A 的最好选择，因为如果 A 选择背叛，马上就暴露了自己的理性特征，B 在第 2 阶段也会选择背叛。理性的 A 现在要权衡一下现在就暴露身份是否值得。

假定 B 在第 1 阶段选择合作。如果 A 一开始就选择背叛，他在第 1 阶段得到 4，到第 2 阶段 B 就知道他是理性的（因为非理性的 A 不会首先背叛），B 在第 2 阶段和第 3 阶段都会选择背叛，A 的总预期收益为 4 + 0 + 0 = 4。反之，如果理性的 A 在第 1 阶段选择合作，掩盖了自己理性的特征，B 在做第 2 阶段决策时就好像第 1 阶段没有发生一样，B 对 A 的类型的先验判断没有任何改变，于是 B 将在第 2 阶段继续选择合作。（此时的前提依旧是 $p \geqslant 0.25$。）根据前面的分析，容易理解，在前两个阶段，只要 B 认为 A 是非理性的概率 $p \geqslant 0.25$，B 就会选择合作。那么 A 在第 2 阶段和第 3 阶段选择背叛得到的总收益为：3 + 4 + 0 = 7，因此对理性的 A 而言，只要 B 不在一开始和第 2 阶段选择背叛，A 在第 1 阶段选择合作是最优的。

现在来看 B 的策略。B 有四个可以选择的策略：（合作，合作，背叛）；（合作，背叛，背叛）；（背叛，背叛，背叛）；（背叛，合作，背叛）。为了读者阅读的方便，我们将这四种情况下的博弈都用图展现出来。

如图 7-8 所示，给定理性的 A 的战略（合作，背叛，背叛），如果 B 选择（合作，合作，背叛），即在前两阶段选择合作，最后阶段选择背叛，那么非理性的 A 在三个阶段都会选择合作，B 得到的总预期效用为 3 + [3p + (-1)(1 - p)] + [4p + 0] = 8p + 2。

	$t=1$	$t=2$	$t=3$
非理性(p)	合作	$X=$合作	$X=$合作
理性型($1-p$)	合作	背叛	背叛
B(理性型)	$X=$合作	$X=$合作	背叛
预期效用 =	3	$+3p+(-1)(1-p)+$	$4p+0$ = $8p+2$

图 7-8 B 选择(合作,合作,背叛)的情形

如图 7-9 所示,若 B 选择(合作,背叛,背叛),即第 1 阶段合作,第 2 和第 3 阶段背叛,非理性的 A 在前两个阶段会选择合作,但第 3 阶段选择背叛,B 的总预期效用为 $3+[4p+0(1-p)]+0=4p+3$。

	$t=1$	$t=2$	$t=3$
非理性(p)	合作	$X=$合作	$X=$背叛
理性型($1-p$)	合作	背叛	背叛
B(理性型)	$X=$合作	$X=$背叛	背叛
预期效用	3	$+$ $4p+0(1-p)$ $+$	0 = $4p+3$

图 7-9 B 选择(合作,背叛,背叛)的情形

如图 7-10 所示,若 B 选择(背叛,背叛,背叛),即一开始就背叛直到最后,非理性的 A 会在第 1 阶段合作,第 2 段和第 3 阶段都背叛,B 的总预期效用为 $4+0+0=4$。

	$t=1$	$t=2$	$t=3$
非理性(p)	合作	$X=$背叛	$X=$背叛
理性型($1-p$)	合作	背叛	背叛
B(理性型)	$X=$背叛	$X=$背叛	背叛
预期效用 =	4	$+$ 0 $+$	0 = 4

图 7-10 B 选择(背叛,背叛,背叛)的情形

如图 7-11 所示,若 B 选择(背叛,合作,背叛),即第 1 阶段背叛,第 2 阶段合作,第 3 阶段再转向背叛,非理性的 A 在在第 1 阶段合作,第 2 阶段背叛,第 3 阶段又转向合作,B 的总预期效用为 $4+(-1)+[4p+0(1-p)]=4p+3$。

	$t=1$	$t=2$	$t=3$
A〈 非理性	合作	$X=$背叛	$X=$合作
理性型	合作	背叛	背叛
B(理性型)	$X=$背叛	$X=$合作	背叛
预期效用	4　　+	（ -1 ）　+	$4p+0(1-p)=4p+3$

图7-11　B 选择(背叛,合作,背叛)的情形

将这四种战略表示在一个图上,用横坐标来代表 A 是非理性的概率,纵坐标代表 B 所选择战略的预期收益,得到图 7-12。

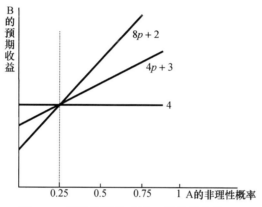

图7-12　四种不同战略下 B 的收益曲线

很显然,从图 7-12 中我们得知,当 $p \geqslant 0.25$ 时,选择(合作,合作,背叛)的效用 $8p+2$ 最大,因此,只要 $p \geqslant 0.25$,这样的战略组合是一个精炼纳什均衡:理性型 A 在第 1 阶段选择合作,在第 2 和第 3 阶段选择背叛;B 在第 1 和第 2 阶段选择合作,在第 3 阶段选择背叛。

这个结论可以推广到任意多次重复博弈。容易证明:如果博弈重复 T 次,只要 $p \geqslant 0.25$,对于所有的 $T \geqslant 3$,下列战略组合构成一个精炼纳什均衡:理性型 A 在 $t=1,\cdots,T-2$ 阶段选择合作,在 $T-1$ 和 T 阶段选择背叛;B 在 $t=1,\cdots$, $T-1$ 阶段选择合作,在最后阶段 T 选择背叛。不合作行为只出现在最后两个阶段。如果双方进行一万次博弈,前九千九百九十八次都会合作;在第九千九百九十九次的时候,如果第一个参与人 A 是理性型的,他就会选择不合作,但是第二个参与人 B 仍然会合作;到第一万次的时候,双方便都不会合作(非理性的 A 除外)。

为什么会出现这样的博弈结局呢?

原因是,在信息不完全时,理性的参与人有积极性建立一个"合作型"的声誉。

对于参与人 A 而言,如果他是理性的,在完全信息的情况下他不会选择合作;然而在不完全信息的情况下,他不能过早地暴露自己的理性特征,而会先假装自己是一个合作型的人;到了最后一个阶段时就没有伪装的必要,因而在倒数第二个阶段也没有必要假装。对于参与人 B 而言,在第 1 阶段要采取合作行动,因为如果对方是合作型的,第 1 阶段的合作可以换来未来更多的合作机会;相反,如果 B 一开始就不合作,即使参与人 A 是合作型的,他也不会在第二阶段与 B 合作。在权衡长远利益和眼前利益之后,参与人 B 的最优策略是合作。

信息不完全到什么程度,人们才有建立合作声誉的积极性呢?在前面的例子中,$p \geqslant 0.25$ 是由我们假设的收益数值决定的。容易证明,每次博弈中合作带来的收益越大,这个下限值就越小。也就是说,如果合作带来的收益非常大,即使只有很小的可能性对方是非理性的(合作型),双方都有积极性建立一个好的声誉。

2.2　双方信息不完全下的声誉机制

以上讨论的是单方拥有不完全信息。我们假定 A 知道 B 是理性的,但 B 不知道 A 是否理性。在这种情况下,严格地讲,只有 A 选择合作是为了建立好名声,B 不存在建立好声誉的问题,因为从始到终,A 很清楚 B 是一个会算计的人,选择合作完全出于理性计算,如同我们在上一章讲的一样。此时 A 一旦背叛一次,B 就会认为他是理性的,合作就从此破裂。但在现实中,很少有人能对别人特征的判断是百分之百准确的。人们是根据对方的行为来判断其特征的。这样,即使 A 最初认为 B 是完全理性的,但如果 B 在多次博弈中一直选择合作,久而久之,A 也许会改变对 B 的看法:也许他本质上就是个好人。如果 B 能给 A 造成这样一种印象,B 也就获得了维护声誉的积极性。此时,博弈就变成了双方信息不完全博弈了。

如果 A、B 双方都拥有不完全信息,比如双方均不知道对方的类型,可以证明,不论 p 多小,只要博弈重复的次数足够多(但不需要是无限次),合作就会出现。原因和单方不完全信息一样:如果博弈重复的次数足够多,没有一方愿意在早先阶段就把自己的名声搞坏。不同之处在于,现在,维持合作所要求的不确定程度(p 值)与博弈重复的次数有关。

为了证明这一点,考虑博弈双方都采用**冷酷战略**(grim strategy)。不同于针锋相对策略,冷酷战略的特点是一开始采取合作行动,一旦对方背叛了一次,就永远不再跟对方合作。如果 A 一开始选择背叛,暴露了自己是非合作型的,对方就会永远选择不合作。这样,从第 2 期开始的唯一均衡是每个人都背叛,A 的最大预期收益为:$4 + 0 + 0 + \cdots = 4$。

假定 A 采取冷酷战略,一开始选择合作,直到对方选择不合作为止,之后永远背叛。假设对方是合作型的概率为 p,是非合作型的概率为 $1 - p$。如果对方是合作型的,则 A 每个阶段得到 3,共有 T 个阶段,收益为 $3T$,期望收益为 $3pT$。如果对方是非合作型的,则最坏的情况下,A 在第 1 个阶段得到 -1,然后各个阶段得益 0,收益为 $-1 + 0 + 0 + \cdots$,期望收益为 $(1 - p)(-1 + 0 + 0 + \cdots)$。因此,A 采取冷酷战略的最小预期收益是:$p(3T) + (1 - p)(-1 + 0 + 0 + \cdots) = p(3T) - (1 - p)$。[①]

如果 A 采取冷酷战略的最小预期收益不小于 4,即 $T \geqslant (5 - p)/3p$,则一开始选择不合作就不是最优战略。至此,我们证明了,如果双方的信息都不完全,无论 p 多小,只要博弈重复的次数足够大,一开始就选择背叛就不是最优的,参与人仍然有积极性建立合作的声誉。比如取 $p = 0.01$,即对方为合作型的概率为 0.01,那么只要博弈次数 $T \geqslant (5 - p)/3p = 164$ 次,合作就可以达成。

一般来讲,可以得到如下的 KMRW 定理:在不完全信息的情况下,只要博弈重复的次数足够多,每个人有足够的耐心,参与人就有积极性在博弈的早期建立一个"合作"的声誉,一直到博弈的后期才会选择背叛;并且,非合作阶段只与 p 有关,而和博弈的总次数 T 无关。

KMRW 定理的直观解释是,尽管每个参与人在选择合作的时候都会冒着被对方出卖的风险,但是如果选择不合作,就暴露了自己是非合作型的特点,从而失去了获得长期合作收益的可能。如果博弈重复的次数足够多,参与人有足够的耐心,未来收益的损失就会超过短期被出卖的损失,因此,在博弈的一开始,每个参与人都会树立一个合作形象(使得对方以为自己是喜欢合作的,即使自己是非合作型的);只有在博弈将要结束的时候,参与人才会一次性地将自己过去的声誉用尽,合作才会中止。

为什么非合作阶段的数量只与 p 有关,而和博弈的总次数 T 无关? 根据前面推出的条件,对于任何给定的 p,存在一个博弈重复次数的临界值 T^*,当博弈次数低于这个临界值时,合作的预期收益就不足以抵挡眼前利益的诱惑,从而参与人会选择背叛。这个临界值就是非合作阶段的次数,大于这个临界值的前期阶段博弈就是合作阶段。这样,从博弈的最后一阶段往回倒推 T^* 阶段至第 T_0 次博弈,从开始到 T_0 阶段都是合作阶段,之后的 $T - T_0 = T^*$ 阶段是非合作阶

---

① 这个战略并不是最优的。肯定存在比这个战略更好的最优战略,因此这个收益是最小期望收益。严格证明参阅 Kreps 等人的原文。

段。即每个人一开始都会建立并维护自己的"合作"声誉,彼此合作一直到 T_0 阶段,T_0 之后就不再合作。这意味着,博弈重复的次数越多,双方合作的时间越长。比如说,假定给定的 p 决定的非合作博弈阶段 $T^* = 3$,那么,如果博弈重复 100 次,前 97 次会合作,从第 98 次开始不再合作;如果博弈重复 1 000 次,前 997 次会合作,从第 998 次开始不再合作。

第三节　声誉模型应用举例

3.1　解开连锁店悖论

　　现在我们可以解开本章第一节讲的"连锁店悖论"了。在第一节中,我们假定进入者对在位者的生产成本及选择默许还是斗争的利润有清楚的了解,在这种情况下,一旦进入者进入,在位者只好选择默许,因为斗争意味着更大的损失。即使在位者有多个市场,只要市场的数量有限,斗争的威胁就是不可信的。

　　但设想在位者有两种可能的类型:高成本或低成本。如果是高成本,博弈的结构如图 7-1 所示。但如果是低成本,在没有进入者进入的情况下,在位者的利润是 200;当进入者进入时,如果在位者选择默许,双方共分市场,进入者得到 90,在位者得 100;如果在位者选择斗争,进入者亏损 10,在位者得到 120(如图 7-13 所示)。这里我们假定,由于在位者的成本足够低,即使选择斗争,其得到的利润也大于默许时的利润。

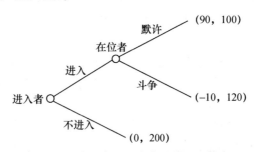

图 7-13　在位者是低成本时的进入博弈

　　显然,在位者是低成本时,即使是一次性博弈,一旦进入者进入,在位者的最优选择是斗争而不是默许。因此,斗争是可信的威胁。如果进入者知道在位者是低成本,最优的选择是不进入,因为进入意味着遭受 10 单位的损失。

　　现在假定潜在进入者并不知道在位者究竟是高成本还是低成本,进入者应该选择进入还是不进入?答案依赖于他认为在位者是低成本的可能性的大小。假定他认为在位者是低成本的概率是 p,那么,如果选择进入,他有 p 的概率损

失 10,1 − p 的概率得到 40,预期收益是:

$$p \times (-10) + (1-p) \times 40 = 40 - 50p$$

如果选择不进入,他的确定收益是 0。因此,当只当

$$40 - 50p > 0,$$

即 p<0.8 时,进入者才会选择进入;否则,如果 p≥0.8,他将选择不进入。

现在假定在位者实际上是高成本。如果只在一个市场上销售产品,他当然会选择默许。但如果他有 20 个市场,当第一个市场被进入时,他应该怎么办呢?如果他选择默许,立刻就暴露出他是高成本,其他 19 个市场就会相继被侵入,他在每个市场上就只能得到 50 的收益。但如果他选择斗争,尽管在这个市场上少赚 50,但如果能让其他潜在进入者认为他更可能是低成本,他就保护住了其他 19 个市场,每个市场上仍然可以赚 100。显然,即使是一个高成本的在位者,也有积极性通过制裁进入者建立一个低成本的声誉。预期到这一点,可能一开始就没有对手敢进入了。①

当然,现实的竞争比我们理论上讲的要复杂。像微软、腾讯这样的市场主导者总是想用残酷的手段阻止进入者进入,但他们是否能成功,依赖于潜在进入者的实力和客户的选择。如果进入者足够强大(如有更适合市场的新产品),在位者的阻击未必能成功。所以我们还是看到市场上不断有新的进入者与原来的厂商争夺市场,甚至把后者赶出市场。②

另一个相关的问题是,很少有市场上只有一个在位者。比如说,在快餐市场上就有麦当劳、肯德基、必胜客等多个经营者。此时,在位者面临另一个麻烦。一方面,在位者之间进行的是重复博弈,不希望打价格战,为此,每个在位者都希望建立一个高成本的形象(成本越高,降价的可能性越小);另一方面,阻止新的竞争对手进入是他们的共同利益所在,他们又希望在潜在进入者面前建立一个低成本的形象。这是一个两难选择。

3.2　大智若愚

KMRW 的声誉模型可以解释现实中很多看似不理性的行为从根本上来说

---

①　这实际上是我们将在第九章讲的"混同均衡",即高成本在位者选择与低成本在位者同样的行动,使得潜在进入者没有办法知道在位者实际上是高成本还是低成本,因而不敢进入。如果潜在进入者认为在位者是低成本的先验概率足够低,在没有新的信息的情况下会选择进入,低成本的在位者就会想办法用另外的某种信号把自己与高成本的在位者区别来看。如果低成本在位者能做到这一点,我们说存在"分离均衡"。价格可能是这样一个信号:低成本的在位者把自己产品的价格定得足够低,使得高成本的企业不敢模仿;潜在进入者观察到这个低价格,就知道在位者是低成本,从而选择不进入,否则就进入。参阅 Milgrom and Roberts (1982)(张维迎(1996)第 4 章第 2 节对他们的模型有简化的论证)。

②　最近发生的一个例子是奇虎(360)公司进入搜索市场与百度竞争。

是理性的。比如经常讲到的一句话:鼓励大家站好最后一班岗。为什么要鼓励大家站好最后一班岗,而没有说鼓励大家站好第一班岗呢? 因为人们参加工作,类似开始一个长期博弈,但这个博弈是有限的,工作的早期阶段每个人自身有积极性积累一个既有能力又认真负责的好名声,不需要别人鼓励也会非常努力,但快到离岗的时候也就是博弈接近最后阶段,理性人没有积极性站好最后一班岗,所以需要鼓励。

现实生活中还有很多这样的例子,当人们能预期到一个长期合作关系的存在时,一开始的表现都会很好,但是到最后一个阶段就会出现机会主义行为。这方面的一个典型的例子是政府部门和国有企业中普遍存在的"59 岁现象":某些官员几十年廉洁奉公,一直表现很好,但到 60 岁就要退休,59 岁是他在任的最后一年——也就是博弈里的倒数第二个阶段——就开始以权谋私,贪污腐化。之所以如此,是因为接近退休时与年轻时面临的激励机制不一样,年轻官员离他们的最后阶段还很远,必须考虑长远利益,积极表现以获得升迁的机会,但接近退休时已没有了升迁的机会,只能捞一把算一把了。不仅政府官员如此,市场上职业经理人也如此。这是公司治理面临的大问题。

古人讲的"大智若愚"也可以理解为积累声誉的策略。"智"是智慧,也可能是小聪明、锱铢必较、不吃亏、精于算计、强硬等,类似于我们前面讲的"理性"。"愚"是笨拙,也可以是宽宏大量、不张扬、愿意吃亏、诚实、软弱等,类似于前面讲的"非理性"、"合作型"。爱要小聪明、不愿吃一点亏的人,看似聪明,实则愚蠢,因为这样的人很难得到别人的信任,不易找到合作伙伴。相反,愿意吃亏、诚实的人更容易得到别人的信任,有更多与别人合作的机会。因此,如果人们在博弈时考虑未来的收益并与当前损失相权衡,博弈的次数足够多的话,对真正有大智慧的人来说,"大智若愚"是最好的战略。"大智者"看起来比较"愚",实则不愚,表现的"愚"是为了建立一个好的合作形象,达到"大器晚成"的目的。如果一个人在开始时什么好处都想要,斤斤计较,贪得无厌,看似聪明,实则愚蠢至极,最后是聪明反被聪明误,一事无成。

当然,在现实社会里,一个人应该树立什么样的形象,与其所处的环境有关。比如在一个恃强凌弱的社会里,树立一个"强硬"、"蛮横"、"不讲理"的形象也许是最好的选择。因为在这样的社会里,如果一个人总是表现得很软弱、逆来顺受,别人就会欺负他,最后什么都得不到。因此,即使一个人确实很软弱,有时候也需要表现得强硬一点、情绪化一点,建立一个"心狠手辣"的声誉,让别人知道自己不是好惹的,以后就不会轻易受别人欺负,看起来不理智的行为从长期来看是理智的。相反,在一个人人守规矩、事事讲道理的社会,树立一个和蔼、通情达理甚至"软弱"的形象,可能是最优的。这可能是各地民风差异的来源。

3.3　政府的声誉

声誉机制对理解政府行为是非常重要的。① 一个重视自身声誉的政府会更尊重法律,更可能说话算数,更少有机会主义行为,更尊重私有产权和个人自由,从而更容易得到老百姓的信任。相反,如果一个政府不重视自身的声誉,就更可能践踏法律,朝令夕改,说话不算数,任意侵害私有产权和个人自由。这样的政府,很难得到老百姓的信赖。

一个政府在多大程度上会重视自身的声誉,受多种因素影响,其中最重要的是政治制度和行政体制。一般来说,实行宪政和民主的国家,政府会更重视自己的声誉,因为宪政和民主意味着老百姓对政府有更大、更多的惩罚措施和约束手段,信息也更透明。② 但我们也看到,由于有任期限制,民主选举的政治家经常玩一次性博弈,有严重的机会主义行为,不考虑长远利益。相反,古代的皇帝和国王由于任期是不确定的,反倒像进行重复博弈,必须考虑长远利益。如果他们做得好,江山就可以代代相传;如果做得太糟糕,随时可能被推翻。这也许是为什么既没有民主、又没有君主的政府常常是最不讲信誉的政府。

在国际关系中,政府的声誉也是非常重要的。一个国家在国际上建立什么样的声誉最好,与处理的问题有关。比如说,在领土和主权问题上,建立一个"强硬"的声誉是有利的,但在贸易和裁军谈判中,建立一个"合作型"的声誉也许更好。在领土问题上如果表现软弱,就可能无法维护主权。但在贸易谈判中如果过分强硬,就可能导致谈判破裂,达不成对双方都有利的协议。但有一点可以肯定,无论面临的问题是什么,建立一个"说话算数"的形象是非常重要的。③

1997 年之前中英两国政府关于香港问题的谈判就是一个例子。谈判中矛盾重重,自彭定康任香港总督之后更是剑拔弩张,互不相让。其中分歧最大的是香港回归后的政治体制。彭定康要建立一个立法局和行政长官直选的体制,中方坚决反对,威胁说,如果港英政府一意孤行,香港回归后中国政府将另起炉灶,没有"直通车"。彭定康和英国政府最初想的是,香港回归后中国政府也不愿意香港社会发生动荡,因此中方的威胁是不可信的,一旦生米做成熟饭,中国

---

①　有关政府声誉的研究最早出现在宏观经济学领域,巴罗(Baro, 1986)和维克斯(Vickers, 1986)使用 KMRW 模型证明,即使任期是有限的,政府也可能有积极性建立一个不制造通货膨胀的声誉。读者可以从 Google 上搜索到大量有关政府声誉的文献,涉及的领域包括:公共服务、主权债务、领土争端、贸易协定、反恐活动、环境保护、腐败治理、法治等多个方面。

②　参阅第四章第四节有关宪政和民主的讨论。

③　有关领土主权争端的声誉理论,参阅 Walter (2003)。

政府只能接受。但对中国政府来说，香港问题只是中国国际关系博弈中的一个阶段博弈，除了香港问题，中国还有台湾问题、西藏问题、新疆问题等，因此，树立一个强硬和说到做到的声誉是非常重要的。如果在香港问题上屈服于英国政府，即使短期看有利于香港的稳定，但得到一个软弱的形象，长期看会使中国在处理其他问题时处于不利地位。幸运的是，英国政府逐步认识到了这一点，最后双方达成了协议。

如何处理南海、钓鱼岛等领土的争端，也有类似的问题。中国政府必须着眼于长远，而不能就事论事。

当然，建立一个强硬声誉的代价也是很大的。第二次世界大战结束之后，美国在国际上一直树立的是强硬形象，以致中国社会流行一种说法：家里不要得罪老婆，社会上不要得罪政府，国际上不要得罪美国。从朝鲜战争到古巴危机、越南战争，再到伊拉克战争和阿富汗战争，美国一向强硬，但至少越南战争和伊拉克战争对美国的代价是巨大的，严重损害了美国的国际声誉，也是导致美国走下坡路的重要因素。[①]

3.4　"刑不上大夫"

声誉机制是维持社会合作的主要机制之一。市场秩序很大程度上是声誉机制维持的，如果企业和个人不在乎自己的声誉，再健全的法律也没有办法使得市场有效运转。事实上，法律本身的有效性，也离不开声誉机制（张维迎，2003），特别是法官对名声的重视。如果法官不在乎自己的声誉，就不可能有真正公正的判决，因为在任何法律下，法官都有相当的自由裁量权。只有当法官有积极性建立一个公正的名声的时候，他们才不会滥用自己手中的权力。

儒家"刑不上大夫，礼不下庶人"的说法通常被批评为儒家反对"法律面前人人平等"。这也许是一种误解。孔子并不主张即使士大夫犯了法，也不应该受到制裁。孔子自己在担任鲁国司寇的时候，就杀了少正卯这个大夫，行"君子之诛"。也许，这句话的最初含义是，人贵为大夫时，众目睽睽之下，一行一举引人注意，他们即使"无恒产"也能"有恒心"（孟子语），所以应该非常重视自己的名声，不应该走到作奸犯科的地步。但普通大众（庶人）人数众多，可以隐姓埋名，无恒产就无恒心，可能不会很在乎自己的名声，容易作奸犯科，所以只能靠刑律了。"礼主上、刑主下"可以理解为：大夫靠声誉约束，庶人靠法律约束。

无论如何，当政府官员和有名之士都不在乎自己的声誉的时候，这个社会不可能有很好的合作精神和社会秩序。

---

① 参阅 Barnett（2009）。

第四节　声誉的积累

4.1　贝叶斯法则

现实中,无论个人、企业,还是国家,其声誉的形成是一个不断积累的进程。人们总是"听其言、观其行",通过大量的观察和分析形成对某个人品性的判断。一般来说,当我们第一次遇到某个人时,我们对他的品性有个先验的判断(可能来自他人的告知,或阅读他的简历),然后再根据他的所作所为不断修正自己的判断。因此,声誉的积累可以用贝叶斯法则来解释。

贝叶斯法则是统计学上用所观测到的信息修正先验概率,然后得到后验概率的规则。为了讨论的方便,让我们假定,人有两种可能:好人或坏人;干的事也有两种可能:好事或坏事。那么,对于任何一个人,在任何时点上,我们对他是好人还是坏人有一个概念或者判断(称为"先验概率"),并且我们知道好人(或坏人)干好事(或坏事)的可能性(条件概率)是多少。现在,我们看到他干了一件好事(或坏事),他是好人(或坏人)的概率(称为"后验概率")是多少?

假如 A 事先认为"B 是好人"的先验概率是 $p(\theta^0)$,是坏人的先验概率是 $p(\theta^1)$(θ^0 代表好人,θ^1 代表坏人);并且知道:好人做好事的概率是 $p(g|\theta^0)$,好人做坏事的概率是 $p(b|\theta^0)$(g 表示做好事,b 表示做坏事);坏人做好事的概率是 $p(g|\theta^1)$,坏人做坏事的概率为 $p(b|\theta^1)$。那么,如果 A 观察到 B 做了一件好事,根据贝叶斯法则,A 对"B 是好人"的后验概率 $p(\theta^0|g)$ 为:

$$p(\theta^0 \mid g) = \frac{p(g \mid \theta^0)p(\theta^0)}{p(g)} = \frac{p(g \mid \theta^0)p(\theta^0)}{p(g \mid \theta^0)p(\theta^0) + p(g \mid \theta^1)p(\theta^1)}$$

比如说,假定 A 认为"B 是好人"的先验概率为 0.5,好人做这件好事的概率是 1,坏人做这件好事的概率是 0.5,那么,当 A 观察到 B 做了这件好事之后,他认为 B 是好人的概率就由原来的 0.5 变为现在的:

$$\frac{1 \times 0.5}{1 \times 0.5 + 0.5 \times 0.5} \approx 0.7$$

或者说,A 认为 B 是坏人的概率由原来的 0.5 变为现在的 0.3。

如果接下来某一天 B 又做了同样的一件好事,A 认为 B 是好人的概率将由 0.7 变为:

$$\frac{1 \times 0.7}{1 \times 0.7 + 0.5 \times 0.3} \approx 0.8$$

A 对 B 的看法进一步改观了。如果 B 继续不断做同样的好事,A 最后一定会认为 B 是绝对的好人。这就是声誉积累问题。

注意,这个例子中 A 对 B 的看法之所以不断改善,是因为 A 认为这件好事好人一定会做,而坏人只有 50% 的可能性会做。如果一件好事好人和坏人都有相同的可能性去做,那么,不论 B 做了多少次这样的好事,A 对他的看法也不会改变,因为 B 做好事并没有增加更多的信息。另一方面,如果一件好事是如此之好(如舍己救人),只有好人会做(即 $p(g|\theta^0)>0$),坏人绝不可能做($p(g|\theta^1)$ $=0$),如果 B 做了这件好事,A 肯定认为 B 是 100% 的好人了。

一个人做一件好事不一定意味着他是好人,因为坏人也可能做同样的好事。坏人之所以做好事,是为了假装好人,建立一个好的声誉(这本身不是坏事)。因此,好事不一定传递信息。但一般来说,坏事是传递信息的,因为好人不可能干坏事,如果 B 干了一件坏事,那他一定是坏人了。所以毛泽东讲,一个人做一点好事并不难,难的是一辈子做好事,不做坏事。

当然现实要复杂得多。如果存在着不确定性,好人本想干好事,但由于无知,结果可能干了坏事。这样的例子确实很多,政治家更容易犯这样的错误。因此,当一个名声卓越的人偶尔犯一次错误时,人们通常会原谅他,说那一定不是故意的。这样说来,也许我们应该说:一个人干了一件坏事并不可怕,可怕的是一辈子干坏事,不干好事。

4.2 假作真来真亦假

好名声是积累的,坏名声也是积累的。

让我们举个现实的例子。国外高校在录取学生时,非常重视教授写的推荐信。所以中国学生申请时,总会找教授写推荐信。最初,如果中国教授的推荐意见写得好,对方信以为真,可以大大提高学生被录取的可能性。但慢慢地,中国教授的推荐意见越来越不重要了。为什么?因为中国教授一般是有求必应,即使不了解甚至根本不认识的学生,只要托关系找上门,也给写;并且,推荐信中通篇溢美之词,不同学生用的推荐信常常千篇一律。事实上,好多推荐信是学生自己写的,或中介公司写的,教授看都不看就签名发出去了。学校录取之后,经常发现学生的实际表现远差于推荐信所描述的。久而久之,这些推荐信就如同废纸了。中国教授积累了一个坏名声。

政府的声誉也有类似的问题。如果政府对老百姓总是"报喜不报忧",久而久之,政府要想取得老百姓的信任就非常困难了。

假作真来真亦假。当一个人积累起一个说假话的坏名声时,即使他有时说的是真话,也不会有人相信了。西周末年,周幽王为取悦褒姒,数举骊山烽火,失信于诸侯,就是一个典型的例子。烽火本是古代敌寇侵犯时的紧急军事报警信号,诸侯见了烽火,知道京城告急,天子有难,必须起兵勤王,赶来救驾。昏庸的周幽王为了博得褒姒一笑,采纳了奸臣虢石父的建议,登上了骊山烽火台,命令守兵点燃烽火。一时间,狼烟四起,烽火冲天。各地诸侯一见警报,以为犬戎打过来了,带领本部兵马急速赶来救驾。到了骊山脚下,发现连一个犬戎兵的影儿也没有,始知被戏弄,怀怨而回。之后又故伎重演数次。申侯得到这个消息,联合缯侯及西北夷族犬戎之兵,于公元前771年进攻镐京。周幽王听到犬戎进攻的消息,惊慌失措,急忙命令烽火台点燃烽火。烽火倒是烧起来了,可是诸侯们因多次受了愚弄,这次都不再理会。结果周幽王孤立无援,被犬戎兵当场砍死,褒姒被俘,西周从此灭亡。①

坏名声的另一个或许更为严重的后果是,当一个群体中多数人名声不好时,如果外人不能区分每个个体,那些本来不想做假的人只能要么随波逐流,要么遭受更大损害。比如说,当中国教授的推荐信普遍被认为不真实时,负责任的教授如果实话实说,就更没有用了。别的教授把5分说成10分,你把6分说成6分,对方就会认为你说的6分实际上只是3分,为什么要录取你推荐的学生呢?这是我们下一章要讨论的逆向选择问题。

4.3 大学的名声

声誉的积累或毁坏速度有多快,依情况不同而不同。比如说,大学就是一个其声誉积累起来难、毁坏起来也慢的机构。

为什么如此?因为大学的声誉很大程度上取决于校友的质量,而不是老师的质量。校友的积累是一个长期的过程。按照耶鲁大学法学院教授亨利·汉斯曼教授的说法,大学是一种"关联性产品"(associative good),人们对大学的需求主要不取决于——或者说,至少是不完全取决于收费,而是取决于这所大学过去培养的学生的质量、现在培养的学生的质量和预期未来可以培养的学生的质量(Hansmann,1999)。即使你的水平不怎么样,但是你的校友水平很高,这样社会上就会认为你也不会差,你就占了优势了。同样地,如果是另外一所学校,它的校友的质量很差,你水平再高,出来以后由于信息不对称,社会还是会把你和其他校友放在一起评价,平均起来就会认为你的水平也不高。所以你去什么大学读书,首先考虑的是还有什么人去这所大学读书。

正是由于这个原因,新办一个大学是非常困难的。难就难在没有"客户"的积累,没有校友的积累。我们可以设想一下,某一新办学校,收费也合理,教师的质量也都特别高,但是刚开始办,就不会有多少人愿意来上这个大学。有北大、清华在,某一个学生要是能上北大和清华,就不太会选择其他大学。上了北

---

① 司马迁:《史记·周本纪第四》。

大、清华,即使他的水平不行,出来找工作的时候也会相对容易一些。新学校即使真的教学水平很高,但是学生出来以后还是可能不好找工作。所以,一个大学一旦建立起了自己的品牌,有了良好的校友资源,这样的学校,即使出了一些问题也是看不出来的,因为好学生还是愿意到这里来,所以它就能维持这样一个现状。

这也是大学地位的变化如此之慢的一个重要原因。但是一个企业就不是这样了,如果一个企业三年没有用好的员工、生产不出好的产品的话,那么客户肯定都流失了,企业也就垮了。从现实中我们就可以看出来这种区别,我们国家有那么多的国有企业都倒闭了,但是有多少国有大学倒闭过呢?没有!大学的这个特点决定了大学有很强的惰性,可以长期混日子。即使是大学水平短期内掉下来的话,还有机会赶上去,而不用很着急。假设北大三十年不进步,它仍然是中国最好的,因为它的品牌效应,最好的学生还是选择来这里上学,它培养出来的学生平均起来还是最好的。

但积累起来慢不等于就没有办法积累。当哈佛大学建校时,牛津、剑桥已是如日中天,甚至到二战之前,哈佛也远不如牛津和剑桥,但今天的哈佛已在牛津、剑桥之上。香港科技大学只有 20 年的历史,但已是世界知名大学。中欧国际工商学院只有不到 20 年的历史,也已是中国最好的商学院之一。

同样,毁起来慢不等于可以长期吃老本。如果北大、清华不能阻止它们的折旧,优秀的学生终究会弃之而去。近几年一些优秀考生宁选香港的大学而不选北大、清华,就是一个重要的信号。

本 章 提 要

根据逆向归纳逻辑,在有限次重复博弈中,合作行为并不会出现。但是,现实生活中,即使是有限次重复博弈,我们也可以看到合作会出现。这被称为"连锁店悖论"。

引入不完全信息可以解开这个悖论。原因是,在信息不完全时,理性的参与人有积极性建立一个"合作型"的声誉,从而获得合作带来的长期收益。不可否认,社会中确实有一些人天生就比别人更具合作精神。即使这一类型的人比例很小,也可以促进整个社会的合作精神。

声誉机制是社会走出囚徒困境的重要力量。人无信不立。正由于重视声誉,人与人之间才有信任,人们才愿意交换。一个社会人们越重视声誉,社会的信任度越高。市场秩序很大程度上是靠声誉机制维持的,如果企业和个人不在乎自己的声誉,再健全的法律也没有办法使得市场有效运转。

声誉机制对我们观察到的社会现象有着很强的解释能力。现实中很多看似不理性的行为从根本上来说是理性的。比如"大智若愚"可能是非常理性的选择。甚至一些情绪化的行为也是理性的。

无论就一国内部的治理而言，还是就国际竞争与合作而言，政府的声誉都是非常重要的。只有重视信誉的政府，才能得到人民的信任，也才能在国际竞争中立于不败之地。政府不讲信誉，是对社会合作精神的最大破坏。政府假话连篇，必然是假作真来真亦假。

声誉的建立是一个积累的过程。好名声是积累的，坏名声也是积累的。人们根据观察到的行为不断修正自己的判断。所以，任何时候都不可轻诺寡信。

第八章
逆向选择与品牌和政府管制

第一节 非对称信息问题及其后果

1.1 非对称信息问题

上一章,我们考察了信息不完全下声誉机制的重要性。从本章开始,我们用四章的篇幅讨论更一般的不完全信息博弈。

事实上,不完全信息是人类生活的一个基本特点。

比如,我们走在大街上,或开车时在红绿灯前停下的时候,会遇到乞讨者。我们大部分人具有同情心,愿意对生活凄惨的人提供一些帮助。但一个麻烦是,我们不大容易识别我们所遇到的乞丐是真的生活困难,还是"职业"乞丐。由于难辨真假,我们可能就不愿意施舍。

商品买卖中,"买方没有卖方精",生产者总有更多的关于产品的信息,而且产品越复杂,厂家的信息优势就越大。

雇佣关系中,雇员的能力、品德等信息,雇主一般也无法完全知道。员工每天做些什么,工作是否尽心尽力,老板通常也不完全清楚。

商业借贷中,对于借贷人的诚信度、项目的盈利前景等,银行也并不完全了解。信贷资金的使用是否符合合同规定,银行也不可能完全掌握。

医患关系中,医生拥有比病人更多的有关病理、医药方面的知识。医生开给患者某种药,究竟是真的为了治病还是为了拿药商的回扣,患者不容易判断。

找对象时,初次见面,你能看到对方的相貌,但不可能了解对方的品性。即使长期生活在一起的夫妻,男女各方也都有一些信息是对方不知道的。

政府官员号称是人民的"公仆",但官员做某个决策究竟是为了人民的利益还是以权谋私,他自己知道,人民不知道。

凡此种种,不胜枚举。

我们把交易一方拥有但不被交易的另外一方所知道的信息称为**非对称信息**(asymmetric information)。非对称信息可以分为两种情况:一类是**事前的非对称**,一类是**事后的非对称**。事前的信息非对称,是指在双方发生交易关系之前就存在的信息不对称,比如前面提到的产品质量问题。事后的信息不对称,是指在双方发生了交易关系之后,一方不能观测到对方的行为,比如企业雇用工人后,不知道工人工作是努力还是不努力。① 事前信息不对称导致逆向选择,事后信息不对称导致道德风险。本章和以后两章集中讨论事前的非对称信息,事后的非对称信息是第十一章的主要内容。

1.2　逆向选择

当人们进行交易时,如果相关信息在交易双方之间是对称的,此时人们会选择合适的商品或者合适的交易对象,通过谈判达成一个对双方都有利的交易条件,任何潜在的帕累托改进都可以实现。但是,如果相关的信息在交易时是非对称的,如买方不了解商品质量信息但卖方知道,此时,人们可能会发现选择的商品或交易对象未必是自己希望的,由于担心受骗上当,好东西未必能卖出好价钱,好人未必有好报。这种情况我们称之为**逆向选择**(adverse selection)。逆向选择的存在使得很多潜在有利的交易无法实现,严重的话还会导致市场坍塌。

最早注意到逆向选择问题的是 2001 年诺贝尔经济学奖得主阿克洛夫。阿克洛夫在 1970 年发表的《柠檬市场:质量的不确定与市场机制》(Akerlof, 1970)②一文中,通过考察二手车的交易发现,非对称信息会使得市场交易难以顺利进行。

与新车不同,旧车市场上二手车质量参差不齐。为简单起见,我们假定二手车有两种类型:好车或坏车。假定好车对卖方的价值是 20 万元,对买方的价值是 22 万元;坏车对卖方的价值是 10 万元,对买方的价值是 12 万元。在完全信息下,买方能够辨认好车和坏车,买卖双方通过谈判容易达成协议,如好车的价格为 21 万元,坏车的价格为 11 万元,两类车都可以成交。③ 但如果存在信息

---

① 严格地讲,事后信息不对称还包括签订合同后一方获得而另一方不知道的其他信息,如工程承包合同签订后,承包方知道了工程的实际成本,但发包方不知道。有关信息不对称分类的详细讨论,见 Rasmusen (1994),第 7 章第 1 节;张维迎(1996),第 5 章第 1 节。

② 英语中,"柠檬"有次品的含义。

③ 这个价格是纳什谈判解的价格:每一方都得到增加值的一半。

不对称,卖车的人知道自己出售的车是好车还是坏车,而买方只知道每辆车有(比如说)50%的可能性是好车,50%的可能性是坏车。那么,按简单的加权平均,这辆车对买方的预期价值是17万元。买方愿意为这辆车出价多少呢?你或许会以为,只要卖方愿意接受的价格不高于17万元,双方就能达成交易。但这个直观的想法是错误的。设想卖方愿意接受比如说15万元的价格,买方会买这辆车吗?肯定不会,因为他们知道,卖方愿意以15万元卖出这辆车,表明这肯定是一辆坏车,对买方只值12万元,因为拥有好车的卖主不会接受任何低于20万元的价格。因此,买方不能出平均价,最多只愿意出价12万元。这样,坏车可以成交,但好车没有办法成交。由于信息不对称,坏车把好车挤出这个市场。这就是逆向选择,类似所谓的"劣币驱逐良币"[①]。

更一般地,我们有如图8-1所示的信息不完全的博弈:

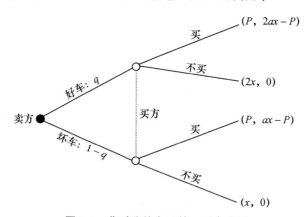

图8-1 非对称信息下的二手车交易

假定卖方所出售的二手车只有好车和坏车两类。图中对应买方决策的两个节点间有一条虚线,表示买方信息不完全,不知道车的质量,只知道好车的概率为 q,坏车的概率为 $1-q$。假定好车和坏车对卖方的保留价值分别为 $2x$ 和 x,对买方的价值分别是 $2ax$ 和 ax。这里,我们假定无论对卖方还是买方,好车的价值是坏车的两倍;并且,对买方的价值是卖方的 a 倍($a \geqslant 1$,否则交易没有意义)。我们用 P 表示成交价格。由于无法区分好车和坏车,P 是市场上所有

---

① "劣币驱逐良币"(bad money drives out good money)在货币史上被称为"格雷沙姆法则"(Gresham's law),现在被经常用来类比于信息不对称导致的逆向选择。但这其实是对该法则的一种误读,因为这里劣币驱逐良币并非由于信息不对称,而是因为政府对货币的人为高估造成的。当市场同时存在两种货币,其中一种的价值被高估(劣币),另一种的价值被低估(良币),人们会把后者收藏起来,最后市场上只剩下前一种货币在流通。如果没有政府对货币的扭曲,不同种类的货币可以同时流通,不会有所谓"劣币"与"良币"之分。参阅 Rothbard(2005)。

旧车的成交价格。如果是好车,双方成交后买方获得的增加值是 $2ax - P$;如果是坏车,买方获得 $ax - P$。对于卖方,无论出售的是好车还是坏车,只要成交,其获得的收益都是 P;如果交易没有达成,旧车仍然属于卖方,好车价值为 $2x$,坏车为 x,买方的收益为零。

假定买卖双方都是理性的,谁也不会干亏本的买卖。那么,对于买方而言,只有买车得到的预期净收益大于不买车的净收益(恒为 0)时,才会购买。对于卖方而言,成交的购车价格不能低于他的保留价值,即坏车的售价不能低于 x,好车的售价不能低于 $2x$。

具体来说,要使交易达成,买方买车得到的预期收益应不小于不买车的收益,用数学公式表示就是

$$q \times (2ax - P) + (1 - q) \times (ax - P) \geq 0$$

简化后得到

$$(1 + q)ax \geq P$$

即,如果存在信息不对称,买方愿意支付的最高价格是 $(1 + q)ax$。对于拥有坏车的卖方而言,其愿意接受的最低价格是 x,在 x 和 $(1 + q)ax$ 中间的某个价格上,双方可以达成交易。但是对拥有好车的卖方而言,能够接受的最低价格是 $2x$,双方合意的价格必须满足

$$(1 + q)ax \geq P \geq 2x$$

这也意味着

$$(1 + q)ax \geq 2x$$

只要 x 不等于 0,进一步化简得到

$$q \geq 2/a - 1$$

也就是说,给定消费者对车的评价,只有当市场上好车的比例足够大时,好车才有可能成交。或者等价于另外一个条件:

$$a \geq 2/(1 + q)$$

即给定好车的比例,只有买方对旧车的评价比卖方足够高,好车才有可能成交。

这个从代数上推导出来的条件,其实是要求买卖双方对商品价值的评价差异要足够大。比如说,给定 $q = 1/2$,要求 a 不小于 $4/3$,而在完全信息条件下,只要 a 不小于 1,交易协议就可以达成。显然,如果信息不对称,那么介于 1 和 $4/3$ 之间的 a 就无法实现交易。这表明本来可以实现买卖双方共赢的交易,由于信息不对称而无法实现。在前面的例子中,我们假定 $a = 1.2$(坏车)和 $a = 1.1$(好车),这个条件不满足,所以好车没有办法交易。事实上,如果我们假定买方对车的评价只比卖方高出 20%(即 $a = 1.2$),则只有当好车的比例不低于 0.67 时,好车才有可能成交。

我们可以使用图8-2来体现不完全信息下实现交易的临界条件。

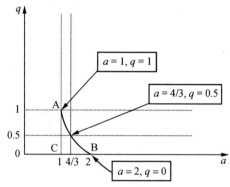

图8-2 市场交易的临界条件

如图8-2中曲线AB所示,要么买方对车的评价足够高(a大),要么市场上好车的比例足够高(q大),如果两个条件都不能满足,就会出现所谓的市场失灵:三角形ABC就是一个市场失灵区域。在信息完全的情况下,ABC区域内的交易可以达成;但在信息不完全的情况下,这些交易将无法实现。

概括地说,所有的交易要能发生,就要求a必须不小于1,即待交易的物品对买方的价值大于卖方。反过来说,只要a大于1,这个交易就可以增加总价值。但如果存在信息不对称,即使a大于1,交易也不一定能进行,这就是效率损失,或者说市场失灵。

现实社会中人们对陌生人的信任也是这样。人和人打交道相当于一种交易,决定人们是否与陌生人交往的因素主要有两个:一是陌生人中"好人"的比例,二是与陌生人交往带来的好处。根据上述推导的结果,如果好人的比例很高,比方说人口中90%都是好人,那只需要a不小于20/19即可实现合作;反之,如果人口中好人的比例只有30%,则只有a大于1.54时,合作才可能出现。直观上看,如果好人很多,即使与陌生人打交道带来的好处不算很大,人们也愿意与之交往;如果好人的比例非常低,只有预期的收益很高时,人们才愿意与陌生人交往。坏人并不一定就没人交往,如果与坏人交往得到的好处足够大,也会有人愿意与他打交道。[①]

这可以解释为什么改革开放早期,人们明明知道商贩可能是个骗子,也愿意购买其商品的原因。当时商品严重短缺,即使假冒伪劣的产品也有很高的价值。即使在今天,仍然有不少人"知假买假"。一些所谓的"名牌产品"(如名

---

① 关于交易出现如何依赖于交易的潜在收益和交易对方的可信任度的问题,参阅Coleman (1990),第5章。

包、名表)明明是假的,但由于价格很低,穿戴上又可以以假乱真,对许多人还是很有诱惑力的。

1.3　金融市场中的逆向选择

金融市场的信息不对称情况比一般的商品市场要严重得多。我们这里来分析一下保险和银行信贷两个市场中的信息不对称问题。

先来看一下保险市场。人们都厌恶风险,并希望通过购买相应的保险来减少风险的损失,这就出现了保险业。以疾病保险为例,如果信息是对称的、完全的,保险公司可以根据每个投保人得病风险的不同,制订不同的收费标准。比如说,假定投保 100 万元,如果得病概率是 10%,就收 10 万元的保费;如果得病概率是 5%,就收 5 万元的保费。这样,每个人都可以买到适合自己的保险。

但如果保险公司只知道人群中平均的患病概率,对具体每个人的情况不了解,则它只能根据患病的平均概率确定一个统一的保费水平,比如说,每人都收 8 万元。但此时,患病概率较低的人会觉得吃亏,他们很可能会退出保险市场。随着低风险客户的退出,保险公司面临的剩下的参保人的平均患病概率会提高。如果按照原来的保费标准肯定会亏损,保险公司因而就得提高收费标准。但收费提高之后,剩下的参保人中新的患病概率最小的一部分人又会退出市场。这样,投保人患病的平均概率进一步上升,引发保险公司进一步提价,再导致更多的"优良客户"流失,从而陷入一种恶性循环。到最后,只有患病可能性最大的人才愿意参加保险,这一过程如图 8-3 所示。(图中,患病的实际概率从低到高排列,水平线代表平均概率,垂直线代表退出市场的人。保费上升与"优质"客户退出互动,导致投保人患病的平均概率不断上升。)这就是保险市场的逆向选择问题(Rothschild and Stiglitz,1976)。

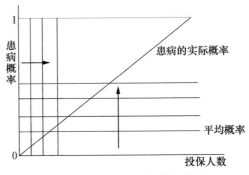

图 8-3　保险市场上的逆向选择

现实市场上许多保险险种之所以不存在,原因就在于逆向选择和我们将在

第十一章讨论的**道德风险**。比如现在保险公司不提供自行车被盗险。事实上，20世纪80年代初，中国人民保险公司曾经提供过自行车被盗险。最初，保险公司根据没有保险时的自行车被盗率计算出保费，但很快就发现，投保自行车的被盗率明显上升。保险公司发现自己亏损后，就提高保费，但很快又发现自行车的被盗率进一步上升，还是亏损。最后就把自行车保险取消了。这里的原因在于，当保险公司按之前的平均被盗率收保费时，那些知道自己的自行车被盗可能性很小的人(如居住在部队大院，上班时自行车有人看管)，会选择不投保，所以实际投保的自行车的被盗率自然高于全社会自行车的被盗率。当保险公司提高保费时，又一些被盗概率相对低的人也退出了保险。同时，由于道德风险的原因，投保的人也更不注意防盗，甚至有人故意骗保。

银行信贷市场同样面临逆向选择问题。假如有两个项目A和B，均需要100万元投资，A项目成功的概率为90%，如果成功收益为130万元，如果失败收益为0。B项目有50%的概率成功，如果成功，将获得200万元收益，失败的收益也为0。直观地看，B项目风险大，但是一旦成功收益也多；A项目风险小，但是成功时的收益也相对较少。如果比较预期收益，A项目的预期收益是130×0.9＝117万元，B项目的预期收益为200×0.5＝100万元。从这个角度，项目A要优于B。

如果信息是对称的，银行知道哪个项目是高风险的(B)，哪个项目是低风险的(A)，就可以制定相应的利率。假设银行要求的预期回报率为10%。如果项目A申请贷款，要保证10%的预期回报，给定A项目90%的成功率，银行需要项目A在成功后偿还的利率为22%(110/0.9＝122)；同理，如果项目B申请贷款，银行要求的利率应为120%(110/0.5＝220)。在这两种利率下，银行的期望收益率都是10%。此时，项目A会愿意贷款，因为如果成功了，获得130万元，还给银行122万元，还剩8万元的净收益；如果失败了则宣布破产，最终收益为0。项目B则不愿意贷款，因为即使成功，200万元的收益并不够偿还贷款本利220万元。这个时候社会最优的决策和个人最优的决策是一致的：A项目的预期收益率大于银行的资金成本10%，应该得到贷款，而且实际上也会得到贷款；B项目由于期望收益率是零，低于社会成本，不应得到贷款，也确实不会得到贷款。这是信息完全下的理想状态。

如果信息不完全，社会最优的资金分配就没有办法实现。假设银行不知道项目是A还是B，只知道项目是A或B的概率皆为0.5。要确保10%的期望收益率，银行只能根据项目类型的分布收取一个平均利率：22%×0.5＋120%×0.5＝71%。这就是说，如果要贷款，银行会要求71%的利率。如果项目成功，企业需要偿还171万元。这样，只有高风险的项目B会申请贷款，而低风险的项目 A 不会申请贷款。这是因为,项目 A 在最好的情况下也只能获得 130 万元,贷款显然不合算;而项目 B 如果成功会盈利 200 万元,偿还银行 171 万元后还有 29 万元的净利润。银行当然也不傻,它知道愿意接受 71% 利率的一定是高风险的项目 B,给这样的项目贷款当然是不合算的。这样,想贷款的项目一定是坏项目,而好的项目反倒得不到融资。社会的最优选择无法实现,仍然是信息不对称造成的。

　　这实际上就是另一位 2001 年诺贝尔经济学奖得主斯蒂格利茨等人研究的**信贷配给**的原因(Stiglitz and Weiss, 1981)。我们知道,在一般商品市场上,只要买的人愿意多付钱,卖的人总是愿意卖给他,配给制只发生在价格受到管制的计划经济和战时经济。但即使没有利率管制,银行对贷款申请也实行配给制,并不是愿意支付较高利率的人一定能够得到贷款。事实上,银行往往愿意把资金贷款给愿意付较低利率的申请者,而不是愿意支付高利率的申请者。原因在于,银行的预期收益不仅取决于利率水平,还取决于还款的概率,并不是利率越高,银行的预期收益就越高。在前文的例子里,利率是 22% 时,"好"企业会贷款,其还款的概率是 90%;而如果利率上升到 71%,"好"企业会出局,只有"坏"企业会贷款,其还款的概率只有 50%。正是由于逆向选择的原因,银行索取的利率越高,贷款申请人的平均质量越差。当银行索取的利率非常高时,只有赌徒式的企业才会申请贷款。所以银行的预期收益与利率水平呈如图 8-4 所示的倒"U"形关系。

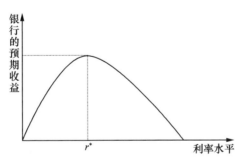

图 8-4　利率水平与银行预期收益

　　图 8-4 中,一开始随着利率的上升,预期收益会上升,而当利率超过一定界限(r^*)之后,再提高利率,预期收益反而会降低,利率越高,向银行贷款的人越可能是"赌徒"。就如同如果有人借 10 万元钱,承诺的回报率是百分之一千,人们一般不会相信他真的能够还本付息,银行因而一般不会因为客户愿意多付利息就会增加授信。

　　从这点看,信息不对称会导致信贷市场上好项目不一定能够得到融资,还会大大提高银行的经营风险。为了解决这个问题,金融体系中也有相关的制度保证,信贷资金的配给制就是其中一种。配给制有助于克服在信息不对称条件下资源配置的无效性,因而从社会的角度讲也是正当的。如果一个商场拒绝向你出售商品,你或许可以向消费者协会投诉甚至可以向法院起诉,但如果银行拒绝向你提供贷款,你是没有办法投诉或起诉的。

曾经发生的保险公司停止办理车贷保险事件就是信息不对称导致的。[①] 车贷为买车的人提供了一条便捷途径,售价 20 万元的汽车,消费者可以先花比如 6 万元作为首付,剩下的 14 万元通过银行贷款按揭偿还。因为偿还存在一定风险,保险公司开设了车贷保险,为银行减轻后顾之忧。但是,由于许多恶意骗保逃债现象的存在,迫使保险公司不再愿意提供车贷保险,而一旦保险公司取消保险,银行也就不愿意提供贷款。很多刚毕业的年轻人想买车,本来可以通过银行按揭的方式购买,但是由于其中无法被识别出来的"害群之马"的存在,导致了游戏规则的变更,让所有人承担最终的成本。这就是逆向选择的代价。

另外,在世界上几乎所有国家中,中小企业普遍难以获得贷款,也是因为存在严重的信息不对称。一些大的公司,资产、财务报表都是公开的,银行对其更有信心,而一个小企业,银行难以知道其经营状况,也就不会乐于给它贷款,结果就出现了中小企业融资难的问题。

1.4 生活中其他一些逆向选择现象

回到开篇提到的乞丐问题,许多人现在不愿意给行乞者施舍,一个主要原因是他们没有办法区分真假乞丐,而不是他们没有慈善之心。比如说,南京市公安局某年曾在公布的重点救助区域内对流浪乞讨者做过登记,当时该区域内共有乞丐 1 733 人,但只有 85 人表示愿意接受救助,只占不到 5%,而愿意去救助站的更少,只有 13 人。这说明许多乞丐其实是"职业乞丐"。[②]

设想你遇到一位乞丐,你应该施舍还是不施舍?考虑图 8-5 所示的博弈。

这里我们假定:如果是施舍给真乞丐,乞丐就得到 20 的效用,你得到 10;不施舍则双方都是 0;如果施舍假乞丐,乞丐得到 10 的效用,你亏了 20。这样假定

---

① 车贷保险的全称是汽车消费贷款履约保证保险,是指购车人要想获得银行的按揭贷款必须先购买这种保险,由保险公司负责调查贷款申请人的资信,如果借款人不能按约定还款,则由保险公司承担银行的损失。据介绍,当前车贷到期不还款的比例高达 30%,1% 左右属于恶意不还贷款。保险公司收取的保费通常为贷款额度的 1% 到 2.2%,承保 100 个客户,只要赔付 1 个人,公司就血本无归。包括中国人民保险公司在内的多家保险公司最近纷纷停止办理汽车消费信贷保险业务。(《北京晚报》,2003 年 8 月 23 日)

② 史婷婷:《乞讨回潮是社会大问题》,《江南时报》,2004 年 12 月 29 日。

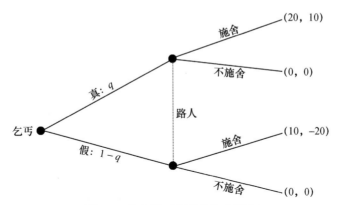

图 8-5　信息不对称下的施舍博弈

的道理是,真乞丐难以为生,你的施舍如雪中送炭,但假乞丐并不缺这点钱,你的施舍如同锦上添花,所以同样的施舍对真乞丐的效用大于对假乞丐的效用。而对你来说,尽管怜悯之心使你在帮助了真正需要帮助的人后得到一种愉悦感(因此假定收益是 10),但如果你被欺骗了,帮助了不该帮助的人,你心里会很不爽(因此假定得到的效用是 -20)。

显然,如果你遇到的是一位真乞丐,你会选择施舍;如果你遇到的是假乞丐,你不会施舍。从社会的角度来看这也是最优的,因为如果真乞丐得到施舍,社会总效用是 30;如果是假乞丐获得施舍,总效用是 -10。问题是,如果不能判断乞丐的真假,只知道真假的概率分别是 q 和 $1-q$,你该怎么办呢?此时,如果施舍,你的预期收益是:$q \times 10 + (1-q) \times (-20) = 30q - 20$;如果不施舍,你的预期收益是 0。因此,当只当 $30q - 20 > 0$,即 $q > 2/3$ 时,你才会选择施舍。这样,比如说,如果你认为所遇到的乞丐有一半的可能性为真,一半的可能性为假,你就不会施舍。结果是,骗子没有得逞,但真正需要帮助的人也得不到应有的帮助。

这就是乞讨中的逆向选择。如同旧车市场上坏车把好车赶出市场一样,这里,假乞丐把真乞丐害了。真乞丐之所以得不到施舍,不是因为人们没有同情心,而是因为信息不对称。

类似的情况在生活中比比皆是。比如说,市场上曾经有一本书叫《河南人惹谁了》[①],针对的就是现在社会上流行的"河南人不可信"的说法,这种说法认为河南人卖的大多东西都是假货。但现实情况是,河南人和中国其他地区的人一样,有好人也有坏人,不可一概而论。而且河南作为中原大地,继承了很多中

---

① 参阅马说,《河南人惹谁了》,海南出版社 2002 年版。

华民族的优良文化传统,绝大多数河南人都是忠诚老实、淳朴善良的。但是为什么河南人的形象会如此负面呢?河南人招谁惹谁了?

可以肯定地说,不是所有的河南人都"招谁惹谁"了,而是有一部分河南人"招谁惹谁"了。这一部分河南人招惹别人后,就对河南人的整体形象产生了不良影响。问题是,骗子哪个省都有,为什么舆论偏偏聚焦于河南人?一个可能的原因是,河南人口众多,全国到处都有,河南话又比较特殊,使得河南人一说话就会被别人听出来、记得住,甚至还可以模仿两句。因此,人们识别河南人要比识别其他省的人更容易。这个特点使得电影和电视创作人员很有兴趣拿河南人开玩笑。玩笑开多了人们会误以为是事实,进一步强化了对"河南人"的不利印象。当然,也有一种可能是,河南人中骗子的比例确实比其他省骗子的比例高些。无论什么原因,当人们没有办法把好人和坏人区分开来时,就会发生"一粒老鼠屎害一锅粥"的情况。人们一旦受过某个河南人欺骗,可能就会对河南人形成负面的印象,使得老实的河南人也不能得到公正的对待,就像好车也不能卖个好价钱一样。一部分河南人不守信用的行为,损害了绝大多数诚实守信的河南人的利益。这就是信息不对称导致的后果。

学术界也存在逆向选择问题。以创新与抄袭问题为例,假如学术"市场"没有很好的学术规范,没有一个客观公正的评价体系,真正的知识创新和抄袭不易区分,就会带来信息不对称问题,创新者和抄袭者知道自己的水平和投入,但市场上的普通读者没有相应的鉴别能力,他们只知道两者观点相同,但不知道谁是原创,谁是剽窃。这样,越是严谨的研究越得不到公正评价,抄袭会越来越多,最终所有人都不愿意创新,并带来社会效率的损失,本应用于学术研究的智力和精力被浪费在了无用的抄袭上。

另外还有论文质量和数量的问题。有些人,像前文讲到的阿克洛夫,凭借一篇论文就可以获得诺贝尔奖。如果中国也有一个好的评价体系判别论文质量的高低,那论文的数量就变得不重要了。但如果大部分人都不懂论文质量,只关注数量,最后数量越多的人越受到大家的抬举,提升得越快,而那些真正优秀的学者,如果不屑于靠数量滥竽充数,就会对学术界失去兴趣,结果留在学术界的就不一定是很优秀的人。

反观今天高校,很重要的一个问题是没有建立好的学术规范和评价体系。一流大学评价教授看论文质量,三流大学看数量,像北大、清华这样还没有达到世界一流,又不甘于三流的学校,可能既看数量,又看质量,情况要好一些。但总体而言,中国学术市场上的逆向选择问题是非常严重的。

第二节 非对称信息与品牌价值

2.1 解决非对称信息的市场机制

非对称信息可能会导致帕累托改进无法实现,使得双赢的交易无法达成。因此,人们之间要进行有效的合作,就需要找到克服信息不对称的办法。

大致来说,解决信息不对称问题的机制可以分为两类:**市场机制**和**非市场机制**(如政府干预)。

许多经济学家认为,信息不对称导致"市场失灵",因此需要政府干预。像斯蒂格利茨这样为信息经济学做出重大贡献的人,也持这样的观点。[①] 这真是一件遗憾的事。其实,正是因为信息不对称,我们才需要市场。在解决信息不对称的问题上,市场机制比非市场机制不仅更重要,而且也更有效。如果没有信息不对称,如果信息是完全的,计划经济就可以解决问题了。正如哈耶克所指出的,只有竞争性市场,才能生产出交易所需要的信息。[②]

市场克服信息不对称最简单的办法是处于劣势的一方自己直接收集、加工信息。比如保险业中,为了直接获取信息,保险公司发展出了精算的办法。精算师的主要工作就是在所有的投保人中,根据一些统计数据来分析某一类人患病的概率,有了这样的基础,保险公司在收取保费的时候,就可以对不同类型的人区别对待。比如疾病保险,年龄大小肯定影响生病的概率,这样,年龄越大的人参加疾病保险交纳的保费越多;一个人抽烟与否,也会影响他得病的概率,于是肺癌保险就会在保费上区别抽烟的人和不抽烟的人。

市场还发展出了大量专业化的信息提供商。比如在汽车市场上,人们买车时,可以阅读专业的汽车杂志获得相关知识,可以设法了解关于卖车的人的更多信息,也可以找专业的机械师来帮助挑选。在大学招生录取时,考试实际上也是一种获得个人智商、能力等信息的途径,所以市场上发展出了像托福、雅思、GMAT 等这些专业化的考试机构。市场上还有许多其他的认证机构也是专业的信息生产者。像咨询业、会计业、评估业等等,都可以看做是帮助他人获取信息的行业。没有这类市场,交易所需要的大量信息都不会存在。[③]

---

① 参阅 Stiglitz(1994)。

② 参阅 Hayek(1935,1937,1945);另参阅(西)赫苏斯·韦尔塔·德索托(J. Huerta de Soto),《社会主义:经济计算与企业家才能》,吉林出版集团有限责任公司 2010 年版。

③ 邓白氏(Dun & Bradstreet)是最早的信用评估机构,创建于 1841 年。Newman(1956)描述了邓白氏发展的历史,为我们提供了一个专业化信息生产者的经典案例。

　　读者千万不要以为,只有处于信息劣势的一方(如买方)才有积极性获取信息,处于信息优势的一方(如卖方)总是试图隐藏信息。事实上,在竞争的市场上,卖方也有很强的积极性告诉买方真实的信息,如同好人希望别人知道自己是好人一样。原因在于,消除信息不对称有助于达成交易,实现双赢。市场上有关产品的大量信息是厂家提供的,如厂家主动为消费者提供咨询服务、让消费者通过试用等多种途径来了解产品的性能。①

　　除直接获取和提供信息外,另一个途径是间接获取和提供信息。间接提供信息的主要手段被称为"**信号显示**",或者叫"**信号传递**",是指拥有信息优势的一方通过一种有成本的方式向处于信息劣势的一方传递自己的真实信息。比如卖车的人通过提供免费保修,就有可能间接显示车的质量高低。间接获取信息的机制被称为"**信息甄别**"或"**机制设计**",指信息上处于劣势的一方通过设计某种激励方案让处于信息优势的一方说实话。比如说保险公司设计出不同的保单,让投保人自己选择,保险公司可以从投保人的选择中知道他属于哪一风险类型。我们将在第九章讨论信号传递模型,第十章讨论机制设计模型。

　　或许,市场解决非对称信息最重要的机制是上一章讨论的"声誉机制",或者叫"信誉机制"。信誉机制在市场上发挥作用的重要形式是建立品牌。品牌从一定意义上讲,是为了解决信息不对称问题。信息不对称越严重的领域,越需要品牌。品牌可以成为生产者传递私人信息的一种办法,有了品牌之后,如果有欺骗消费者的行为,品牌就会贬值,生产者就会蒙受损失。对于个人而言,名声、口碑实际上也是一种品牌。

2.2　行业与品牌价值

　　这一节探讨品牌与信息不对称的关系。② 前文已经提及,信息越不对称,**品牌价值越大**。这个关系可以用图8-6来表示。

　　从图8-6可以看出,像土豆这种信息不对称程度最低的产品,品牌的价值是最小的,所以土豆一般也没有品牌。在家电行业,比如电视、冰箱等产品,信息不对称会严重一些,对应的品牌价值会大一些。在更加复杂的医药行业、服务行业和汽车行业,安全性要求更高,信息不对称问题就更加严重,品牌价值也

---

　　① Daniel Klein (1997)认为,市场上私人提供产品质量信息的三种方式非常类似停车场的提供方式:(1)许多开车的人自己花钱在家里修车库;(2)一些企业家提供收费停车场;(3)有些商场、酒店、办公楼为顾客提供免费停车场。消费者自己收集信息类似(1),专业化的信息服务商类似(2),生产者主动提供信息类似(3)。

　　② 本节以下的内容根据张维迎《竞争力与企业成长》第三编的几篇文章整理。

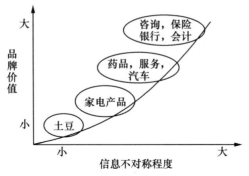

图 8-6 信息不对称与品牌价值

就更大。咨询业是四类行业中信息不对称程度最高的,以会计事务所为例,会计事务所本身的职责是要解决信息不对称问题,告诉公众投资者某一上市公司的财务状况等。这类机构的品牌本身就变得非常重要。类似地,咨询服务、信用评估、投资银行、商业银行、保险等行业,品牌的价值也非常大。还有像大学,也是品牌价值很大的行业。对于信息不对称严重的行业,品牌是市场竞争中非常重要的核心竞争力,通常只由为数有限的几家供应商或服务商主导,新的企业由于没有建立起品牌,进入很不容易。比如在中国兴办一所私立大学,好的学生不会报名,他们要先上有品牌的大学,如北大、清华、复旦、南开等。

在市场竞争中,竞争的优势主要表现在三方面:一是**成本优势**,二是**产品优势**,三是**品牌优势**。成本优势决定价格的下限,因而影响产品对客户的吸引力。产品优势指产品的差异化,产品本身在质量、功能上优于对手,价格就不是消费者进行选择时考虑的唯一因素。比如人们上大学,学校很难因为收费低就能吸引学生来上大学。品牌优势是指消费者的信任,可以节约消费者收集信息的成本。图 8-7 把这三种优势放在一起,用横坐标代表品牌的价值,纵坐标代表三种优势的相对重要性。

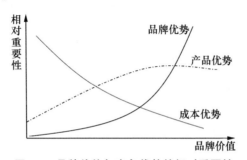

图 8-7 品牌价值与竞争优势的相对重要性

　　由于品牌价值和信息不对称相对应,三种优势的相对重要性随品牌价值的不同而变化。品牌优势从 0 开始,且逐渐递增。品牌的价值越大,品牌的优势就越重要。品牌价值越低的产品,其成本优势越重要;品牌价值越高的产品,其成本优势就越不重要。品牌价值低的产品(如土豆),产品差异的优势也很不重要。随着品牌价值的上升,产品差异的优势会逐渐凸现出来。但是一旦品牌价值非常大,产品的差异优势又会随着品牌价值的上升而降低。因此,图 8-6 可以更新为图 8-8:

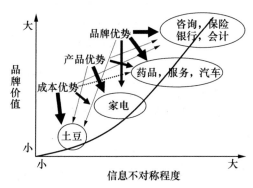

图 8-8　信息不对称与品牌价值

　　这样,企业家在制定竞争战略时,需要根据产业特征区别对待。如果是经营土豆等初等农产品,最重要的是把成本做低,而如果经营家电产品,可能成本优势、产品优势、品牌优势都比较重要。在汽车、医药等行业,品牌优势更为重要。到了最右上方的产业,品牌可能是最重要的。比如,在投资银行业,因为存在信息不对称,投资者难以相信一家陌生公司,于是投资银行利用品牌来保证上市企业的质量。一些国际大投行(比如摩根斯坦利),收取的服务费十分高昂。原因是它们的声誉好,可以帮企业把股票卖得价格更高,募集到的资金也更多。[①] 咨询业也是如此,像麦肯锡这样的世界级咨询公司往往收费惊人,但仍然有很大的市场。

　　信息不对称与品牌价值的关系,在产业链中也是一样,可以用图 8-9 来刻画。

　　如图 8-9 所示,**产业链**由原材料、中间产品、最终产品、销售服务等环节组成,越处于产业链下游、越接近最终消费者的环节,信息不对称程度越高,品牌价值越大。这是因为,在产业链的中间环节,买方是厂家,一般也是"专家",信息的非对称程度比较低。比如说,汽车厂家对零部件的了解并不比零部件生产

---

　　① DeLong (1991)提供了投资银行的声誉如何影响客户企业价值的一个例证,他证明:在 1910—1912 年间,如果客户企业董事会中有一个 J. P. 摩根的合伙人,该企业普通股的市场价值增加30%。

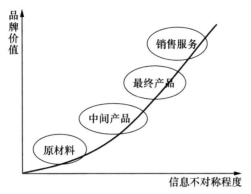

图 8-9　品牌价值与产业链

者少,钢铁企业对矿石知识的了解就更不用说了,但最终产品的消费者对产品的知识是很有限的。人们熟知的耐克、阿迪达斯这样的公司都可以看做是品牌经营公司,它们往往自己不生产,或者很少生产,产品大都由生产企业代工,自己仅仅负责经营品牌。实际上,这些品牌公司掌握着产业链中的销售环节,比如耐克公司只负责鞋的设计和销售,委托生产企业根据设计和质量要求将产品生产出来。由于其品牌价值很大,耐克公司仍然获得了蛋糕中的最大块。

随着社会的发展,价值分配的不平衡性愈发明显,尤其是随着技术变得越来越复杂,以及人们生活水平的提升,消费者更加注重品牌,服务环节作为和消费者直接接触的行业,附加价值越来越大。中国经济发展很迅速,但是大量的中国企业集中在生产原材料和中间产品的环节上,出口的产品往往没有自己的品牌,很大一块价值被国外的品牌企业拿走,中国企业获得的附加价值很小。

2.3　技术进步与品牌

技术进步对品牌有重要的影响。这是因为,随着技术进步,产业链上的分工越来越细,产品的技术含量越来越高,生产者与消费者之间的信息不对称也就越来越严重。因此,技术进步一定会提高品牌的价值。特别是,当技术进步使得价值链上的分工变成国际分工时,少数国家和地区生产的最终产品供应全世界,生产者与消费者的地理距离相当遥远,信任就变得更加重要。结果,少数大品牌跨国公司就可以主导整个行业的国际市场。

技术进步使得原来没有品牌的传统产品也有了对品牌的需要。比如说,我们前面讲到土豆不需要品牌,是因为传统上土豆是一种天然的产品,生产者没有办法做假。但随着转基因工程在农业中的应用,这一点就不成立了。有了转基因产品,消费者对食品安全越来越敏感,他们只愿意购买信得过的企业生产的产品。现在市场上有机食品与非有机食品的价格相差很大,但普通消费者很难区别哪些是有机食品,哪些不是。此时,品牌就成为企业对消费者的承诺,只有那些品牌好的企业销售的有机食品才能得到消费者的信赖。即使生产者生产的是有机食品,但如果没有品牌,也很难销售,最后必须求助于像沃尔玛、家乐福、物美等这些大的品牌超市才能销售。这将对农业生产的组织形态带来重要影响。

另一个例子是建筑材料。传统上建筑材料是天然的,价格的差异也是天然决定的,因为信息不对称程度很小。但随着技术的进步,建筑材料的技术含量越来越高,看上去相同的产品包含的化学成分很不相同,对人体健康的影响差异极大。此时,厂家的品牌就成为决定市场竞争力的重要因素。这也是像居然之家这样的连锁建材装饰市场出现的重要原因。

由于信息不对称,技术进步也可能毁掉一些传统产业。20 世纪 90 年代初,诸如甲鱼、燕窝、鱼翅等食品受到中国消费者的青睐,其价格也迅猛上涨。但人们很快就发现,借助于新的技术手段,这类食品很容易造假,顾客花了大价钱吃的很可能是有害的东西。人们的消费热情由此开始下降,甚至有一段时间甲鱼很少有顾客问津,因为传说甲鱼是用避孕药助长的。解决问题的办法也只能是品牌。事实上,如今螃蟹的身上已经能看到商标了。

2.4 收入水平与品牌价值

品牌价值也与人们的收入水平有关。图 8-10 中横坐标代表居民收入水平,纵坐标代表品牌价值,在低、中、高收入三个区域,收入水平越高,品牌的价值就越大。

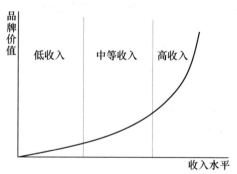

图 8-10 品牌价值与居民收入水平

之所以如此,一个原因是,品牌是一种身份的体现,富人拥有更高的购买力,愿意为品牌支付更高的溢价。其实这里,品牌是用来解决另一类信息不对称,即有关消费者的信息不对称。一个人多富有并不是所有遇到的人都知道,此时,品牌可以告知陌生人自己的身份。显然,熟人之间是没有必要用穿戴名牌来显示身份的。

　　另一个或许更重要的原因是,富人的时间更宝贵,直接获得信息的机会成本很高,他们愿意花钱买信任。所以,富人一般买有品牌的商品,而穷人宁可自己收集信息。20世纪80年代和90年代早期,北京到处是小摊小贩,从90年代后期开始,大量的超市、连锁商店涌入北京,小商贩便逐渐退出了市场,其原因之一就在于,人们收入水平低的时候,时间的机会成本比较低,小商小贩的菜虽然良莠不齐,但居民通过精挑细选仍然可以买到新鲜的蔬菜。当收入水平提高了以后,人们渐渐不愿花大量时间在挑选蔬菜上,挑选的工作由超市代做,小商小贩也就逐渐为超市所取代。早年在校学生买计算机时,倾向于找懂行的朋友组装,而工作后则倾向于直接购买品牌电脑,也是同样的道理。

　　还可以换一个角度看待收入水平与品牌的关系。如图8-11所示,横坐标代表产品质量,纵坐标代表消费者愿意支付的价格。45°方向的虚线表示,当人们处于低收入水平时,接受"一分钱一分货",比如说一把韭菜如果都是好的,价格是10块钱,如果里面有20%是坏的,则可以卖8块钱,别人挑完了高质量的韭菜后,剩下的还可以以更低的价格卖出,最后衡量的结果就是一分钱一分货。随着人们收入的提高,时间变得更宝贵,消费者支付意愿和质量的关系曲线变得更弯曲,人们变得不愿意购买低质商品;而随着收入进一步提高,关系曲线进一步向右边弯曲,"十分货十分钱,九分货不值钱"。质量是"十"可以卖10块钱,质量是"五"可能只能卖1块钱。收入水平越高,人们愿意为品牌付出的价值越大。

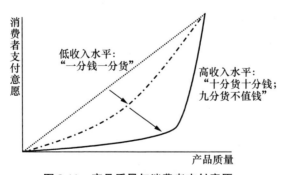

图8-11　产品质量与消费者支付意愿

第三节 非对称信息与政府管制

3.1 解决非对称信息的非市场机制

当然,并不是说所有的信息不对称问题都可以通过市场办法来解决;即使市场能解决,政府和消费者也不一定喜欢市场解决问题的办法。

解决非对称信息的另一个途径是**政府管制**(government regulation)。在信息不对称的情况下,政府可以帮助没有信息的一方获得信息。比如说市场准入。因为在金融等一些领域,消费者容易受到欺骗,可由政府实施市场准入上的限制。再比如政府审批。在美国,一种新药上市,必须有 FDA(食品医药管理局)的批准,否则就不能上市,中国也有类似的机构(国家食品药品监督管理局)行使这项职责。另外,政府还在很多服务领域进行专门的职业资格认证,比如行医要有行医证,当律师也要有律师资格证。[①]

在市场和政府之外,还有**非营利性组织**(non-profit organization),它们在解决信息不对称当中也起到了非常重要的作用。比较典型的像会计业协会,它是所有职业会计师的联盟。它制订一些规则,比如会计账目标准、财务信息标准、会计师资格标准等,来规范整个会计行业。此外还有律师协会、医生协会、教师协会,等等。这些非政府组织其实是市场的重要组成部分,当然在我们中国,他们更像准政府组织。

高等教育也是信息不对称非常严重的产业。老师水平的高低、学校质量的好坏,既可以靠市场竞争基础上的声誉机制来区别,也可以由政府监管部门来评价。中国和美国教育体制的最大差异就是美国的教育是靠竞争和声誉机制,而中国是靠政府的管制。中国大学的入学考试、教授博导的资格确定、学校的学位授予资格等,都由政府管理。但观察表明,靠政府解决高等教育市场上的信息不对称并不成功。在全世界,欧洲的大学是全世界最古老的,有一千多年的历史,但第二次世界大战之后的几十年里,美国大学迅速赶超欧洲,一个重要的原因是欧洲大陆的大学受政府管制太多。例如,法国的教授都是国家教授,要经过一个考试,很多优秀的学者不愿意接受这种"品头论足"式的考试。而美国大学的生存与发展,基本依赖于竞争与信誉,声望越好的学校,越能获得更多的资助,吸引到更优秀的教授,所以美国的优势越来越大。[②] 中国依靠政府监管办大学存在同样

---

① 当然这些认证不一定是由政府来做,很多时候市场机构也完全可以胜任,本书在后面还会讲到这个问题。

② 关于美国与欧洲高等教育体制的对比,参阅 Hansman(1999)。

的问题,一旦政府管制,学校就不注意自己的信誉,乱招博士、硕士,甚至卖学位。高等教育要发展,一定要靠竞争,而不是政府管制。有了竞争,真正好的大学品牌就会逐渐确立起来,高等教育产业就会步入良性循环。

3.2 政府管制与信誉

政府管制也叫政府规制,是指政府对企业的行为进行法律和政策约束。一般而言,政府管制的原因除了反垄断、解决外部性之外,解决信息不对称也是一个重要原因。

过去包括经济学家在内的很多学者都认为,信息不完全、不对称会导致市场失灵,这时需要政府管制来弥补市场的不足。这种观点背后隐含着几个基本假设:一是政府是无所不知的;二是政府官员是大公无私的,一心为老百姓、消费者考虑,没有私人利益;三是政府是说话算数的。现实中,这三个假设都很难成立。[①] 政府有其无知的一面,政府和被管制对象之间就存在着严重的信息不对称,比如国家工业和信息产业部(简称工信部)监管电信公司,但是工信部并不知道电信公司成本、定价等真实信息。政府官员当然也不是大公无私的,他们和普通人一样有自己的利益,事实上许多管制是为了政府官员寻租,而不是为了保护消费者免受生产者的欺骗。政府的威胁也经常是不可信的,如当大企业由于经营不善无法偿还贷款时,政府通常会出手相救,而不是让其破产。被管制对象也很容易俘虏政府官员,使得管制措施服务于企业的利益,而不是消费者的利益(Stigler,1971)。这些因素结合起来,往往就会导致政府管制的失败。

政府管制和市场信誉(reputation)作为解决非对称信息问题的两个基本机制,并不是简单的相加。他们之间既有一定的替代性,也有一定补充性。事实上,现实中管制与信誉的关系,是政府与市场相互博弈的结果。[②]

首先看政府方面。要维护正常的市场秩序,既可以靠信誉,也可以靠管制。管制是政府施加的,目的是维护市场秩序。所以,从政府的角度讲,如果市场中的信誉机制运行非常好,企业自身有积极性提供高质量的产品,就不需要太多的政府管制;反之,如果信誉机制不能有效发挥作用,市场上坑蒙拐骗严重,就需要更多的政府监管。因此,政府管制对市场信誉的应对可以用一条向下倾斜的"政府反应曲线"(也可称为对管制的"需求曲线")来表示,表明管制随信誉的增加而递减,信誉越差,对管制的需求就越大。

---

① 有关政府管制的各种模型以及支持和反对政府管制的理由和经验研究,参阅 Armstrong, Cowan and Vickers(1995);Shleifer and Vishny(1998,2004);Rothbard(1970)。

② 下面的模型是张维迎(2005)第 6 章第 5 节的简化。我非常感谢课堂上的一位同学建议将原文的"需求曲线"和"供给曲线"更名为"政府反应曲线"和"市场反应曲线"。

再看市场如何对管制做出反应。市场信誉来自企业和个人,企业和个人越重视声誉,信誉机制的作用就越大。而如我们所知道的,要让企业和个人有积极性建立良好的信誉,需要以下条件:(1) 对私有产权的有效保护,使得人们有积极性进行长期博弈;(2) 相对稳定的经营环境,使得博弈重复的可能性足够高;(3) 信息的透明和流动,使得违约行为能够被及时观察到;(4) 法律的有效执行,使得违约行为受到惩罚。[1]

以此来看,管制和信誉之间存在着互补性。在完全无政府的状态中,人们没有任何安全感,欺骗行为得不到惩罚,市场信誉很难建立起来。随着法律规则的出现和执行,人们建立信誉的积极性就会增加。凡是有助于人们考虑长远利益、提高信息的透明度和让欺骗行为受到有效惩罚的基础性法律和管制,都会增加市场信誉。比如说,对度量衡的统一标准和管制,对商标权的法律保护,等等,就属于这一类基础性法律管制。

但是,当政府管制超过一定程度后,市场信誉反倒会随管制的增加而下降。原因如下:首先,当政府管制越来越多的时候,政府官员拥有了更大的自由裁量权,其行为具有更大的不确定性,消费者和厂商会感觉未来更加不可预测,因而更可能追求短期利益。其次,政府对进入的过度管制可能会创造垄断和**垄断租金**,享受垄断租金的企业会变得不在意自己的声誉。进一步,由于有了垄断,"皇帝女儿不愁嫁",政府和消费者对企业的惩罚也变得不可信。最后,管制本身会引起腐败,管制会引诱企业通过贿赂政府官员而获得配额或特权,而不是更好地为消费者服务。当讨好政府官员比讨好消费者更有利可图时,企业是不会重视自己的市场声誉的。

因此,如图 8-12 所示,市场信誉对管制的反应可用一条倒 U 形曲线表示(也可以称为信誉的"供给曲线")。两条反应曲线的交点就是纳什均衡的管制和信誉水平。

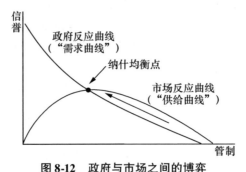

图 8-12 政府与市场之间的博弈

---

① 参阅张维迎,《法律制度的信誉基础》,《经济研究》,2001 年第 1 期。

麻烦的是,如果监管的效率很差,政府官员的行为受不到有效约束,就会变成如图 8-13 所示的情况。这时,两条曲线不相交,市场没有均衡:市场信誉低,政府增加管制;随着管制的增加,市场信誉进一步降低;政府再进一步增加管制,企业更不注重信誉;如此不断,管制和信誉进入恶性循环,最后是只有管制没有信誉,市场变得混乱不堪。这一恶性循环也是中国现在面临的问题之一。

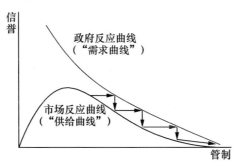

图 8-13　管制与信誉的恶性循环

以上是我们有关信誉和管制之间互动的理论分析。[①] 现实中也不乏相关的例子。过去煤矿事故频发,原因之一便在于,地方政府可以任意废止煤老板的开采权。煤老板由于没有稳定的预期,只顾眼前利益,购买的设备一般都非常简单,安全措施也不达标。而且政府对煤矿事故的处理办法,往往是某一地方小煤窑发生事故后,周边甚至全国所有的小煤窑都停产整顿,这进一步使得投资小煤窑的人缺乏稳定的预期,形成一个恶性循环。

中国过去的股票市场也是如此,由于政府管制过多(比如上市由政府审批),导致很多上市公司并不在乎自己的名声。因为只要处理好与政府的关系,拿到指标,就可以上市寻租。整个股市变成一个寻租场。[②] 而一旦知道上市企业不在乎自己的信誉,政府又会想更多办法监管,比如规定净资产回报率等,这又会引起了下一轮的做假。[③] 企业做假账会促使政府进一步加强管制。管制越多,企业应对的做假方法越多。这正是中国股市曾出现的情况,一个良性运行

---

① 有兴趣的读者可以进一步参阅张维迎《产权、政府与信誉》和《信息、信任与法律》,这两本书中都谈到了信誉和监管问题。

② 张维迎:"中国股市是一个'寻租场'",《当代经济》,2007 年第 8 期。

③ 当年北大宋国青教授曾指导中国证券市场研究设计中心研发部的青年研究人员龙飞做过一项研究,发现 1997 年的 723 家上市公司中,收益率为 10% 至 11% 的公司竟高达 205 家,占到总样本数的 28%。在此一数据的右侧,收益率从 12%、15% 乃至更高,形成一条下垂的平滑曲线。而在数据的左侧,收益率图形却从 10% 以下陡然垂落,出现一个奇怪的平台;平台走到 0 至 1%,出现一个小高点,随后又在 −0.05 至 0 之间,再次陡然下落,竟然没有一家企业。如此的巧合几乎不可能,只能证明许多企业在做假账。参见胡舒立,"注水的牛年——上市公司利润报告疑点透视",《财经》杂志,1998 年第 2 期。

的市场并未建立起来。

跨国经验研究也表明,政府管制并不是解决非对称信息的有效手段。事实上,许多情况下,管制使事情变得更糟。世界银行曾委托 Simeon Djankov, Rafael La Porta, Florencio Lopez-de-Silanes, Andrei Shleifer 四位学者对 85 个国家的企业进入管制进行研究(Djankov 等,2002)。他们的研究发现,从企业遵守国际质量标准的程度来看,一个国家的管制越严重,审批程序越多,企业反而越不遵守国际质量标准。他们还发现,随着审批程序的增多,污染并没有减少,中毒事件发生的概率在上升,地下经济、地下就业的比例在增加,但是企业的盈利并不增加。如果按照"掠夺之手"的原理,被管制企业是附庸于政府的,由于进入的严格管制,企业应当享有垄断利润,这样企业利润应该增加。但是实际上并不是这样。这是为什么呢?因为以产业集中度衡量的竞争程度其实并没有减少,寻租导致了过度进入,所以结论只能是管制越多的国家腐败现象越严重。[①]图 8-14 中纵坐标是腐败指数(corruption index)(指数越大,表明政府越清廉),横坐标表示管制的程度(建一个中等规模的公司在不同国家需要的审批程序数量的对数)。向右下倾斜的回归曲线表明,管制越严重,腐败程度越高。

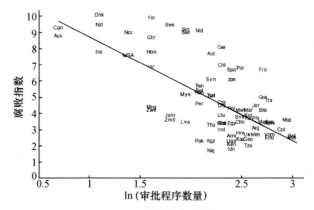

图 8-14 管制和腐败指数

资料来源:Simeon Djankov 等(2002)。

本 章 提 要

信息不对称可以分事前信息不对称和事后信息不对称。事前信息不对称

---

① 张维迎(1998)证明,由于寻租行为(争夺控制权收益),管制可能导致过多进入。中国大部分制造业行业具有这个特点。管制只在资源性行业(如石油)和公用事业部门(如电信)产生垄断利润。

导致逆向选择,事后信息不对称导致道德风险。

所谓逆向选择,是指由于信息不对称导致的"劣胜优汰"。比如,坏车使好车不能成交,高风险的投保人使得低风险的投保人无法投保,低质量的项目使得高质量的项目无法得到融资,假乞丐使得真乞丐得不到救济,高水平的学者争不过低水平的学者,等等。

逆向选择意味着潜在的帕累托效率没有办法实现,本质上也是一个囚徒困境问题。

如何解决信息不对称导致的逆向选择从而实现帕累托效率,是社会面临的一个大问题。解决逆向选择的办法包括市场机制和非市场机制。

市场机制包括:(1) 没有私人信息的一方自己直接收集信息;(2) 专业化的信息提供商收集和传递信息;(3) 没有私人信息的一方通过机制设计间接获取信息;(4) 有私人信息的一方主动传递信息;(5) 声誉机制。

声誉机制主要表现为有私人信息的一方建立品牌。品牌的价值依赖于信息不对称的程度。信息越不对称的产品,品牌价值越大。品牌的价值也与居民的收入水平和社会的技术进步有关。居民收入越高,产品的技术越复杂,品牌越重要。

解决逆向选择的非市场机制主要是政府管制。但最新的理论研究和经验研究都表明,政府管制并不是解决逆向选择的有效手段。信息不对称更容易导致政府失灵,而不是市场失灵。

或许,政府管制最严重的后果是破坏声誉机制的有效性。其原因有三:管制导致企业家预期不稳定和短期行为;管制导致垄断,使得市场惩罚不可信;管制导致腐败和寻租行为,靠政府关系比建立品牌更有利可图。

第九章
信号传递与社会规范

第一节　信号传递机制

1.1　学历与能力

上一章我们讨论了信息不对称问题以及一些解决信息不对称的方法。其中,我们讲到非对称信息会产生逆向选择,这不利于具有私人信息的一方。因此,具有私人信息的一方会主动向缺乏信息的一方来传递信息,就像我们俗语所讲的,"王婆卖瓜,自卖自夸"。但对于缺乏信息的一方来说,他未必相信对方主动传来的信息。那么,具有私人信息的一方如何才能有效地传递信息?

最早对这一问题深入研究的是 2001 年获得诺贝尔经济学奖的迈克尔·斯宾塞教授(Spence,1973,1974)。他在哈佛大学读博士时,注意到了劳动力市场中的信息不对称问题。他发现雇员有动机通过文凭等教育水平来向雇主传递自己的能力信息,以此克服信息不对称问题。

下面我们用一个比较简单的模型来讨论教育水平如何传递能力信号的问题。为了简单起见,我们首先假定教育本身毫无用处,比如上大学、修课程都不会提高学生的能力。当然这是一个很极端的假设。即使这样,我们仍会发现接受教育是有用的。

考虑有一个人来找工作。他可能是高能力的(用 H 表示),也可能是低能力的(用 L 表示)。如果是高能力的,其生产率是 200,而如果是低能力的,生产率只有 100。雇员清楚自己的能力水平,但是潜在的雇主并不知道。假定雇主仅知道雇员有 50% 的可能性是高能力的,有 50% 的可能性是低能力的。换句话说,他认为雇员的平均生产率是150。这样的话,如果雇主没有其他任何信息的话,他最多愿意付的工资是150。这时,高能力的人就觉得自己吃亏了,但是那些低能力的人就占了便宜。高能力的人就会想办法去证明自己是高能力的。其中一个办法就是去接受教育。

为此,让我们设想雇主是一个以文凭取人的人,他采取这样的薪酬政策:如果雇员有大学文凭,就认为雇员是高能力的,付给200的工资;如果雇员没上大学,就认为雇员是低能力的,只付给100的工资。这样的政策对吗?

假定高能力的人接受教育的成本是40,而低能力的人接受教育的成本是120。直观含义是,高能力的人智商高,听课听得懂,作业也做得好,同学羡慕、老师表扬、家长奖励,上学的成本对于高能力的人来说相对较低。但对于低能力的人来说教育的成本就很高了,上课听不懂,考试不及格,同学们可能看不起他,甚至老师、家长也不给好脸色,上学就很痛苦。

给定雇主的薪酬政策,高能力的人如果去上大学,工资增加到200,扣掉教育成本40,他还有160的净收益,比不上大学只得到100强多了。因此,他的最优选择是上大学。低能力的人如果想冒充高能力,也得去上大学。但如果他也去上大学,尽管可以让雇主认为自己是高能力,工资增加了100,但他上大学的成本为120,实际的净收益只有200 - 120 = 80,不去上大学还可以得到100。因此不如老老实实地承认自己是低能力。

这样一来,两类能力不同的雇员就可以分得很清楚了:高能力的人上大学,低能力的人不上大学。我们前面假定的雇主的判断和薪酬政策是对的:有大学文凭的人确实是高能力的,应该得到200的工资;没上大学的人确实是低能力的,只能得到100的工资。

因此,即使接受教育不提高一个人的能力,文凭也可以成为传递先天能力的信号。

上述分析中,文凭之所以能传递信息,关键是教育成本对于两类雇员来说差异较大。如果教育成本差别不大,此时文凭也就没有办法把他们区别开来。比如,仍然假定高能力的人上大学的成本是40,但是低能力的人上大学的成本没有120那么高,只有80。这时如果雇主看到大学生就按高能力的标准付薪200的话,低能力的人上大学也是合算的,因为200 - 80 = 120 > 100。这样雇主就发现自己的判断有问题了,本以为上大学的人就是高能力的,现在发现并不是这样。这样一来,雇主这时愿意支付的工资就仍然是150。由此一来,谁都不愿意去上大学了。因为大学毕业之后仍然被认为有一半的可能性是高能力的,一半的可能性是低能力的。而上大学是有成本的,这个成本却成了白白花钱,所以这个时候没有人去上大学。

在我们的假设下，从社会的角度讲，上大学纯粹是一种浪费。如果没有信息不对称，雇主可以直接判断哪个人能力高，哪个人能力低，就没有必要看文凭了。但由于信息不对称，高能力的人为了让雇主相信自己是高能力，就需要花费相应的教育成本。这个成本就是"**信号传递成本**"。当然，如果不同岗位需要不同能力的人，通过文凭传递的信号可以做到"人尽其才"，这个信号成本对社会也是有价值的。

上面的假设当然过于极端，我们也可以假设上大学本身也能提高雇员的生产能力。比如生产能力和受到的教育有关，s 代表受教育的年限，但是高能力的人的生产率是 $2s$，低能力的人的生产率是 s。代入上述的分析过程，分析起来复杂一点，但结论是完全一样的。[1] 实际上，问题的核心不在于教育能否提高人们的生产能力，关键是不同类型的人接受教育付出的成本是不一样的。

从这个角度，我们也可以重新来认识中国古代的科举制度。传统的观点认为，"八股文"科举制度没有任何建设性。实际上，从信息不对称的角度来看，即使学的东西没有任何用处，科举制度仍是一种较为有价值的选拔人才的机制。回顾中国历史，可以发现中国历史上有三大支柱，第一个是皇权制度，第二个是科举制度，第三个是儒家文化。在近两千年的中国历史中，科举制度解决了政府的职业化管理问题，皇权制度解决的是产权问题，儒家文化解决的是预期、协调与行为规范的问题。科举考试的内容也是儒家文化，因此科举制度选拔出来的官员也就成为儒家文化的传承者和实践者。[2]

中国是最早实行政府职业化管理的国家。汉代选官员采取的是一种推举的办法，所谓举贤良孝娣，比如东汉时期每 20 万人里推荐一个"孝廉"——或者是贤能的人，或者是孝娣的人，选出来之后送到中央太学机构培训，培训完了之后送去当官。到了隋唐之后就不再推举了，正式确立了科举制度，通过考试选拔人才。为什么有这个演变呢？一个原因就是因为推举这种制度虽然一开始没有问题，但是时间长了之后弊端就显露出来，有的人就学会钻制度的空子，推荐的人不一定是真正的孝廉之人，而可能是有裙带关系的人，科举用考试的方法就可以避免这样的腐败问题。

最初的科举考试形式比较灵活，但到了明清，科举的内容变成八股文。这是因为考试的人太多了，答题太灵活就没有办法判卷。另外，如果不是八股的话也容易走后门，因为改卷子的人的自由度会很大，八股文的结构有一个明确

---

[1]　参阅 Spence 的原文。张维迎（1996）提供了一个简化的模型。

[2]　关于科举制度的历史，参阅何怀宏（2011）：《选举社会——秦汉至晚清社会形态研究》；余英时（2012）：《试说科举在中国史上的功能与意义》。

的规定,改卷子容易了,而且可以更加客观。现在的考试如托福考试的客观题也是最典型的八股,有 ABCD 四个选项,考生选一个,计算机就可以阅卷。因为全世界那么多人考托福,如果改卷子还那么灵活的话,那就没法改了,而且不同的人的标准也不一样。所以说,越是程式化的东西越容易解决当事人的腐败问题,使得评判更加客观,虽然这样做也会抑制人的创造力。

因此,科举实际上就是一种选人的办法而已。学什么其实不重要,重要的是聪明的人和笨的人参加科举的成本是不一样的。同样为了中举,有的人头悬梁、锥刺股,而有的人则相对轻松;或者说花同样的成本,聪明的人考上的概率高,而笨的人考上的概率低。如果一个家庭有几个儿子,父亲一定会让相对聪明的儿子参加科举,让相对笨的儿子下地干活,而不是相反。所以当 1905 年废除科举制度以后,由于没有办法选人,民国时期很快就恢复了"考试院"。1949年之后很长一段时间实行推举制,到"文化大革命"后期上大学都是推荐。这其实是很不合理的,因为没有办法考察能力。后来恢复高考得到了全国人民的一致拥护。其实直到今天,高考制度尽管有其不合理之处,但仍然是我国最为公平的选拔人才的机制。

根据同样的逻辑,我们进一步来看为什么越是好的大学,其文凭越值钱。简单地说,第一,越是好的大学,上学越痛苦、成本越高;第二,越是好的大学,让高能力人和低能力人受痛苦的差别越大。对此,我们可以用图 9-1 来做分析。

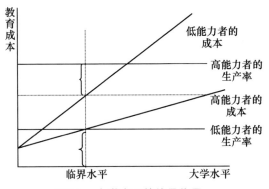

图 9-1　大学水平的信号作用

图 9-1 中,横坐标代表大学的水平,从左到右是最差的大学到最好的大学,纵坐标代表接受教育的成本。其中,两条斜线分别代表高低能力不同的两类人接受教育的成本曲线。二者从同一点出发,表明如果双方都去最差的大学,高能力人和低能力人付出的成本是差不多的,就好比考试的时候出题"1 + 1 等于几",低能力人和高能力人都可以答,区分不出高下。曲线往右上倾斜,表明随

着难度的增大,接受教育的成本都在增加。低能力的人的教育成本曲线在上面,高能力人的教育成本曲线在下面,这是因为随着大学水平的提升,高能力人的教育成本虽然也在上升,但是上升得会慢一点,而低能力人的教育成本上升得就会快很多。这样一来,两条线之间的差距也随着大学水平的提高而上升,表明越是高水平的大学让两种不同类型的人付出的成本差异就越大。

两条水平的实线代表生产率。高能力人的生产率由最上面一条线表示,低能力人的生产率由最下面一条线表示,中间的虚线表示在没有信号的情况下雇主对一个人能力的期望值。生产率曲线都是水平的,表明教育没有提高雇员的生产率。

要用教育水平将两者分开,必须要使得低能力的人冒充高能力的人(接受同等的教育水平,获得相同的工资)收益足够小,低于诚实地透露自己能力的收益(不接受教育,获得低能力人的工资)。所谓的临界状态是指大学的档次正好使得高能力者生产率水平与低能力者教育成本水平之差恰好等于低能力者的生产率水平,当大学的水平超过这个临界水平之后,上大学才能够区分开一个人是高能力的还是低能力的。如果大学的实际水平低于这个临界值,低能力的人就会模仿高能力的人。

当然,我们知道很难把一个人的能力简单地分为高还是低,能力是一个连续的变量,因此我们就看到不同水平的大学提供了不同的区分。能力最差的人可能在最初就会被淘汰掉了,他不会选择上任何一所大学;然后能力稍微强一点的人可以上一个一般的大学,把自己和能力最差的人区分开来;然后能力更高的人,再上更好的大学,又把自己和比他差的其他人区分开来,这样一直到最顶端的大学。这就是为什么说越好的大学文凭就越值钱,因为越好的大学上起来就越痛苦。

以上我们假定教育成本是个人支付的。如果教育成本完全由别人支付,文凭也就没有办法显示能力。现在有些人读学位不仅学费由公家支付,甚至论文也由别人代写,对这样的人,教育成本几乎为零,有个博士学位不能说明任何问题。

还需要指出的是,以上我们假定个人没有财富约束(即使自己没有钱,也可以借钱上学)。如果有财富约束,有些人不上学不是由于能力低而是由于没有钱交学费,文凭的信号传递功能也就大打折扣。

1.2 信号传递的一般模型

一般来说,我们可以把**信号传递**用如图 9-2 所示的一个**不完全信息的动态博弈**来刻画。

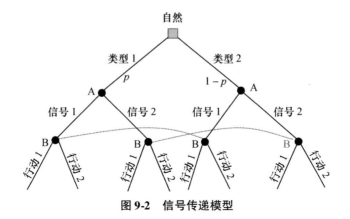

图 9-2　信号传递模型

　　首先,由"自然"来决定具有私人信息的参与人 A 是哪种类型。假设 A 只有两种类型,A 知道自己属于类型 1 还是类型 2,而参与人 B 不知道,只知道 A 属于类型 1 的概率是 p,类型 2 的概率是 $1-p$。A 也知道 B 知道 A 属于类型 1 的概率是 p,类型 2 的概率是 $1-p$。A 这个时候可以向 B 传递一个信号。我们假定总共有两种不同的信号,信号 1 和信号 2。A 传递信号后,B 尽管不能够直接看到 A 是什么类型,但是可以看到 A 传递了什么信号。然后他根据观察到的信号,利用贝叶斯法则,去修正他对 A 类型的判断:如属于类型 1 的概率有多大,属于类型 2 的概率有多大。然后,再根据这一判断来决定自己采取什么行动。所以,这一博弈的过程不仅是参与人选择最佳行动的过程,而且也是一个信念的修正过程。

　　在现实生活中,当一方具有私人信息,另一方不知道该私人信息时,人们就会观察对方的行动来试图了解对方。此时,具有私人信息的一方的任何一种行动,都可能变成传递关于自己的私人信息的一种信号。于是具有私人信息一方选择行动的时候,就要特别地谨慎。比如你希望采取一个行动来传递对自己有利的信号,但是对方也会依据此信号来进行理性的判断。也就是说,行动与信号相互作用、相互适应。

　　下面,我们就以第八章讲过的旧车市场为例来具体说明。我们把旧车市场买卖双方之间的交易借助如图 9-3 所示的一个信息不对称的动态博弈来刻画。

　　首先,自然决定卖方 A 所卖的车是好车还是坏车。A 知道自己出售的车是好车还是坏车,而买方 B 不知道,仅知道 A 卖的车各有二分之一可能是好车和坏车。我们特别假定,旧车对卖车的人而言价值为 20,而对买车的人而言价值为 30,无论好车坏车都是这样。而好车和坏车如何区分呢?就用它们出故障的概率来区别。我们用 Q 表示好车在运行当中出毛病的概率,q 表示坏车出毛病

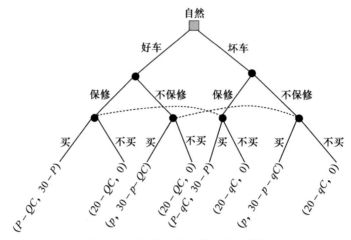

图 9-3　二手车交易的信号传递模型

的概率,当然我们假定 $Q < q$。假定出故障后的修理成本都一样,用 C 来表示。卖车的人 A 知道他的车是好还是坏,出故障的概率是 Q 还是 q,但是买车的人并不知道。

现在考虑卖方 A 做出一个选择,即提供保修或者不提供。如果提供保修的话,B 可能买,也可能不买。如果 B 买,他付的价格为 P,$30 - P$ 就是交易给他带来的收益。而对于 A 而言,如果他提供保修的话,就要承担修车的期望成本 QC,故他的预期收益就是 $P - QC$(如果是好车)或者 $P - qC$(如果是坏车)。如果 B 不买车的话,那么车还在 A 手里面,价值是 20,减去预期的修车成本,预期收益为 $20 - QC$(如果是好车)或者 $20 - qC$(如果是坏车),这时 B 得到的收益为 0。

A 如果不提供保修,B 同样可以选择买或者不买。如果买,他付的价格为 p(注意是小写字母,不同于提供保修时的价格大写字母 P),此外还要自行承担预期的修理成本,因为卖方不提供保修,所以如果买车,B 获得的净收益为 $30 - p - QC$(如果是好车)或者 $30 - p - qC$(如果是坏车)。A 得到 p。而如果 B 不买,和上述情况是一样的,车留在 A 手里面,A 的预期收益为 $20 - QC$(如果是好车)或者 $20 - qC$(如果是坏车),B 得到 0。这就是关于这个动态博弈的完整的描述。

我们首先来看保修能不能传递信号。

如果没有任何保修的情况下,对 B 来说,车是好车的概率是 0.5,是坏车的概率也是 0.5,这个时候如果他买车的话,他预期得到的价值是 $30 - p - 0.5qC - 0.5QC$,如果不买只能得到 0。如果 $30 - p - 0.5qC - 0.5QC < 0$,那么 B 就不

会买车。简单整理可以得到 $0.5(q+Q)C>30-p$，也就是说，如果预期的维修成本大于他获得的价值减去他付出的价格的话，买方就不会买这个车了。这表明，在没有任何信号的情况下，买方 B 所愿意出的最高价格是 $30-0.5(q+Q)C$。

对于卖方 A 而言，卖出旧车的收益为 p，把旧车留在手里的收益分别为 $20-QC$（如果是好车）和 $20-qC$（如果是坏车）。这也是好车车主和坏车车主售车的心理价位，只有高于这个价格旧车才会被售出，坏车车主的心理价位比好车车主低，所以坏车更容易售出。具体而言，好车可以卖出的条件为 $20-QC\leqslant 30-0.5(q+Q)C$，即当 $(q-Q)C\leqslant 20$ 时好车可以被售出，也就是说，即使车没有保修这个信号，也是可能卖出去的。前提是这种修理的成本非常小，能够让这个不等式成立。所以说，并不是所有的不完全信息都会使市场不存在。而一旦 $(q-Q)C>20$，市场的价格与好车卖方的心理价位存在一定的差距，好车就卖不出去了。而坏车要卖出去要满足的条件是 $20-qC\leqslant 30-0.5(q+Q)C$，化简为 $(Q-q)C\leqslant 20$，这是恒成立的。所以，在修车成本太大，或者是好车坏车差距太大时，好车有可能无法售出，这就造成了交易的失败。

因此，让我们假定 $(q-Q)C>20$。此时，好车车主可能愿意提供保修，以此向买方传递一个信号，表明自己的车是好车。有了这种信号，买方会愿意为有保修的旧车出更高的价，比如 P，而对不提供保修的车的出价仍然为 p。

对于好车的卖方而言，如果提供保修，将车售出的收益为 $P-QC$，而如果不提供保修，售车的收益仍然为 p。对于坏车的卖方而言，提供保修并将车售出的收益为 $P-qC$，不提供保修则为 p。坏车的卖方选择不提供保修意味着 $P-qC<p$，即 $qC>P-p$，即预期的修理成本大于价格差。

这表明保修这一举措要想成为一个真正的信号，就必须能够将好车和坏车区分开来。即如果是好车，卖主愿意提供保修；如果是坏车，卖主不愿意提供保修。这意味着保修成本要满足下述条件：

$$QC \leqslant P-p < qC$$

其中，$QC\leqslant P-p$ 表明好车提供保修是合算的，$P-p<qC$ 表明坏车提供保修是不合算的。二者同时成立就意味着提供保修的车是好车，不提供保修的车为坏车。买方 B 由此就会形成合理的判断，知道提供保修的车是好车，不提供保修的车是坏车。然后根据自己需要做出最佳选择。

由此，我们就得到了一个把"好"、"坏"分开的**"分离均衡"**（separating equilibrium）。所谓"分离"就是指好车的卖方提供保修，坏车的卖方不提供保修，买方看到提供保修的车就知道是好车，会出一个更高的价格 P，见到不提供保修的车就会相信那是坏车，只会出一个相对更低的价格 p。

　　前面的推理看上去烦琐，但其基本结论可以概括如下：要使得保修能成为传递旧车质量好坏的信号，并使得交易成功，必须满足下列两组约束：

　　(1) **激励相容约束**：好车有积极性提供保修：$QC \leqslant P - p$；坏车没有积极性提供保修：$P - p < qC$。

　　(2) **理性参与约束**：无论好车还是坏车，卖主愿意出售，即 $P - QC > 20$（如果是好车）和 $p > 20$（如果是坏车）；并且，买主愿意购买，即 $P \leqslant 30$（如果是好车）和 $p \leqslant 30 - qC$（如果是坏车）。

　　我们来看一些具体的数字例子。比如 $Q = 0.1$（即好车出故障的概率是 0.1），$q = 0.5$（即坏车出故障的概率是 0.5），另外假定修理费用 $C = 10$。那么，价差 $P - p$ 不能小于 1，但不能大于 5。如果小于 1，好车就没有积极性提供保修；如果大于 5，坏车也模仿好车提供保修。比如一组可能的价格 $p = 20$，$P = 24$，好车比坏车可以多卖 4 块钱，这就是信号带来的收益。之所以信号可以带来这个收益，是因为不同的车发送信号的成本不同，好车的预期修理成本只有 1 元钱，而坏车需要 5 元钱。[①]

　　更一般地讲，越是高质量的产品越愿意提供保修。所有的产品都是这样。比如电视机提供五年的保修，这意味着电视机厂对自己的产品很有信心，说不定十年都不会出问题，或者说出问题的可能性很小。[②] 如果电视机质量很糟糕，厂家当然不敢提供长年的保修，因为这期间电视机的修理费可能就远远超出这个电视机的价格了，即使他可以卖一个好价格也划不来。

　　根据公式 $QC \leqslant P - p < qC$，我们可以发现要把市场上的好东西和坏东西区分开，首先 P 与 p 之间要存在一定的差距。也就是说，高质量产品与低质量产品的价格差别足够大。因为只有存在这个价差，拥有好产品的人才会愿意提供信号。如果好车和坏车卖一样的价格，拥有好车的人一定不愿意提供这个信号。这就是一个质量溢价的问题，好东西一定要贵。但是另一方面又不能太贵，如果这个相差太大的话，又破坏了右边的条件。这时，"重赏"之下，坏东西也会冒充好东西。这就是说，如果存在信息不对称，要想发送信号的话，不同质量的产品价格之间应该有一个适当的差距：既要有足够高的溢价，又不能太高。

　　当然也存在着另外一种可能，即

---

　　① 在这个具体数字的例子中，即使没有保修，好车也能出售，因为在没有信号的情况下，买主愿意支付的最高价是 27，大于卖主的保留价 19（如果是好车）和 15（如果是坏车）。但假定谈判达成的不提供保修时的价格是 22，拥有好车的卖主仍然愿意提供保修，如果提供保修后他能卖到的价格在 23 以上的话。

　　② 我们这里假定所有的承诺是可信的，有的人可能答应保修十年，但是三年之后他就关门了，那就没有用了。

$$QC \leqslant P - p, \quad qC \leqslant P - p$$

两个条件同时都成立。也就是说坏车的卖方也有意提供保修,这时就是一种**混同均衡**(pooling equilibrium)。两种车都提供保修,售价也是一样的,保修就不再传递信号,因为坏车可以模仿好车,所以买的人仍然不能通过是否提供保修来判断车的好坏。

回过头来看,分离均衡意味着只有好车才提供保修,所以只要观察到车提供保修,买方 B 认为它是好车的概率就是 1,同时只要看到不提供保修的车,它是好车的概率就是 0。所以买方可以根据看到的信号,更新自己的判断。而在混同均衡的情况下,好车坏车都提供保修,那么观察到车提供保修后,认为它是好车还是坏车的概率与最初对市场的判断是一样的,没有任何变化。这就是说,混同均衡不提供新的信息,而分离均衡提供新的信息。

我们看到市场上如果一个信号能够传递信息的话,一定是因为不同类型的人传递信息的成本不一样。[①] 只有"好人"不能被"坏人"模仿,我们才能分清谁好谁坏。

第二节　经济和社会生活中的种种信号

2.1　广告的信号传递作用

市场上充斥着大量的商业广告,这些广告传递什么信息呢?

在经济学中,我们可以根据产品质量信息在买卖双方之间的不对称程度,把产品划分为三大类。第一类叫搜寻品(search good):尽管买方事先不知道它的好坏,但是通过付出一定的搜寻成本,就大概可以知道其质量如何,诸如桌椅板凳之类的东西。第二类叫经验品(experience good):该产品只有使用过之后,你才能知道它的好坏。比如汽车,只有开了一段时间之后才能知道它的好坏,无法通过付出搜寻成本就可以了解的。第三类叫信任品(credence good):这类产品不仅你买之前不知道其质量如何,买来用了之后仍不知道它的质量好坏。比如现在好多保健品就属于这一类。

对于这三类产品来说,广告的作用是不一样的。对于第一类产品,广告要提供直接的信息,比如产品本身的材料、做工的信息、价格信息、销售地点等等。对于第三类产品,广告其实很难告诉消费者实在的信息。但对于第二类产品,虽然广告并不提供有关产品的具体信息,但企业花钱做广告本身就是最重要的

[①]　这被称为 Spence-Mirrlees 分离条件。参阅张维迎(1996),第 7 章。

信息。①

现在假定某种产品可能是高质量,也有可能是低质量,企业自己知道,消费者只有在使用一次之后才知道。如果是高质量,那么买过一次之后消费者还会买第二次;如果是低质量,消费者买了一次后发现受骗上当,就不再买第二次了。假定广告费是 500 万元,每期的潜在市场规模是 400 万元,消费者最初认为做广告的就是高质量产品,不做广告的就是低质量产品,然后根据使用情况修正自己的判断。哪一种产品愿意做广告呢?

如果是高质量产品,做广告第一次能卖出去 400 万元,消费者使用后又来买第二次,又可以卖掉 400 万元,加起来企业可以得到 800 万元,大于广告支出 500 万元。但如果是低质量产品,做广告第一次也可以卖出 400 万元,但是消费者用过之后,下次就不买了,企业只能赚到 400 万元,低于广告费 500 万元。显然,对生产高质量产品的企业来说,做广告是划算的,但对生产低质量产品的企业来说,做广告是不划算的。消费者最初的信念是正确的:做广告意味着高质量,可以购买;不做广告意味着低质量,不应该购买。这就是广告的信号传递功能。

广告费是高质量产品企业向市场传递信息的成本。只有当这种成本足够高时,生产低质量产品的企业才不敢模仿高质量产品的企业做广告,广告才能起到信号传递的作用。比如说,在上面的例子中,如果广告费是 300 万元而不是 500 万元,低质量企业也会做广告误导消费者,广告本身就没有任何信息量。由此看来,市场上巨额的广告费实际上是好企业为了把自己与坏企业区别开来的竞争手段。消费者会有一个理性的预期,如果这种产品敢于花大手笔去做广告,意味着该产品的质量高,就值得购买。而不敢做广告就会意味着企业没有信心,产品不好,消费者就不会去买该产品。这也意味着,对于经验品而言,广告本身并不需要包含有关产品的具体信息。我们看到的很多广告都是形象广告,只是一个抽象的名字,名人代言使人印象深刻,但没有更多更详细的信息。其道理就在这里。

根据信号传递的理论,我们可以知道,信息越不对称的产品,广告的作用也就越大。由此我们也可以对政府的一些广告管制政策做出评价。比如几年前国家税务局规定广告支出占销售收入的比例不能超出 2%,这显然是不合理的,因为不同的产品是不一样的。就像我们上面的例子,一个企业第一年的广告支出费用超过它的销售收入都是可能的,因为它相信它的产品是好的,相信第一

---

① 关于广告如何传递产品质量的信号,参阅 Nelson (1974), Schmalensee (1978);另参阅 Tirole (1988),第 118—119 页。

年买了这个产品的人第二年还会买,并且这个信息会不断地扩散,第三年、第四年买这种产品的人会越来越多。政府对广告费的限制会破坏广告的信号传递功能,反倒有利于生产低质量产品的企业。比如在前面的例子中,如果政府规定广告费不能超过 300 万元,广告就没有意义了。

当然,如果产品是信任品的话,广告并不一定能传递信息。比如我们经常看到的许多保健品,广告支出很多,销售也很好,但这并不一定能证明它的产品质量就好。对于这类广告,政府有必要干预吗?也不一定,因为如果消费者都没有办法识别这个产品质量的好坏的话,政府也不一定能够识别出来。这类产品的质量需要企业长期积累的声誉来保证。比如像冬虫夏草这样的东西,人们更愿意买同仁堂的产品而不是一些不知名企业的产品。

2.2　资本市场中的信号传递

前面是产品市场上的信号问题,接下来我们看一下资本市场上的信号问题。比如,负债可以充当传递企业盈利能力的信号。Ross(1977)证明,在满足一定的条件下,企业的负债水平越高,说明企业的盈利能力越强。这是因为,比如说,如果一个好企业和一个坏企业负债率都达到了 70% 的话,好企业破产的概率可能是 5%,而坏企业破产的概率则可能达到了 50%;如果负债率是 30%,好企业的破产概率可能只有 1%,坏企业的破产概率可能也只有 5%。这就意味着,在外界不了解企业信息的情况下,好企业为了告诉市场它是好企业,会把负债率提高到 70%,而坏企业不敢跟进,因为 70% 的债务水平意味着 50% 的破产概率,这样对它而言成本就太大了。这表明,高质量的企业、好的企业敢大规模举债,而低质量的、坏的企业就不敢。所以当我们看到一个企业的负债率高的时候,可以解读成高质量的一个信号。

当然,这一结论的前提是企业是私有的,经理人和股东要承担破产的责任。对于国有企业而言,即使企业破产,总经理不仅不需要承担责任,而且还可以另有重用,负债率是不传递信息的。事实上,负债率越高的国有企业越可能是坏企业,因为政府总是让国有银行用贷款支持经营困难的国有企业。即使是私有企业,如果企业破产以后总经理不承担任何责任的话,那么这个负债率的信号就失效了,如同前面讲到的学员不承担学费时学位不传递能力的信息一样。如果企业规模足够大,负债越多,政府越不敢让这个企业关闭,因为它还欠银行很多钱,一旦企业关闭之后,这个钱就再也还不上了,还会导致大量的失业。在这种情况下,企业的负债率也不能传递关于企业质量的准确信息。只有当企业独自承担市场风险和破产成本并且拥有自主选择权时,负债率的高低才是传递企业盈利能力的信号。

在企业融资方面,有一个非常著名的"融资顺序理论"(pecking order theory)。① 该理论认为,企业融资时,会首先使用内部资金,如果还不够的话,会采用债权融资,最后才会使用股权融资。为什么要按照这个顺序来融资呢? 主要是在信息不对称的情况下,不同的融资方式传递的信息不同。具体来说,某家企业可能是一个好的企业,比如说价值 300 万元,也可能是一个坏企业,价值只有 100 万元。在没有足够的信息支持市场对企业的质量的判断时,市场按照好坏概率各半的信念给股票定价,这样市场给出的价格肯定介于好企业和坏企业的公允价值之间,好企业的价值被低估,坏企业的价值被高估。假设企业现在有一个新的投资项目需要资金。如果企业用发行股票的办法筹集资金,理性的投资者会认为这是一个坏消息,因为只有价值被低估的企业才愿意发行股票,企业的股价就会下跌。但是债券就不同,债券在购买前就已经确定了利率,到期时就能够获得固定的利息,只要不到破产状态,至少到时候也可以收回本金。换句话说,债权融资相对股权融资对于企业的价值不那么敏感。当然,最不敏感的就是内部融资。所以,企业融资的最优顺序是:首先是内部融资,然后可以考虑发行债券,如果债券融资受到限制,但是又需要从外部融资的话,才会去发行股票。发行股票是一种最后的办法,是没有办法的办法。这也意味着,企业一般会选择信息不对称最低的时候发行新股,如年度财务报告披露之后,或新产品被市场知道之后。

上面我们讲的是西方市场经济的现象,中国的情况会特殊一些。中国在 20 世纪 90 年代,只要一发行股票,股票的价格就会往上涨。这不意味着中国股民是不理性的,而是因为,如我们在前面提到的,由于上市是政府审批的,取得发行资格意味着有政府的关系资源,意味着有更大的寻租机会,谁买到股票谁就可以分享租金。换言之,在我们的体制下,发行股票成了一个"好消息"。当然,随着政府资源的日益耗竭,寻租的机会越来越少,增发股票也就越来越成为一个坏消息。

2.3 资本雇佣劳动

接下来我们要来讨论为什么是资本雇佣劳动,而不是劳动雇佣资本。② 这里的关键是有关企业家能力的信息不对称。一个人的个人财富是多少,相对容

---

① Myers and Majluf (1984);参阅 Brealey and Myers (2000)。
② 这实际上是张维迎《企业的企业家—契约理论》一书的核心主题。

易观察①,但一个人的企业家能力有多大,则不容易观察。在这种情况下,财富可以成为传递企业家能力的信号,资本雇佣劳动有助于保证企业的经营权掌握在最具有企业家能力的人手中。

在市场经济中,一个人是选择当企业家还是当工人完全是个人的自由。当企业家和当工人最大的不同在什么地方? 当工人拿的是合同工资,承担的是"过失责任"。企业家拿的是剩余收入,承担的是完全责任。对企业家来说,只要找不到别人的错误,都是自己的错误,得承担所有的责任。一个工人只要按时上下班,不犯错误,到领薪水的时候,老板没有办法不给他工资;但是企业家却不能到客户面前说:"今年我没有犯错误,你们必须让我赚钱!"所以,企业家承担的风险比工人多了很多。

具体来说,假如企业的收益是 Y,如果一个人选择做雇员的话,他可以拿到市场工资 X;如果选择做企业家的话,他要把工人的工资 X 支付了,剩下的才是自己的 $Y-X$。这个剩余收入是不确定的,可能是正的(盈利)也可能是负的(亏损),具体是多少与企业家的能力(及其他不受企业家控制的因素)有关。平均而言,企业家的能力越高,预期的剩余收入越大。一个人什么时候当企业家,什么时候做工人? 给定他的企业家能力,如果当企业家的预期收入 $Y-X$ 大于当工人时的市场工资 X,他就会选择当企业家;否则,他就会选择当工人。如果 $E(Y-X)=X$(这里 E 表示预期),意味着当企业家和做雇员对他而言是无差异的。这个等式决定了一个**"临界企业家能力"**:如果一个人的实际能力大于这个临界能力,就应该做企业家;反过来,如果他的实际能力小于这个临界能力,就应该选择当工人。②

这可以解释为什么中国改革开放后第一批出来做企业的人,都是当时在政府和国有部门找不到工作的人。对这些人来说,当企业家的机会成本是零,所以他们最有积极性当企业家。当时政府和国有企业是很有吸引力的,所以能在这些部门找到"铁饭碗"的人就没有积极性做企业。但到 20 世纪 90 年代,随着

---

① 当然这也不是绝对的,也可能有的人非常富有但深藏不露,有的人很穷但是却喜欢在公众面前装阔气,这些情况都会有的。只是后一种情况是很难的,比如没有钱却要进高档的饭店吃饭,就是很不容易做到的。另外,一个人如果非常富有,他想要完全不显露出来也不太可能。

② 这里为简单起见,我们只考虑货币回报。其实人们在选择自己工作的时候,要考虑的并不仅仅是钱财的问题,还有很多更复杂的心理和偏好因素。有些事情是给你钱你也不会去做的,比如一种选择是我每年付给你 50 万元,然后让你做什么你就做什么;另外一种选择是我每年付你 25 万元,然后你让我干什么我就干什么。你会选择哪一种? 人和人是不一样的,更在乎钱的人,会选择第一种;更在乎权的人,会选择第二种。这就是对控制权的偏好不一样,是由性格决定的。有些人更加珍视自由,即使是打工赚钱会更多,他也不想失去这种自由。但是不管怎么样,把这些因素都加进去之后,我们仍然可以得到这样一个企业家能力的临界值。

市场的进一步开放,当企业家的预期收入上升,旧的平衡被打破了,越来越多的政府官员和国企领导人选择"下海"当企业家。到世纪之交,在高科技产业的诱惑下,一些"海龟"也选择做企业了。当然,由于个人偏好的不同,有些人总是愿意选择当公务员和职业经理人,即使平均收入较低。

　　进一步讲,一个人当企业家的"临界能力"是与其个人财富状况相关的。为什么? 设想一下,一个人用自己的钱做企业,赚了是自己的,亏了也得自己承担损失;另一个人拿别人的钱去投资,赚了是自己的,亏了损失由别人承担。显然,第二个人比第一个人更有积极性做企业。这就意味着个人投资越多,或者说自己拥有的财富越多,他对自己的要求就会越高。因此,我们可以说,一个人的财富越多,他愿意当企业家的临界能力就越高。我们有了图9-4所示的临界企业家能力曲线。

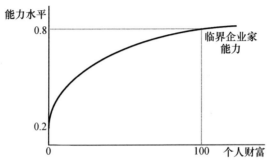

图9-4　个人财富与临界企业家能力

　　如图9-4所示,纵轴代表企业家的能力水平,横轴代表企业家的个人财富。临界企业家能力随个人财富的增加而上升,所以是一条向上倾斜的曲线。比如说,对一个一无所有的人来说,临界能力是0.2,而对一个有100万元财富的人来说,临界能力是0.8。如前所述,当一个人的实际能力大于个人的临界能力时,他就会选择当企业家;否则,就会选择当工人。因此,处于曲线以上的人就是愿意当企业家的人,曲线以下的人是自愿选择当工人的人。

　　因此,当外人只能观察到个人的财富信息而不知道个人能力信息时,他们会理性地推断,在所有愿意当企业家的人当中,财富越多的人,平均的企业家能力越高。这样,个人财富就变成了传递企业家能力的一个信号。一个想当企业家的人越富有,就越有可能得到投资者和雇员的信任,从而越有可能成为实际的企业家。相反,一个一无所有的人即使想当企业家,也很难得到投资者的信任,因为人们知道他更可能是滥竽充数。这就是我们对"资本雇佣劳动"的解释。

需要提醒读者的是,当我们说财富是能力的信号时,并不是说富有的人一定能力高,而是说富有的人更不愿意假装能力高,如果他能力不够高,就不会选择当企业家。事实上,我们一直假定财富本身和企业家能力无直接关系。

我们可以反过来讲,假如一个社会不存在私有财产,所有的人都一无所有,那么选择企业家就变得困难了。所有的人都在一条线(纵坐标)上,他们能力的高低都不得而知。从这个意义上说,个人财富是社会选人的一个很重要的信号。我们国家过去一度消灭了个人财产制度,实际上是取消了一个很重要的社会信号。结果就出现了这样一种情况,每个人都说自己很能干,每个人都认为自己可以搞好这个企业,反正钱都是国家的,谁都不会真正有积极性去说实话。没本事的人觉得自己有本事,不仅觉得自己有本事,而且觉得自己的亲戚朋友都有本事,因为谁都不承担责任。这样的机制显然不利于选出真正有能力的企业家。

风险投资中也存在类似的逻辑。风险资本家实际上就是选人,选投资对象,他面临的最大挑战是信息不对称。在获取需要的信息时,很多时候他会跟你谈话,看你的表现,但是还有很重要的一点,就是你在向风险资本家递交申请的时候,要告诉对方你自己投多少钱。自己对自己都没有信心,那么还会有谁对你有信心呢?所以要得到风险投资,一定要先把自己的"赌注"放进去。比如你有20万美元的一套房子,首先要把这套房子抵押给银行,贷款10万美元,然后才有可能找到风险投资商。实际上你的房产抵押就是一个信号,你愿意把自己的赌注放进去就意味着你对自己有信心。只有你对自己有信心,别人才会对你有信心。我们做任何事情都有类似的问题。

2.4 生活中的信号传递

根据信号传递理论,我们可以重新理解日常生活中的一些现象。比如说求职的时候,衣着就是一个信号。特别是如果希望到大的公司去工作,面试的时候一定要西装革履。穿西装、打领带会觉得受约束,但正因为不舒服,所以才有用。原因在于对于不同的人,难受程度是不一样的。越习惯于约束自己的人,难受的程度就越低;越习惯于放纵自己的人,难受程度就越高,成本就越大。所以企业的面试就是一种测试:如果你连打领带的痛苦都受不了的话,你还能在企业里遵守严格的纪律吗?所以着装就变成了一个很有用的信号。

在自然界中也有很多很有意思的现象。比如说雄性孔雀总是要拖着又大又长的尾巴,尾巴越长对雌性孔雀的吸引力就越大。为什么呢?以色列著名的动物学家扎哈维(1975)提出了一个非常有意思的原理:**累赘原理**(the handicap principle)来解释这些现象。[①] 该原理认为,长尾巴其实是一种信号,可以传递出雄孔雀的繁殖能力。因为尾巴长是一种累赘,尾巴越长负担越大,雄性孔雀可以通过这种方式来告诉雌性孔雀自己是一只体格健壮的孔雀——拖着这么长的尾巴,都还可以走路,肯定是身体好。这个时候尾巴就变成了一种信号,用来传递孔雀的一些私人信息。

前面这些例子都是为了说明,在信息不对称的情况下,拥有有利私人信息的一方愿意通过发送信号来传递信息,通过这种信号把自己和别人区分开。但是反过来说,也会有拥有不利信息的人,希望能够隐瞒自己,蒙混过关。比如说有一种策略是"笨鸟先飞",就是说如果你很笨的话,为了隐瞒自己笨,就要比别人多下一些苦功夫。但是要注意的是,你下苦功夫的时候一定要保证别人不能看到。所以我们有些同学就会偷着学,看见别人不在的时候才看书,有人在的时候他就玩。这种做法也是很聪明的,能够掩盖自己的信息。

当然,没有私人信息的一方也是很聪明的,隐瞒信息并不总能达到。有的时候"没有消息就是好消息"(no news is good news),但是也有的时候"没有消息就是坏消息"(no news is bad news),就是说如果别人都采取某一种行动,而你不采取的话,就会暴露出你是一个拥有坏信息的人。比如说,假定现在实行官员财产自愿申报制度,你可以申报也可以不申报。但如果你选择不申报,本身就是你有问题的一个信号。

人们是否愿意披露自己的私人信息也与制度设计有关。比如现在搞选举要投票,我先提了候选人再由大家投票来决定同意还是不同意。大家都在一起把选票发下去,如果你不同意我提名的候选人,当然不希望别人知道你投了反对票。假定为了体现"民主",我现在告诉你,你可以在现场填写选票,也可以到外面隐秘的地方,比如专门设的选票室填写。可是大家想一想,谁会去那个专门的选票室去写呢?你如果去选票室写你的选票的话,就等于是一个很明显的信号——你不同意我提名的候选人。然后一点票,如果该候选人得票少,肯定会怀疑你投了反对票,你就暴露了自己。

这样的一种制度设计导致一个什么结果呢?就像是一本书的书名所说的:"私下吐真言,公开说谎话"(*Private Truth and Public Lies*)(Kuran, 1997)。这种现象就像是安徒生童话里面的"皇帝的新衣"。所有人都看到皇帝没有穿衣服,但是所有人都说皇帝是穿了衣服的,因为所有人都认为如果自己说皇帝没有穿衣服的话就暴露出自己太傻了。所以只有小孩子什么都不懂,才会说真话。上面这些例子也说明,在社会中,我们如何行动,说什么话,不一定是完全依据我

---

① Zahavi (1975).

们相信什么,而是取决于我们认为别人会相信什么。如果有一天我们突然发现别人都不再信什么,我们也就不再信什么。这种集体信念的突然逆转会使得一个社会可能会在毫无征兆的情况下就发生重大变化。这对于一个社会来说是非常值得警惕和关注的。

第三节　社会规范的信号传递作用

3.1　如何理解送礼

下面我们用信号传递理论来解释一些社会规范。

从我们前面的理论当中,尤其是从重复博弈模型中可以得出这样的结论,人与人之间是否有积极性合作,很重要的一个决定因素就是人的耐心,即贴现率。一个人的贴现率越低,或者说贴现因子越高,就意味着他的耐心越大,他合作的积极性也就越大。问题在于,贴现率或耐心在很大程度上是一个私人信息,对方不了解你的耐心程度。这时,就可以通过对社会规范的遵守来传递出一个人的**耐心程度**。

波斯纳(Eric Posner)在 2000 年出版的《法律与社会规范》(*Law and Social Norm*)一书中,就是专门用这样一种理论来研究社会规范的。简单地说,他的理论是:任何一个具有成本并且可以被观察到的行为——注意这种行为有两个突出的特点:一个是有成本,另一个是可以被观察到——都可以传递一种贴现因子的信号,促进合作。

首先来看送礼这一普遍流行的社会规范。假如未来合作的价值是 10,现在有两个人,一个人的贴现率是 10% ,也就是对于他来说,明天的 1 元钱相当于今天的 0.9 元钱;另外一个人的贴现率是 30% ,也就是明天的 1 元钱相当于今天的 0.7 元钱。这两个人的耐心程度显然是不一样的,哪一个人更愿意合作呢?当然是第一个人。但问题就在于如果对方不知道你的贴现率是 10% 还是 30% ,你如何告诉对方你的贴现率是 10% 呢? 一个解决办法就是送礼。比如说现在有一个礼品的价格是 8 元钱,一定是只有贴现率是 10% 的人愿意送这个礼,贴现率是 30% 的人是不愿意送的。这是因为,你为了送礼付出了 8 元的成本,对方相信你是愿意合作的人,未来你就可以从合作中得到 10 元钱。如果你的贴现率是 10% ,那么这个 10 元贴现到现在,就相当于现在的 9 元钱,这个时候你实际上是赚了 1 元钱。但是如果你的贴现率是 30% ,未来的 10 元钱就仅仅相当于现在的 7 元钱,你就亏了 1 元钱。从这个例子里面我们可以看到,只有拥有低贴现率的人才会愿意送礼,所以送礼就变成是一个信号,可以传递相关的信息。你有积极性送礼是因为你要告诉别人，你是一个有耐心的人，愿意在未来跟别人合作；而没有耐心的人就不会做这样的选择。

从这个例子里，我们同样可以看出，对于送礼来讲最重要的是什么？是礼物对送礼的人的成本大小，而不是礼物对于收礼的人的价值的大小。像我们前面讲过的教育，从信号传递的角度讲，重要的是你接受教育的成本，而不是接受了教育之后对企业有什么价值。

当然，现实生活中不同的人送礼有不同的目的，传递信号并不是送礼这种行为的唯一解释。一种可能是送礼是出于利他主义，就是说希望自己能够帮助别人、关心别人；另一个原因是"礼尚往来"。但关键是我们发现有很多难以用这些原因解释的现象，比如说礼物的价值对于收礼的人说，可能要低于礼物的实际花费。比如说，我花了 1 000 元钱请你吃了一顿饭，我的成本是 1 000 元人民币，但是对于你来讲，可能会觉得还不如给你 100 元钱然后让你回家吃一碗面。所以送礼可能不会带来任何的帕累托改进。那我为什么还是请你吃饭而不是给你 100 元现金呢？原因就在于我们刚才说的：从传递信号这个角度来讲，最重要的是送礼对于送礼人的成本。如果成本太小，就没有办法显示送礼人的耐心。

对于不同类型的人，送礼的个人成本是不一样的，因此为了达到同样的目的，不同的人采取的行动也是不一样的，或者说，同样的行动对不同的人传递的信息不同。比如说，穷人送礼和富人送礼就会有很大的区别。穷人最缺的是钱，而富人最缺的是时间。如果一个百万富翁给你送 100 元钱，那可能只是一种施舍，并不能传递一个信号表示他愿意在未来和你合作；当然他也可能会是出于利他主义。同样地，如果穷人陪你聊天的话，同样也不是一个信号，因为他本来就没有什么事情可以做。穷人给你买了件价格 100 元的礼物，富人买了一件礼物价格可能是 1 000 元钱，这两种礼物传递的信号是不能以实际价格衡量的，穷人 100 元传递的信号可能比富人 1 000 元传递的信号更强一些。反过来说，穷人陪了你一天，富人只陪了你一个小时，表现出来的信号也可能是富人更愿意跟你在未来合作，更重视和你的关系。所以我们要了解不同的人，了解他们每一种礼品中包含的个人成本，因为对于不同的人来说，相同举动包含的信号是有很大不同的。从这个意义上讲，"千里送鹅毛，礼轻情意重"是有道理的。鹅毛可能对你来说没有什么价值，但是对方愿意花那么大的成本，把鹅毛千里迢迢地给你送过来，这就意味着他很重视你，愿意在未来跟你合作。

当然，一般来说，我们希望别人能够喜欢我们送的东西。这与前面讲的并不矛盾。因为，每个人的兴趣不同，你要是想知道他喜欢什么，你就得花时间去了解他，还得花时间找到他喜欢的东西，这些成本可能很大，除非你特别重视对方,否则不会花那么大的力气。所以送给对方一件他喜欢的礼物也构成了一个信号,说明你很在乎他。这就是为什么人们更偏好送礼物而不是直接送钱给对方的原因。送钱是最简单的事情,你根本就不需要知道他喜欢什么,如果你不在乎他的话,你就应该给他送钱。类似地,你送给别人他自己不会买的东西,这会有非常好的效果,意味着你对他更加重视。

当然,如果你送礼的目的是诚心诚意帮助对方而不是传递信号,送钱是最好的。钱给了他,他爱怎么花就怎么花,对他的帮助最大。比如说,好朋友的孩子结婚,你送钱可能最合适。但如果你朋友很富有,无须你帮助,送钱就不如给对方买件喜欢的礼品。

前面讲的是单方面信息不对称,现在我们来看一下双方都不知道对方是否愿意跟自己长期合作的情况,也就是说,彼此都不知道对方的贴现率是多少。这个时候,双方可能都需要送礼。我送礼给你,传递了一个信号:我愿意跟你合作。同样,你送礼给我也传递了一个信号,表示你愿意跟我合作。我们每个人都希望能够找到一个值得信赖的人,找一个有耐心、讲信誉的人。这种状况下,假如我送给你 8 元钱,你也送给我 8 元钱,那么这两个就都抵消了,送礼也就没有意义了,没有办法传递信号。所以,波斯纳提出一个很重要的观点:在礼尚往来的情况下,礼品必须毁灭它的价值。这样做的目的就是要使你送礼的成本必须大于礼物对收礼者的价值。比如我花 8 元钱买的礼物,可是它对你的价值只有 2 元钱;你出 8 元钱买的东西对我来说价值也仅仅是 2 元钱。而我们相互送礼,每一方的价值就都减少了。本来 8 元钱的东西,现在互送之后变成了 2 元钱的东西。但从个人的角度看,这不是浪费,它是有意义的,因为它表示出了彼此对对方的重视。因为它"毁灭"了一些价值,所以才能表现出更重视对方。这也解释了为什么相互送礼的时候,我们不能送现金,而要送礼品。

现实生活中送的很多礼物其实都是浪费性的,最典型的就是中国人中秋节的时候送月饼。现在没有多少人真正喜欢吃月饼,而且即使喜欢吃月饼的话,也没有必要非得中秋节之前买。其实在中秋节的时候,买月饼、送月饼的人并不是注重月饼的使用价值,而是要证明花了多少钱,证明自己想着对方。现在的月饼做得越来越精致,已经不在乎里面放的是什么了,更在乎的是外面的包装,包装的成本已经是里面的月饼成本的好几倍了。也正是因为这样,才能够传递信号,显示自己的诚意:你看我花了这么多的钱给你送了一个根本就不值钱的东西,说明我是多么地在乎你。最后情况就演变成大家相互送月饼,收到之后又都扔了。①

同样地,也可以从送礼这个角度来解释为什么中国的名烟名酒的价格会这么高了。我们可以看看多少人买名烟是自己来抽的? 几乎没有。自己消费的话,绝对不会买那么贵的烟。但是要是送礼的话,你买便宜的就没有意义了,一定要贵的才行。同样地,我们看中国请客吃饭的情况。中国高档饭馆的发展比外国要快得多,而且要奢侈得多。我有一个做企业的朋友,到美国请别人吃饭,拿信用卡付的款,有一次可能是花了五百美元吧,当时美国的信用卡公司马上就给他打电话了,要确认一下是不是他本人消费的,因为一次吃饭花那么多钱,在美国是非常少见的。但是在中国的一些地方,花上万元钱请客是很平常的事。人们在请客的时候,并不在乎是不是吃得舒服。比如说别人要请我吃饭,我说你最好让我吃一顿刀削面或者手擀面,这就可以了,吃得最舒服。但是对方肯定不答应,因为这就显示不出来他对你的重视来,所以他一定要请你到一个很高档的地方,什么山珍海味,让你吃得很不舒服。久而久之就会形成这样一种观念:看一个人是否重视和你的关系,就看他愿意花多少钱、在什么地方请你吃饭,而不是看你吃了以后舒服不舒服。这就导致了中国的高档饭馆越来越多。

你可能会说,如果是出于传递信号的目的,外国也一样,外国人也要送礼的。但是为什么他们没有我们这么奢侈呢? 有一个很重要的原因是,在中国,请客送礼主要是花"公家"的钱,而不是个人付费。如果是个人付费,一块钱就是一块钱,但花公家的十块钱对个人的成本可能只相当于花你自己的一块钱。这样,为了传递同样的信息,需要10倍于个人的花销。用你自己的钱100元就可以传递的信号现在要用1 000元钱才行,所以就使得我们的礼品、饭馆的档次越来越高。如果自己掏腰包来请客,请一个朋友吃饭,花了500元钱,对方已经觉得你很在乎他了,因为你把一周的工资花了;但是如果你用公家的钱来请他吃饭,同样花了500元,他会觉得你太不重视他了,你必须花上5 000元、10 000元才行。由此可见,谁来付钱是一个很重要的问题。

目前,送礼现象在中国还有一个有意思的地方,就是送礼不再是一种信号传递,而不送礼反而成为一种信号了。因为所有的人都在送礼,你送礼显然是没有用的。但是反过来,如果你不送礼,就有问题了。送礼的人多,领导可能记不住谁送礼了或者送了什么礼,但是谁没有送礼领导是清楚的,因为不送礼的人很少。结果,所有的人都送礼,一般性送礼的信息量就没有了。最后只能比

① Smith (1998)在《华尔街日报》上的文章描述了当今中国人中秋节送月饼的礼节。波斯纳在他的书中引用了这个例子。

谁的礼品更贵重。

有必要指出的是,在现实生活中,送礼在许多情况下不是为了"合作",而是为了"合谋",也就是通常讲的"寻租"(腐败)。在这种情况下,送礼传递的是"坏人"的信号,真正的好人不会送贵重的礼品,也不会接受贵重的礼品。这也意味着,从社会的角度讲,送礼这种社会规范未必是帕累托最优的。①

3.2　婚姻契约

下面我们来看一看婚姻关系。我们知道婚姻关系的契约和其他的交易契约是很不一样的,在其他的交易契约中你能够享受到的自由度会更大,双方签订一个合同,实际上是表现了他们的意愿,法律就是用来保护他们的意愿并且保证契约的执行,这就是所谓的"**自由签约权**"。比如现在我要买一样东西,它是什么价格,我愿意不愿意支付这个价格,都是由我自己的意愿决定的。但是婚姻这个契约受到非常严格的法律限制,也受许多习惯的约束。比如说法律规定一夫一妻制,你就不能是一夫多妻或者是一妻多夫。这也就是说,我们所有关于婚姻的法律和习惯,都使男女双方当事人失去了很多的自由。当然所有的合同都会让你失去一部分自由,但是其他的合同解除是比较容易的,而婚姻这个合同要解除就比较难。为什么?有一个原因是我们前面讲过的,是出于防止**机会主义**的目的。由于婚姻的达成比较困难,你一旦愿意结婚就意味着你做出了承诺。否则的话,你结婚可能只是想从婚姻中得到好处而不愿意承担成本,不愿意抚养孩子,不愿意做家务,或者是对方生病了也不愿意照顾等等。关于结婚的所有规定可能最重要的意义就是防止你的机会主义行为。

寻找配偶时,我们都希望找一个自己爱并且爱自己的人,一个值得终身托付的人。但这里有严重的信息不对称。一个人对你山盟海誓并不能说明他(她)真的爱你,更不能说明他(她)愿意与你白头到老,因为说这样的话是没有成本的。我们可以把人们遵守有关婚姻的法律和社会习俗理解为愿意做出承诺的信号。比如说,领取结婚证就传递双方承诺的信号。设想你和你的男朋友谈恋爱多年,对方海誓山盟说永远爱你,也愿意与你同居,但你多次催促,他就是不愿意去领结婚证。这显示对方并不愿意做出真正的承诺,而是随时可能离你而去。反过来,如果对方愿意领取结婚证,就显示他愿意做出承诺。有人说结婚证就是一张纸,并不能阻止他爱上其他人。但这张纸很重要,因为有了这张纸,离婚的成本就大大增加了。因为离婚是有成本的,所以领结婚证就成为他爱你并愿意与你长期生活的信号。

---

① 有关社会规范与效率关系的更多讨论,参阅 Posner(2000)。

其实,任何使得离婚成本足够高的行为都可以成为婚姻承诺的信号。送彩礼是一个信号,因为我把钱都花出去了,我没有钱再给第二个人送彩礼了,表示我愿意跟你过一辈子。同样,举行一个昂贵的婚礼也是一个信号。婚礼一般都是很铺张的,对于很多人来说,结婚一次花的钱可能是婚后好几年的生活费用。[①] 但正因为如此,婚礼才传递信号。当一个人没有钱举办第二次婚礼的时候,他是不大可能轻易离婚的。当然,如果双方有绝对的信任,花这些钱是没必要的。

婚姻中的成本不仅是物质上的,还有声誉方面的,有时后一种成本更重要。婚礼的价值不仅在于花钱,还在于"广而告之"。如果所有的亲戚朋友都知道你结婚了,你越轨的成本就大大提高,因为那样做会损害你的声誉。如果一个人与你谈恋爱,与你同居,但他不愿意让任何人知道,甚至不愿意让你见他(她)的父母,那就意味着他并不真心爱你,至少不准备与你结婚。

当然,什么样的行为传递信号与社会上人们普遍接受的观念有关。比如说,在过去,如果一个女孩子愿意"以身相许",就意味着她愿意嫁给你,因为以身相许后不可能有其他人娶她;但在今天,这样的行为并不一定传递任何信息,因为至少在城市,婚前性行为已成为一个被人们普遍接受的现象。

3.3 浪费性消费

接下来,我们再来看一下关于**浪费性消费**的问题。我们很多的消费实际上都是一种浪费,但它们有的时候也传递出一种信号,来显示你的身份和财富。

根据我们前面的分析,一个人如果更重视未来的话,应该更愿意节俭。储蓄事实上就是由你的耐心决定的,没有耐心的人就该是今朝有酒今朝醉的人,有耐心的话你就会愿意推迟消费。但我们要说的是,浪费性消费从某个角度讲可能是不应该的,但是从另外一个角度讲可能又是应该的。比如,如果别人不知道你的富有程度,也不知道你的身份,这时你就需要用浪费性消费来发送自己的实力信号。从这个角度来看,我们就会知道名牌服装的价值在什么地方了。名牌其实很大程度上是在传递使用者的实力或品味的信号。我们在上一章讲过,如果质量信息不对称,品牌可以为生产者传递产品质量的信号。但是从另外一个方面来看,品牌也传递使用者的信号。有些人富有,有些人穷困,但是这种情况在陌生人之间可能不会被普遍了解,所以穿名牌的服装就会显示你的富有。在这个时候产品的质量本身就不是很重要了,同样质量的东西,不同的品牌就可以卖到完全不同的价格,就是因为消费者要传递特定的信号。以此

---

① 当然,现实中也有个别官员把婚礼作为敛钱的手段。

来看,熟人之间交往不需要穿非常名贵的品牌衣服,所以在家里或者是在学校,就可以什么舒服就穿什么。

名牌有时是为了传递自己属于某个特定群体的信息。如果某一群体的所有人都穿这个牌子的衣服,那么如果你不穿同样的衣服就会暴露出你不是这样的一类人。在社会上,按照长期形成的习惯,不同的人群有约定俗成的服饰或发型。比如说街头上的痞子混混也有自己的服装和发型,如果你想告诉别人你是个痞子,你就得与他们穿同样的服装,留同样的发型。反过来,如果你不想被人误以为你是这一类人,你就不能穿他们那种服装。如果一个人要显示自己特立独行,那他的穿着打扮就得与众不同。所以,有些人奇装异服,有些人名牌裹身,全看你想告诉别人什么信息。

3.4 礼仪和法律的作用

再进一步来看,为什么人们在社会中要遵守一些特定的礼仪和法律?礼仪是很烦琐的,法律有的时候也不一定是公正合理的。礼仪本身没有什么价值,但是正是因为它的烦琐,没有什么价值,才能够显示当事人有愿意合作的意向。你愿意花那么大的成本遵循这个规矩,就说明你愿意成为这样一类人。比如说你要去参加一个很正式的仪式或典礼,事前对方会告知你应该穿什么样的服装。比如2003年12月10日我去瑞典斯德哥尔摩参加诺贝尔奖的颁奖典礼,要求必须穿燕尾服。瑞典的燕尾服和英国的还不一样,所以英国人到了那里也需重新定制。这就是一个规矩,你只有愿意接受这个约束,才有资格参加这个活动。为了参加这个活动,你不得不租一件合适的礼服,只穿几个小时,却要为此花费高达200美元的租金;如果你专门买一件就更贵,可能要花一两千美元。你肯为这个礼服花费本身就是表示你重视这件事,愿意接受这个特定的社会规范。很多规范正是因为它们没有价值,所以它才传递信号。

同样,法律也有类似的功能。虽然法律不一定公正,但是签订合同或是接受判决,实际上是传递你愿意合作的信号。这是波斯纳在另外一篇文章里面提到的一个很重要的观点(Posner, 1999)。只要法律不是出现系统性的偏差,那么在断案的时候,还是要听从法官的判决的。法官甚至有可能采取抓阄的办法①,他可能完全不清楚谁对谁错;并且事先你都不会知道他会抓到哪一个,也不知道自己会赢还是会输,那么你还愿意接受裁决吗?这个时候最重要的意义就在于传递信号了。如果你愿意签订这个合同,意味着你不会选择机会主义行为,因为打官司是有成本的。为此,法院和立法对合同提出了一些形式上的要

---

① 当然他不能表现出是用抓阄的方法,但他做出判决时心里可能是抓阄的。

求,如合同当事人要亲笔签名。如果一个人不愿意遵守这些形式,就表明他想避免法律的制裁,因而是不值得信赖的。

在这里我还要提出一个自己界定的概念——**行为相关**(behavior correlation)假设。① 人们在不同的场合,会有不同的表现。但是,在人类的本性里面会有固定不变的东西,或者是由于某种程度上的习惯成自然,一个场合的行为可以传递另外一个场合的信息。所以有的时候,即使你只是短期博弈,完全没有必要去跟别人合作,但是你仍然会表现出愿意合作的样子来。

设想有两种情况:一种是你到陌生的地方去旅游,周围都是陌生人,并且你只来这么一次,也只有你一个人来,没有你的同伴和你在一起;第二种情况是除了你之外还有三个同伴和你在一起。那么,哪一种情况下你的表现会更好一点儿? 当然是第二种情况。因为如果你做了一些不合社会规范的事,即使这些事对你的朋友是完全无害的,甚至对他们有好处,但是你的这种行为可能会给你的同伴传递一种信号:如果他们和你在另外一个场合合作的话,你很可能也会这样做。所以我们把它叫做行为相关。正是由于行为相关的存在,你在每一个场合都会注意自己的行为会传递什么信息。

一个人对父母的孝敬和对他人的诚信之间就存在着这样的相关性。一般来说,如果一个人对父母不孝顺的话,大家也往往会不愿意跟他交朋友,因为一个人对父母都不孝顺的话,又怎么能够对朋友有诚意呢? 所以说你对父母的态度,对你在社会中与他人的关系是有很大影响的。我们经常说"忠孝不能两全",但是如果一个人不孝的话,一般情况下也会不忠。一个人如果不爱惜自己的生命,也不可能爱惜别人的生命。所以老子讲:"贵以身为天下,若可寄天下;爱以身为天下,若可托天下。"②同样地,你对朋友的态度也是一个信号,能够传递你对陌生人的态度。这样就导致了有很多行为规范和社会约束能够产生效果。

中国许多地方政府为了吸引外地的企业家来投资,会许诺许多优惠条件。但如果外地企业家看到一个地方政府对本地企业家任意敲诈勒索,他们是不会愿意来投资的。

获得一个人的信息除了看他的行为和行为的相关性之外,还可能要"相面"。所谓相面,就是说可以从一部分人共同的信号来获得信息,比如说老实人

---

① 这个概念与心理学上讲的"行为一致性"概念有关,但从信号传递的角度,我想强调的是一种场合的行为方式如何传递当事人更本质类型特征的信息。如果旁观者有这样的认知,行为者的行为就会与别人没有这种认知时不同。这样,比如说,如果有长期的合作伙伴在场,即使在与陌生人进行一次博弈的时候,我也会表现得像进行重复博弈一样。

② 参见老子《道德经》第十三章。

有什么共同的特征,那么我们看这个人长得像个老实人,就会认为他可能是个老实人。当然这样的判断可能是不准确的,但是也有一定的道理,因为这些"相面"的人,他们的理论也是从大量观察和很多经验中总结出来的。只是任何对历史经验的总结都会有偏差,就像我们计量经济学中的回归方程一样,回归出来的结果是一条线,实际发生的其实总是有偏离这条线的,但平均起来还是大致一致的。

3.5　信息不对称与观念变迁

最后再来讲一讲由于信息不对称而导致的**制度变迁**。前面讲过,如果是完全分离均衡的情况,比如好人和坏人、高能力和低能力、高风险和低风险可以由某种信号完全分开的话,那么每个人都有特定的行为,好人和坏人的行为表现就是不一样的,高风险和低风险的信息是不一样的,高能力和低能力的人的决策也是不一样的。比如说,高能力的人可以上大学,而低能力的人能上到初中就行了。如果是混同均衡的话,所有人的行为都一样,所以他们的行为就不传递新的信号。但是如果在这种情况下一个人和大部分人的行为有明显的不同,那么反而可能会传递出一种信号来。

另外还有一种情况是综合了分离均衡和混同均衡,我们把它叫做"**准分离均衡**"。这时候,有些行为传递信号而另一些行为不传递信号。举例来看,比如有的时候做好事并不传递出某种信号来。好人会做好事,但是坏人为冒充好人也会做好事,但是办坏事一定是传递信号的。所以当我们观察到一个人做了好事的时候,并不能够确定地判断他是一个好人;但是当我们看到一个人办了坏事的时候,就可以推断他一定是一个坏人。那么,如果把这些放在一起来看的话,我们就可以发现,社会的变化有时可能会把一个分离均衡转变为一个混同均衡,或者是准分离均衡。这时,社会规范就可能发生变化。

这方面的一个典型是我们对婚前性行为态度的变化。在中国的传统中——其实在每一个国家都是一样——对于婚前性行为和婚外性行为的态度,是非常严格的,并且这种严格有着几千年的历史。这是一个分离均衡,就是说一个"好人"一定会严守着这些规矩,而不像那些"不本分"的人,他们不在乎别人怎么说自己,才会有违反社会规范的事情出现。在一个相对封闭的社会当中,或者在一个特定的范围中,比如说一个村子里面,信息是相对比较透明的,婚前和婚外性行为都很容易被观察到。比如说谁家的女孩子,是某个人的未婚妻,已经订婚了但是还没有正式成亲,要是晚上没有回家,而是住在男方或别的男人那里,村里人就会议论纷纷。由于这个信号很清楚,对那些被观察到的人的谴责和惩罚就会比较公正。但是在城市里,由于人口流动性大,有的婚前性行为大家看得到,但大量的婚前性行为观察不到。如果被观察到的行为只是所有这一类行为中的一小部分的话,那就意味着我们谴责有这一类行为的个别人就不太公正了。由此就会导致观念的变革,人们对婚前性行为变得越来越宽容。

同样,人们对待腐败问题的态度也有类似的变化。假如所有(或至少绝大部分)贪污腐败的官员都能被查出来的话,那就意味着腐败官员会受到双重的惩罚:第一是国家法律的直接惩罚,比如坐牢、罚款等;第二是要受到社会舆论的惩罚。但是现实生活中,如果十个腐败的人只有一个人会被抓住的话,那么这个被抓到的人受到的第二方面的惩罚就会大大地降低。很容易理解,现在经常的情况就是这样,抓到一个腐败官员,大家就会说:"哎呀,这个人真倒霉啊!"这种道义上对腐败的惩罚就因为很多腐败行为不能被观察到而降低了,这也是腐败一旦蔓延开来就会自己具有一个加速度的重要原因。

上述分析表明,一个信息相对比较透明的社会才有可能有效地重塑价值观念和社会规范。

本 章 提 要

在信息不对称时,为了实现交易带来的好处,有好信息的一方有积极性告诉没有信息的对方自己的真实类型。但口说无凭,他必须有办法让对方相信自己。

所谓信号传递,就是用可信的方式显示自己的类型。一个信号之所以是可信的,是因为同样的信号对不同类型的人来说传递成本不同。"好"类型的人传递该信号的成本低于"坏"类型的人,所以后者不敢模仿前者。因此,没有私人信息的一方可以通过所观察的信号判断对方的类型。

任何有成本、能被观察到的行为都可以成为传递信息的信号。高能力的人可以通过接受教育告诉雇主自己是高能力的,因为接受同样的教育对低能力的人太痛苦。好车的车主可以通过提供保修告诉买主自己的车是好的,因为坏车的车主提供保修的成本太高。高效率的企业可以通过高负债告诉市场自己是高效率的,因为低效率的企业不敢承担如此高的负债。高质量的产品可以通过广告告诉消费者自己是高质量的,因为低质量的产品这样做得不偿失。在所有这些情况下,我们得到分离均衡。

如果发送同样信号的成本差异不够大,坏类型就会模仿好类型,只能得到一个混同均衡。在混同均衡的情况下,信号不传递"好"信息,但可以掩盖"坏"信息。

一种行为的信号功能也可能来自未来合作的价值对不同的人不同。送礼及其他一些社会规范之所以可以传递一个人愿意与他人合作的信号,是因为有耐心的人更看重未来的收益。礼品的信号功能意味着重要的不是礼品对受礼者的价值,而是送礼人的成本。所以有了"千里送鹅毛,礼轻人意重"的说法。

当礼品的费用由"公家"支付时,礼品的信息量就大打折扣,由此导致礼品价格的膨胀。

行为的相关性意味着即使在一次性博弈中,人们也不一定采取机会主义行为,因为机会主义行为会传递对自己不利的信息。

信息不对称也可能导致观念变革。如果某种"坏"类型的人数很多,但人们只能观察到其中的一小部分,社会对这种类型的容忍度就提高了。这可能是腐败蔓延的一个重要原因。

第十章
机制设计与收入分配

第一节　机制设计理论

1.1　如何让人说真话

在上一章中,拥有"好信息"的一方会主动地通过信号传递的方法来告诉对方自己的信息。但是通常来说,拥有"坏信息"的一方并没有积极性披露自己的消息。比如,企业向银行贷款时,可能不愿意如实地告诉银行自己项目的风险水平;购买健康保险的投保者也不愿向保险公司披露自己真实的健康状况;官场上,官员汇报工作时也可能只报喜不报忧,或是夸大好消息隐瞒坏消息。或者,在很多情况下,拥有"好信息"一方也没有办法传递信号。在这种情况下,没有信息的另一方怎么办?

这时,我们往往会看到,没有私人信息的另一方会设计一种或几种方案(合同)出来,让具有私人信息的一方从中选择,然后通过他所选择的方案获得他所具有的私人信息。一个典型的例子是《圣经》中"谁是孩子的母亲"的故事。两个妇女住在一个房间,相继各生了一个孩子,但突然有一天其中一个孩子死了,两个妇女都说活着的孩子是自己的,官司打到所罗门国王那里。所罗门国王并不知道谁是孩子的母亲,但是这两个妇女都是知道的,其中一个是真的母亲,一个是冒充的。但是真母亲没有办法来告诉大家自己是真的,假母亲没有积极性告诉大家自己是假的。在这种情况下,所罗门国王说,既然你们争论不休,我只能把孩子分成两半,你们每人拿一半好了。这时候,一位母亲放声大哭,说孩子不是自己的,而另一位母亲却无动于衷。这样一来,所罗门国王就知道了谁是真的谁是假的,把孩子判给了前一位母亲。之所以如此,是因为所罗门国王知道,孩子真正的母亲宁肯失去孩子也不愿意孩子死去,而假母亲既然自己得不到孩子,对孩子的死活也就无所谓了。

在我国历史上也有类似的例子。两位母亲也是为争夺一个孩子把官司打到县衙门,为了识别谁是孩子的亲生母亲,县太爷在地上画了一个大圆圈,让孩子站在中间,两个母亲各拉一只胳膊,宣称谁把孩子拉出圈孩子就归谁。但县太爷心里明白,肯使大力气拉走孩子的一定不是亲生母亲。

成语"指鹿为马"实际上讲的是赵高如何找出不顺从自己的大臣的故事。据司马迁《史记·秦始皇本纪》,秦二世三年(公元前207年),赵高想谋反,但又害怕群臣不听从他。为了找出那些不随从他的人,他就想了一个办法。他带来一只鹿献给秦二世,说"这是一匹马"。二世笑着说:"丞相错了,把鹿说成马。"问左右大臣,左右大臣有的沉默,有的说是鹿。赵高就在暗中假借法律陷害了那些说是鹿的大臣。从此之后,大臣们都畏惧赵高。

在博弈论中,我们把这种做法称为**机制设计**(mechanism design)。机制设计理论就是研究在信息不对称的情况下,没有私人信息的一方如何让具有私人信息的人把信息真实地披露出来。[1] 这样的机制分为直接显示机制(direct revelation mechanism)和间接显示机制(indirect revelation mechanism)。在直接显示机制下,具有私人信息的一方报告自己的类型;在间接显示机制下,具有私人信息的一方选择设计给自己的合同。根据显示原理(revelation principle),任何一个间接显示机制都存在一个对应的直接显示机制,在该直接显示机制下,每个人会如实地报告自己的真实类型,并且两种机制下的资源配置结果是一样的。[2] 本章中我们讨论的主要是间接机制(但第三节讨论的是直接机制)。

更为一般的机制设计问题可以用如下博弈来刻画。设想有两个参与人 A 和 B。A 有两种类型,好人或者是坏人。A 的类型是私人信息,A 知道自己的类型,但是 B 并不知道 A 的类型,只知道 A 是好人的概率为 p,是坏人的概率为 $1-p$。为此,B 可以设计出两个方案(方案一和方案二)让 A 来做选择。如果 A 是好人,他就会选择方案一;如果 A 是坏人,他就会选择方案二。这样的话 B 也

① 在这一领域做出重要贡献的学者有很多,其中 2007 年获得诺贝尔经济学奖的三位学者赫维茨(明尼苏达大学)、马斯金(普林斯顿高等研究院)以及迈尔森(芝加哥大学)在这一领域做出了开创性的工作。他们的贡献分别出现在 Hurwicz(1960, 1972),Maskin(1977,1999),Laffont and Maskin(1979),Maskin and Riley(1984,1985),Myerson(1979, 1983),Myerson and Satterthwaite(1983),等等。Vickery(1961)和 Mirrlees(1971)是机制设计理论最早的文献,他们二人因此贡献分享了 1996 年的诺贝尔经济学奖。有关机制设计理论的基本概念及经典结论,参阅 Garg 等(2008)。
② 参阅张维迎(1996),第 284—288 页。

就能够知道 A 究竟是好人还是坏人了。我们可以用图 10-1 来直观地描述上述博弈。

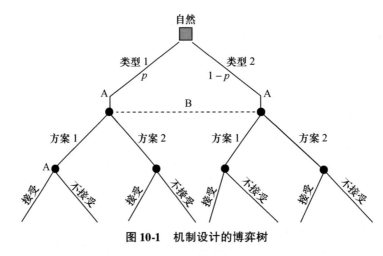

图 10-1　机制设计的博弈树

这里,B 设计的方案就是通过 A 的**自我选择**(self-selection)来判断 A 的类型。而要保证自我选择过程的实现,这些方案必须满足上一章提到的两个约束条件。第一个是**参与约束**,也就是说 B 设计的这个方案 A 应该会愿意接受,即 A 接受方案要比不接受方案好。第二个就是**激励相容约束**(incentive compatible constraint):每一个人都有积极性接受为其类型所设计的方案而不是接受为其他类型所设计的方案,也就是要自我对号入座。参与约束意味着当事人有积极性参加交易,激励相容约束意味着拥有私人信息的 A 能够"说真话"。在这样一种"说真话"的机制中,你是好人,你的选择就会反映出你是一个好人;而你是坏人,你的选择就会反映出你是一个坏人。那么,怎么才能满足这两个约束条件去保证出现一个"说真话"的机制呢?下面,我们借助疾病保险市场中的例子来说明这一问题。

1.2　混同均衡和分离均衡

考虑一个两年期医疗保险的例子。假定保险市场上有两类人:第一类是高风险的,每年患病的概率是 0.5;第二类是低风险的,每年患病的概率是 0.3。[①]这样,高风险的人在两年内得病的概率是 0.75[$=0.5+(1-0.5)\times0.5$];低风险的人在两年内得病的概率是 0.51[$=0.3+(1-0.3)\times0.3$]。再假定每一类人群各占总人口的一半。如果这两类人都要购买医疗保险,假定医疗保险的赔

---

① 我们对患病概率的假设显然过高了,只是为了说明问题。

偿额是 10 万元,那么对他们收多少保费是合理的呢? 表 10-1 分别列出了两类群体的情况以及平均值。

表 10-1 两种风险类型与保险合同

	一年内患病概率	两年内患病概率	投保金额(万元)	最低保费(万元)
高风险群体	0.5	0.75	10	7.5
低风险群体	0.3	0.51	10	5.1
平均	0.4	0.63	10	6.3

先考虑信息完全的情况。此时保险公司能够知道每个人的类型(低风险或者高风险)。保险公司只有在预期不亏本的情况下才会提供保险产品,因此高风险类型的人要获得 10 万元的赔偿的话,需要交的最低保费是 7.5 万元;低风险的人要交的最低保费是 5.1 万元。比如有 100 个高风险类型的人投保,总保费收入是 7.5 × 100 = 750 万元。因为两年保险期内有 75 个投保人会得病,有 25 个投保人没有得病,因此保险公司的总支出是:75 × 10 + 25 × 0 = 750 万元。保险公司刚好收支相抵。类似地,保险公司对 100 个低风险类型的人提供保险的收支是 510 万元。如果保费低于上述标准,保险公司将亏损,提供保险是不值得的。

当然,人们之所以愿意购买保险是因为他们害怕风险(这正是保险业的价值所在),也就是说,高风险的人更偏好投保之后确定的 2.5 万元而不是不投保时不确定地以 25% 的可能性拥有 10 万元和 75% 的可能性得到零(因此平均值是 2.5 万元);低风险的人更偏好投保后确定的 4.9 万元而不是不投保时不确定地以 49% 的可能性拥有 10 万元和 51% 的可能性得到零(因此平均值是 4.9 万元)。因此,保险公司的上述收费政策也满足投保人的参与约束,投保人愿意投保。

进一步,由于投保人害怕风险,他们愿意为换得确定性收入支付风险溢价。因此,即使保险公司收取的保费适当高于上述标准,投保人仍然愿意投保。比如说,假定高风险的人的风险溢价是 0.5 万元,低风险的人的风险溢价是 0.3 万元(注意,风险溢价与风险的大小有关),那么,满足投保人参与约束的最高保费是:高风险者 8 万元(= 7.5 + 0.5),低风险者 5.4 万元(= 5.1 + 0.3)。实际可收取的保费在最低保费与最高保费之间。如果低于最低保费,保险公司将亏损;高于最高保费,投保人将不愿意投保。具体是多少,与保险市场的竞争有关。比如说,如果只有一个垄断的保险公司,保费将接近于最高保费;如果保险业处于完全竞争状态,保费将接近于最低保费。

现在来看信息不完全的情况。此时保险公司不知道哪个人是高风险的,哪

个人是低风险的,只知道总人口中一半是高风险的,一半是低风险的。换句话
说,某个投保者属于这两类人的概率都是50%。由此算出每一个投保者两年内
得病的概率是0.63。在这种情况下,如果保持赔偿金额是10万元的话,每个人
的保险费用不能低于6.3万元。那么这就导致一个逆向选择的后果:低风险类
型的人不参加保险,只有高风险的人愿意买保险。因为对于低风险类型的人来
说,6.3万元的保险费远大于他所愿意支付的5.4万元的最高保费,但是远小于
高风险类型的人愿意支付的8万元的最高保费。既然只有高风险的人参加保
险,保险公司肯定就亏损了(如果100人投保,亏损额是750 - 630 = 120万元)。

能不能设计出来一个机制来保证两类人都参加保险呢? 在这个例子中,关
键的问题就是保证低风险类型的人还愿意买保险,也就是说要保证低风险的投
保者的参与约束得到满足。一种可能的办法是:在这个两年期的保险合约中,
投保人在第一年得病的话保险公司不负责赔偿。如果第一年得病不赔偿的话,
赔偿率就会有所改变。在第一年,高风险类型的投保者有50%的可能性患病,
能够坚持到第二年的概率只有0.5。按照他们每年患病概率是0.5来计算,对
高风险类型进行赔偿的可能性只有0.25。与此类似,对低风险类型的投保者进
行赔偿的可能性是0.21。因此,如果两类人都参加保险,平均的赔偿率是
23%。如表10-2所示。

表 10-2 保险合约:第一年不赔偿

	赔偿概率	保险金额(万元)	保费(万元)	预期赔偿(万元)
高风险群体	0.25	10	2.5	2.5
低风险群体	0.21	10	2.1	2.1
平均	0.23	10	2.3	2.3

如果保险赔偿金额仍然是10万元的话,假定保费按照保险公司不亏损的
最低保费2.3万元收取。那么在这个保费水平上,高风险群体仍然愿意投保,
因为他们交了2.3万元的保费,但在合同有效期内可以得到2.5万元的预期赔
偿。低风险的人呢? 如果我们假定他愿意付出的风险溢价不低于0.2万元,那
么,低风险的投保人也愿意投保,因为他的预期收入加上风险溢价不低于2.3
万元。

这实际是一个"**混同均衡**"(pooling equilibrium)。在这个混同均衡中,两类
人都参加了保险,但由于信息不对称,我们仍然没有得到信息对称情况下的帕
累托最优,因为两类人第一年的风险没有得到保险。

这个混同均衡之所以出现,当然与我们假设的数值有关。比如说,如果我
们假定低风险者愿意为21%的索赔率支付的风险溢价低于0.2万元;或者低风

险者每年得病的概率是 0.1 而不是 0.3（假定高风险者得病的概率仍然是 0.5），只提供第二年理赔的保险市场就不能存在。在这两种情况下，低风险者仍然不参加保险，只有高风险者参加保险，按平均概率收取的保费不能抵偿保险理赔支出。

但是，如果我们假定高风险者每年得病的概率是 0.9 而不是 0.5（假定低风险者仍然是 0.3），那么，我们可以得到一个只有低风险者参加保险的第二年理赔合同。此时，只在第二年理赔意味着高风险者得到理赔的概率只有 0.09。设想保险公司收取的保费是 2.1 万元，那么，对低风险者来说，投保是值得的，因为他获得理赔的概率是 0.21，预期的赔偿金是 2.1 万元，但高风险者就不值得投保了，因为他的预期赔偿金只有 0.9 万元。

这实际上是一个**"分离均衡"**（separating equilibrium）：低风险者投保，高风险者不投保。我们可以看一下现实生活当中，像癌症这种疾病的保险就具有这种特点。保险公司实行了一种办法：如果投保之后在一年内患癌症的话，保险公司不负责赔偿。当然现在的限制条件很多了，有的是三个月，有的是半年，要根据不同的病症特点来设定这个期限。但目的是相同的，都是为了把具有不同风险的人区别开来。

事实上，在前面的例子中，我们还可以有另一个只有高风险者投保的"分离均衡"。比如说，设想保险公司提供两年期保险，收取的保费是 7.5 万元。此时，虽然只有高风险的人投保，但保险公司仍然可以收支平衡，所以是一个均衡。

从上述分析中我们可以得到这样一个结论：风险差别越大，人们愿意支付的风险溢价越低，存在混同均衡的可能性越小。

现在我们考虑两类风险群体都参加保险的分离均衡。

让我们仍然假定两类人每年得病的概率为 0.5 和 0.3，赔偿额是 10 万元。进一步，我们假定，投保人愿意为每减少 10 个百分点的风险支付 0.1 万元的风险溢价。这样，如果两年都赔偿，高风险者愿意支付的风险溢价是 0.75 万元，低风险者愿意支付的风险溢价是 0.51 万元。如果只是第二年赔偿，高风险者的风险溢价是 0.25 万元，低风险者的风险溢价是 0.21 万元。考虑如下两个保险合同：

合同 1：保险金 2.3 万元；只有第二年得病才可得到赔偿金 10 万元，第一年得病得不到赔偿。

合同 2：保险金 7.5 万元；无论第一年得病还是第二年得病，都可得到赔偿金 10 万元。

给定这两个合同，投保人会如何选择呢？对高风险者而言，如果他选择合同 1，他得到的赔偿金的预期值 2.5 万元，高于 2.3 万元的保险费，加上 0.25 万元的风险溢价收入，总的净收益是 0.45 万元；如果他选择合同 2，他得到的赔偿金的预期值是 7.5 万元,等于保险费,但他的风险溢价收益是 0.75 万元。显然选择合同 2 比选择合同 1 好(满足激励相容约束),也优于不参加保险(满足参与约束)。对低风险者而言,如果他选择合同 1,得到的赔偿金的预期值是 2.1 万元,低于 2.3 万元的保险费,但他的风险溢价收入是 0.21 万元,所以参加保险的总收益是 0.01 万元;但如果他选择合同 2,尽管得到 0.51 万元的风险溢价收入,但他得到的赔偿额的预期值是 5.1 万元,比 7.5 万元的保险费低 2.4 万元,总的净收益是 −1.89 万元。显然选择合同 1 比选择合同 2 好(满足激励相容约束),也比不参加保险好(满足参与约束)。

在上述例子中,合同 1 就是保险公司为低风险者设计的合同,合同 2 是为高风险者设计的合同。尽管保险公司不知道某个具体的人是高风险还是低风险,但给定这一合同机制,每种类型的人的**自选择**(self-election)就揭示了他们的私人信息:选择合同 1 的一定是低风险的人,选择合同 2 的一定是高风险的人。从而通过激励相容约束条件解决了逆向选择问题。

但这里对低风险者的保险是不完全的,因为这类人第一年得病的话得不到保险。之所以如此,是为了防止高风险的人冒充低风险者。这是一个一般性的结论:在信息不对称的情况下,只有次优(the second best),没有最优(the first best)。

在现实中,保险公司究竟是只为低风险者提供保险,还是只为高风险者提供保险,抑或为两类人提供不同的保险,依市场情况而定。但无论如何,非对称信息下的保险合同与对称信息下不同。

1.3 部分保险与全额保险

我们再来考虑一个汽车保险的合约设计。试想有两类汽车司机,一类是高风险的司机,另一类是低风险的司机,各占 50%。假定第一类人有 30% 的可能性发生事故,第二类人有 10% 的可能性发生事故。假如车的价值是 10 万元,并且投保金额按照车的全价来计算,如果保险公司知道投保人属于哪一类人这样的信息,那就很好办了。它就会向高风险的人(第一类人)收取 3 万元的保险费,向低风险的人(第二类人)收取 1 万元的保险费。在保险期内如果发生事故,对两类人都赔偿 10 万元。如表 10-3 所示。

表 10-3 汽车保险的两种类型

	事故概率	保险金额(万元)	保费(万元)	确定性收益(万元)
类型 I	0.3	10	3	7
类型 II	0.1	10	1	9
平均	0.2	10	2	

如果保险公司不能分辨投保人的类型,那么它只能按每人 2 万元的标准收保险费。但是如果保险费是 2 万元,第二类人,也就是那些低风险的人,就有可能不参加保险了。假定低风险的风险溢价是 0.7 万元(即每 1 万元保险的风险溢价是 0.07 万元),高风险的风险溢价是 2.1 万元(即每 1 万元保险的风险溢价是 0.21 万元)(后者的风险是前者的三倍,我们假定其风险溢价也是前者的三倍)。我们来分析一下第二类人的选择:如果他选择不参加保险,那么预期收益将会是 9 万元,**确定性等价**(certainty-equivalent)为 8.3 万元(预期收入减去风险溢价等于确定性等价收入);保险后的确定性收益只有 8 万元。这样他自然不愿意参加保险了。而第一类人,也就是那些高风险的人仍然愿意参加保险。这是因为:如果他选择不参加保险的话,那么预期收益是 7 万元,确定性等价为 4.9 万元;保险后的确定性收益为 8 万元。保险使得他的效用提高了,他自然愿意参加保险。而如果第二类人(低风险投保人)不参加保险而只有第一类人(高风险投保人)参加保险,那么保险公司就肯定要亏损了。因为在只有高风险的人参与保险的情况下,保险公司的期望利润为负值。这与我们前一小节所遇到的问题是一样的。

现在我们面对与上一小节相同的问题,为了让汽车保险能够存在,我们需要设计一个机制让第二类人参加保险。有什么样的办法可以把两类人区分开来呢? 需要解释的一点是:关于这些投保者属于哪一社会群体、什么职业、什么年龄等等,这些信息我们都是可以确定获得的。问题是在同样的社会群体、同样的职业、同样的年龄组之中,仍然有的人属于高风险,有的人属于低风险。那么这样的人中间,怎么分辨他们的类型呢? 下面我们来设计一个方案,看看能不能成功地做到这一点。

现在假定保险公司提出两个合同方案,然后让投保人自由选择,看他们愿意接受方案 1 还是愿意接受方案 2。

方案 1:保费 3 万元,发生事故赔偿 10 万元;

方案 2:保费 2 000 元,发生事故赔偿 2 万元。

在这两个方案中,谁会选择第一个方案? 谁会选择第二方案?

首先看第一类人(高风险投保人)的选择(如表 10-4 所示)。

表 10-4 高风险投保人对保险合约的选择

	不保险	方案 1	方案 2
期望收益(万元)	7	7	7.4
确定性等价(万元)	4.9	7	5.75

第一类人在不参加保险情况和方案 1 情况下的期望收益与确定性等价如

表 10-4 所示,已经在前面计算过了。现在我们看看他在方案 2 情况下的期望收益以及确定性等价。在方案 2 的情况下,如果不出事故(概率为 0.7),那么投保人的收益为 9.8 万元;如果出事故(概率为 0.3),收益为 1.8 万元。那么投保人的期望收益为 7.4 万元($= 9.8 \times 0.7 + 1.8 \times 0.3$);而确定性等价则为 5.75 万元(读者可以自己验算一下;假定高风险司机每 1 万元保险的风险溢价是 0.21 万元)。在两个可选择的方案中,方案 1 对于高风险者是最优的,因此他会选择方案 1 投保。

然后我们看看第二类人(低风险投保人)的选择(如表 10-5 所示)。

表 10-5　低风险投保人对保险合约的选择

	不保险	方案 1	方案 2
期望收益(万元)	9	7	9
确定性等价(万元)	8.3	7	约 8.44

与上面类似,我们可以很快计算出第二类人在不保险情况和方案 1 情况下的确定性等价收益分别为 8.3 万元和 7 万元。现在我们看第二类人在方案 2 情况下的期望收益和确定性等价收入。如果不出事故(概率为 0.9),那么收益为 9.8 万元;如果出事故(概率为 0.1),收益为 1.8 万元。那么期望收益为 9 万元($= 9.8 \times 0.9 + 1.8 \times 0.1$);而确定性等价为大约 8.44 万元(读者可以自己验算一下;假定低风险司机每 1 万元保险的风险溢价是 0.07 万元)。在可供选择的两个方案中,方案 2 对第二类人是最优的,第二类人会选择方案 2 投保。

因此,如果保险公司设计了这样两个合同的话,高风险的人一定会选择方案 1,低风险的人一定会选择方案 2,就像刚好是为他们设计的一样。高风险的人有没有可能会冒充低风险的人去选择方案 2 呢?没有。类似地,低风险的人也同样没有积极性去选择为高风险人专门设计的方案 1。这就是我们说的**激励相容约束**(incentive compatible constraint)。这种方案设计使每一类的人都有积极性说真话,进行自选择,主动选择那种专门为自己设计的方案。保险公司实际上就把两类人区分开了。

注意这两个方案有一个特点:第一个是**全额保险**,而第二个不是全额保险。汽车本身的价值是 10 万元,现在如果赔偿的话也只给你 2 万元,这种保险方式叫做**部分保险**(partial insurance)。为什么只让他们得到部分的保险呢?因为如果你给他们保险保得多了,那么高风险的人就会冒充低风险的人,造成难以分辨的信息。读者可以验算一下,如果给第二类人设定了全额保险的话,那么第一类人一定会选择第二种方案,而绝对不会选择第一种方案。为了防止高风险的人冒充成低风险的人,我们只能为低风险的人提供部分保险。本来在完全信息的情况下,他应该投全额保险的,但是现在保险公司只能给他一个局部的保险。这是 2001 年诺贝尔奖得主 Stiglitz 和他的合作者 Rothschild 提出的一个基本模型,Stiglitz 获得诺贝尔经济学奖有相当大一部分原因来自这篇文章的贡献。

在现实中,合同是不是这样呢? 大体是这样的。比如说在保险公司的车保业务中,你如果买的是普通保险,汽车丢了,保险公司只负责承诺赔偿你车价的 80%。也就是说,假如你的车价值 40 万元,如果车被盗了,那么保险公司给你赔偿的金额是 32 万元,剩下的 8 万元由你自己负担。但是,如果你愿意投全保的话,你需要额外地加一些保费。用我们这个例子来讲,就是保险公司为你提供了一个标准的合同,具体内容是:保险费用 2 000 元,赔偿金额是 2 万元(车价的 20%)——因为前面的例子只是为了说明问题,这里假设的数字相差大了一点。但是如果你想得到赔偿金额 10 万元(车价的 100%),请追加保险费用 2.8 万元。当然最后结果还是:给谁设计的方案就会被谁选择。观察表明,确实是风险更高的人会追加保险费以获得全额赔偿,而风险较低的人会选择标准合同。

第二节 价格歧视

2.1 卖方的无知

在市场当中,经常会出现这样的情况:卖商品的人知道商品质量的高低,买商品的人不知道。这样就需要声誉(reputation)和品牌(brand)等来显示出商品质量的信息。这一点我们前面已经讨论过了。

其实市场上还有另一类信息不对称:消费者知道的信息而厂家不知道。比如说,对某一件特定商品,某个消费者对它喜爱到什么程度,最多愿意出多少钱,通常是他的私人信息,卖商品的人是不知道的。像《清明上河图》这样的名画,有些人愿意花几千万元购买,而有的人只愿意花几万元购买。这就会产生前面讲过的讨价还价(bargaining)的问题。如我们曾经指出的,讨价还价发生的一个重要原因在于市场上存在着这一类信息不对称。对于卖者来讲,他希望买者出的价钱越高越好;但是买者正好相反,他希望出的价钱越低越好。在信息不对称的情况下,买者就有积极性来隐藏自己的信息。比如说你本来很喜欢这个东西,却表现得无所谓或者不是太喜欢。此时,卖的人就要想办法知道你的真实偏好,了解你最多愿意出多少价钱,以便卖得最高的价钱。对卖方来说,他对买方的需求了解得越清楚,就越有可能获得最大利润。

为了把不同口味的消费者区分开来,卖方就得设计某种机制。现在市场上存在的很多定价方式都与此有关。比如说,你去游泳池游泳,可以买到一种年卡,每次游泳就不再付费或只付很少的费,而如果你不买年卡,每次游泳就得付很高的价格。这实际上就是游泳池业主设计的一种区别不同消费者的机制。想一想,什么样的人会买年卡呢? 当然是喜欢游泳而且经常会去游泳的人,他买了年卡之后算下来每次游泳的成本会很低;而那些不经常去游泳的人就会选择不买卡,而是去一次买一次票。这样,尽管游泳池业主事前不知道每个人对游泳的偏好程度,但通过消费者自己对不同支付方式的选择,他就间接地获得了有关消费者偏好的信息。而如果业主直接问消费者他们愿意为每次游泳付多少钱并以此来制定收费标准,消费者是不大可能告诉他实情的。类似的例子很多,有些看似不同的产品(或服务),本质上都是一个价格机制的设计,像飞机上有头等舱、商务舱、经济舱的分别,火车有卧铺(硬卧、软卧)和硬座的区别,手机卡有神州行和全球通的区别,等等。

这就是经济学上讲的“**价格歧视**”(price discrimination)[①]。价格歧视是指厂家在向不同的消费者出售相同成本的同类产品时收取不同的价格,或者即使成本不同,但不同消费者支付的价格差异大于生产成本的差异,如刚才提到的航空公司的服务,尽管头等舱比经济舱舒服,成本也高,但服务和成本的差别远不及价格的差别大。有的时候管理学者更愿意使用“**差别定价**”这种说法,因为“价格歧视”这个词听起来感情色彩太浓。

2.2 两部收费制与信息租金

厂家实行价格歧视的目的是获得更大利润。在厂家对消费者需求信息完全了解的情况下,这容易做到,但在信息不对称的情况下要获得最大利润,厂家就必须设计一个机制,使得高需求的人不会假装是低需求的人。

为了说明这一点,让我们考虑这样一个例子:假定产品的单位生产成本是6,有两类潜在的消费者:高需求者和低需求者。如表 10-6 所示,对低需求的消费者来说,消费一个单位的效用是 10,2 个单位的效用是 16,3 个单位的效用是20、4 个单位效用是 23;对高需求的消费者来说,消费 1 至 4 个单位的效用分别是 20、32、40 和 46。注意,我们这里假定同等数量的消费,高需求者的效用是低需求者的两倍;并且对每个消费者,边际效用随消费的增加而下降。[②]

---

① 关于价格歧视的经济学分析,读者可以在任何一本微观经济学教科书中找到。
② 低需求者的边际效用分别是 10、6、4、3,高需求者的边际效用分别是 20、12、8、6。

表 10-6 两类消费者的效用变化比较表

消费量	1	2	3	4
效用(低需求消费者)	10	16	20	23
效用(高需求消费者)	20	32	40	46
边际成本	6	6	6	6

给定生产成本是6,社会最优生产是低需求的消费者消费2个单位,高需求的消费者消费4个单位。在信息完全的情况下,厂家可以以16的总价格向低需求的消费者销售2个单位,以46的总价格向高需求的消费者销售4个单位。这就是所谓的"**完全价格歧视**"。厂家的总销售量是6单位,总销售收入是62,利润是26。总消费量也是社会最优的。

但如果厂家不知道谁是高需求谁是低需求,他就没有可能达到这个结果。比如说,如果消费者只能做如下选择:或者用16的总价格购买2单位,或者以46的总价格购买4单位,那么,每类消费者都将选择购买2单位。对高需求的消费者来说,购买2单位可以得到30的消费者剩余,购买4单位的消费者剩余为零。因此,他会假装是低需求的消费者。厂家的总销售收入是32,利润是8。

或者,设想厂家以每单位10的价格出售,那么低需求的消费者的最优选择是只买1个单位(消费者剩余为0),高需求的消费者的最优选择是购买2单位(消费者剩余为12)。厂家的总收入是30,利润是12。这实际上是统一定价情况下厂家能获得的最大利润。读者可以自己检查一下这个结论。

现在考虑厂家的最优收费制度的设计。设想厂家向消费者提出如下两种方案:

方案1:如果消费者不买"购物卡",每个单位的价格是10;

方案2:如果消费者买张"购物卡",每个单位的价格是6,购物卡的价格是9.9。

消费者该如何选择呢?对于低需求的消费者而言,选择方案1时最优的购买量是1,消费者剩余是0;如果选择方案2,只能得到负的消费者剩余。因此,方案1是最优的(与不购买的情况下得到的消费者剩余一样都是0,我们假定他会购买)。对于高需求的消费者而言,选择方案1时的最优购买量是2,得到的消费者剩余是12;选择方案2时的最优购买量是4,得到的消费者剩余是12.1。因此方案2是最优选择。

这样,厂家用两种不同的销售方案就将高需求者和低需求者区别开来,得到总利润13.9(从低需求者身上赚得4,从高需求者身上赚到9.9),大于统一价格时的12。每一类消费者都选择厂家为自己设计的方案,没有任何一类消费者会模仿另一类消费者。

这就是所谓的"**两部收费制**"(two-part tariff)①。与完全信息下完全价格歧视相比,这个制度有两个重要的特点:第一,低需求消费者的消费不是社会最优的,因为边际成本是6,社会最优的消费是2单位。这是不对称信息导致的效率损失。第二,高需求消费者得到12.1的消费者剩余。而在完全价格歧视下,高需求者也得不到剩余。

这两个特点都是为了满足激励相容约束,让高需求者不假装低需求者。要使低需求者选择购买2单位,方案1中的单位价格也只能定到6。但此时,高需求的消费者就没有积极性选择方案2(因为选择方案1可以得到22的消费者剩余)。类似地,如果高需求者选择方案2的情况下得到的消费者剩余低于12,那他就会选择方案1(购买2单位得到12的消费者剩余)。此时,厂家的总利润将只有12(=30-18)。因此,方案2中购物卡的价格不能高于10(我们假定为9.9)。

高需求消费者得到的12.1的剩余可以理解为他的"信息租金"。这是一个非常一般的结论:在信息不对称的情况下,为了让人说真话,拥有"好"信息的一方必须获得足够高的**信息租金**(information rent)。这里,"足够高"的下限是当他假装拥有"坏"消息时能够获得的剩余,本例中就是12。

两部收费制在现实中有广泛的应用,所以这一模型也就成为研究不完全信息下厂家如何区别开消费者的标准模型。② 本节一开始提到的游泳池的收费就是两部收费制,大部分俱乐部(如高尔夫俱乐部)实行的也是两部收费制(会员费加每次使用费)。大部分电话服务也实行两部收费法:固定的月租费(可能包含一定数量的免费拨打时间),加上按分钟计费。对于具有一定市场力量的电信企业来说,这样的两部收费是攫取消费者剩余和实现利润最大化的理想手段,适当的两部收费机制能够达到完全价格歧视的效果。

2.3 穷人受罪与吓唬富人

19世纪中期法国的火车上有头等车厢、二等车厢和三等车厢三种不同的车厢,价格相差较大。头等车厢非常舒适,二等车厢与三等车厢最大的区别是前者有顶盖,后者没有。这样,坐在三等车厢的旅客就要忍受日晒雨淋的痛苦。按理说,给车厢加一个顶盖成本并不高,为什么铁路公司不这样做呢? 难道铁路

---

① 关于两部收费制的更详细的讨论,参阅 Tirole (1988)。两部收费制是更一般的非线性定价的一种,关于非线性定价问题,Wilson (1993)以整本书的篇幅做了讨论。

② 参阅 Varian (1989)。

公司与坐三等车厢的人有仇吗？当然不是。原因与我们这里讲的不对称信息有关。①

铁路公司总是想从每一个乘客那里赚更多的钱。麻烦在于他们并不知每个乘客愿意为乘坐火车付多少钱。如果有财力坐二等车厢的乘客选择了三等车厢，这对他们是一个损失。因此，他们就决定不给三等车厢加顶盖。这样一来，有财力坐二等车厢的人就不会来三等车厢了，因为他们忍受不了三等车厢的痛苦，只有那些实在没有财力的穷人才会选择三等车厢。这样说来，铁路公司让穷人受罪其实是为了吓唬富人并让富人多掏钱而已。

这个故事听起来近乎荒唐，但离我们现实并不远。比如说，飞机上的经济舱座位很窄，其实只要加宽10来公分，就可以让乘客舒服很多。为什么航空公司不这样做呢？毕竟飞机满员并不是经常的，减少10%的座位并不见得对经济舱的票价收入有什么影响。真正的问题是，如果航空公司让经济舱舒服了，那些本来有财力坐头等舱和商务舱的乘客也可能转向买经济舱了。为了防止有钱人混在没钱人的经济舱，他们就只能让经济舱的乘客多受点罪。

国际航班（长途）头等舱与经济舱之间的价格差异（一般3—5倍，甚至更高）远大于国内（短途）航班二者之间的差异（50%），道理也在这里。空中飞行时间越长，乘客越难受。如果国内航班上的价格差异也像国际航班那么大的话，就可能很少有人愿意坐国内航班的头等舱了，因为即使对有钱人来讲，节省80%的成本忍受一两个小时不舒服的经济舱也是值得的。

同样，20世纪90年代北京到通州的"京通快速"路修通之后，并行的辅路破破烂烂、拥挤不堪，没有得到修缮。因为快速路是收费的，辅路是免费的，如果辅路修得太好，就没有人愿意花冤枉钱走快速路了。为了让相对有钱或时间宝贵的人老老实实缴费上快速路，就只能让辅路上开车的人痛苦一些，速度慢一些。

这种"为了吓唬富人而让穷人痛苦"的做法在今天的网络时代可以说比比皆是。下面是几个例子：②

延误：美国联邦快递公司（Federal Express）的邮递业务有优先服务（早10点之前送到）和"次日"服务之分；美国邮政局为了从快递服务赚钱，故意降低一级服务的速度；PAWWS金融网络公司对20分钟延误的证券组合指数每月收费8.95美元，而对实时服务每月收费50美元。这里，速度快慢与成本没有多大关

---

① 这个例子引自 Tirole（1988）。
② 转引自 Shapiro and Varian（1998）。

系,提供两种不同的服务只是为了从着急的客户身上多赚钱。①

用户界面:Knight-Ridder 公司提供的网上数据库,一种产品 DialogWeb 是为"信息专业人员",另一种 DataStar 是为"不需要任何训练的人士"。二者成本没有什么差异,但价格差异极大。

图像分辨率:PhotoDisk 的网上照片库有 49.95 美元的高分辨率图像和 19.95 美元的低分辨率图像。

操纵速度:IBM 曾故意将 E 型激光打印机的速度由 10 页/分钟降低为 5 页/分钟,希望打印速度快的人就得花更多的钱买每分钟 10 页的高速打印机;英特尔公司(Intel)的 386SX 芯片中加入一个完整的数学处理器,然后又使它生效。

使用的灵活性:同样的产品,售价高的可拷贝,售价低的不可拷贝。

容量:Kurzweil(生产声音识别产品的软件开发商)生产的不同产品有不同的词汇量。

打扰:一家美国地方公共广播台说,如果用户再捐赠 10 000 美元,他们就不打断音乐节目播放广告。

支持:网景公司推出浏览器时的免费下载版本和收费服务支持版本。

这些五花八门的价格策略都是厂家为了让不同的客户付不同的价格从而最大化利润设计的。如果你要对不同的客户直接索取不同的价格,就意味着你需要预先知道他们的不同需求和口味。比如古代的郎中给富人看病收费很高,但给穷人看病收费很低甚至不收费。他们之所以能这样做,是因为他们很清楚谁是富人谁是穷人。今天的医院不容易知道就医者的钱袋有多深,所以他们就用"特需门诊"、"专家门诊"来把不同的病人区别开来,让有钱人支付更高的医疗费。当然,也有一些身份认证制度可以帮助解决信息不对称的问题,比如学生证就起到一个提供信息的作用,使得铁路公司可以向学生收取较低的价格。

从厂家的角度看,如果他们对消费者的偏好没有完全的知识,他们就会用各种各样的定价方法来区分不同的消费者,使得最愿意出高价钱的消费者付出得更多。比如说机票的价格就与购买的时间有很大关系。如果是提前半年买票,价格就会较低;但是如果买票的时间离上飞机的时间很近,那么机票的价格就会很高。由于这个原因,航空公司不会把票都提前半年卖掉。可能会有 50% 的票可以提前半年预订,另外 30% 的票可以提前一个月预订,那么还剩下 20% 的票是什么样的? 是只有在一个月之内甚至是几天内可以预订的,因为订这种票的人一定是迫不及待的,这个时候票价就会特别高。

----

① 中国邮政普通信件的邮递速度已经慢到人们稍有急事就只能用 EMS 了。

当然,这样的价格歧视从收入分配的角度看并不一定是坏事。比如说,当医院有办法向富人多收费时,也就为降低穷人的医疗费用提供了可能。消费者之间的交叉补贴是收入再分配的重要渠道。

第三节 拍卖机制设计和公共产品偏好

3.1 四种基本拍卖方式

许多商品通过拍卖或者招标的方式进行交易。比如说,古董、字画、土地要拍卖,工程、采购要招标,等等。这种制度为什么会流行? 简单地说,它有助于解决两个问题:第一个是代理问题。许多产品的交易并不是在真正的买主或卖主之间进行,而是通过其代理人完成,这就出现了代理问题。比如,对于企业来说,采购人员的利益和企业的利益并不是一样的,因此他就可能吃回扣。这个时候如果用拍卖和招标的办法,就可以减少代理人的腐败行为。在 20 世纪 80 年代实行价格双轨制的时候,钢材的价格在市场上可以卖到一吨一千多元钱,但是工厂的销售人员不愿意按照市场价格来出售。为什么呢? 因为如果按照市场价格来卖,他就没有机会拿回扣了。而如果按照计划价格 600 元钱一吨的话,他就有机会拿到很多的好处费。再比如政府土地转让,如果政府说批给谁就给谁,那么这时掌握着权力的官员就可能谋取私利。一块土地本来可能值 5 000 万元,负责出售的官员如果拿了买主的回扣,可能 3 000 万元就卖了,这样政府的财政收入就减少了。解决这些问题的一个办法就是要进行拍卖。在中国,有很多资金政府应该拿到但是没有拿到,就是因为没有采取拍卖或是招标的办法,使得这些资金都流失到相关的管理人员手中去了。所以这些相关的管理人员不喜欢采取拍卖的办法,因为一旦拍卖的话他们就没有腐败的机会了。这是第一个问题。

另一个问题就是信息不对称。你要卖出这个东西,希望卖出最好的价格,但是你不知道每个潜在的买者愿意出多少钱。如果你直接去问,没有人会给你说实话。拍卖是一个很好的机制设计,有助于解决这样的信息不对称问题。拍卖机制的设计是非常重要的,如果机制设计不好,那么你招标也卖不出多少钱来;投标的人可能会串标、会合谋,这又是另一类道德风险问题。但是如果你机制设计得好,就可以防止这一类道德风险,卖出好价钱。

按照国际上通行的划分,拍卖有四种基本方式:①

第一种我们叫做"**英国式公开叫价拍卖**"。"**公开叫价**"的英文是"open-cry",就是我们在电影、电视中经常看到的那种形式。比如说现在嘉德拍卖行在拍卖一幅画,有一个底价,然后从底价再往上叫。如果 2 000 元起价,接受这个价格的人都把手举起来,比如说超过了 10 人,那么拍卖师会把价格提高。比如说又加到了 2 100 元,然后再让接受这个价格的人举手,如果还是很多的话拍卖师就接着往上报价,比如说加到 2 200 元,如此等等,一直进行下去,直到最后只有一个人举手接受当前的价格。比如叫到 4 万元了,叫了三遍,除了这个人没有其他人接受这个价格了,那么就可以成交了,拍卖物归出价最高的人,最后的报价就是成交价。这是英国式的拍卖。

第二种是"**荷兰式拍卖**"。它也是公开叫价的一种形式。但是荷兰式的拍卖和英国式的拍卖正好倒过来,是从高价往下叫。比如开价 9 万元,一直叫了好几遍,如果没有人要的话,就会降价到 8.5 万,然后接着叫几遍,如果还是没有人要的话,就会持续降价到 8 万、7.5 万,等等,假如一直降价到 3.2 万,有人举手了,就成交了。

英国式拍卖一般用于价值随时间上升或相对稳定的物品,荷兰式拍卖一般用于价值随时间下降的物品,如鲜花之类的东西。一提到荷兰很容易就想到荷兰的花市以及非常有名的郁金香。鲜花市场每天早晨很早就开市了,以拍卖的方式交易。花有一个特点,就是越到后面就会越便宜。如果这些花早上没有卖出去,那么到中午的时候这些花的质量就会大幅度地下降了,所以价格也就会下降了。这可能是这类物品采取价格从高到低拍卖的一个原因。许多具有类似特点的物品都有类似的销售方式,如时装会随时间而不断降价。

第三种拍卖方式是"**高价格密封拍卖**"(the first-price sealed auction,我原来把它翻译成"一级密封价格拍卖")。中央电视台广告时段的招标就是属于这一类拍卖。比如新闻联播前面的 10 秒的时间要拍卖,所有愿意投标的人就把自己的标书装在信封里面,写明白愿意为这个时间出多少钱。等到所有参与竞标的人把标书都交上来了以后,主持人把这些信封打开,谁投标最高谁就中标了。工程招标本质上也属于这种拍卖方式,只是"出价"是多维的(包括价格,也包括诸如设计、工期等),因此招标方要权衡多种因素后才能决定赢家。

在投标的时候有这个问题:你出的价钱肯定不会超过你愿意付出的那个最高价,但在这个上限之内,你是应该出价高点儿还是低点儿呢? 出价高点儿,你

---

① 当然,基于这四种也可以出现很多的变种和不同的组合,具体参阅 Klemperer (2004), Milgrom (2004), Rasmusen (2006)。

赢的可能性会更大一点,但是赢了之后的获利就少一些;出价低点,你赢的可能
性就会小一些,但是赢了之后的获利会大一些。所以你需要在这两者之间权
衡。一般来说,每个投标人都有一个自己的最高价格,他不会写出最高的那个
价格。但是你要通过猜别人的价格来判断自己赢的可能性,这里就存在更多的
信息不对称。不但是出售的人和购买的人之间的信息不对称,还有买者之间的
信息不对称。如果没有买者之间的信息不对称的话,那就很简单了。比如说我
知道你最高愿意出 5 元钱,那么我出 5.1 元就可以赢你了。但是问题是我没有
办法知道你的出价。在 1996 年中央电视台广告时段的招标中,山东秦池酒厂
以 3.2 亿元的报价夺得"标王",第二高的价格只有 1.6 亿元,只是秦池的一半。
想一想,如果知道对手报价是 1.6 亿元的话,秦池应该出多少呢? 只要多出一
点就行了。但是由于信息不对称,它并不知道对方报出的价格。

　　由于这个原因,招标过程中就可能会出现串标或者合谋之类的行为。比如
说投标者秘密组织起来,约定各自的报价,看起来好像是出价不一样,但实际上
都是密谋好的。这次安排你中标,下次安排他中标。现在很多的工程招标有所
谓的"陪标"的人,也就是说,我想让你中标,那么咱们就在底下再约几个哥们陪
衬你一下:你投标多少,其他的人就总是比你的报价高一点。比如说你对这个
工程的报价是 1 000 万元,"陪标"的人报价 1 100 万元。结果,你就中标了。当
然合谋者之间有个"囚徒困境问题",秘密协议并不是一次博弈的纳什均衡,只
有在重复博弈的情况下,协议才有可能维持。

　　第四种拍卖方式叫做**"次价格密封拍卖"**(the second-price sealed auction)。
它的基本程序与高价格密封拍卖完全一样,中标者仍然是出价最高者(工程招
标中是报价最低者),唯一不同的是:中标者实际支付的是第二最高报价,而不
是自己报的价格。比如说,如果以这种方式拍卖,那么秦池需要支付的广告费
就是 1.6 亿元,而不是 3.2 亿元,因为当时第二名的出价是 1.6 亿元。这就叫做
次价格拍卖。

3.2　说实话的拍卖机制

　　下面我们来稍微详细讨论一下次价格拍卖,它是一个由美国经济学家威廉
姆·维克瑞设计的**拍卖机制**(William Vickery,1961),维克瑞因此贡献获得了
1996 年的诺贝尔经济学奖。他证明了,在这样一个机制下,每个人都会说真话,
从而解决了信息不对称问题。

　　设想你有一件古董要卖,潜在的买者有的可能愿意多出点钱,有的可能愿
意少出点钱,但是你并不清楚详细的信息,你用什么办法才能获得真实信息呢?
一般来说,如果你只是随便走到某一个人的面前去直接问他:某某先生,你愿意

为这个古董出多少钱呢？他不会说实话,比如他本来愿意出 10 000 元,但可能会告诉你他愿意出的价格是 8 000 元。维克瑞证明,**次价格拍卖**可以解决这个问题。

设想有十个人来投标,最后的报价从高到低依次为:10 万元,9.5 万元,9 万元,8.5 万元,等等。按照规则,报价 10 万元的人得到这件古董,但他需要支付的价格是 9.5 万元,比自己的报价低 0.5 万元。为什么这样的机制下每个人都会按照自己的真实评价报价呢? 简单地说,因为你的报价只影响你能否赢,不影响赢的情况下你实际需要支付的价格。换句话说,你说真话只有好处没有坏处,而说假话只有坏处没有好处。

假定这个东西对你来说价值 10 万元。你应该报价多少呢? 假定为了少花钱,你报价 9 万元。这个时候假如第二个人出的价格是 9.5 万元,你就拿不到了,你的净收益是 0。但假如你出 10 万元,你可以拿到这个东西,然后支付 9.5 万元,你得到的净收益是 0.5 万元。因此,按真实价值报价比低报好。如果第二最高出价是 8 万元,你报 9 万元你赢了,你付的价格是 8 万元,净收益是 2 万元。如果你的报价是 10 万元,你同样赢了,支付的价格仍然是 8 万元,净收益还是 2 万元。因此,按真实价值报价至少不比低报差。

那高报又如何呢? 设想你为了赢得这件物品,报价 11 万元。如果其他人的最高报价是 10.5 万元,你赢了,支付 10.5 万元的价格,但你的净收益是亏损 0.5 万元。而如果你的报价是 10 万元,你就不会亏这 0.5 万元。这说明按真实价值报价比高报好。如果其他人的最高报价是 9.5 万元,你报 11 万元你赢了,你的净收益是 0.5 万元。但在这种情况下,即使你的报价是 10 万元,你也同样能赢,你的净收益同样是 0.5 万元。这说明按真实价值报价并不比高报差。

因此,无论低报还是高报,都不如按照真实价值报价好。或者说,说真话是你最好的选择。这样,在次价格密封拍卖时,每个人都会说真话。在前面的讨论中,我们并没有假定别人是说实话的。事实上,不论别人说不说真话,你说真话对你来说都是最好的选择。这是**维克瑞拍卖机制**的一个基本特点。仔细思考一下,这背后的道理与我们上一节讲的是一样的:要让拥有私人信息的人真实地披露自己的信息,就得给他足够的激励。赢得拍卖情况下的净收益(真实价值减去出价)是诱使他说真话的"**信息租金**"。

对比一下,在其他三种拍卖机制下,人们一般是不会说真话的。比如说在高价密封拍卖时,如果你的真实价值是 10 万元,你报价 10 万元,在最好的情况下,你赢了,你的净收益是 0。但如果你报价 9 万元,且其他人出的最高价低于 9 万元,你赢了,支付 9 万元的价格,净收益是 1 万元。最坏的情况下,有人报价比你高,你的净收益是 0。因为说真话得不到信息租金,你当然没有积极性说真话了。

类似地,在公开叫价的情况下,你一般也不会说真话。在英国式拍卖中,如果叫到 9 万元时就剩下你一人了,你肯定不会说你愿意出 10 万元。在荷兰式拍卖中,即使价格降到 10 万元时,你也不会举牌,因为你举牌的话,你赢了,付出 10 万元的价格,净收益是 0。而如果你再等一下,比如等价格降到 9.5 万元时再举牌,你可以得到 0.5 万元的净收益。当然什么时候举牌,你心里是打鼓的:等待的时间越长,赢的情况下得到的好处越多,但赢的可能性越小。这样,比如说,当价格降到 9.5 万元时你该不该举牌? 如果举牌,你得到 0.5 万元的净收益,但也许再等一下,价格降到 9 万元时你仍然有机会举牌,净收益是 1 万元。当然,也许等到 9.0 万元时,别人举牌了,你后悔莫及。

当然,在这三种类型的不说实话的拍卖中,参与竞标的人越多,每个人的报价就越接近真实价值。这是为什么拍卖一方总是希望有更多竞标人的原因所在。

还需要指出的是,尽管竞标人在次价格密封拍卖中会说实话,在其他三种拍卖中不说实话,但从资源配置的角度讲,满足一定的条件下,这四种方式是"等价的":无论哪种机制,最后的赢家是实际价值最高者,并且产生相同的卖方预期收入。①

3.3 公共产品的偏好显示

次价格密封拍卖机制在公共产品当中的一个运用被称作"**格罗夫斯—克拉克—维克瑞机制**"(Groves-Clarke-Vickery mechanism)。② 举个例子来说,设想北京市政府要投资一个项目,可供选择的项目有好几个,譬如说大型剧院、高速公路等等,但由于资金的限制,只能投资其中一个项目。那么政府该投资哪个项目呢? 这就是公共产品(public goods)的选择问题。类似地,在同学中间也有这样的例子。比如说同学们要一起去吃饭,选择哪个餐馆也是一个公共产品。有人喜欢吃东北菜,也有人喜欢吃四川菜,但是所有人都认为吃比不吃要好。我们应该如何选择呢?

我们用同学们去吃饭的例子来说明格罗夫斯—克拉克—维克瑞机制的原理。假定 A、B、C、D 四个人一起要去吃饭,可以选择的餐馆是东北菜馆和四川菜馆。选择的目标是最大化所有人的加总效用。为此,每个人要分别报告东北菜和四川菜给自己带来的效用或者价值。比如说 A 比较喜欢吃辣的,认为东北

① 参阅 Klemperer(2004)第 2 章及其引用的相关文献。
② Clarke (1971), Groves (1973)。Mueller (2003)第 8 章对这一公共产品偏好的显示机制有详细讨论。

菜带来的效用是 10, 四川菜带来的效用可以达到 30。B 正好倒过来。C 认为差不多, 但是四川菜略好一些, 东北菜和四川菜给他带来的效用分别是 15 和 20。D 认为去吃东北菜的价值是 25, 而去吃四川菜的价值是 10。每个人都报完各自的价值以后, 我们就把这些个别的价值加总起来, 看哪个总价值高我们就去哪里吃。

现在有一个问题, 喜欢吃四川菜的那个人, A, 会不会高报呢? 本来他认为去吃四川菜对他来说价值是 30, 但是他可能会报 300, 这就把四川菜的总价值抬上去了, 所得到的信息就是虚假的。怎么让每个人说真话呢?

对于这个问题, 格罗夫斯—克拉克—维克瑞机制采用的办法是: 每个人可以任意地报告自己的偏好, 但可能为此要支付一定的"税"。这个税怎么计算呢? 以 A 为例, 先将所有的其他人——在这个例子里面就是剩下的 B、C、D 三个人——报告的价值加起来, 看看东北菜和四川菜哪个价值大。然后再加上 A 所报告的价值, 再看看东北菜和四川菜哪个价值大。如果 A 所报告的价值加上以后不影响总的结果, 那么 A 就不用付税。但是如果 A 影响了总的结果, 比如说原来的三个人加起来是东北菜价值最大, 结果加上 A 报告的价值以后, 变成了四川菜的价值最大了, A 影响了结果, 那么 A 就要付税了。付多少税金呢? A 付的税金刚好要等于 A 给其他人带来的损失。假如其他三个人加起来东北菜价值 100, 四川菜价值 90, 但是现在由于 A 的原因选了四川菜, 那么 A 给其他人带来的损失是 10, 也就意味着 A 要缴纳的税金是 10。我们用表 10-7 来加以说明。

表 10-7　格罗夫斯—克拉克—维克瑞机制的应用: 饭馆的选择

报告人	东北菜价值	四川菜价值	其他人的东北菜价值加总	其他人的四川菜价值加总	是否关键	税金
A	10	30	70	40	否	0
B	30	10	50	60	是	10
C	15	20	65	50	否	0
D	25	10	55	60	是	5
加总	80	70				

如表 10-7 所示, 在这个例子中, 东北菜加在一起的价值是 80, 四川菜加在一起的价值是 70。那么很显然, 我们应该去吃东北菜。再来考虑税收的问题。我们先考虑第一个人, 如果没有 A 的话, 东北菜的价值加在一起是 70, 而四川菜的价值加起来只有 40, 我们还是去吃东北菜。也就是说, A 的报价不是很关键, 并不影响结果。那 A 就没有必要付税。再看第二个人, 如果没有 B 的话, 东北

菜的价值是 50,四川菜的价值是 60。那么他的报价就是很关键的。也就是说,如果没有 B 的话,那么大家应该会选择去吃四川菜,但是现在有了 B,就选择了去吃东北菜。由于这个原因,B 给别人带来的损失是 10,那么 B 就要支付 10 个单位的税金。剩下的人以此类推,我们可以看到 C 也不用缴税,而 D 则要缴 5 个单位的税金。

在这个机制下,为什么每个人都会说实话呢?假如 A 喜欢吃四川菜,为了选择四川菜,他在报价的时候故意提高了四川菜的价值。那么他要影响最终结果的话,就至少要报价 40 以上。假如他报到了 41,也就是说多报了 11 个单位,就成功地影响了最终结果。如果没有他的话,东北菜的价值加在一起是 70,四川菜的价值加在一起是 40。由于 A 对四川菜多报,那么最终结果变成了四川菜的价值是 81,而东北菜的价值加在一起也只是 80,最后必须选择四川菜。由此 A 给别人带来的损失是 30,那么 A 就要支付 30 个单位的税金。这样对 A 合算吗?如果 A 说实话,最后去吃东北菜,A 得到的效用是 10。现在 A 说假话骗人,最后去吃四川菜,得到的效用是 30。这两个结果的效用相差为 20。但是 A 必须支付 30 个单位的税金,当然是划不来的。反过来说,A 也没有积极性低报价值。道理是一样的,因为如果你低报了的话,你的报价什么时候才会影响最终的选择呢?只有低到一定程度才能改变这两个结果的平衡。而只要你改变了结果,给别人带来了损失,那么你就要支付税金。

在格罗夫斯—克拉克—维克瑞机制下,我们可以证明,对每个人来说,最好的办法就是说真话。如果你要说假话,你就要冒一定的风险,遭受惩罚。这里的"税金"就是对说假话的惩罚。[1]

第四节　平等与效率

在社会当中平等与效率的关系是人们经常讨论的一个问题。读者可能会问:什么时候平等和效率是可以分开呢?简单的答案是,如果信息是完全的,平等和效率是可以分开的。也就是说,在完全信息的条件下,社会既可以实现最大效率,同时又可以达到合意的平等。平等和效率之所以搅和在一起,有的时候为了效率会损害平等,而为了平等就会损失效率,就是因为信息不完全造成的。

---

[1]　在这个机制下,公共产品征税纯粹是为了让人说真话,所以税收是"激励税"(incentive tax)。为此,征税所得的分配不能影响他们说真话的积极性。最简单的方法是把这些所得浪费掉,但这意味着结果不是帕累托最优的(Groves and Ledyard, 1977)。幸运的是,这种激励税的总额随投票人数的增加而减少(Tideman and Tullock, 1976, 1977)。也就是说,投票的人越多,需要征收的激励税越少。参阅 Mueller (2003),第 8 章。

4.1 平等与效率矛盾的根源

政府的税收和转移支付政策被认为是实现平等的重要手段。绝对的平等意味着每个人最后得到的效用应该是一样的。但是人的能力有高有低,为了使得最后每个人得到的效用一样,就必须让能力高的人多纳税,而能力低的人要少纳税,甚至负税(补贴)。举例来说,设想一个由两个人组成的社会,第一个人工作一个小时可以生产 1 个单位,第二个人工作一个小时可以生产 2 个单位。假定工作一个小时的痛苦程度是一样,并且假定政府需要 1 个单位的税收,那么政府应该向第二个人征税而不应该向第一个人征税。这样最后的结果就是:第一个人保留了 1 个单位的产品;第二个人在交了 1 单位的税收之后也保留了1 个单位的产品;政府获得了 1 单位的税收收入。或者,如果政府征税的目的是为了转移支付以保障平等的话,就应该向第二个人征收半个单位的税收,用来补贴第一个人,结果每个人就都是 1.5 个单位的产品,这样平等和效率的问题就解决了。如果第二个人觉得吃亏,不肯干,那也是没有用的。因为即使你不工作,政府也要向你征收半个单位的税收,那么你最好还是工作吧。所以说,在这种信息完全的情况下,平等和效率没有矛盾。

那么平等和效率的矛盾发生在什么情况下呢?如果信息不对称、信息不完全,平等和效率就会出现矛盾。在上面的例子中,如果政府对每个人能力的信息是不了解的,每个人知道自己的能力高低,政府不知道,那么政府就没有办法按照能力来征税,而只能按照产出来征税,比如说产出 2 单位需纳缴 1 单位的税,产出 1 单位不纳税。但是如果以产出作为征税的标准,第二个人就会想:我为什么要工作一个小时呢?我工作一个小时生产 2 单位产品,政府征走 1 单位,最后留给我的只有 1 单位;如果我工作半小时,生产 1 单位的产品,那不是正好就可以不缴税了吗?我还可以用另外的半小时休息。所以,我最好选择只工作一半的时间。这样,由于高能力的人会假装低能力,不仅政府征不到税,也产生了平等和效率之间的矛盾。注意,尽管两个人现在的收入是一样的(每人 1单位),但从个人福利看是不平等的,因为高能力的人只工作半小时,低能力的人工作一小时,意味着高能力的人得到更高的效用。同时,社会也有效率损失,因为高能力的人少产出了 1 单位产品。

因此,在不完全信息情况下,即使我们愿意牺牲效率,也没有办法得到绝对的平等。高能力的人总能使自己生活得比低能力的人好一些。

政府征税的时候应该采取什么样的方法,怎么样才能让有能力的人不假装自己没有能力?这就是莫里斯**最优收入税理论**试图回答的问题。

4.2　莫里斯最优收入税理论

詹姆斯·莫里斯(James Mirrlees)1996 年获得诺贝尔经济学奖。他在 1971 年的论文中提出了一个很让人惊奇的结果:由于信息不对称,最高收入的边际税率应该等于 0。现实中,大部分国家实行的是累进税制,就是说收入越高边际税率就越高。但是按照莫里斯最优税收理论,最高收入的边际税率应该等于 0。也就是说,对于高能力的人最后的收入应该是不征税的。他的这个研究对后来的信息经济学有很大的影响,无论是在方法论方面还是在政策结论方面。后来的很多研究都证明,对于有私人信息的人,如果你想要让他说真话,你就必须要让他得到说真话的好处;或者说如果他说了假话的话,他必须要受到惩罚。这个结论我们在前面已经讲过。

我们用一个简单的模型来解释最优收入税理论的基本内容。[①] 假定有两个人,花同样的时间或精力,两个人的生产效率是不一样的,但成本(工作的痛苦)是一样的。特别地,我们假定第一个人的生产函数为 $y_1 = x_1$,第二个人的生产函数为 $y_2 = 2x_2$;两个人的成本函数都是 $C(x) = \frac{1}{2}x^2$。

这里,x 代表投入,也就是一个人花了多少时间、多少精力;y 代表产出;下标 1 和 2 代表第一个人和第二个人。第一个人的产量等于 x,也就是说花费 1 个小时就生产出 1 单位的产品,花 2 个小时就生产出 2 单位的产品。第二个人的产量等于 $2x$,也就是花费 1 个小时就生产出 2 单位的产品,花费 2 个小时就生产出 4 单位的产品。我们假定工作的边际成本随工作时间而递增,也就是说,工作时间越长,所增加的额外痛苦越大。比如说,工作 1 个小时时总痛苦是 0.5,工作 2 个小时时总痛苦是 2,这样第 1 个小时工作的边际成本是 0.5,第 2 个小时工作的边际成本是 1.5,如此等等。假定 1 单位的消费带来 1 单位的效用,社会效率最大化意味着边际产量要等于边际成本。容易算出,第一个人(低能力的人)应该工作 1 个小时,而第二个人(高能力的人)应该工作 2 个小时。这就是我们说的能者多劳。能力高的人一定要多劳,因为给定你的边际成本,你的边际贡献相对比较大。

在没有政府税收的情况下,每个人确实会这么选择。此时,第一个人的产出为 1,成本为 0.5,净福利是 0.5;第二个人的产出为 4,成本为 2,净福利是 2。所以显然是不平等的,第二个人的日子比第一个人好得多。

现在考虑政府如何通过税收和补贴解决平等的问题。如前所述,如果政府

---

① 张维迎(1997)对莫里斯最优税收理论做了一个简化但比较系统的介绍。

知道每个人的能力，完全可以在不损害效率的前提下达到结果的平等。比如说，政府向第二个人征收 0.75 单位的税，然后补贴给第一个人，每个人的福利水平都是 1.25。但税后收入仍然不同，因为第二个人比第一个人多工作 1 小时。这也意味着如果政府向第二个人征收 1.5 单位的税，然后补贴给第一个人，使得两个人最后得到同样的收入 2.5，实际上反倒是不公平的，因为此时，第一个人的福利是 2，第二个人的福利只有 0.5，与不征税的情况一样，只是两人换位了。这种情况在现实中确实存在，比如在人民公社的时候，懒人反倒比勤快人生活得更幸福。当然，这种情况之所以发生，是由于某种原因——如过去长期养成的习惯所致，勤快人还没有办法或不愿意完全假装懒人。

在信息不对称的情况下，政府不知道人们的能力差别，只是按照产量来征税，谁生产的多就向谁多征一些税。比如说政府采用这样的政策：如果你生产了 4 个单位产品，那么征收 2 个单位的税金；如果你生产 2 个单位以下的产品，那么不征税。此时，对于第二个人来说，他工作了 2 个小时，生产了 4 个单位，但是被政府拿走了 2 个单位，剩余 2 个单位。因为他的工作成本也是 2 个单位，最后得到的收益是零。但假如他工作 1 个小时，他的产量是 2 个单位，这个时候不需要缴税，他的工作成本是 0.5，他的收益是 1.5。于是高能力的人就没有积极性去选择社会最优的状态了。

在这样的税收政策下，即使第二个人选择只工作 1 个小时，他的日子仍然过得比第一个人要好。我们可以进一步证明，在任何情况下，如果要使高能力的人有积极性多工作，那么他的生活一定要比能力低的人过得好才行，否则你没有办法激励他。当然，如果信息对称，那么政府就可以有办法让他们两个人到最后过得都一样。但是由于信息不对称，没有办法解决这个问题，因为他总有办法享受自己的"**信息租金**"。拥有私人信息并且能力高的人一定要比能力不如他的人过得好。

回过头来看，在这个例子里面，假如政府既要向第二个人（高能力的人）征税，又要让他工作 2 个小时，那么必须达到一个什么条件呢？由于第二个人可以通过只工作 1 小时从而不缴税获得 1.5 的剩余，为了激励他工作 2 个小时，政府征收税金之后，他所保留的剩余一定不能小于 1.5。高能力的人工作 2 个小时的成本为 2，产出为 4，这就意味着税金不能大于 0.5。只要税金小于 0.5，那么他有可能仍然有积极性工作 2 个小时，一旦税金大于 0.5 了，那么他就没有积极性工作这么长时间了。不妨假设政府把收到的 0.5 的收入全部补贴给第一个人（低能力的人）。此时他工作 1 个小时，产出为 1，工作成本为 0.5，补贴为 0.5，那么他的收入为 1.5，剩余为 1。这样高能力的人拿到 3.5 的收入，而低能力的人只能拿到 1.5 的收入，能力相差一倍，但是收入的差距超过了一倍。

但这种分配状况只是一种可能性,能否成为现实还依赖于政府是如何征收这0.5的税的。假定政府将0.5的税收施加在最后1单位的收入上,也就是说,前3个单位的产出不征税,最后第4个单位的产出征收50%的税。此时,高能力的人如果只工作1.5小时,产出3个单位,就无须纳税,净效用是 $3-1.125=1.875$;但如果工作2个小时,就得纳税0.5,净效用是 $4-0.5-2=1.5$,因此他仍然没有积极性工作2个小时。现在设想政府把0.5的税施加在第2个单位的产品上,也就是说,第1个单位不征税,第2个单位征收50%的税,第3个和第4个单位也不征税(边际税率是0)。那么,如果第二个人工作2个小时,他的净效用是1.5;如果工作1.5个小时,他的净效用是 $3-0.5-1.125=1.375$;如果工作1个小时,他净效用是 $2-0.5-0.5=1$;如果工作半小时,不纳税,他的净效用是 $1-0.125=0.875$。所以他会选择工作2个小时。这就是莫里斯教授证明的最高收入段的最优边际税率为0的含义。

这就是我们所说的平等与效率的矛盾。

总结起来,平等与效率的矛盾来自于信息的不对称。只要存在信息不对称,私人信息的所有者就会获得信息租金,即使我们愿意付出效率损失,也不可能实现完全的平等。

4.3　国有企业高素质员工的流失

下面我们分析一下中国经济转轨过程中的一个重要现象:传统国有企业高素质员工的流失。这一现象在20世纪90年代非常突出,大量高素质的员工(包括技术人员和管理人员)从国有企业流向外资企业甚至民营企业。这个现象可以理解为随工资制度的变化,劳动力市场从"**混同均衡**"走向"**分离均衡**"的过程。

在图10-2中,横轴代表员工的努力程度,纵轴代表产出或者工资。我们分别画出了高素质员工和低素质员工的生产率曲线和效用无差异曲线。生产率曲线向上倾斜是因为产出随员工的努力程度而上升。但给定同样的努力水平,高素质员工比低素质员工有更高的产出,因此,高素质员工的生产率曲线比低素质员工的生产率曲线更陡峭。无差异曲线也是向上倾斜的,是因为努力越大,工作的负效用(或者说痛苦)越大;为了使得员工的效用不变,工资必须有相应的增加。较高的无差异曲线代表较高的效用水平,此时同样的努力对应更高的工资或同样的工资对应更小的努力。但是,干同样的活或生产同样的产出,高素质员工花费的时间和努力比较少,相应地他的痛苦也较少,因此为维持效用水平不变所需要的工资补偿也较小。而对于低能力的人,只要稍微做些工作,需要追加的补偿就会很大。因此,高素质员工的无差异曲线相对扁平一些,而低能力的人的无差异曲线相对陡峭一些。

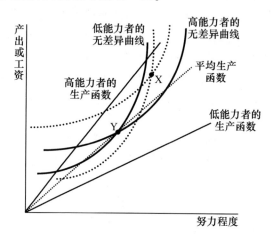

图 10-2 高素质员工的流失与国有企业的困境

在计划经济下,国有企业实行的是平均主义的工资制度,无论你能力高低、干得好坏,都是拿一样的工资,如点 Y 对应的纵坐标上的工资水平。由于没有激励,员工只会选择最小努力,比如 Y 点对应的横坐标上的努力水平。此时平均生产率曲线正好经过 Y 点,这意味着国有企业正好处于不亏损的状态。这叫做(强制性)"混同均衡"。计划经济可以达到"平等",但是损害了效率,因为效率要求的最优点在无差异曲线与生产率曲线的切点(读者自己画一下)。

实际上,这种所谓的"平等"也只是从工资收入的角度看的平等。从效用的角度看是不平等的。因为,从图 10-2 上可以看出,过点 Y 的高素质员工的无差异曲线在纵坐标上的截距高于低素质员工的无差异曲线(读者自己画一下)。由于截距点对应的努力水平是零,较高的截距等价于较高的工资水平,这意味着高素质员工得到的实际效用水平高于低素质员工。因此是不平等的。两个截距之间的差距就是我们前面讲的高素质员工的"信息租金"。

这一"混同均衡"之所以能维持,是因为计划经济下员工没有流动的自由。实际上,由于所有的国有企业实行的是统一的工资制度,即使允许流动也没有实质意义。但一旦改革开放后允许员工有流动的自由,这个混同均衡就没有办法维持了。假设国有企业仍然提供 Y 点这样的工资制度,但是外资企业或民营企业选择了另外一种工资合同:X 点。在 X 点,员工得到更高的工资,也需要更努力地工作才行。谁愿意选择 X 点呢?显然是高能力的人了。高能力的人选择了 X 点之后,他的效用就提高了(因为过 X 点的无差异曲线(虚线表示)在原来的无差异曲线上方)。低能力的人则不会选择 X 点,因为在 X 点的效用低于原先的 Y 点。外资企业、私人企业的工作固然比国有企业累多了,但是工资也高多了,所以高能力的人愿意去那里。低能力的人受不了这样的工作强度,即使给他的工资较高,他也不愿意去,还是愿意留在国有企业里面。这样高能力人和低能力人就分离开来了,劳动力市场由"混同均衡"走向"分离均衡"。

这对企业的经营状况有什么影响呢? 对国有企业来说,高能力的人走了之后,生产函数就不再是平均生产函数,而是低能力的生产函数(此时国有企业中只剩下低能力的人了)。这时 Y 点就在生产函数线上方了,从而国有企业的产出不足以弥补其工资支出,因而国有企业开始亏损了。而与此对应,外资企业和民营企业虽然支付了更高的工资,但由于高能力人的生产函数线更高,它们仍然能够盈利。

高素质员工的流失是 20 世纪 90 年代国有企业的生存变得更加困难的一个重要原因。简单地说,在原来的计划经济体制下,是低能力的人剥削高能力的人,高能力的人补贴低能力的人,因为没有选择。一旦出现了外资企业和私人企业,每人都有选择了,高能力的人就跑到工资更高的地方去了,不让你剥削他。

让我们用一个简单的例子来说明这一点。假定原来高能力的人创造 200 单位的价值而低能力的人创造 100 单位的价值,如果高能力员工的比例是 20%,那么,只要平均工资不超过 120 单位,企业就不亏损。让我们假定国有企业的实际工资是 120 单位。现在假设来了另外一个非国有企业,它支付给高能力的人的工资不是 120 单位,而是 180 单位。这样一来高能力的人就跑了,虽然他拿了 180 单位的工资并且同时干活也多了,但是总的来说比拿 120 单位的工资要好。低能力的人选择继续留在国有企业。外资企业雇用的人,工资高,生产能力也高,可以生产出 200 单位的价值,那么对于公司来说,还有 20 单位的利润存在。国有企业原来是可以维持收支平衡的,但是现在高能力的人走了,剩下的都是低能力的人,每人创造 100 单位的价值,但是工资仍然要拿到 120 单位(甚至要求更高的工资),怎么能不亏损呢! 这也就是我们看到的,在市场化过程当中,收入工资差距会被拉大,整个社会的收入分配不平等了。

第五节　大学教师的选拔机制

5.1　鱼目混珠与自投罗网

接下来我们要讨论的问题是大学教授的选择问题。人口当中能够合格承担大学教师这种职业的只是很少一部分人。这些人必须对做学问有强烈的偏好和追求,要能够在学术研究当中自得其乐,并且还必须有创造力、使命感和责任心。谁属于这一部分人呢？这里存在着一个信息不对称的问题,需要我们有办法识别符合上述条件的人。所以说,教员的招聘和晋升,实际上就变成了一个典型的机制设计问题。

如果我们能设计一种机制,在这种机制下,真正有能力、有兴趣做学问的人愿意选择当教员,而没有能力、不适合做学问的选择不当教员,这个问题就解决了。我们把这种机制叫做"**自投罗网**"。

为了简单起见,我们从"工资待遇"和职称晋升时的"学术标准"两个维度讨论这一机制设计。在图10-3中,横轴代表学术标准,纵轴代表工资水平,二者都是从低到高排列。

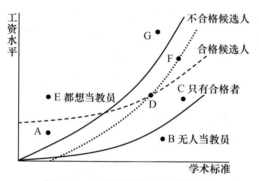

图10-3　大学教师的自选择机制

图10-3中,向上倾斜的曲线代表不同类型候选人的无差异曲线。假定所有候选人可以分为两类:合格者和不合格者。其中合格者指真正有能力、有兴趣做学问的人,不合格者指没有能力、不适合做学问的人。无论哪一类人,无差异曲线都是向上倾斜的,因为达到较高的学术标准意味着教员必须付出更大的努力,工作时间更长、更辛苦,因此,必须有更高的工资补偿才能使得他维持相同的效用水平。学术标准可以量化成某个指标,譬如说把学术成果的数量按照质量加权汇总。对于每个人来说,较高的无差异曲线意味着较高的效用水平。

但合格者的无差异曲线比不合格者的无差异曲线要平坦一些,因为为达到同样的学术标准,前者比后者只需较少的努力,因而也只需要较低的工资补偿。毕竟聪明人写一篇文章比笨蛋容易得多。对于低能力人来说,写一点小文章就痛苦得不得了,要求给很多的补偿。而写同样的文章,能力高的人只要付他一点补偿就可以了。

我们先假定两类人的保留效用(或者说机会成本,等于做其他工作时得到的效用)是一样的,并把个人的保留效用标准化为零,对应的无差异曲线过原点。考虑以下几种机制(每个机制对应图上的一个点)：

　　机制 A：学术标准很低，工资也很低；

　　机制 B：学术标准很高，但工资很低；

　　机制 C：学术标准很高，工资较高；

　　机制 D：学术标准较高，工资较高。

　　显然，在机制 A 下，无论是合格的还是不合格的，所有人都愿意当教员，因为无论能力高低，当教员得到的效用大于保留效用；在机制 B 下，没有人会选择当教员，因为当教员得到的效用小于保留效用；在机制 C 和机制 D 下，合格者会选择当教员，不合格者会选择不当教员，因为前者得到的效用大于保留效用，后者得到的效用小于保留效用。这样，机制 C 和机制 D 能够自动将高能力的人和低能力的人区分开来，机制 A 和机制 B 则不能做到这一点。

　　我们现在可以用这个框架分析改革以来中国大学教员队伍的变化。在 20 世纪 90 年代之前，大学教员的工资待遇很低，但职称晋升的标准也很低，基本上是论资排辈，只要熬到年头，就可以晋升职称，总体处于图中的 A 点。所以相当数量的毕业生愿意留校当教员，不论他们实际上是否适合做这项工作。结果是，教师队伍是鱼目混珠，良莠不齐，既有水平很高的，也有水平很差的。

　　到 20 世纪 90 年代初，特别是邓小平南方谈话后，人们有了更多的选择。特别是能力高的人有了经商做企业的机会，外资企业也大量招聘本地员工。此时，高能力的人当教员的机会成本大大提高了，但低能力的人的机会成本没有什么变化。因此，我们可以合理地假定，图 10-3 中由外部机会成本决定的合格者的无差异曲线由原来的实线上升为现在的虚线，而不合格者的无差异曲线仍然维持在原来的水平。但大学的职称晋升标准没有变化，教员的工资也没有变化(或者有变化但幅度不够大)。也就是说，我们的机制仍然是 A。在这种情况下，新毕业的研究生(包括硕士和博士)中，谁愿意当教员呢？从图 10-3 中可以看出，不适合当教员的仍然愿意当教员，而适合当教员的反倒不愿意当教员了。不适合当教员的人希望留校当教员，一是因为他们没有更好的外部选择，二是因为当老师很轻松，熬年头就能评上教授；适合当教员的不愿意留下来是因为与留校当老师相比，出去做其他事的待遇更好，足以诱惑他们放弃舒适的校园生活。不仅如此，在原有的教员中，素质较高的也辞职不干，下海经商去了，或到外企工作去了。这类人即使没有"下海"，有些也是"身在曹营心在汉"，在外面有不少兼职。那些素质相对较差的反倒原地不动继续留在校园。结果，教师队伍的整体水平下降了。

　　当然我这样说有点儿绝对。有些优秀者对做学问的偏好是如此之强，即使待遇很低，他们也抵挡住了外边的诱惑，继续留在学校当教员，一心一意做学问。这些人对 90 年代后维持大学的水准发挥了非常重要的作用,自然也就成为今天许多大学的学术骨干。

到 20 世纪 90 年代后期,教员队伍的质量问题已成为大学内外普遍关注的问题。解决问题的一个办法是提高职称晋升的学术标准,许多大学也确实这样做了。但如图 10-3 所显示的,仅仅提高学术标准不能解决问题。比如说,即使把学术标准提高到 B,如果教员的工资待遇没有足够的提高,虽然不合格的人不再愿意当教员了(因为太痛苦),合格的人仍然没有积极性选择当教员,教师队伍的质量仍然很难提高。同样,仅仅用提高工资待遇的办法也不能解决问题。如图 10-3 所示,由 A 变到 E,工资待遇提高了,但学术标准没有变,虽然可以诱使合格的人选择当老师,但没有办法使得不合格的人选择不当老师。

如果我们现在要使得高能力的人愿意当教师,低能力的人不愿意当教师的话,我们应该怎么办呢?双管齐下。学术标准是一定要提高的,工资当然也要提高。比如我们选择了 F 点,或至少 D 点,学术标准提高了,工资相应地也提高了。现在这种状况下谁愿意当教师呢?低能力的人就不再愿意当教师了,因为他们这样的付出太大了,以至于他的效用低于其他工作的效用。而对于高能力的人来说,现在他们当教师比做其他工作还好。这样,适合当教师的人选择当教师,不适合当教师的人选择做其他工作,我们得到一个分离均衡,教师队伍的质量就有保证了。

但是,教师的工资待遇也不能提得太高。比如说,如果我们选择了 G 点,即学术要求提得很高了,但是工资相对提高得太多的话,又回到了原来的那种状况,谁都愿意当老师。

大学教员的选拔当然是一个很复杂的过程。一般来说,每个大学都对当教员有一些基本的要求,如需要有相关专业的博士学位,有关人士的推荐信,还有面试环节,等等。但无论如何,有个合适的自选择机制是非常重要的。如果机制不对,不合适当教师的人也拼命争着当教师,仅靠程序是没有办法保证教师质量的。这不仅是因为评价候选人的真实水平不容易,而且因为还有免不了的人情关系,甚至腐败。如果我们对一个教师的要求很低,那么就会出现所谓鱼目混珠的现象。只有对教师的要求很高,当教师没有办法混日子时,我们才能招收到真正有水平并热爱教育事业的人。

5.2 解决武大郎开店问题

当然前面只讲了一个方面的问题,另外一个方面的问题是如何让选拔人的人有积极性说真话。由于知识专门化导致的信息不对称,选拔新教员的任务就只能交给相关领域的专家们——大部分是现有的教授。但是,即使这些现有的教授有能力判断申请人的水平如何,他们有没有积极性说实话仍然是个问题。特别是,如何防止现有教授们"武大郎开店"——只选差的不选好的?

为了解决这个问题,美国的大学设计了两个重要制度:教授的终身制和学科的末位淘汰制。[①]

教授终身制(tenure system)是指当一个教员晋升到正教授(有些学校是副教授)后就可以一直工作到退休,如果没有违法违纪行为,校方不得中途将其解雇。一般认为,教授终身制的目的是保护学术自由。其实,终身制还有另外一个重要的功能:防止武大郎开店。[②]

设想你已经是某个院系的教授,对任何新的申请人,你都可以评头论足,你甚至可能是招聘委员会成员,拥有最后的投票权,你的意见对是否录取一个人至关重要。那么,假如现在有一个非常优秀的申请人,其水平甚至超过你,你会同意录取他吗?或者,假定这个人水平一般甚至很差,你应该反对他吗?在没有终身制的情况下,每一个新加入的教员都是你的竞争对手,都可能成为你的替代者。比如说今天选了一个很优秀的人,三年以后他超过你,然后校方告诉你:走吧,我们不再需要你了。预期到这种可能,你就更可能选择不如你的人,拒绝比你强的人。长此以往,每个现任的教员都选择比自己差的人,学校的质量就会越来越差。但是,如果你有终身教职,新来的人再优秀也不会把你赶走,你说假话的积极性就大大降低,说真话的积极性就大大提高。因此,终身制使得选人的人没有了后顾之忧,有利于选拔新的优秀人才。

第二个制度是院系的末位淘汰制度。仅仅终身制可能是不够的,毕竟,相对水平的比较也是一种竞争,即使你不需要走人,同一院系里出现了更优秀的教授也会降低你在学校的相对地位。但在末位淘汰制度下,如果你所在院系的学术成就排名多年以来都一塌糊涂的话,就要整体解散,你也得重新找工作(此时终身制不再保护你的工作安全)。这样,新加入的教员的水平越高,你自己的位置就越稳固;新加入的教员的水平越差,你自己的位置就越不稳固。选拔优秀的新人是你的利益所在。

综合起来,教员制度的设计有两个主要目的:一是如何让申请人说真话,二是如何让选人的人说真话。只有同时达到这两个目的,大学才能有优秀的教师队伍。这正是2003年北京大学教改的主要目的之一。[③]

[①] 参阅张维迎(2012)。

[②] 传统上,教授终身制被认为是为了保护学术自由。Carmichael(1988)认为,终身制为现任教员选择新教员时提供了说真话的激励。有关教授终身制的更多讨论,参阅 McPherson and Schapiro(1999),Chen and Lee(2009)。

[③] 参阅张维迎(2012)。

　　北大教改的一些其他措施也与此有关。譬如说，教改方案规定，同一职称最多只能申请两次，如果第一次申请不成功，隔了一年之后才能再申请。这也是一种自我选择机制。在以前的职称晋升制度下，每年都可以申请，次数不限。这样，即使水平很低、希望渺茫的人也会不断提出申请，因为申请不仅没有成本，还有好处。年复一年，次数多了，就可以得到更多的同情分，总可以成功。但是新的制度就不一样了，你只有两次机会，而且今年申请失败的话，明年就不能申请了，到后年如果你再不能申请成功，那你就必须离开了。这样，你在决定申请之前，必须谨慎考虑，一定要等到真正觉得自己够水平了才敢申请。

　　我们还可以举出很多其他的例子来说明自选择的作用。比如说投资银行招人，一般经过面试之后，对方经常会问你一个问题：如果你被录取，有两种工资制度供你选择。一种是固定工资高，比如给你 50 万元，但是奖金少一些；另一种制度是固定工资 10 万元，但是奖金的比例可能很高，依你的业绩而定。面试官会问你选择哪一种？对这个问题你可得小心。如果你说选择第一种，那么你可能机会不大了，因为这说明你对自己的工作能力并没有信心，至少说明你是个不愿冒风险的人。不敢拿 10 万元的固定工资然后靠业绩赚奖金，就意味着你认为凭自己的水平一定做不出什么业绩来。也就是说，你自己把自己淘汰了。而只有对自己充满信心的人才会选择第二种方案。

本 章 提 要

　　所谓机制设计，是指没有私人信息的一方设计某种机制（合同）让具有私人信息的人把信息真实地显示出来。这样的机制包括直接显示机制和间接显示机制。在直接显示机制下，具有私人信息的一方报告自己的类型；在间接显示机制下，具有私人信息的一方选择设计给自己的合同。

　　机制设计的本质是如何让人说真话。说真话的基本条件是所设计的机制必须满足激励相容约束。激励相容约束意味着说真话（或选择设计给自己的合同）比说假话（或选择设计给他人的合同）要好。当说假话比说真话需要承担更大成本时，人们就会说真话。

　　最优的机制设计可以使得设计者获得最大利润，但资源配置达不到完全信息下的帕累托最优。保险合同的设计、企业的价格制度是典型的机制设计。这样的机制不要求客户直接报告自己的真实类型，但通过不同合同安排和定价让客户"自投罗网"。

　　维克瑞拍卖机制下，竞标者有积极性报告自己的真实类型，因为任何情况下，说真话都不比说假话差。

为了让人说真话,拥有私人信息的一方必须获得信息租金。这导致了收入分配上平等与效率的矛盾。信息不对称意味着任何情况下,高能力的人总比低能力的人生活得更好。即使我们愿意付出效率损失,也不可能实现完全的平等,因为高能力的人可以选择假装低能力。

如何选拔大学教师是一个重要的机制设计。一个好的机制必须达到分离均衡:真正有能力、有兴趣做学问的人愿意选择当教员,而没有能力、不适合做学问的选择不当教员。为此,职称晋升的标准必须足够严,工资待遇必须足够高。晋升标准太低必然导致"鱼目混珠"和"滥竽充数"。

如何防止"武大郎开店"也是一个重要问题。教授终身制和学科末位淘汰制有助于解决这个问题。

第十一章
道德风险与腐败

第一节　从腐败谈起

　　腐败在当前是一种非常普遍的现象,是人们最关心的问题之一。新华网在2005年10月推出了"十一五"规划中百姓最关心的五大问题的网上调查,结果显示"反腐倡廉"问题位列第三。[①] 2012年3月17日,京城媒体报道了央行发布的一份调查报告,报告显示中国人最关心的五大问题是:房价、食品安全、收入差距、贪污腐败、医疗。[②] 那么究竟什么是腐败?简单地说,腐败可以定义为公共权力的滥用,就是用公共权力谋取私人利益的行为。从古到今,只要有公共权力存在的地方,腐败就一直没有停止过。中国历史上有许多有名的贪官,如刘瑾、严嵩、魏忠贤、和珅等等,其中和珅的家产价值2.3亿两白银。[③] 这些腐败都发生在政府内部,可以归结为政治腐败。谈到腐败,一般多指的是政治腐败,这种腐败的形式有多种多样。日常可以看到的政府机构的办事人员接受贿赂就是一种形式。在选举政治中,政治献金也是腐败行为。腐败不一定是个人接受了某种形式的直接好处。如果官员在行使公共权力的时候偏袒了某一些和自己有特殊利益关系的人,而没有按照一个合法的正当程序来行使权力,这

[①]　见 http://news.xinhuanet.com/fortune/2005-10/14/content_3616050.htm。

[②]　来自中华网社区 club.china.com。

[③]　据《清朝野史大观·和珅家财》等野史记载,和珅总财产是"二十亿两有奇,政府岁入七千万,而和珅以二十年之阁臣,其所蓄当一国二十年岁入而强"。薛福成在《庸庵笔记》中提供的数额是二亿三千万两。

也是政治腐败。①

　　除了政治领域之外,商业关系中公共权力也会被滥用。上市公司这样的公众公司(public company)有很多分散的股东,当监督不力时会发生经理人的腐败行为。在经营的过程中,经理人可能会盗窃企业的资产,或者是通过如做假账、内部交易等方式来谋取私利。2002 年发生在美国的"安然事件",就是上市公司管理层腐败的事件。在中国,上市公司的腐败行为可以说比比皆是,如做假账、包装上市、官钱交易等等,更不要讲公司内部的很多贪污行为了。公司内的贪污行为可能表现在一些细节的或者是很小的环节上。比如一个超市的采购人员,有可能会在采购的时候吃回扣;或者销售人员,有可能故意压低销售产品的价格,然后自己从中谋取一定的私利等等。这些都是商业腐败行为。

　　另外,在学术界也可能发生滥用公权力的行为,涉及学术研究中的不当行为,如 2005 年韩国发生的黄禹锡事件。② 在学术资格的评审过程中,比如在教授和副教授的提升时拉关系、走后门;在学术期刊发表文章,不是通过规范途径实现,不是按照质量评审发表,而是按照一定的关系;在申请研究基金的审批当中,不是按照申请人的水平而是按照其他的因素来决定资金的分配的行为。这几类行为都属于学术腐败。在更小一些的范围里,比如一个家庭当中也会存在腐败。家庭中间只要超过两个人,就存在某种意义上的公共权力,这时如果某一方把家庭的资金过多地占用,或者是设立小金库,都可以算是家庭内的腐败。

　　当然,最严重的腐败现象还是存在于政府组织当中。公共权力越大的组织,腐败问题就会越严重。总部设在柏林的"透明国际"(Transparent International)是一个全球性的反腐败非政府组织,专门研究世界政治的清廉和腐败问题。③ 该组织 2004 年的报告中列举了一些当代和政府首脑有关的比较大的腐败案件,我们把有关的数据复制在了表 11-1 中。

---

① 苏珊·罗斯·艾克曼(Susan Rose-Ackerman)在《腐败与政府》一书中专门探讨了发展中国家的腐败问题,分析了腐败与政府的关系,其原因与后果,以及世界各国在这方面的改革成功和失败的事例。Glaeser and Goldin (2006)是研究美国历史上政治腐败和改革的论文集。Svenson (2005)讨论了有关公共领域腐败的八个问题:(1) 什么是腐败? (2) 哪些国家最腐败? (3) 腐败严重的国家有哪些共同特征? (4) 腐败的程度有多大? (5) 高薪能否养廉? (6) 竞争是否减少腐败? (7) 为什么反腐败很少成功? (8) 腐败如何影响经济增长?

② 相关内容请见《解放日报》2006 年 05 月 15 日或《国际先驱导报》2005 年 12 月 26 日。

③ 对于透明国际感兴趣的读者可以访问其主页 http://www.transparency.org/了解相关内容。

表 11-1　政府首脑贪污金额一览表

政府首脑	任职期间	被指控贪污资金（美元）	2001 年国内人均 GDP（美元）
苏哈托	印尼总统 1967—1998	150 亿—350 亿	695
费迪南德·马科斯	菲律宾总统 1972—1986	50 亿—100 亿	912
蒙博托	扎伊尔总统 1965—1997	50 亿	99
萨尼·阿巴扎	尼日利亚总统 1993—1998	20 亿—50 亿	319
斯洛博丹·米洛舍维奇	塞尔维亚/南斯拉夫总统 1989—2000	10 亿	N/A
让-克洛德·杜瓦利埃	海地总统 1971—1986	3 亿—8 亿	460
藤森	秘鲁总统 1990—2000	6 亿	2051
拉扎连科	乌克兰总理 1996—1997	1.14 亿—2 亿	766
阿诺尔多·阿莱曼	尼加拉瓜总统 1997—2002	1 亿	490
乔瑟夫·埃斯特拉达	菲律宾总统 1998—2001	0.78 亿—0.8 亿	912

资料来源：*Global Corruption Report 2004*, p. 13.

从表中我们可以看到,印尼前总统苏哈托,当了 31 年的总统,被指控的贪污资金的数目为 150 亿到 350 亿美元,而印尼 2001 年的人均 GDP 只有 695 美元;菲律宾前总统马科斯,在执政的 14 年里贪污了 50 亿到 100 亿美元;扎伊尔前总统蒙博托,执政 32 年,贪污了 50 亿美元;尼日利亚前总统阿巴扎执政才 5 年的时间就贪污了 20 亿到 50 亿美元;塞尔维亚/南斯拉夫前总统米洛舍维奇,执政只有十来年的时间,就贪污了 10 亿美元;海地总统杜瓦利埃执政 15 年,贪污了 3 亿到 8 亿美元;秘鲁前总统藤森执政 10 年,贪污了 6 亿美元;乌克兰前总理拉扎连科只做了一年的总理,就贪污了 1.14 亿到 2 亿美元;尼加拉瓜前总统阿莱曼贪污了 1 亿美元;菲律宾前总统埃斯特拉达贪污了 0.78 亿到 0.8 亿美元。这些数字还都是被查证了有确实证据的,从这些例子中可以看出政治家贪污的金额是何等巨大。

从古到今,从外到内,从政治到商业,从学术到家庭,种种腐败现象产生的最核心的根源在哪里呢? 简单地说,就是信息不对称。读者可能会问,那为什么不同国家的腐败程度不同呢? 有很多原因,如经济发展程度、文化、道德、政治体制等等,但是最根本、最深层的原因是信息不对称问题。不同的国家设计了很多不同的制度来解决这个问题。我们都知道政治的透明度非常重要,实际上政府透明度的意义就在于解决信息不对称的问题。民主制度有助于提高政治透明度。同样,新闻媒体的自由也很重要,如果媒体自由了,信息的传递就会非常快,对官员的约束也就会相应地比较大。

信息不对称按时间划分可以分为**事前信息不对称**和**事后信息不对称**。前面三章我们分析了事前的信息不对称。事后的信息不对称,就是一方当事人的行为不能被另一方观察到。事后的信息不对称,更容易导致腐败行为(**道德风险**)的出现。[①] 在公共事务当中掌权者或者是拥有和行使这种公共权力的人,他们的一些行为不能够被受益的人——比如说一般的公众,或者是股东或者是他的配偶或者是其他的与其行为有关系的人——有效地观察到,这就产生了严重的信息不对称。在这个意义上,我们可以用经济学上非常重要的一个理论——**委托人—代理人理论**(principal-agent theory)(简称**委托—代理理论**)来分析腐败问题。[②]

第二节　委托—代理模型

我们先说一下法律上讲的委托人和代理人的含义。法律上的委托代理指的是一种合约关系。[③] 假如有一方(我们用 A 来表示),和另一方 B 签了一个合同,授权 B 可以以 A 的名义行使某些权力或是采取某种行动,那么这个时候他们就形成了一种委托代理关系,A 叫委托人,B 叫代理人。举个简单的例子,比如说你打官司时,要雇用一个律师,那么这个律师就是你的代理人,他在法庭上就是要代表你的。这种委托代理关系在法律上最本质的东西是:委托人要为代理人的行为后果承担责任,或者反过来说,代理人的行为所导致的后果的成本或收益在很大程度上是属于委托人的。比如打官司,如果输了的话,那当然是委托人——原告或者是被告——输了,而不是代理人律师输了。假如最后法院判决被告有罪,需要坐牢的话,当然是被告去坐,而不是律师去坐牢。也就是说,代理人的行为后果对于委托人来说是非常重要的,双方形成一种责任关系。

[①] 事前信息不对称也是导致腐败的重要原因。许多腐败现象之所以发生,就是因为官员掌握许多民众不知道的信息。一个典型的例子是公共工程投资中的腐败行为,这种腐败之所以出现,一个重要原因是官员知道项目的投资成本,而民众不知道,这样,官员任意提高项目预算,然后中饱私囊。官员的道德水准也是一个事前信息不对称,导致用人上的腐败。

[②] 委托代理理论是经济学在 20 世纪 70 年代发展起来的信息理论的一部分。这一理论的开创性文献包括:Spence and Zechhauser(1971),Ross(1973),Mirrlees(1975),Holmstrom(1979)等。Hart and Holmstrom(1987)被公认为是截至当时有关委托代理文献最好的综述,Rees(1985)是一个很适合初学者入门的教授性综述。更详细全面介绍委托代理理论的教材有 Jean-Jacques Laffont and David Martimort (2002)、张维迎(1996)等。

[③] 代理法(law of agency)属于商法,参阅 Sealy and Hooley(2009)。法律上,委托—代理关系与信托关系(trust)非常类似,二者最大的不同之处是,代理关系是对人而言的(personal,即两个人之间的关系),信托关系是对所有物而言的(proprietary)。参阅 Burn(1990),第 1 章。

法律上对于委托代理双方的权责有更为严格的界定。首先,代理人对委托人负责,如果代理人没有得到许可的话就不能再代理。比如说你让我帮你卖东西,没有得到你的许可,我不能不自己卖而是再找另外一个人帮你卖;同样的道理,律师接受委托打官司,没有得到委托人的许可,就不能再雇用另外一个律师来替委托人打官司。其次,一般来说,代理人不能把自己放到与委托人的利益冲突的地位。比如,律师如果接受了原告的请求,给原告当辩护律师,就不能够再跟被告签一个协议,再替被告当辩护律师,因为这种情况就存在严重的利益冲突。这是在法律上的要求,但是在实际当中通常避免不了利益冲突。这种冲突——我们在后面的例子中要讲到——就是说代理人出于自身而采取的行为与委托人的利益有冲突。比如说,能不能打赢官司,依赖于律师付出的努力,他付出的努力越大,那么赢的可能性就越大,这是委托人所希望的;但是律师付出的努力越大,相应地他的成本(精力支出)也就越大,这就存在利益冲突。

法律上也规定委托人对代理人担负有一定的责任。首先是补偿责任。委托人让代理人帮助干活,就得给代理人补偿。其次是免除法律责任。假如代理人的行动是在委托人的授权范围内所做的事情,最后的责任是由委托人承担的,而不是由代理人承担的。一旦出了问题,委托人不能逃避这个责任,更不能把这个责任推给代理人。比如我偷了一个古董,然后找了一个人帮我卖了出去,但是这个人不知道我的古董是偷来的。如果最后被警察查出来了,那么是我去坐牢,而不是他去坐牢。代理人有留置权,如果委托人对代理人的补偿没有到位,那么代理人有权利滞留委托人的财产。比如某人委托我做一件事情,给了我一部车用,但是我给他干完事以后他没有按照协议付给我薪酬,那么我就可以把他的物品给滞留下来,直到他付清应给我的酬金。

经济学意义上讲的委托代理概念比法律上要宽泛得多。经济学上,只要任何一种关系当中,有一方的行为影响到了另一方的利益,都可以把它叫做**委托代理关系**。信息不对称时,有私人信息的一方称为代理人,没有私人信息的称为委托人。比如你买了汽车保险之后,你对你的车的爱护程度会影响到保险公司的利益。如果你停车的时候不注意锁门,那么车被盗的概率就高,相应的保险公司赔偿的可能性就大,这就影响到保险公司的利益。这时你和保险公司之间的关系就叫做委托代理关系。在任何一个企业组织当中,员工的行为可能会影响到老板的利益。员工偷懒不好好干活,企业利润就会减少,老板的利益就会受损。这时员工和老板存在委托代理关系。进一步讲,之所以一方的行为会影响另一方的利益,又和信息不对称有关。如果信息对称,从理论上讲双方可以签订一个完全的合同,规定所有可能采取的方案,什么情况下可以做什么事情,做了什么事情支付给多少报酬,所有这些问题都可以通过一个完全的合同就解决了。因此我们的分析集中于不对称信息的情况。

委托代理问题的产生大致可以归结为四个原因:第一个原因是委托人与代理人的利益存在着冲突,这个时候对代理人最优的选择不一定是对委托人最优的选择,比如对经理最好的事情不一定就是对股东最好的事情;第二个原因是信息不对称,委托人难以观察到代理人的行为;第三个原因是代理人可能害怕风险;第四个原因是代理人的责任能力是有限的。仅仅是利益上的冲突可能并不足以引起委托代理问题,如果委托人可以完全观察到代理人的行为,或者即使委托人不能完全观察到代理人的行为,但是代理人不害怕风险,或是代理人的责任能力不受限制的话,委托代理问题也可以很容易解决。

从这个角度来看,委托代理关系在社会生活中具有普遍性,广泛存在于政府、公司和生活交往之中。我们的政府,就可以理解为老百姓的代理人,像我们经常讲政府是人民的公仆,也就是说从老百姓、选民到政府官员,存在着一个代理关系,这个代理关系是链条式的。我们选人民代表,每个阶层都选出自己的人民代表,村选乡,乡选县,县再选市,市再选省,然后再由省选举出全国人大代表,这就是一根代理链条。这里最终的代理人和最初的委托人之间的距离是非常长的。全国人大再任命总理和国家主席,这就又是一层代理关系。在政府行政部门内部,在国家主席或者是总理之下还会有很多部门,这些部门又是一层代理,部门里面有部长,部长下面有局长,局长之下又有处长、科长。部长和总理之间就是代理关系,总理是一个委托人,他要对全国人民负责,而部长是一个代理人,他要对总理负责;在部长和局长之间,部长是一个委托人,局长又是一个代理人,局长要对部长负责;如此等等。在政府部门关系当中认识到这一点,是非常重要的。因为有的时候这关系到我们的组织设计。可以设想一下,假如说部长不是由总理任命,而是由局长们投票选举的话,那么这种授权关系就颠倒了。这个时候部长对谁负责? 他是要对总理负责,还是要对这些局长负责? 这就完全不一样了。

任何一个政府官员的行为都会影响到老百姓的利益,所以也形成了一种选民和政府官员的委托代理关系。皇帝和太监之间的关系,是古代政府内部的特殊关系,皇帝是委托人,太监就是代理人。皇帝一般都有积极性管理好这个国家,问题是他的大臣们、他周围的那些太监们,他们不一定有很高的积极性。皇帝如果没有足够的信息来监督大臣和宦官,就会出问题。中国历史上很多朝代的灭亡都与此相关。

公司内部的委托代理关系,是经济学当中研究最多的几个问题之一。所有权和经营权分开了,股东就是委托人,他们选举出董事,相对于股东,董事就是代理人。然后董事会再任命总经理和CEO,总经理和CEO就变成了董事会的代理人,总经理和CEO对董事会负责,董事会对股东负责。而在公司内部,总经理下面的副总经理、部门经理等等都是对总经理负责。

老师和学生之间也有委托代理关系。学生如果不好好学习,毕业后如果表现不好会败坏老师的名誉。同样地,老师不好好授课的话就是浪费学生的时间,会影响学生的利益。从这个意义上讲,两者是互为委托代理关系,就像合伙制一样。

我们研究委托代理问题,就是要研究这些冲突为什么会发生,如何解决这些冲突。简单地说,就是如何使得代理人愿意为委托人的利益服务。比如说,如何使得政治家替老百姓服务,以什么样的激励手段保证政治家不滥用权力;如何使得经理人为股东的利益服务,使他们不滥用经理人的权力等等。这就是激励机制的设计问题。比如考试和学生评价就是这个委托代理关系中的一种激励机制,考试就是老师要采取的一个办法,使得学生有兴趣和动力好好学习;学生对老师进行评估,是为了约束老师,使他们好好教书。

2.1 利益冲突

我们刚才讲到,出现委托代理问题的一个原因在于委托人和代理人之间的**利益冲突**,如果没有利益冲突,问题就都不会出现。我们举一个最简单的例子,如表11-2(a)所示。代理人有两个选择:第一个选择是委托人得到100,代理人得到20;第二个选择是委托人得到200,代理人得到50。加总起来这两种选择的收益分别是120和250。

根据表11-2(a),从社会最优的角度来看,第二种选择的收益总和最大。收益可以解释成是委托人的利润,而对于代理人来说,收益可以解释为由控制权带来的好处。在这个例子里面委托人和代理人之间没有利益冲突。对委托人来说是最好的选择,对代理人来说也是最好的选择。如果放手让代理人选择,他会选择第二种;对于委托人来说,他的利益也是在第二种选择中最大。所以不存在利益冲突,这时激励问题也就不存在。

但是我们来看另一个不一样的例子,如表11-2(b)所示的收益情况。委托人的收益仍然是选择第一种是100,选择第二种是200,但是代理人如果选择第一种可以得到50,如果选择第二种可以得到20。这时,对于代理人来说最好的选择是第一种,但是对于委托人来说最好的选择是第二种。在这样的情况下,就需要设计一种制度,使得代理人有积极性来选择第二种,而不是选择第一种。

表 11-2(a) 无利益冲突		
	选择 I	选择 II
委托人收益	100	200
代理人收益	20	50
合计	120	250

表 11-2(b) 有利益冲突		
	选择 I	选择 II
委托人收益	100	200
代理人收益	50	20
合计	150	220

这类冲突可以概括很多种不同的现象。比如说政府投资项目,假如政府要修一条高速公路,那么这条高速路走哪条道就是一个选择问题。从经济上看,如果全国人民是委托人的话——也就是说,如果我们用中央财政的钱来修,那么我们就要考虑这条路通过怎样的路径和如何建设对全国人民最好,假设我们能够定义出来全国人民的利益的话。如图 11-1 所示,假设从 A 地到 B 地,最优路线就应该是 a,可以使得距离最短并且成本最低,工期也可以最短。

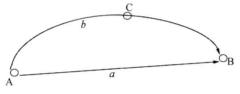

图 11-1 修路路线图

但是如果按照官员的意见时就会有一条不同的路。比如负责这项工程项目的官员,他的家乡在 C,如果这条路走了方案 a 的话,就把家乡绕开了。他家乡的人会说服他改变原来的方案,走路线 b,这样对他的家乡最好。采取方案 b 时,政府的投资也会有变化,原来只需要投资 100 亿元就可以了,但是现在要投资 150 亿元,成本增加了 50 亿元。对于公众来讲,也就是对于委托人来讲,由于成本增加了,所以这不是一个最优的选择。但是对于代理人来讲,按照路线 b 走的话,他家乡的人就可以得到好处。如果这个官员腐败,且委托人无法监督代理人,结果就会是路线 b 被选中。在我国的公路和铁路建设中,很多路的修建都存在着这样的插曲。可能许多人并不认为这是腐败。其实,凡是用多数人授予的权力为少数人谋福利的事情,本质上都是腐败。

这一类利益冲突可以称为**显性冲突**。另一类利益冲突是**隐性冲突**,代理人的努力是由代理人控制的变量,而委托人无法观测到代理人的努力。努力会引起代理人本身心理或者生理的成本。比如说一个经理人,可以偷懒也可以勤奋,如果他勤奋工作,那么企业的预期利润就会提高,但是如果他偷懒,企业的预期利润就会降低。这时就有一个冲突。从股东的利益角度讲,也就是从委托人的立场出发,当然认为经理应该努力。但是经理努力是有成本的,如果激励不足,他可能就不愿意努力。这是最典型的一类隐性冲突。

在美国,人们买卖房屋都要通过房屋中介商进行,因为房屋中介商具有专业知识,了解市场行情。这时候,卖房的人就是委托人,中介商是代理人。Levitt (2005)的研究发现,对于一幢售价30万美元的房屋,如果这个房屋是中介商自己的房屋,售价就会高出5万美元。我们看到,代理人与委托人的利益并没有完全一致。因为中介商的佣金是2%,为委托人多售出5万美元,中介商只得到了1 000美元,而这需要中介商投入更多各种广告,等待更长的时间,寻找更好的买家。但是等待更好的买家对中介商来说是要付出成本的活动,而1 000美元似乎不足以弥补中介商的成本,于是中介商会帮助委托人把房屋在第一个可接受的价格卖出。[1]

2.2　信息不对称

由于有利益冲突,引起我们后面要提到的各种问题。我们前边提到,如果仅仅是利益冲突的话,也不至于一定就带来我们所说的委托人和代理人之间的矛盾。这就牵涉到委托代理问题的第二个重要原因:信息不对称。假如说委托人可以观察到代理人的行为,那么对于委托人或者对于全社会来说的最优选择是可以通过强制性的合同来执行的。比如在我们前面的例子中,假如委托人可以看到代理人究竟是选择了第一种还是选择了第二种,那么有很容易的解决办法。委托人可以要求代理人选择第二种,如果代理人选择了第一种,代理人将被严厉惩罚。如果代理人被惩罚的话,他就一定会选择第二种。这个时候就不存在利益冲突了,也就是说,只要不存在信息问题,那么冲突就不足以构成严重的威胁。

一般来说,委托人只能够看到结果,并不能观察到代理人的行为。他所观察到的结果并不是行为的准确度量。我们刚才的例子很简单,行为和结果是一一对应的,而在现实中不是这样的。原因在于,任何一种结果都是多种因素作用所致,代理人的行为只是其中的一个因素,除了这个主观的因素之外,还有很多外部的不受代理人控制的客观因素在起作用。简单地说,就是我们中国人经常讲的"谋事在人,成事在天"。我们可以简单地用数学的方法来表达这个含义: $y = a + \varepsilon$。

这里,行为的结果是 y,除了代理人自己的努力 a,也就是"谋事", y 还依赖于另外一个外生因素 ε,即完全不由代理人控制的"运气",或者说"天"。比如

---

[1]　相关内容请参阅 Steven D. Levitt 著,《魔鬼经济学》(*Freakonomics*),广东经济出版社2006年版,第25—31页相关内容。

说农民的粮食产量,既依赖于农民自身的勤奋,又依赖于天气的好坏。可以设想一下,农民再勤奋,如果到了秋收的时候,本来庄稼都长得很好,突然连着多天的阴雨,那一年的收成就全完了。反过来,有的人可能很懒,但逢上了风调雨顺的好年景,粮食收得也可以。如果我们仅仅看产量,就不能区别出农民是否懒惰。也就是说,当我们看到这个结果的时候,我们不一定总是能推测出行为。一个国有大型企业报告了很高的盈利,我们可以就此得出结论来是经理人干得好吗? 不一定。也可能是去年基本建设上了很多,企业本身是生产钢材的,钢材的价格猛涨,当然就赚了大钱了。这样利润高就不是因为经理人干得好,而是受到了宏观经济因素的影响。如果只有一个因素,y 就等于 a,或者是说它们之间是确定的关系,给定一个 y 可以确定唯一的 a,那么看不见 a 也没有关系,只要看到 y,自然就知道 a 是多少了。从这个意义上讲,行为之所以难以被观察到,是因为我们看到的结果是由很多个因素综合作用而生成的。

对于行为和结果之间的这种关系,我们可以借助图 11-2 来刻画。

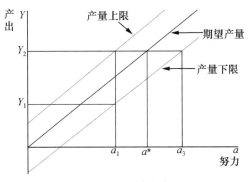

图 11-2　产出与努力

在图 11-2 中,横坐标代表代理人的主观努力,比如说代理人的行为(这里我们用的是连续变量);纵坐标代表的是结果,我们叫做产出。图中向上倾斜的直线就是预期的产量,表示预期产量随努力而上升。在我们前面的例子中,ε 是一个外生变量,它的平均值等于 0,但是它还有一个大于 0 的方差。尽管产量的平均值等于 a,即等于努力,但实际的产量受外生因素 ε 的影响,因而在两个虚线之间,两条虚线表示 ε 的取值范围。假如委托人观察到产量是 Y_2,一种可能是代理人选择了 a_1 的努力,但是也可能选择了 a_3 的努力,也可能会选择中间的任何一种程度的努力水平,委托人不知道确切的信息,代理人究竟是偷懒了还是努力了。

2.3 风险态度

即使是有信息不对称,但是假如代理人是**风险中性**的话,委托代理问题也很容易解决。比如,承包就是其中一个办法。承包就是代理人支付固定的承包费后,剩余的产出归代理人所有。这时候代理人就像是给自己干活一样,也就不存在利益冲突的问题了。具体作用机制可以用借助图 11-3 来说明。

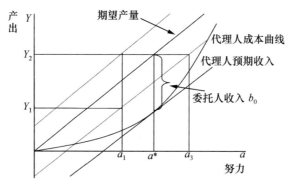

图 11-3　承包制下的努力与产出

图 11-3 与图 11-2 很类似,只是在这里我们加上了代理人努力的成本曲线。根据该曲线可以看出,代理人越努力,其付出的成本就越高。承包制就类似于这样一种构想:委托人拿等于如图 11-3 中所示的固定收益 b_0,剩下的就归了代理人。代理人的预期收入曲线就是预期产量减去 b_0 后平移下来的曲线。我们可以看到,a^* 代表的是社会最优(first best)的努力水平,因为在这点,成本曲线和平均收入曲线的距离是最大的,距离最大也就是利润最大。或者用数学的语言来解释,期望产量曲线的斜率正好和过这一点的成本曲线的斜率是相等的,也就是边际成本等于边际收益。在完全的承包制下,代理人的预期收益就等于 $a - b_0$,最优选择也是 a^*。这意味着,承包制下经理人个人的最优努力水平,也最大化了社会的总利润,对个人最好的选择也是对社会最好的选择。但是假如经理人害怕风险的话,我们上面的结论就不成立。我们在后文中将进一步分析这一点。①

我们也可以设想,把某个国家承包给一个人,规定好老百姓每人每年要拿到多少收入,剩下的就都是承包人的。很多国家历史上实行的包税制就类似这

---

① 除了风险态度外,承包制在现实中不能实现最优的原因还有:(1) 经理人没有足够的资产承担亏损责任;(2) 承包制是短期的,由于企业资产价值的连续性,短期利润最大化的选择并不一定是最优的。后一点也意味着,承包期越长越接近最优,但延长承包期又受到风险态度和责任能力的约束。

样一个构想。包税制就是把政府需要的资金数额固定下来,然后让包税人去收税,包税人作为代理人收了税金后,交给国家需要的那部分,剩下的都是自己的。当然,包税制有一个很重要的前提,就是对代理人的行为的范围有一个很明确的界定。比如说中国现在实行包税制行不行呢?可能是不行的,因为如果有人包一年的话,可能会到处去抢去掠夺。虽然他可能会缴纳很高的税金,但是可能破坏了未来的生产力。另一个前提是包税人需要足够富有,从而有足够的能力承担责任。

2.4 有限责任

虽然在代理人是风险中性的情况下,承包制可以解决委托代理关系中的激励问题,但这是有条件的:如果代理人的**责任能力有限**,承包制不具可行性。就像国有企业改革中,即使有某一个人愿意承包某个大企业,并且保证每年上缴5亿元的利润,我们也不敢让他承包。这是因为,如果企业赚不了5亿元,他未必有那么多的钱赔偿。在代理人没有足够责任能力的情况下,就一定没有办法实行完全的承包制,也就不能让代理人承担完全的责任。这一点是非常非常重要的。我们可以设想一下,如果我们每个人都有无限制的承担责任的能力的话,那么这个社会就很简单了。比如在签订雇佣合同时,如果代理人有能力承担责任的话,就可以在合同上详细写明,只有在利润(及委托人关心的其他指标)达到多少的情况下,委托人才会把代理人的工资涨到多少;如果没有达到标准,那么代理人要赔偿委托人多少。如果每个人都足够富有,能够承担这一责任的话,这就好办了。但是,没有一个社会里每个人足够富有到能够承担无限责任,因而这就需要很多的制度和规定来约束人的行为。比如说,上火车为什么不能带鞭炮之类的易燃易爆物品呢?因为乘客没有能力承担这个责任。一旦发生爆炸,乘客自己都死了,还怎么去承担责任呢?所以就要禁止这种行为。[①]

责任能力其实也与风险态度有关。随着一个人财富的增加,他的责任能力增加了,他的风险态度也会随着财富变化,可能变得不那么厌恶风险了。根据最优的**风险分担理论**[②],如果代理人害怕风险,风险应该在委托人和代理人间分担。如果委托人是风险中性的,代理人是**风险规避**的,风险应该完全由委托人承担,代理人拿固定的报酬。这就意味着富有的老板应该承担全部的风险,雇员拿固定的工资报酬。这就是最好的风险分担。

[①] 实际上,汽车的强制险就是因为担心出事故后当事人财力不足,无法承担赔偿责任而出台的保险制度。

[②] 这是有风险时的一般均衡理论的一个应用,其数学证明和分析可以参看微观经济学或者金融学教材。

我们的社会当中有相当一部分制度就是为风险分担设计的,即使是农村中的互助组织,它的原则也是这样的。设想一下,我们两个人一起去打兔子,结果有两种可能:如果运气好的话,可以打到 6 只兔子;但是如果运气不好的话,1 只兔子都打不到。如果这两种情况的概率相等,那么平均起来是 3 只兔子。但是实际情况可能是打了 6 只兔子,每个人分了 3 只,也可能碰上运气不好,每个人什么都得不到。如果我们总是把收获按 5-5 分账的话,你我每个人的预期收益就是 1.5 只。假定我们两个人当中,我是穷人你是富人。如果今天打不到兔子的话我就没有饭吃了,但你家里存有很多只兔子。这个时候我就会跟你商量:你看能不能这样,无论打到或是没有打到兔子,你都保证我 1 只兔子。如果没有打到的话,你就把你们家里存储的兔子给我 1 只;但是如果打到 6 只的话,你给我 1 只,剩下的 5 只全归你。我愿意这样,因为我是穷人,害怕风险,这样我就有了保险,没有后顾之忧了,不管打到打不到兔子,我今天都有兔子吃,而不是有一顿没一顿。你也会接受我的提议,因为你是富人,不害怕风险,平均起来,你每天得到 2 只兔子,而不是 1.5 只了。这样一种安排,实际上是富人给穷人提供保险,平均起来每天多出的 0.5 只相当于收取的保费。这个简单的例子就说明了我们讲的最优风险分担。按照这个理论,越是害怕风险的人就越应该拿一个固定的收入,越不害怕风险的人就越应该拿一个风险收入。

第三节　激励机制的设计

3.1　激励与保险的冲突

风险分担可以增加每个人的福利,但是如果存在信息不对称,分担风险会引起新的问题。以我们前面讲的打兔子的故事为例,如果双方约定不论是否打到兔子,穷人都得到 1 只兔子,实现了最优的风险分担。聪明的读者可能意识到了,如果打兔子需要双方的努力,这时穷人在打兔子的时候就可能没有以前那么愿意付出努力了,因为他的努力程度和他能得到多少没有关系,他的积极性就没有了。也就是说,有了保险,就没有了激励。

强度最高的激励就是要代理人承担完全的风险,好汉做事好汉当,责任全部自己承担,这时代理人会付出最优的努力。但从风险分担的角度,这可能不是最优的安排。这就产生**保险和激励的矛盾**:保险越多,激励越小;要增加激励,就必须减少保险。最优的激励合同安排就是在保险和激励之间求得一个平衡。如果完全由代理人承担风险,激励很大,但是他承担的风险成本太高;反过来说,如果给他固定的工资,完全保险了,这时候他也就没有任何的积极性了。

这是所有的组织里面都存在的一个问题。

我们以汽车保险为例分析一下这个激励和保险的冲突。我们可以合理地假定保险公司是不害怕风险的,因为它有许多的客户,根据大数定律可以有确定的收入。[①] 这时任何一个单独的个人和保险公司之间的最优保险就意味着百分之百的保险。比如你 10 万元钱买的汽车,如果丢了,保险公司应该全部赔偿,你可以再买一辆车,对你来说是没有任何损失的。最优激励是什么?最优激励就是不给你提供任何的保险。如果你的车丢了,损失都是你自己的话,那么你就很有积极性去爱护你的车,甚至晚上都不敢睡觉,总是趴在窗户那里看车是不是还在。这两种方案都不是最优的选择,实际的激励机制要设计为只能提供部分的保险。在中国,汽车保险是保 80% 的险,10 万元的车如果丢了以后,保险公司赔偿你 8 万元,剩下的 2 万元自己负担,这就是一个激励机制。当然,实际的保险合同也用了很多其他的激励手段。一种激励手段就是:每年的保费率与过去索赔的历史记录有关。如果保险之后今年没有索赔的话,明年你缴的保费就会降低。如果明年也没有索赔记录的话,那么后年的保费会进一步降低。但是一旦有事故索赔了的话,你的保险费用就上升。这实际上也是一个激励机制,你越爱护自己的车,越谨慎,从长期来看支付的保费就越低。

保险和激励之间的两难选择在诸如医疗事故责任分配这样的问题上也存在。医疗事故发生的概率既与医生的努力和能力有关,也与医生无法控制的其他因素有关。从保险的角度讲,医生作为个人最好是不对医疗事故承担责任,但这样一来,医生就没有动力尽心尽力降低医疗事故发生的概率。从激励的角度讲,最好是让医生对事故承担完全的责任,但这样一来,医生承担的风险太大,会使他们不愿意做高风险的手术,严重的情况下,甚至没有人愿意从事医生这一职业。因此,如何在医生、病人、医院、保险公司之间分配事故责任,就成为一个重要问题。

由此,我们对委托代理关系的讨论就进入到了**激励机制的设计问题**。委托人通过设计提供给代理人的合同,对代理人的行为进行激励和约束,使得代理人的利益和委托人的利益尽可能地保持一致。而对这个合同内容的规定和限制,就是激励机制的设计问题。代理人有自己的利益,激励机制就类似于一个政策,代理人的行为就类似于一个对策,我们经常讲的"上有政策,下有对策"指的就是这个意思。在设计一个激励机制时,委托人就要预期到,给定政策,代理人会采取什么行动。虽然委托人没有办法直接观察代理人的行为,但是委托人

[①]　大数定律是指在随机试验中虽然每次出现的结果不同,但是大量重复试验出现的结果的平均值几乎总是接近于某个确定的值。

可以用间接的方式诱导代理人,尽量让代理人采取委托人所希望的行为。因而,激励机制的设计实际上就是一个动态博弈过程。首先委托人设计一个合同,然后代理人可以选择接受这个合同,也可以选择不接受这个合同。如果接受合同,他再选择他的行动,最后结果出来就按照最初的合同规定进行分配。根据我们前面学过的动态博弈理论,我们可以使用逆向归纳的办法来分析这个博弈。委托人在设计这个机制的时候就要预测到给定合同的条款,代理人会怎么选择他的行为,然后再回过头来看什么样的合同是最好的。图 11-4 显示了**合同设计**的博弈过程。

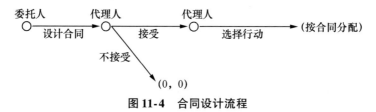

图 11-4　合同设计流程

委托人设计的合同最后一定要是有效的,但这是需要条件的。如果合同设计出来以后,大家都没有什么积极性遵行,这时这个激励制度就失效了。首先,委托人一定要说话算数,也就是要有一个可信的承诺(commitment)。因为合同是在事后执行的,如果委托人没有信誉,合同得不到执行,代理人自然就不会根据合同规定来选择自己的行为了。其次,代理人要愿意接受这一合同。现在,为了简单起见,我们假设这些条件都已经满足了。

图 11-5 是我们在分析利益冲突时使用的例子(表 11-2(b)),我们以它为例来分析一下委托人的合约设计。这里我们暂时不考虑风险问题。代理人有两种选择。激励合同设计限制在委托人和代理人利润共享的选择,假定 x 代表合同规定的货币收入里面代理人分享的份额。委托人提出的每一个比例 x 就是一个合同。对于代理人来说,如果他接受这个合同,他需要决定是选择第一种还是第二种行动。如果他选择了第一种行动,作为代理人能得到 50 的控制权收益和 $100x$ 的货币收入,委托人最后的收入是 $100(1-x)$。同理,图中标示了代理人选择第二种行动时各自的支付。

我们用逆向归纳法来解这个动态博弈。首先看代理人,给定合同 x,代理人会怎么选择他的行为? 如果他选择第一种,他得到的是 $50+100x$;如果选择第二种,他得到的是 $20+200x$。容易计算出,当 $x \geq 0.3$ 时,代理人就有积极性选择第二种行动。从数学上看,假如这个 x 刚好是等于 0.3 的话,他选择第一种就得到 $50+30=80$,选择第二种就得到 $20+60=80$,两个是一样的,在这种情况时我们假定他有积极性选择第二种方案。但是,如果 $x<0.3$,代理人就会选择

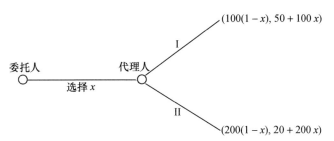

图 11-5　委托代理博弈的例子

第一种而不选择第二种。我们再看委托人的选择,他应该如何选择 x? 委托人要通过合同设计来得到对他自己来说最大的利益。按照我们前面的分析,委托人希望代理人选择第二种,这就一定意味着合同设计要使得代理人选择第一种得到的收益小于选择第二种得到的收益。自然,$x = 0.3$ 是委托人最优的选择。这也是这个博弈的子博弈精炼均衡。

3.2　激励的强度

下面我们通过一个更加复杂一些的例子,来说明影响激励机制设计的主要因素。回到我们前面的例子,委托人的收益 $Y = a + \varepsilon$,依赖于代理人的行动 a 和一个随机的因素 ε,我们假设 ε 的分布是 $N(0, \sigma^2)$,即 ε 是一个均值为 0、方差为 σ^2 的正态分布。代理人的努力对他是一种成本,他的货币等价成本函数是 $\frac{b}{2} a^2$。就是说,代理人付出努力 a 时,给自己带来的成本是 $\frac{b}{2} a^2$,b 是努力的痛苦程度的系数。这里,代理人是风险回避的,他的效用函数是 $u = -\exp(-\rho x)$,其中 ρ 是绝对风险规避参数,ρ 越大意味着代理人越害怕风险。委托人给代理人提供一个线性的激励合同 $c = m + xY$,其中 m 是固定工资,x 是分成系数。最优合同设计就是选择参数 m 和 x。

这个 x 可以理解为**激励的强度**。如果 x 等于 1,就是承包制,最强的激励(此时 m 是负的,代表代理人上交的承包费);如果 x 等于 0,就是固定工资制度,没有任何的激励。那么,这个 x 应该依赖于什么因素呢?通过数学计算,我们可以得到最优激励的数学表达式:①

$$x = \frac{1}{1 + b\rho\sigma^2}$$

这个公式里包含了影响激励强度的四个因素。

---

① 我们这里省略了详细的数学推导,感兴趣的读者可以参阅张维迎(1996):《博弈论与信息经济学》。

第一个因素是产量对于代理人努力的依赖程度（由于我们假定努力的边际产出是 1，这个因素没有反映在公式里）。也就是说，代理人的边际贡献越大，他应该分享的份额就越大，相应的激励就应该越强。这可以解释为什么在很多大的组织里面，对普通的员工的激励都弱于对经理层的激励。经理层的行为对企业成败的影响远大于普通员工。第二个因素是产出的不确定因素 σ^2。产出的不确定性越大，或者说测度越困难（观察到的东西和实际的相差就越大），这时激励就应该越弱。第三个因素是代理人的风险规避度 ρ。代理人越害怕风险，相应的激励就应该越弱。从激励公式可以看出，如果代理人完全不害怕风险的话——即 ρ 等于 0 的话，也就是意味着代理人是风险中性的，最优激励是 $x=1$，也就是承包制。但如果 $\rho>0$，承包制就不是最优的选择了。第四个，也是最后一个因素是代理人对于激励的反应程度。代理人反应强度是痛苦系数 b 的倒数，b 越小，激励就应该越强。[①]

我们可以分析一下保险合同的设计。保险合同具有这样的特征：你的行为对事故发生的影响越大，保险公司给你的激励就会越强，也就是说保险的比例就应该越低。有些行为是不会存在道德风险的，比如说给眼睛保了险，投保人同样会十分爱护自己的眼睛，这时候是不存在道德风险的。但是汽车保险就不一样，汽车是身外之物，对投保人的意义和眼睛是截然不同的。所以汽车保险必须包含激励因素。

我们推出的有关激励强度的基本结论不仅仅适用于对个人的激励，也适用于对组织的激励。组织之间也有激励问题，比如说汽车生产厂如何使零部件供应商有积极性降低成本就是个激励问题。零部件的成本既取决于供应商的努力，也受供应商无法控制的外生因素（如原材料价格的变化、技术进步等）的影响。汽车生产厂和零部件供应商之间的合同通常规定了基本价格和价格随着成本增加而提高的幅度。如果价格是完全固定的，零部件供应商承担原材料市场的全部风险，但有最大激励降低成本；反之，如果价格完全根据成本调整，零部件供应商不承担任何风险（即风险全由汽车厂家承担），也就没有任何积极性降低成本。在日本，越是小的零部件供应商，产品价格随成本的变化调整的比例越高；越是大的供应商，调整幅度越小。其原因在于，越是小的供应商越害怕风险，越是大的供应商越不害怕风险。供货合同体现了激励与保险之间的权衡。[②]

我们知道，激励之所以是个问题，是因为委托人不能观察到代理人的行为。

---

① 更详细的讨论参阅 Milgrom and Roberts（1992）第 7 章，张维迎（2005）第 7 章。
② 参阅 Kawasaki and McMillan（1987）。

自然,如果有些其他的信号使得委托人可以更好地推测代理人的行动,激励机制就可以得到改进。如果有这种信息,使用这种信息既可以降低代理人承担的风险,又可以同时提高激励。

最优激励合同依赖于可观察到的信息,这是一个一般性结论。刚才的分析中委托人的合同报酬依赖于产出 Y,并不是因为产出本身重要,而是在于它包含了有关努力 a 的一些信息量。举一个例子就可以看出,并不一定是业绩越高,报酬就应该越大。假设代理人有两种努力,高的努力生产的产量或者是 100 或者是 500,低的努力生产的产量或者是 0 或者是 200。那么现在,当产量是 200 的时候,代理人的收入应该高于产量是 100 时的收入吗?答案是否定的。产量是 200 这件事告诉委托人的一个信息是:代理人一定是偷懒了,因为产量 200 只有在代理人低努力的情况下才会出现。而产量是 100 的话,则说明代理人付出的是高努力。这个例子说明,激励员工或者是激励一个代理人,依赖于观察到的变量所包含的信息是什么。在这个例子里,产出变量信息就可以很确定地告诉委托人,该代理人是偷懒了还是没有偷懒,所以委托人设计的激励合同应该是:不论代理人创造的产量是 100 还是 500,委托人都应该支付代理人更高的报酬,但是如果产量是 200 或 0,代理人应该得到更低的报酬。

3.3　相对绩效比较

在设计激励制度时要利用有效的信息,这个理论的延伸就产生了**相对业绩比较机制**。[①] 在相对绩效比较的时候,委托人不是看代理人产出的绝对值,而是把他的产出与其他处于类似环境下的人的业绩比较,然后决定对他的报酬。这是因为,如果这两个代理人在类似的环境下工作,一个人做得很好,一个人做得不好,那么这种结果更可能不是运气问题,而是个人的努力问题。体育比赛的锦标制,也是一种相对绩效比较。对于一个特定选手,奖励不是看这个运动员跑得有多快,而是看他是不是比别人跑得更快。企业内部的提升也是类似的机制,如果有两个销售人员,一个销售人员连续几年的销售业绩都超过另一个,就可能会提拔第一个。再如高考录取,关键不在于你考了多少分数,而是看你在所有考生中的名次。这实际上都是相对业绩比较。整个市场经济本质上也是这样一个规则,一个企业的成败不取决于自己的绝对生产率,而是取决于它相对于其他企业的竞争优势。因此,如果一个行业中只有一个垄断企业,即使是低效率也可以生存。引入竞争,整个行业的效率才可以提高。

---

① 相对业绩比较的文献,参阅 Lazear and Rosen（1981）、Nalebuff and Stiglitz（1983）、Mookherjee（1984）。

当然,比较有的时候可能会有误差。如果比较的两个人所处的环境完全不一样,那么直接比较就可能会有困难,这时就需要找到其他的替代因素。比如说中央要从各个省的省长和书记里面提拔干部,就不能只把各省的 GDP 作为提拔的标准,因为 GDP 受诸如历史、地理环境等许多因素的影响,这些因素在各省之间相差很大。

除了适用范围的问题,相对绩效比较也可能导致**激励扭曲**。美国电话电报公司(AT&T)是 1984 年解体的,但在解体之前有这样一个不成文的规则:就是 AT&T 的 CEO 不从他们的副总裁里面提拔,只从地区分公司的总经理里面提拔。这就意味着如果一个人当了副总裁,那么当总裁就没有机会了,但是如果是地区总经理的话还有机会。为什么会有这样的制度设计? 这是因为当两个人可以采取行为相互影响对方的业绩时,可能就不能在他们之间实行相对业绩比较制度。相对绩效比较在这个时候会在代理人之间产生相互使坏的激励,代理人不仅有动力提高自己的绩效,也有激励破坏对手的绩效。在一个组织里面要防止这一类的情况出现。所以对这个例子的一个可能的解释就是:如果从副总裁当中提拔的话,就会形成副总裁之间的恶性竞争,导致他们互相拆台,谁也不愿意给别人帮忙。但是地区之间,比如华盛顿州和纽约州,或者和加利福尼亚州,他们要互相破坏就不太容易,努力做好自己的业绩是主要的。一般地说,如果代理人之间的合作很重要,为了鼓励他们相互合作,就不能使用相对业绩比较的激励方式。[1]

相对绩效比较也会导致另外一种扭曲,就是**代理人之间的合谋**。[2] 过去国有企业里车间或班组发奖金时,奖金有一等、二等、三等之分,要求不能平均主义。但实际情况经常是,班组成员之间轮流坐庄,这次是 A 拿一等奖,下次是 B 拿一等奖,每个人都有机会拿一等奖。表面上不是平均主义,实际上还是平均主义。组织的激励机制设计也应该防止这种情况发生。我们知道,一个组织的规模越大,合谋起来就越困难。比如说组织一共有 6 个代理人,每月发奖金都只能发给一个人,这时可能产生这样一种合谋:按顺序轮流,这个月是你,下个月是他,再下个月再换人,谁都不需要付出高努力,每个人都有机会得奖。但如果这个组织里有 60 个人的话,排到最后的那个人他会有耐心等待吗? 可能不会。因为他要等 5 年,5 年之后这个企业还在不在都是未知数。所以说,一个组

---

① 如何防止组织内部的政治斗争,是激励机制设计需要考虑的重要问题。参阅 Lazear(1989,1997)。

② 合谋使得委托人的激励机制失去作用,如何设计机制使得合同防止合谋(collusion proof)就很重要了。合谋问题的研究是委托代理理论的前沿部分,关于相对绩效比较中的防止合谋设计,参阅 Shingo Ishiguro(2004)。

织的规模越大,就越不容易合谋。这也是我们经常看到的现象:当一个组织很小的时候,搞评比效果不好,仅有两个人里面也非要搞出个第一、第二来,那是一定会出问题的。如果组织变大了,那就可以进行评比了。比如一个房地产公司,当有几十个销售人员时,就可以实行末位淘汰制,每个人就都有积极性干好自己的工作。但是如果只有三五个销售人员,这么做可能就不容易,销售人员会串通起来,激励就不会起作用。合谋的发生,与委托人可观察的信息、代理人之间沟通的有效性等问题有关,也可能和公司的文化有关,小的公司类似家庭,人际关系很重要,而大公司中人们距离疏远,非人际交流可能是主要的文化。

3.4　论功行赏与任人唯贤

在一个等级化的组织中,货币形态的报酬只是激励的一种方式,另一种激励机制是**职位晋升**。一般来说,较高的职位不仅意味着更好的物质待遇,也意味着更大的权力。大部分人是追求权力的,因此职位晋升具有更大的刺激作用,是一种更重要的激励机制。现实中,有些人宁肯拿较低的货币收入也愿意获得更有权力的职位。

与货币激励相比,职位晋升更多使用的是相对业绩比较原则。由于职位的稀缺性,争夺职位的竞争就更为激烈,前面讲到的代理人之间的"相互拆台"问题就更为严重。我还没有听到过为了奖金而杀人的事情,但为了晋升而杀人的事情在中国官场已发生了好几起。为了争夺统治权而发动战争的事就更不用说了。

建立在相对业绩比较基础上的职务晋升制度是一种"**论功行赏**"的制度,它是大部分组织采用的制度。但职位晋升中的另一个原则是"任人唯贤","论功行赏"与"任人唯贤"有时候是矛盾的。为什么呢?因为不同的职位对人的能力和素质的要求不同,任人唯贤要求把合适的人选拔到合适的岗位,而论功行赏是奖励过去的表现,把表现好的人提拔到更高一级的岗位。但是一个人在现在的位置上干得好,并不代表他可以胜任更高一级的岗位,一个好的二把手不一定是好的一把手。比如说,陈永贵也许是一个好的生产大队长,甚至是一个合格的县委书记,但显然不是一个合格的副总理。论功行赏导致的一个后果是管理学中有名的"**彼德原则**"(Peter principle),即"在任何层级组织里,每一个人都将晋升到他不能胜任的阶层"。

论功行赏和任人唯贤的矛盾是许多组织面临的大问题,解决问题的办法是激励的多元化。① 如大学里有职称序列和职务序列之分,企业里有待遇级别和

① 有关这个问题更详细的讨论,参阅张维迎(2005),第 8 章第 6 节。

职务级别之分。这方面,中国历史上有很好的经验。北京大学历史系的阎步克教授写了一本书——《品位与职位:秦汉魏晋南北朝官阶制度研究》。① 这本书研究了历代中国官制结构中这两种制度的安排和决定因素。品位是一种待遇,是一个论功行赏的东西,标志个人的资历、功劳和报酬;职位是一个岗位,需要合适的人担任。有了品位和职位的区分,就可以解决论功行赏和任人唯贤的矛盾。比如一个人打了胜仗,有功劳,可以提升他的品位,从三品提到二品,分给田地,提高报酬,但不一定把他提拔到更高的岗位。汉代有名的飞将军李广,英勇善战,但是他不合适指挥大兵团战斗,他的作战风格是身先士卒,和士兵打成一片,治兵依靠个人威望而不重视制度。虽然他战功赫赫,品位很高,但是他的职位一直不高,抱憾终身,没有得到过独当一面的机会。

广为人们诟病的"官本位"实际上就是激励的一元化,"官位"成为唯一的奖励手段,不仅严重扭曲了资源配置,不能让每个人做到各尽所能,使各级政府官位上充斥了许多不适合当官的人,影响了政府的运行效率,而且破坏了人与人之间本来应有的和谐,创造了勾心斗角的文化。

3.5 大学教员的激励

我们现在探讨一下象牙塔里的问题:大学教授怎么激励。我们先来看大学教员有什么特点。第一个特点是他具有**多重任务**。我们前面的分析都是一个人只做一件事情,可以用一个指标来衡量他的业绩表现,但是实际上很多代理人的任务都是多重的,大学教员的工作就有这种性质。大学教员既要教学又要搞科研,也就是说有两个不同性质的工作。这两个工作既有互补性,又有竞争性。互补性是因为科研做得好有助于教学质量的提高,竞争性是因为一个人在教学上花的时间越多,可用于科研工作的时间就越少。如果没有竞争性,只有互补性的话,那么问题就容易得多了,只要激励一个方面,另一个方面自然而然地就上来了,无论是激励教学还是激励科研,两个问题都可以同时解决。多任务的既替代又互补的关系是对大学教员的激励机制的一个制约。

大学教员的第二个特点是,不仅其投入不容易监督,观察他们的产出也困难,所以无论论苦行赏还是论功行赏,都面临着挑战。大学需要教员的创造力,创造力不仅依赖于他的时间投入,还有一个能力问题。有些人研究做得好是因为他勤奋,还有一些人的研究做得好是因为他是天才。通常,勤奋和天才这两种因素不太容易分开。即使可以完全监控教员个人的时间投入,比如花费了多

---

① 阎步克:《品位与职位:秦汉魏晋南北朝官阶制度研究》,中华书局 2002 年版。该书主要对秦汉魏晋南北朝官阶制度中的品位与职位问题作了探讨和研究。

少时间去搞科研,又花费了多少时间去搞教学,我们仍然没有办法知道他投入的质量,因为一个人脑子里想什么是没有办法观察到的。他可能整天都在那里写文章,但是写出来的可能全都是低档次文章;也可能整天都在那里讲课,但是根本没有认真准备,讲的课学生都不喜欢听。因而,不能按照投入来进行评价。大学教员要按照其学术成就(performance)、按照产出来进行评判。

但随之而来的一个问题是,学术业绩和产出的测量又相当困难。教学和科研都不太容易规定一个客观的标准。当然,相对于科研成就,教学至少有一点可以观察到的东西,比如要花费时间,可以检查他的教案,也可以通过让学生填表等很多的测试和评估来测量。也许你会说,科研也是可以测量的,看教师发表了多少文章就行了。问题是发表文章的质量怎么来把握? 谁来评价教师的文章的质量? 当然一种方法是看文章的影响因子,但是在很多情况下,这个影响因子只是文章所在杂志的影响因子。杂志的影响力很大,不一定就代表文章本身的影响力很大。因为好杂志的文章质量也有一个离散现象,不是所有的文章都好,不好的杂志也不一定刊登的所有文章都不好。并没有任何一个准确的度量可以很好地测试出大学教员的产出,总会有一些不可测量的东西。

是用学术作品的数量还是质量来作为评判科研成果的标准,一直是个有争议的问题。当然二者是不可以完全分开的,你如果完全没有数量的话也就看不出你的质量来,但是有的人可能一篇文章就有突出贡献,诺贝尔奖的获得者很多就是靠一两篇文章奠定了他获得诺贝尔奖的基础。质量是最重要的,但是有的时候没有办法衡量质量。

即使仅仅看教学,也有两种不同类型的区分:仅仅照本宣科传授知识呢,还是更着重于培养学生的创造能力? 会有这样的可能,有的人传授知识传授得很好,但是他不培养学生的创造力。此外还有道德教育的问题,是不太好度量的。考试可以考出一个人的知识——至少在一定程度上可以考出你的能力——但是考试没有办法考出他的道德水平。即使用学生的未来的成就来评价——这代表着大学中的一批教员的教学绩效,也有一个学生成就时间的选择问题。是用刚毕业的还是毕业十年之后的,这又很不一样。甚至学生的成就也不是一个轻易衡量的标准,用什么样的业绩去度量这个学生的成就呢? 一些学生毕业以后出国念书了,有些学生去了政府,有些学生去了企业,还有一些去了大学,这些成就都不太容易加总,不好用来衡量一个老师的教书业绩。何况,学生的成绩还受许多其他因素的影响,这些因素远超出了教员的控制范围。

总而言之,大学教员工作的特点是,具有**多重任务**,并且衡量每重任务都有相当的困难。

这个问题具有很大的一般性。在现实生活中,在很多情况下,每个人做的都是多重的工作。即使是一个生产工人,生产的产品也既有质量又有数量;一个经理,既需要关心当年利润,又要考虑企业的长期竞争力;一个销售人员,既要考虑现在的销售还要负责提供销售后的服务。在一个人做很多事的时候,最麻烦的是这些不同的事情的测量的难度是不一样的。如果有一些活动容易测度而另一些不容易测度,想要激励的话,只能激励那些容易测度的方面,但这种做法有时候就会导致激励的扭曲。因为当事人会把精力转在这些容易测度的、给了高激励的工作上面,而不会把精力花费在那些不容易测度的事情上面。这可能不是一件好事。比如说中国的中学教育,就存在这样一个问题。我们知道,中学的老师不搞科研,但是他们还是至少有两个任务:一个是传授知识,虽然主要是考试的知识;另外一个就是要培养学生的创造力和道德水准。我们可把这两类分别简称为知识教育和素质教育。问题在于,素质教育不容易测量,而知识教育容易测量。通过高考,一个班里有多少学生考上北大,有多少考上清华,有多少考上一类大学,又有多少考上二类大学,这些数字很容易统计。如果根据这样的指标给予奖励,老师怎么可能会花费时间去搞素质教育呢?这就是激励的扭曲。

这个时候,如果想激励代理人把时间和精力花费在那些不容易被测量的工作上的话,一种办法是根据工作的性质和要求进行专门的岗位设计,把容易测量的活动和不容易测量的活动分别归类,由不同的人专职负责。例如,把负责销售和售后服务的人分开,企业的日常运营和战略决策由不同的人负责,大学有专职教学岗位和专职科研岗位,等等。另一种办法就是降低对其他工作的激励。[①] 就大学教员来讲,假如说工作数量还算是相对容易度量的话,那么质量就更难度量;如果说教学成就还可以用课时、上课的工作量来度量的话,那么科研的总水平就更难度量。若在一个大学里面,教员的报酬是按照上课的工作量来发放的话,这时很多人就不会去搞科研了。反过来,如果我们仅仅只是按照教员的科研成果来发放奖金的话,他就可能对教学没有什么兴趣了。仅仅对科研来讲,如果只是数数量的话,他就可能会把一篇文章拆成三篇发表,本来必须要求在一流杂志上发表的,可能就在三流杂志上发表了。如果要使教员在教学和科研之间、数量与质量之间更平衡地分配时间和精力,对任何一个方面的激励都不能太强,否则就会损害其他方面的激励。

工资也好,房子也好,都只是物质和福利,这只是一个方面,在学校里面更重要的激励是职称晋升,比如从讲师提拔为副教授,从副教授提拔为教授。这个晋升的规则应该如何制定?中国的大学过去的晋升标准的最大问题是,它是

---

① Holmstrom and Milgrom(1991)是多任务激励理论的经典模型。

数量导向型的。但这不符合一个研究型大学的使命和目标。研究型大学要鼓励老师们都有积极性做创造性的研究。从这个目的出发,职称晋升时更应该注重论文的质量而不是数量。当然教学也是重要的使命,为了鼓励教学,一个现实办法就是,如果要获得晋升教授的资格,教学方面要有一个最低要求。比如必须完成一定量的课时,教学评估不能低于某个标准。也可以在二者之间有些取舍,如科研特别优秀的教员可以免除一定的教学工作量,而科研不是特别突出的教员只有完成更多教学工作量时才有可能得到晋升。

由于观察和衡量业绩的困难,任何显性激励都不可能是完备的。或许,对大学教授来说,比工资和职称更重要的激励机制是**声誉机制**,也就是在学生和同行中的口碑。当然,声誉机制要有效发挥作用,离不开好的学术规范和学术文化。如果没有好的学术规范和健康的学术文化,就会产生逆向淘汰,声誉机制不可能发挥作用。

第四节　政府官员的激励

4.1　难以监督的官员

政府官员的活动有很多地方与大学教员的活动有类似性,但也有很多方面不一样,或者说是表现的强度不一样。

政府的第一个性质就是他们是**公共代理人**(common agent)[①],或者说"一仆多主",就是说是由多个委托人授予权力,而不是只有一个委托人。不同的委托人要求同一政府官员做的事情可能是替代性的,也可能是互补性的(甚至是相同的),委托人之间可以协调起来激励代理人,也可能单独激励代理人。政府的公务员,是受国家的委托,也是受我们全国 13 亿人民的委托,有 13 亿个委托人。这么多的委托人就会带来委托人之间**搭便车**的问题。这就像如果是个人所有企业,当然会监管经理,但是如果企业是属于 100 个股东所有的,那么每个股东监管经理的积极性就可能会降低,因为得到的收益只是百分之一,付出的成本却是 100%,就可能会产生委托人之间的搭便车。如果每个人都搭便车不来监管,这时经理人就更容易滥用手中的权力。政府的委托人更多,因此这个问题更严重,这是政府得不到有效监督的重要原因。如果这个时候委托人之间的利益还有矛盾的话,他们对代理人的活动要求是替代性的,麻烦就更大了。

---

①　关于这个问题的数学分析和讨论,可以参阅 Dixit(1996, 1997)。Tirole (1994)也讨论了政府组织的激励。

此时,每一个委托人都希望官员为自己办事而不是为他人办事,就像不同的电视机厂家在同一个商店销售自己的产品,它们之间相互竞争,都希望能把自己的产品摆在一个好的位置上。

政府官员的第二个特点和大学教员是一样的,就是他们的工作具有多项任务。政府官员执行的不是一个单一的任务,多重任务之间如何平衡就是一个很大的问题。假如我们要考核一个地方政府官员,有太多的指标需要考虑,这个地方的经济发展、环境治理、卫生状况、计划生育,还有这个地方的教育水平、文明程度等等,那么什么是最重要的?在现在的评价体制中,还有很多的一票否决制,也就是说,任何一个方面出问题,都得负起责任来。这就是**多重任务**的体现。

并且,每一个方面的业绩度量都非常困难。以 GDP(国内生产总值)为例,你或许以为这是个硬指标,其实不是,因为任何指标都存在造假的可能性。即使像粮食产品这样的东西,都可以造假。其实你几乎找不出任何东西是不能造假的。对于单个政府官员的活动,他的产出不容易监管,有效的投入也不容易监管,因为即使一个官员整天坐在办公室,你也没有办法知道他到底在想什么。这使得对政府官员的激励是很弱的,只能以监督为主,因为没有办法激励。太强的激励和太弱的激励都会扭曲政府的行为,而测量的难题也会导致激励的失效。比如说,如果我们用逮捕的罪犯的数量来考核警察的业绩,他们就更可能把许多无辜者投进监狱;而如果我们以犯罪率考核他们,许多刑事案件就不会被登记。

没有办法对政府官员的投入和产出进行有效的度量,也就没有办法对他们进行有效的激励。对政府官员,我们只能进行程序性的监督和控制,尽量让他们管的事情少一点,明确只能做什么不能做什么。当然,政府内部也有监督官员的部门。但一个自然的问题是:谁来监督监督者?比如说纪委监督其他的政府机关和官员,那么谁来监督纪委呢?当然你可以说,由上一级纪委来监督,但是这个监督链条总有个尽头的,最高也就能上到中央这一级,就没有上一级了。正是由于这个原因,权力的制衡是非常重要的。这就是一个简单的政治分权的道理,因为没有办法像监管企业那样去监管政府,就只能用权力的分割来形成互相监督和互相制约(check and balance)。

4.2 腐败方程式

激励理论有一个很重要的结论:如果你不能监督他,就只能"贿赂"他。这就是所谓的**"效率工资"**理论(efficiency wage theory)。效率工资是在 20 世纪 80

年代 Shapiro and Stiglitz（1984）首次提出的，最初是解释失业的问题，在新凯恩斯主义宏观经济学中非常有影响。当然，这里的"贿赂"是打引号的，指的不是非法的行贿，而是给予合理的报酬，激励代理人没有积极性干坏事。所以，我们可以把它理解为一种激励机制。

为了更好地理解这个理论，我们引入一些记号。我们仍然以企业雇用工人为例，假如工人的工资是 W，如果努力的话，他要付出成本 C，这样工人正常努力，获得的收益就是 $W - C$。但是他也可以偷懒，如果偷懒的话，他不支付成本 C，也可以得到工资 W，收益就大于正常工作的收入（$W - C$）。但是偷懒可能会被发现，假定偷懒被发现的可能性是 p。这样，只有 $1 - p$ 的概率偷懒不被发现，拿到 W 的工资。一旦工人偷懒被发现，就会被解除合同，开除之后到市场上工人得到的是 U，这是市场上的保留工资。因此，工人偷懒的预期效用就是 $pU + (1 - p)W$。这样一来，为了激励工人努力工作，应该支付的工资是多少呢？就是使得工人努力时的收益大于偷懒时的预期收益，即 $pU + (1 - p)W \leqslant W - C$。这意味着工资水平必须满足下列不等式：

$$W \geqslant U + \frac{C}{p}$$

这个式子很简单，它成立的前提是没有办法按照工人的工作绩效去激励他，只能偶尔发现他是不是在偷懒。如果发现他偷懒他被开除；如果没发现他偷懒——也可能他实际偷懒了，但是没有发现——就还是让他继续工作下去。我们看到这种情况下保证工人不偷懒的最低工资依赖于市场工资 U、努力的成本 C 和偷懒被发现的概率 p。这个公式中最重要的制度信息是 p，也就是偷懒以后被发现的可能性。如果偷懒以后百分之百会被发现，那么他的工资只要能补偿他的机会成本和努力的成本 $U + C$ 就可以了，但只要偷懒被发现的概率小于 1，你就必须给他支付更高的工资，"贿赂"他不偷懒。偷懒以后被发现的可能性越小，你需要"贿赂"他的工资水平就会越高。这个道理在组织设计中意味深长，就是说同样素质的人在不同的岗位上，他们拿到的工资可能会不一样。你的工资比别人高不一定是你更辛苦的缘故，可能就是因为你太容易偷懒了。比如说，付出同样的劳动，搞财务的人和处在生产一线的人的收入会不一样，因为搞财务的人更容易腐败。类似地，富人家的保姆比普通人家的保姆更容易腐败，所以工资也应该更高。

我们现在来分析一下政府行政官员的激励问题。在政府科层组织中，不同的位置有不同的权力，处理不同的业务，因而也有不同的接受贿赂的机会和可能的腐败收入。我们用 W 代表官员的工资，用 $B(q)$ 代表权力租金——也就是官员在位置上最大可能接受的贿赂，也可以理解成为不腐败的"机会成本"。这个租金的大小依赖官员的权力 q 的大小,二者的关系是:权力越大,个人不腐败的机会成本就越高,因为拥有的权力越大,相应的别人愿意支付的最高的贿赂金就越高。如图 11-6 所示,最大可以获得的权力租金随着官员的权力的增长而递增。这和我们一般的生产函数不一样,因为这里存在着规模报酬递增——就是说,租金增长的速度比权力增长的速度更大。这一点很容易理解,如果你只有一项权力,可能只能帮人办成一件事;但如果你有两项权力,就可以帮人办成三件事。这意味着,如果是一个科长能够收受 1 万元的贿赂金的话,那么处长就可能会收受 10 万元的贿赂金,然后局长就可能会收受 200 万元的贿赂金。我们在本章开始时看到的国家元首被指控贪污的数额和国内人均 GDP 的比较,显示即使非常贫穷的国家,最高领导人可收受的贿赂金也是非常高的。

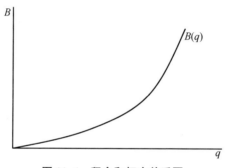

图 11-6　租金和权力关系图

当然,官员腐败会被查获或者举报,我们用 p 代表腐败被发现的概率。腐败官员被发现后,会受到一定的惩罚,我们用 F 表示腐败被发现后的受到的惩罚。和工人类似,政府官员在政府之外也有保留效用 U,含义与前面的保留工资一样。

给定这些变量,要使得政府官员不腐败,需要满足什么条件呢? 如果不腐败的话,当个清官,只拿到一个干巴巴的工资 W。如果他腐败的话,那么除了拿工资之外,还得到贿赂金 $B(q)$,因此总收入是 $W + B(q)$。但这只是一种可能性,另一种可能性就是腐败被发现了,受到处罚 F,然后被开除,到市场上重新找了一个工作得到 U。这个处罚可能是坐牢,也可能是声誉损失。F 代表一种"客观"的处罚,是由法院或是国家规定的。但同样的处罚对于个体在心理上的成本可能是不一样的,我们用 aF 代表官员事实上感受的处罚。这里,系数 a 可以理解为该官员脸皮的薄厚。如果系数 a 等于 0,就意味着这个人的脸皮特别厚,怎么处罚他都不在乎;如果 a 特别大,就意味着这个人特别爱面子,一点小处罚就受不了,甚至觉得无颜再活下去。我们将会看到,这个脸皮系数对决定一个官员是否腐败是非常重要的。

这样,如果因腐败被抓获,官员的收入是 $U - aF$。因此,官员腐败的预期收入 $(1 - p)[W + B(q)] + p(U - aF)$。官员不腐败的条件是不腐败时的收入 W 大于腐败时的预期收入。这样我们就可以得到下面的腐败不等式:

$$W \geq W^* = \frac{1-p}{p}B(q) + U - aF$$

这里,W^* 是保证官员不腐败的最低工资,为了方便起见,我们将之称为"**廉政工资**"。如果这个不等式不满足,官员就会腐败。

很显然,廉政工资 W^* 和权力 q 有关,是随着权力增加而增加的。权力越大,你不腐败的机会成本就越大,廉政工资就越高。我们也可以看到,同样的权力处在不同的监管制度下,需要付的廉政工资就不一样。如果监管有效的话(即腐败被发现的概率较大),需要支付的工资就低;如果监管无效的话,需要支付的工资就高。提高惩罚的力度和增大发现的概率,都可以降低支付的工资。因而,为了减少腐败,是使用监管的手段,还是用高的工资对他进行"贿赂",这就有一个权衡(trade off)。我们知道,任何监管都是有漏洞的,政府又是很难被监管的,因此还有第三种办法,就是减少政府的权力。把权力缩小,相应的工资也就可以低一点。

4.3　腐败的蔓延

人们普遍认为,中国最近的这三十年,腐败现象是增加了,这个判断可能是对的。腐败增加的原因和治理腐败的措施都包含在上面讲的这个公式里。

为了分析腐败是何以蔓延的,让我们首先给定一个极端的假设:在改革开放之前,这个不等式是成立的(更合适的假设是对绝大多数官员是成立的)。那么改革开放以后,这个不等式是怎么被破坏的呢?首先来看不等式的右边。假定权力没有变化,但权力的租金增加了。也就是说,在图 11-6 中,腐败曲线向上移了。原因很简单:在原来的计划经济下,交易是非货币化的,个人也没有从事商业活动的自由,人们行贿的目的是非商业性的,只是得到一点消费性的或工作方面的好处。比如说,你贿赂外贸部得到一个进口或出口许可证是没有什么用的,因为你根本就不可能从事外贸活动。也就是说,权力的商业价值很小。在这种情况下,所谓腐败也无非是送一条烟、一瓶酒,照顾点老乡关系、同学关系。但是一旦经济开始货币化了以后,权力就有了市场价值了,这时候即使权力没有变,权力租金相对从前也增加了。比如说,原来没人买的进出口许可证突然之间价值几百万甚至几千万元。

当然,事实上,权力也是在变化的。过去计划经济是集权管理,下级政府官员被管得很死,现在的政府官员有了很大的自由裁量权。比如投资项目、审批土地,过去都是不可能的,现在这些权力下放到了地方政府的手中。

再来看腐败被发现的可能性 p,改革开放后也降低了。为什么呢?因为经济关系越来越复杂了,中国经济处于转型阶段,什么是合法的、什么是不合法的,也就越来越不太清楚了。腐败的伪装也越来越多,形式手段也在变化,现金交易和信用卡支付变成了贿赂的主要形式,可以存钱的银行也越来越多。这些都使得发现腐败变得更为困难。腐败的增加本身又使任何单个的腐败行为被发现变得更加困难。

政府外的保留效用 U 也上升了。在从前,国家的公务人员被开除以后就只能回老家当农民去,农民在中国经济中的地位决定了政府外的保留效用非常低,所以官员最害怕丢官。但是现在不一样了,即使不做政府官员了,还可以经商,经商的收入可能更高。

但腐败的惩罚 F 反倒是降低了。原来贪污 1 万块钱可能就被枪毙了,现在贪污 100 万元、1 000 万元都不一定会被枪毙。即使考虑到通货膨胀因素,实际处罚力度也降低了。

所有这些因素加在一起,就导致了不等式右边的大幅度增加。而不等式的左边——工资,虽然也增加了,但是对相当多的官员来说,工资增加的幅度远没有右边的变化幅度大。这样,这个不等式的大小关系逐步倒过来了。腐败由此一步一步蔓延开来,也就不足为怪了。

读者可能会问:为什么同样级别、同样职位的官员,有些腐败有些不腐败呢?答案可能在于不等式中的"脸皮系数" a。在所有其他因素相同的情况下,对于脸皮厚(即 a 小)的人,该不等式不再成立,但对于脸皮薄的人该不等式仍然成立。这样,前者开始腐败,后者仍然保持廉洁。

每个人脸皮系数的大小又与腐败官员的比例有关。如果只有极个别的官员腐败,大部分人的脸皮还比较薄。但随着腐败官员比例的上升,每个人的脸皮都会变得厚起来,因为腐败被发现不再是太丢脸的事情。这可能是腐败现象之所以呈加速增长的一个重要原因。[1]

4.4 腐败的治理

如何治理腐败?根据上面的不等式,反腐败的措施可以总结为几个方面:第一,提高官员的工资 W,即所谓的"高薪养廉";第二,进一步加强监督,提高腐败被发现的概率 p;第三,削减政府官员的权力 q,从而降低权力可能带来的租

---

[1] 冯象:《政法笔记》,江苏人民出版社 2004 年版。

金 $B(q)$；第四，加大处罚力度 F，让惩罚更有威慑力；第五，通过道德教育提高脸皮系数 a，使得惩罚的心理成本上升。

政府外的保留收入 U 是由人力市场的竞争和整体经济状况决定的，在微观层面政府的影响有限。当然，政府也可以做一些事情，比如可以规定贪污腐败分子不能在银行、证券等金融机构工作，不得担任公司的董事长、总经理等。

在所有这些措施中，减少政府官员的权力是治本的方法，其他的基本上都是治标的方法。只要没有权力了，就不会腐败了。如果政府权力不减少，其他措施的效果非常有限。比如说，有人主张"高薪养廉"，但如果官员的权力仍然像现在怎么大，这个"廉"是养不起的。[①] 给一个官员数百万元甚至上千万元的工资，不仅财政上承受不起，老百姓也不会答应。再比如，增加惩罚的空间也非常有限，死刑已经是极限了，现代社会也不可能"株连九族"。

当然，在现有的体制下，削减权力是不容易的，甚至几乎是不可能的。从这个意义上讲，真正治本的方法是"把权力关进笼子里"。[②]

本 章 提 要

腐败之所以发生，最根本的原因是有关行为的信息不对称。研究行为信息不对称的理论被称为"委托—代理理论"或道德风险理论。

经济学上，只要任何一种关系当中，有一方的行为影响到了另一方的利益，都可以把它叫做委托代理关系。有私人信息的一方称为代理人，没有私人信息的一方称为委托人。

委托代理问题的产生大致可以归结为四个原因：(1) 委托人与代理人的利益存在着冲突；(2) 信息不对称，委托人难以观察到代理人的行为；(3) 代理人是风险规避型的；(4) 代理人的责任能力有限。

仅仅是利益上的冲突可能并不足以引起委托代理问题。如果委托人可以完全观察到代理人的行为，或者即使委托人不能完全观察到代理人的行为，但

---

① 有关高薪是否能养廉的国际经验研究的结论是不确定的（Svenson, 2005）。历史上，瑞典被认为是高薪养廉的典范。17—18 世纪，瑞典曾是欧洲最腐败的国家之一，通过提高官员的待遇和减少管制双管齐下的方式，到 19 世纪晚期，瑞典出现了廉洁、高效的政府（Lindbeck, 1975）。跨国比较研究中，Rauch 和 Evans（2000）、Treisman（2000）没有发现高薪能养廉的强有力证据，但 Rijckeghem and Weber（2001）发现，高薪对减少腐败的积极作用是明显的。DiTella and Schargrodsky（2003）发现，在一定的条件下，高薪确实可以减少腐败。

② 国际经验研究支持如下结论：(1) 政府管制（如市场进入的审批程序）越多的国家，腐败越严重；(2) 政治越自由的国家，腐败越少。参阅 Djankov 等（2002）、Svenson（2005）。

是代理人不害怕风险,或是代理人的代理责任能力不受限制的话,委托代理问题也可以很容易解决。

如何设计对代理人的激励合同是委托代理理论研究的主要问题。激励合同面临激励与保险之间的两难选择。最优合同要在激励与保险之间平衡。

最优激励强度取决于四个因素:(1) 产出对于代理人努力的依赖程度;(2) 产出的不确定程度;(3) 代理人的风险规避度;(4) 代理人对于激励的反应程度。

相对业绩比较有助于改进激励合同,但也可能导致代理人之间的合谋或者相互拆台。

论功行赏和任人唯贤的矛盾意味着激励方式必须多元化。"官本位"实际上是激励的一元化,不仅严重扭曲了资源配置,而且破坏了社会和谐。

在代理人承担多种任务的情况下,要防止对某一方面的激励损害另一方面的激励。这是现实中激励机制设计面临的最大难题。这个问题在大学和政府机构尤其严重。

对政府官员难以有效激励的情况下,只能用监督的办法。但如果官员权力过大,监督也不会有效。因此,解决腐败问题的治本之策是减少政府的权力,建立法治和民主制度。

第十二章
演化博弈与自发秩序

第一节 演化博弈的基本要素

1.1 从生物进化到社会演进

到目前为止,我们讲的博弈论都属于"传统"博弈理论(traditional game theory)的范畴。我们一直维持一个基本的假设,就是**"理性人假设"**。在博弈当中,每个参与人都有一个定义好的偏好和不受限制的推理能力。博弈的结构和理性是所有参与人的**共同知识**(common knowledge)[①]。理性人可以理解和计算出所有参与人的策略互动。每个人选择的战略使自己的利益最大化。在这样一个框架下,只要知道博弈的基本结构——比如博弈的规则、信息结构等等,理性人就可以通过理性计算出均衡战略。

但是事实上,现实的情况可能不是这样。一个博弈的结构可能很复杂,如何得到均衡结果需要复杂的推理能力,每个下象棋的人可能都有类似的体验。虽然在象棋中有一个子博弈精炼均衡,但是我们很难计算出来。并且有时候博弈的均衡并不是唯一的,哪一个均衡才是最有可能的?尽管我们也曾经指出,在存在多个均衡的情况下,仅仅理性不足以告诉人们怎么行动,可能需要借助于"社会规范"协调人们的行动,但多数情况下我们假定这些社会规范或习惯是外生的。

[①] 回顾一下,一件事情被称为共同知识是指,你知道,我知道,你知道我知道,我知道你知道,你知道我知道你知道,这样一直到无穷。2005 年诺贝尔经济学奖得主奥曼(Aumann,1976)第一个提出了共同知识的严格模型。

　　这也是很多社会学家或者其他的社会科学家一直对理性人假设持有很深的怀疑的原因。比如决策问题,在我们的生活中的很多决策中决策人其实并没有经过仔细复杂的计算,而是简单地去模仿别人,或者依靠过去的经验,或者是使用**大拇指法则**(rule of thumb)[①]之类的法则,如我们使用餐具的方式,行车的方向。进一步讲,如果把整个社会都放在一起看的话,我们知道,制度是一种游戏规则。这种游戏规则以及相应的这种制度下的每个人的行为,并没有一个中央统一的权威机构去设计。人们在做事情的时候,并不一定是说因为这个事情是有利的,就要去做这件事情;或者说那个事情是无利的,就不去做那件事情。我们看到的社会秩序的形成,如哈耶克(1960,1979)所指出的,在很大程度上是一个自发演进的过程,而不是一个精心设计的结果。传统的博弈论对这些现象和问题没有很好的解释,所以我们就要用一种新的理论角度来考虑这些问题。这种新的理论角度就是从生物学引入的演化博弈,或者叫**进化博弈理论**。

　　在20世纪70年代之前,生物学中仅仅零星使用博弈论,但是70年代之后,生物学界大量引入了博弈论的一些术语和分析方法,并根据研究的对象提出了自己的理论用以研究专业领域内——主要是动物界——的一些行为。其中最经典、最具有开创性的就是莫纳·史密斯和普瑞斯在1973年提出的"**演化稳定战略**"(evolutionary stable strategy,以下简称为ESS)。[②]20世纪90年代以来,博弈论专家或者说整个社会科学家又引入生物进化博弈理论来研究社会问题,特别是用来解释社会制度的变迁、社会习惯和社会规范的形成等等,逐渐形成了博弈论的新的视角。演化博弈论从演化的角度重新审视了博弈均衡的概念,放松了完全理性的假设,为纳什均衡以及均衡的选择提供了不同的基础。演化博弈论是目前博弈论研究的前沿,仍然在发展之中。本章通过例子来介绍演化博弈分析方法。[③]

　　这里我们先介绍一下在生物进化研究当中博弈论的一些基本要素。在生物学当中最有影响的理论就是进化论,对我们观察到的生物现象有重要的解释能力。达尔文在研究生物进化的时候,提出种群之间的生存竞争问题,不同种类动物之间通过遗传和变异,最适应环境的物种会不断繁衍扩散,不适应环境

---

① 大拇指法则,就是经验法则或者说经验可行的办法。

② 参阅 Maynard Smith, J. , Price, G. R. (1973), "The logic of animal conflict", *Nature* 246: 15—18; Maynard Smith, J. , 1982, *Evolution and Theory of Games*, Cambridge: Cambridge University Press.

③ 事实上,演化博弈正在改变整个经济学的研究范式。参阅 *Journal of Economic Perspectives* 2002年第2期发表的如下四篇文章:Richard Nelson and Sidney Winter, "Evolutionary Theorizing in Economics"; Larry Samuelson, "Evolution and Game Theory"; Theodore C. Bergstrom, "Evolution of Social Behaviour: Individual and Group Selection"; Arthur J. Robson, "Evolution and Human Nature"。Samuelson 1997年出版的 *Evolutionary Games and Equilibrium* 是一本研究演化博弈的优秀著作。另见 Friedman(1998),Schmidt(2004)。

的被淘汰。现代的进化论是经过孟德尔提出的基因理论改造后的进化论,指出遗传是通过基因来传递的。现在生物学界的研究也提出:实际上最根本的、最深层的竞争还是基因之间的生存竞争。在生物学中的博弈并不是个体之间的博弈,而是基因的博弈。我们观察到的每个生物都是基因的载体。牛津大学教授道金斯在其名著《自私的基因》里写道:

> "如果说我们每个人的倾向都是要最大化我们的效用的话,那么基因本身的倾向就是要最大化它的复制能力和生存能力。一种基因如果有希望不断地复制自己、不断地扩大自己的话,那么这种基因就可以存在下来;如果一个基因没有这种生存能力,那么它就会慢慢地消亡。"①

由此,道金斯提出了解释生物进化现象的"自私基因"理论。自私基因理论可以对人类的许多行为提出新鲜的解释,比如对亲密关系的解释。在我们每个人身上,父母的基因各占一半。我们和我们的兄弟姊妹之间也分享一半的共同基因,和我们的堂兄弟之间分享八分之一的共同基因。每个人不过是一个基因的载体,我们之间相爱,是基因之间最大化生存的概率表现出的模式。甚至更极端的情况,比如父母遇到儿子危急的时候,可能宁肯自己去死,也要把儿子保护下来,从生物科学的角度讲,都是和这个道理有关的,可以解释为基因为了增加复制和生存能力的博弈结果。

1.2　演化稳定战略

研究生物进化博弈中的"战略"概念,实际上指的就是生物——尤其是动物——的一种行为方式,而不是个体的选择。在传统博弈理论中,理性人从战略集中选择其中一种最大化效用的策略,但是在生物现象中战略不是由生物个体选择的,战略是由基因决定的,是生物出生的时候继承下来的一些东西。个体只能这样去做,或者只能那样去做,不存在任何选择。基因的生存和繁殖能力,是由自然选择决定的。而自然选择就是适者生存(survive with fitness),即基因对环境的适应性。在特定环境下,最适合生存的这些基因就会不断地复制自己,不断地一代又一代繁殖,而不适合生存的基因就被淘汰了。生物进化的过程,就是一个基因不断繁殖和适应的过程,适合的就存在下来,这就是自然选择的过程。这种选择过程最后导致的结果就是一个稳定的状态,当然不是指每时每刻它都是稳定的,而是在特定的环境下在总体上趋于稳定的状态。在这种稳

---

① 〔英〕理查德·道金斯(Dawkins,Richard)著:《自私的基因》(*The Selfish Gene*)(英文版:牛津大学出版社 1989 年版;中文版(卢允中、张岱云等译):吉林人民出版社 1998 年版)。

定状态下存活下来的基因就决定了生物个体的行为方式,生物的行为表现出了一种稳定的模式。

这种稳定的行为方式,我们把它叫做"**演化稳定战略**"(ESS)。一种战略是演化稳定的,是指这种方式能击败任何的变异,可以持续存在、不断地复制自己的一种生存方式。这个概念在演化博弈当中是非常重要的,道金斯评价:"我总是有一种预感,我们可能最终会承认,ESS 概念的发明,是自达尔文以来进化理论上最重要的发展之一。"①

ESS 这个概念有动态和静态之分。从静态的角度讲,某种特定的行为方式,或者按照我们讲的叫做战略(strategy),被称为是演化稳定的,如果执行这种行为方式的种群不能被一种变异成功地侵入,任何偏离这种方式的个体具有更低的生存能力,更不适应环境。换言之,给定种群当前某种特定的行为方式,如果有另外一种变异或者是突变的行为方式发生之后,这个侵入者会被淘汰,群体将会恢复到原来的状态,那么这种行为方式就叫做"演化稳定战略"。

从动态角度讲,假定初始状态存在着多样的行为方式——比如在我们人口当中,可能有的人自私,有的人就是利他主义者;有的人好斗,但是有的人就更愿意妥协等等——但是随着时间的推移,某个特定的行为方式逐步地主导了整个种群,那么这种特定的行为方式就是一个演化稳定战略(ESS)。这两种角度的稳定状态相互联系,但是也不是完全相等的。

ESS 和前文中用的最重要的概念"纳什均衡"有重要的关系。简单地说,如果一个演化博弈中的战略是一个演化稳定战略,那么它一定也是这个博弈的纳什均衡;但是反过来,并不是所有的纳什均衡都是演化稳定战略。演化均衡战略要比纳什均衡有更加严格的条件。② 同时我们也将看到,假如一个博弈有很多个均衡,演化过程本身就能够帮助我们选择出一种特定的均衡。

1.3 生物进化与社会演化的不同

值得强调的一点是,生物进化和社会演化有很大的不同。ESS 这一概念是从生物学中来的,当我们把它应用于研究社会演化和社会秩序的形成的时候,要注意二者间有着重要的区别。

第一个区别是关于战略(strategy)的含义。如前所述,在生物学当中,战略指的是由基因决定的一种行为方式,如同计算机程序规定好的,不是个体的选

---

① 道金斯,《自私的基因》。
② 在有限博弈中纳什均衡总是存在的,但是 ESS 可能不存在,参阅 Vega-Redondo(2003)的标准定义。

择。但是我们知道,人的社会行为并不完全取决于基因,而是与社会关系、社会环境、生长的文化背景、受教育水平以及过去的经验等因素都有关系。每一个个体的行为方式,即便他不是完全理性的,在一定程度上都是可以选择的。比如,从不同地区来的人,因为不同地区有不同的文化和不同的生活习惯,他们的行为方式就会稍微有一点不同;同样的地区来的但是受过不同教育的人,他们的行为方式也不一样。在这些情况下,个体有一定的**选择性**。同样的人到了不同的地方,行为方式也会不一样,他能选择一个对他来说似乎更加"适合生存"的战略。

第二个区别是**适应性**(fitness,或者适应能力)的含义。在生物学当中讲的适应性指的是基因的繁殖能力,而在社会博弈中讲的适应性是指参与人的预期支付(payoff)的大小。支付就是跟别人博弈时,给定所有人的一个战略的组合时,你能够得到的总的或者是平均的报酬。支付越高就意味着社会中生存能力越强。这个报酬在不同的环境中有不同的含义,根据分析的问题变化。比如说有两个企业,企业甲选择了战略 A,而企业乙选择了战略 B,如果给定其他参与者选择的战略,战略 A 给企业甲带来的利润率是 20%,而战略 B 给企业乙带来的利润率是 15%,那么就意味着选择战略 A 的企业甲的生存能力更高。进一步,这也意味着选择战略 A 的企业就会不断地壮大,而选择战略 B 的企业就会不断地收缩。支付也可以是市场份额,如果两个企业之竞争中,一个企业的市场份额的增加很明显地快于另外一个企业,那么最终慢的那个企业就会被淘汰掉了,而快的这个企业就会主导这个市场。

第三个区别是行为方式在一代代之间如何传递的问题。我们知道,在生物学当中行为方式是靠基因遗传的方式传递的。也就是说,在基因里面,DNA 包含着一些信息,它不断地去复制和分裂,然后可以变得更多。但是我们生活在社会当中,社会中有很多信息和行为方式不是靠基因传递的,而是靠交流、学习来传递的,传递的方式也是多种多样的。一种情况可能是:在同样的环境下,一个人的表现很好,是成功人士,他就可以把他的成功、把他的做事方法诸如此类的信息传递给他的朋友和同事,然后他的朋友和同事观察到这种行为,就会去模仿以求同样达到成功;而那些做得不成功的人,总是要向成功的人学习。这就是一种适应性**模仿传递**的方式。当然,我们人类也会有意识地通过试错的方法来学习如何选择更好的战略。比如说面临着多种选择时,你可能就会选择其中一个看行不行,如果不行的话就再选择另外一个。在做这个选择之前,你也会获得另外的信息,提示你选择哪一个更可能成功。因此,社会的教育制度对人的行为方式的传递起着非常重要的作用。而这种传递方式在生物学当中是不存在的。虽然文化不是基因,但是它本身也有一定的遗传性,叫做社会遗传性。当然这不是说人一生下来就会受到这种文化的影响,而是在成长过程当中,在与他的父母、兄弟姐妹、周围的朋友和邻居等不断的接触当中,特定的文化才会扎根在他的行为当中。所以,社会演化和生物进化并不是完全一样的。[①]

1.4 单元均衡与多元均衡

演化稳定均衡可以分成两类:**单元均衡**(monomorphic equilibrium)与**多元均衡**(polymorphic equilibrium)。一个演化稳定状态,如果只有一种战略或者行为方式可以在均衡状态下存在的话,我们就把这种均衡叫做"**单元均衡**"。比如说基因,只有一种基因在生存,而其他的基因都被淘汰了。但是如果稳定状态包含多个具有同样适应性的行为方式、战略或者基因,这时就有多种行为方式共存,并且每一种方式都有同样的生存能力,就像社会当中不同性格的人都能和平共处并且每个人都有生存能力一样,那么我们把这种均衡叫做"**多元均衡**"。

注意,多元均衡不同于我们前面讲的多重均衡。多重均衡是指博弈有多个最优战略组合,多元均衡是指稳定状态下群体内多种行为方式共存。以交通博弈为例,"所有人都靠左行"和"所有人都靠右行"都是纳什均衡,所以我们说这个博弈有多重均衡,并且从演化博弈的角度讲每个均衡都是演化稳定的,但每个均衡都是单元均衡,因为不可能同时存在"有人靠左行、有人靠右行"的稳定状态。再举个例子,如果一个组织中只有说真话的人(或只有说假话的人)生存下来,这个组织就属于单元均衡;如果说真话和说假话的人都可以生存下来,这个组织就属于多元均衡。从这个意义上,单元均衡类似单一社会、单一文化,多元均衡类似多元社会、多元文化。

第二节　演化博弈举例

2.1 协调博弈

设想有一个规模很大的人群。在总人口当中存在着两类具有不同行为方式的人或者个体。第一类人习惯于使用左手,而第二类人习惯于使用右手,这就类似于两种不同的战略,左手战略和右手战略,即我们俗称的"左撇子"和"右撇子"。[②] 需要注意,这里的"战略"不是说一个人有两种选择,而是每个人有特

---

① 参阅宾默尔(Binmore K.)的《博弈论与社会契约》,其中有关于社会进化方式和传递因素内容的讨论。另参阅 Axelrod (1984),Boyd and Richerson (1985),Gale,Binmore and Samuelson (1995)。

② 一般地,我们不叫右撇子,左撇子才是专门的称呼,因为"撇子"本身就意味着不正常。为了简单起见,我们还是"左撇子"、"右撇子"这么区分。

定的用手习惯。这个博弈形式上看很类似我们前面的协调博弈,但是事实上解释是完全不一样的。在前面的博弈例子中,一个人——比如说 A——可以有两种选择,可以选择用左手也可以选择用右手;同样,B 可以选择用左手也可以选择用右手。但是现在博弈中战略是由"基因"决定的,而不是个人的选择。

在众多的人当中,任意的两个人碰到一起进行博弈(如一起干活或吃饭),有四种可能的组合,每种组合下的支付如图 12-1 来表示。

	左撇子	右撇子
左撇子	1,1	0,0
右撇子	0,0	1,1

图 12-1 协调博弈支付矩阵

假如在这一对个体当中,如果左撇子遇到左撇子(或右撇子遇上右撇子)的话,每个人得到 1;但是如果左撇子遇到右撇子的话,每个人得到 0。比如两个人坐在一起吃饭,如果我是左撇子你是右撇子,碰到一起总是打架,那么这种情况下双方的收益就都是 0。但是如果两个人都是右撇子(或左撇子)的话,就会有很好的协调,双方就都得到 1。

我们的问题就是:哪一类战略会更有适应性,更能够生存下来? 直观地讲,答案依赖于总的群体当中使用某种战略的人所占的比例。如果大部分人都用左手,那么用左手的人就更容易生存下来;如果大部分人都用右手,那么用右手的人就更容易生存下来。这里讲的生存能力实际就是得到的预期的或者是平均的支付有多高。

为了便于分析,我们假定总人口当中有 x 比例的人使用左手,有 $1-x$ 比例的人使用右手。我们来看一下使用左手的人的预期支付。因为总人口当中使用左手的人占 x,随机相遇意味着他有 x 的可能性得到 1,但是也有 $1-x$ 的可能性得到 0,他的平均支付就是 x。同理,对于右撇子的个体来说,他的预期支付是 $1-x$。那么左撇子能够生存下来还是右撇子能够生存下来? 我们需要比较这两种不同类型的支付。如果 x 大于 $1-x$,使用左手的人就占优势,反过来使用右手的人就占优势,因此 $x=1/2$ 就是一个临界值。如果 x 大于 $1/2$,那么左撇子更具有生存能力,他的预期支付更高,因而这样在一代又一代的博弈当中,模仿别人使用左手的人会越来越多,或者由于遗传的因素,使用右手的人会越来越少,最后演化到所有的人都使用左手。我们可以看到,这是一种均衡,并且是单元均衡。在这个均衡当中,只有一类人、一类战略可以生存下来。反过来,如果初始状态下 x 小于 1/2,也就是使用左手的人的比例小于一半,那么使用右手的人就占优势,因而使用右手的人的比例逐渐增加,最后达到百分之百。这也是一个单元均衡。在这两种均衡情况下,都只有一个类型的战略生存下来了。如果 x 等于 1/2,这两类战略的预期收入是一样的,也就是说他们有相同的生存适应性。这个时候,两种类型的人就都可以生存下来。这种情况就叫做二元均衡。

我们看到,这个简单的博弈里面有三种可能的均衡。这三种不同的均衡不是个体选择的结果,而是通过自然选择生存下来的战略。第一种情况下生存下来的是使用左手的人,第二种情况下是使用右手的人,第三种状态下是两种都存在。但是这三个均衡中,前两个均衡是演化稳定均衡,而后一个不是稳定演化均衡。我们在前边说过,对于演化稳定的均衡,任何微小的偏离都可以恢复到原来的状态。为了理解这些均衡的差异,我们以全部是左手的均衡为例。假如我们设想社会已经进入了一个稳定状态,并且假定所有的人都在使用左手,现在出现了一类突变,这类特定突变的个体占的比例很小——因为突变一般都是比例很小的。比如说有百分之一的人现在突变为使用右手,这些使用右手的人实际上最终还是会被淘汰出去,因为百分之九十九的人都在使用左手,这百分之一的**变异侵入**(invaded)以后,突变个体得到的支付小于使用左手的个体得到的支付,由于自然选择,突变个体最后会被淘汰,人口就又会恢复到所有人都使用左手的均衡状态。

同样地,如果人口最初的状态是所有的人都使用右手,假如这个时候有很小的比例——比如说百分之一——的人使用左手,这种类型的人也会被自然选择淘汰,他们的行为方式不能成功地侵入,最后还是会恢复到所有的人都使用右手的状态。所以这两种均衡状态都是演化均衡战略。

现在我们看一下第三个均衡。假如现在刚好有一半人使用左手,一半人使用右手。如果有一类变异出现了,使用左手的人比例增加了一些,这时结果会怎样?从上面的分析我们可以知道,这时使用左手的人就比使用右手的人的适应能力更强,因而使用左手的人的比例就不断地增加,最后使用右手的人就消失了。反过来,如果出现的这个变异是使用右手的人增加了几个,那么这个时候使用左手的人就会处于劣势,使用右手的人处于优势,所以使用右手的人就会逐渐增加,直到最后都成了使用右手的人。所以说这个均衡是不稳定的。

我们可以用图 12-2 来描述稳定均衡和非稳定均衡。图中横坐标代表使用左手的人的比例,这个比例是从 0 到 1 的;纵坐标代表他的适应性,或者说预期支付(payoff)。我们看到,右撇子的人的支付随着 x 的增加而减少;用左手的人的支付相反,随着 x 的增加而增加。$x = \frac{1}{2}$ 是一个分界点。在这里,两种方式的支付相同,但这是不稳定的。一旦变异出现,就会或者演化到右撇子均衡($x = 0$)或者演化到左撇子均衡($x = 1$),依赖于最初的变异有利于哪一方,如箭头所示。从图中可以看到,一旦变异出现,由于不同行为方式的预期收益的差距随 x 变化而不断加大,演化过程是加速的。

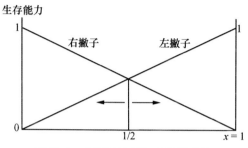

图 12-2 左撇子均衡与右撇子均衡

我们可以把这种博弈的均衡与我们前面讲的传统博弈纳什均衡进行比较。如果是传统博弈(战略代表个人的选择),这个博弈也是有三个纳什均衡:一个是两人都用左手;一个是两人都用右手;还有一种就是混合战略均衡,每个人都有二分之一的概率用左手、二分之一的概率用右手。前两个均衡(纯战略)每个人得到 1,混合战略均衡每个人的收益是 0.5。混合战略均衡的支付小于纯战略均衡的支付。我们刚才的分析也得到了三个均衡,其中有两个是单元均衡,一个是二元均衡,也就是两种战略同时存在。

二元均衡与混合战略均衡形式上非常类似,但是解释是完全不一样的。在现在的情况下,每个人使用的都是纯战略,但是只是有一半的人用左手,而另一半的人用右手。在传统博弈论中,混合战略可能是不合理的,因为它意味着每个人要进行随机的选择;但是从演化博弈来讲,混合战略对应的是使用不同策略的人群比例的一种组合,而这个是合理的。我们在前面讲过,一个演化稳定均衡一定是一个纳什均衡,但是并不是所有的纳什均衡都是演化稳定均衡。这从我们这个例子当中就可以看到。如果是一个单元均衡,均衡状态下只有一种行为方式,那么战略本身就是对自身的最优反应。也就是说,给定别人用左手,那么你最好也是用左手,最能生存的状态也是用左手。这其实就是纳什均衡的定义。两个单元均衡($x = 0$ 和 $x = 1$)是纳什均衡,是演化稳定的;二元均衡($x = 1/2$)是一个纳什均衡,但不是一个 ESS。

当然我们知道,用手的习惯既有先天性因素,又有后天的训练。即使先天习惯于用左手的人,经过后天的训练也可能改变成用右手。在社会当中,我们只能发现少数人是左撇子。左撇子的人一般很聪明,但是左撇子是非常少数的人。如果一旦使用右手成为一个主导习惯,那么少数人使用左手——即便使用左手的人很聪明——都没有办法改变结果。我们绝大多数的人还是习惯于使用右手,这时使用左手就有一定的劣势。父母如果很关心孩子的话——父母关心孩子是因为孩子身上有他们的基因——就会从小教育孩子的用手习惯。不仅是从遗传的角度是这样,从社会的角度看也是这样。即使父母习惯于使用左手但在群体当中处于劣势,他们也会教育孩子并且从小就纠正孩子的用手习惯。这个例子具有典型的社会行为的特征。我们的很多习惯、行为方式,既有可能是天生的,是父母遗传的;也有可能是父母关心我们,希望我们在社会当中更具适应性,专门对我们进行训练的结果;还有可能是我们自己意识到自己要"入群"而自我强化的结果。如果不入群,就不能跟别人很好地合作,所以我们会不断地学习,不断地模仿别人。比如你用左手、大部分人用右手的时候,你就会觉得奇怪,就会自己怀疑自己,然后就会纠正和改变,逐渐训练自己用右手。这就是社会进化、社会博弈的一个典型特点。许多的社会行为都具有这样的特点,都是由先天的和后天的因素共同作用的结果。

我们这里回顾一下第三章讲过的交通博弈。如图 12-3 所示,该博弈和左右手协调博弈非常类似。[①] 交通规则规定我们在行驶的时候都靠左或者都靠右。我们现在可以把交通规则解释为长期演化的结果。假定社会在最开始的时候没有任何的交通规则,一部分人走的时候靠左,另一部分人走的时候靠右,完全是随机的。但只要靠右的人超过二分之一,靠左的行人出事故的概率就比较高,死亡的概率也较高。如果你看到这种现象就会想,为什么这些人死亡概率高而那些人死亡概率低?原因就在于这些人都是靠左行走的,而那些更平安的人是靠右行走的。这样,你就也会趋向于靠右行走。随着时间的推移,靠左的人越来越少,靠右行走的人就会越来越多。这个过程慢慢地演化,就会导致所有的人都靠右行走。反过来,也可能一开始是由于偶然的原因,靠左行走的人比较多,靠右行走的人(更准确地讲,靠右行走的行为方式)慢慢地被淘汰了。最后稳定均衡的结果就是或者都靠右行,或者都靠左行。比如在英国开车都是靠左行,而在中国就都是靠右行。一旦到了一个稳定均衡状态,一个或少数新手如果违反通行的规则,那几乎是必死(伤)无疑了。也就是说,这个均衡是不可能被变异破坏的。

---

① 我们在第三章讨论过交通规则如何协调预期。演化博弈为交通规则的形成提供了解释。参阅 Young(1996)。

	靠左行	靠右行
靠左行	1, 1	-1, -1
靠右行	-1, -1	1, 1

图 12-3　交通博弈

这个问题里面就没有任何基因的东西,行为方式是通过学习和模仿来遗传的。比如一个人刚从英国回来,英国的车辆和行人都是靠左行的,那么这个人从英国回来能适应中国开车习惯吗?他一定得改变在英国养成的习惯,时间还不能太长!当然,有些技术性因素有助于他改变习惯。比如说,在靠左行的地方,汽车的方向盘设计在右边,自然地就靠左行了;而回国以后,方向盘在左边,就更容易适应靠右行了。(因为方向盘的设计使得错车的时候两个司机的距离最近。)这个时候,习惯的改变和技术环境是有关系的。如果他把英国的车带回国内,方向盘仍然在右边,那么调整起来可能就比把方向盘设计在左边的车要慢得多。这个例子说明,人们改变习惯和适应环境的速度与环境本身有很大关系。一个习惯于随地吐痰的人到五星级饭店也许马上就不吐痰了。

2.2　婚姻博弈

在前面的博弈中,所有的人是同一群体的,同一群人中随机地选出两个人进行博弈。我们分析同一种群体中行为方式的演化,是生物学分析的直接运用。在生物学分析中,研究的是一个种群集体的行为。而在社会生活中,更多的情况是博弈方分别属于不同的群体,如买方和卖方。这里仍然分析一个协调博弈,这个协调博弈叫做**保证博弈**(assurance game)①,我们用图 12-4 所示的婚姻博弈的例子来进行说明。

设想在一个人口规模很大的社会中,男女各占一半。无论是男还是女都有两类:一类叫做物质型,就是追求物质享受,总是关注对方富有不富有、能赚多少钱、家庭条件怎么样,等等;另一类为感情型,婚姻比较重感情,关注的是两个人在一起是不是能谈得来,是不是有共同语言,情趣是不是相投,等等。

———————

① 保证博弈是指双方当事人偏好于相互合作地从事某一共同事务。

女

物质型　　　感情型

男

物质型

	物质型	感情型
物质型	1,1	0,0
感情型	0,0	2,2

图 12-4　婚姻博弈

　　现在博弈的基本问题就是让其中一个男性和一个女性随机地配成一对,达成婚姻。如果两个都是物质型的话,他们的支付都是 1;如果两个人都是感情型的话,他们的支付都是 2。这可以理解为,如果两个人都是感情型,相互之间更能够体谅,更能够体贴,能够得到的享受和效用就会比较高。但是如果一个物质型的和一个感情型的碰到一起并且结婚了的话,那么这两个人就都不舒服,共同语言比较少,很难生活在一起,因此我们假定每个人的支付都是 0。

　　假如男女群体都由这两类人构成的话,自由选择的社会中哪一种婚姻模式更流行? 为了讨论的方便,我们假定物质型的人在男女之中的比例都是一样的[①],该比例是 x,而感情型的比例是 $1-x$。那么对于任何一个个体的人而言,如果是物质型的,预期支付就是 x 乘以 1,加上 $1-x$ 乘以 0,得到的是 x;如果是感情型的,预期支付就是 x 乘以 0,加上 $1-x$ 乘以 2,得到的是 $2(1-x)$。因此,如果 $x>2(1-x)$,即当 $x>2/3$ 的时候,意味着物质型的人更加容易生存;但是如果反过来,感情型的人更容易在社会上生存。这样,如果社会的总人口——无论是男还是女——中有 2/3 以上都是物质型的,这个社会最后就会演化为所有的人都是重视物质的,重视感情的人都会被淘汰。反过来,如果社会里重视感情的人超过 1/3(物质型的少于 2/3),那么感情型的人就更适合生存,社会最后演化为都是感情型的人,物质型的最终被淘汰。因而稳定均衡的情况一定是:或者所有的人都是感情型的,或者所有的人都是物质型的。

　　如果这个社会刚好 2/3 的人是物质型的,另外 1/3 的人是感情型的,那么这个社会的两类人就都一样可以生存,也就是说,他们的预期支付都是一样的。但这不是一个稳定均衡。比如说感情型的人,原来的比例是 1/3,如果突然增加了几个人,这时感情型的比例超过 1/3,因而就比物质型的更加容易生存,整个

　　① 当然可以设置得更加复杂一点,比如男性中的比例是 a,女性中的比例是 b,两个比例不一样。但这不会影响分析的结果,因此,这里为简单起见,我们假定都一样。

社会到最后就都会变成感情型的,物质型的就会被淘汰。以上分析可以总结在图 12-5 中:

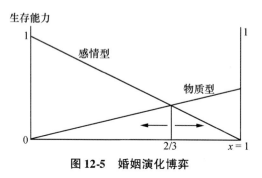

图 12-5　婚姻演化博弈

图 12-5 和图 12-2 类似,横坐标是物质型的比例,纵坐标是预期支付。这里,临界值和前一节的分析不一样了,刚才是 1/2,现在是 2/3。这是由于在这个博弈中,两种类型的支付是不对称的,预期支付也是不对称的。可以看到,当 x 等于 2/3 的时候也是一种均衡,但是不稳定的均衡。只要出现变异,那么这种均衡状态就会向两边偏移,达到全部是感情型或者全部是物质型。当然,我们这里描述的是收敛路径上的方向,我们并没有提到收敛到均衡状态的速度,这个过程也许很短,也许很漫长。

全部物质型和全部感情型都是演化稳定均衡。但比较一下,如果两个人都是感情型的就都得到 2,两个人都是物质型的就都得到 1,感情型的均衡帕累托优于物质型的均衡。因而在演化博弈中,稳定状态不一定就是一个帕累托最优的均衡。这是由于,如果这个社会当中物质型的人太多的话,少数感情型的人就很难生存,就有可能进入一种所有人都只追求物质利益的社会。如果我们可以设计的话,我们当然会设计让整个社会都是感情型的,但是事实上这个结果不是设计而是演化来的,因而实际的均衡就可能都是物质型的。

婚姻中人们偏好的演化也是一个学习和模仿的过程。与交通规则不同,人们对婚姻的偏好有相当先天的因素。但婚姻中有社会的、世俗的一些东西,它们会影响到我们每一个人的选择。个体的行为模式受社会主流的影响,个人有时候只能"随波逐流"。如果大部分人都是重视物质的话,那么你最好也是跟随别人和他们一样对物质更重视一点。不仅结婚前如此,结婚之后,人们也会调整自己的偏好。比如说,你本来是一个感情型的人,但碰巧与一个物质型的人结婚了,为了迁就她,慢慢地,你可能也就转变成物质型的了。当然也可能有相反的情况发生。可见,从社会角度来讲,一个社会的主流价值会影响到这个社会当中的每一个人的行为,并且这个因素有的时候可能是一个单独的个体所没有办法抗拒的。过去经常讲的"门当户对"其实也包含这个道理。如果大部分人都讲门当户对，你不讲门当户对的话，你的后代也不好找对象。

当然，我们的结论有点极端。现实中，即使在一个物质主义横行的社会，总还有一些人更看重感情，并且生活得很好。也就是说，现实的婚姻状态更像一个"多元均衡"，并且是稳定的，而不是单元均衡。我们的理论结论与现实之所以不同，是因为我们假定婚配是随机的。现实中，婚配不完全是随机的，每个人找对象的过程是一个寻找的过程，所谓"黄瓜白菜，各有所爱"。① 这个时候——还是看我们的例子——即使物质型的人的比例大于 2/3，那些感情型的人也可以持续生存下来。感情型的人可以专门寻找那些也非常注重感情的人，那么他们每个人可以得到价值为 2 的支付。然后他的后代受他的教育，也是感情型的，也要找另外一些注重感情的人，这样的话，感情型一代代还是可以有机会生存下来的。所以尽管自古以来，社会中追求物质利益的人都占多数，但也从来不乏那些重视爱情的感情型的人。当然，由于寻找成功的概率与总人口中不同类型的分布有关，我们的基本结论仍然是有意义的。毕竟，当社会上绝大部分人是物质型的时候，感情型的人要找到适合自己的对象就比较难。这时候，改变自己的偏好也许就成为他（她）最好的选择。

以上的分析也可以告诉我们一点：社会演化在一定程度上具有**路径依赖性**（path dependence）。前面的这些例子中，有些均衡是帕累托最优的，有些均衡不是帕累托最优的。演化均衡分析意味着我们的技术和社会制度可能长时期被锁定在一个非帕累托最优的状态。在上例中，如果所有人都变成感情型的话，那么所有人都能活得更幸福。但是由于是每个人单独行动，社会的主导价值被锁定在物质类型时，这时单独一个个体的改变就非常难。因此，社会的进化不一定总是导致最有效的制度安排。

但是有一点需要强调的是，这里的社会是一个封闭的社会，这时一个非效率的均衡可以长期存在下去；一旦这个社会开放之后，就存在不同社会的制度进行竞争，这种竞争就可能使得原来那些非帕累托最优的制度安排没有生存能力了。可以设想一下，假设有两个社会，一个社会是纯感情型的，而另一个社会是纯物质型的。如果这两个社会分开的话，那么每个社会都是不会变的。现在假如我们把这两个社会合成一个社会，那么会发生什么样的变化呢？这依赖不同社会的人口规模。如果原来每个社会的人口都是 200 万，在新的社会里，感

---

① 关于婚姻匹配的理论模型，参阅 Roth and Sotomayor (1990)。此类匹配模型及其变种在劳动力市场、拍卖市场领域等有广泛应用，Gale and Shapley (1962) 是一篇开创性的文献。Roth 和 Shapley 因对匹配市场的理论贡献分享了 2012 年的诺贝尔经济学奖。

情型的比例是 1/2,远超过临界值 1/3,感情型的人占据优势,物质型社会就没有办法存在下去了。但是如果是反过来,比如原来物质型社会的人口超过 300 万,感情型社会的人口只有 100 万,那么这个新的社会就会演变成物质型的了。

当然,这只是一个机械的例子。人类最重要的特征是我们的学习能力从而改变自己行为方式的能力,这是**社会进化**之所以远快于**物种进化**的根本原因。由于这一点,如果帕累托最优状态的优势足够大,不同文化和制度间的竞争足够充分,高效率的制度最终还是会把低效率的制度逐渐淘汰。在实际生活中也有很多这样的例子。苏联和美国的竞争就是一个典型的例子。如果每个国家封闭起来没有竞争的话,苏联的计划经济制度也许可以存在更长的时间;但是一旦有了足够的竞争之后,苏联的制度由于太没有效率、太违反人性,就垮下来了。同样,我们看全球各地的公司治理结构,各国都不一样,在一个公司里面董事会和经理之间的关系、激励制度、产权安排、投票制度等等,都有很大的差别。学术界把全世界的公司治理结构大体分为两类:一类是英美模式,以股票市场为主导;另一类是日德模式,股票市场不起很大的作用,公司内部的人事控制很严重。现在资本市场全球化了以后,德国也好日本也好,都在向美国模式靠拢,否则就没有办法生存。由于全球化,全世界的公司治理都在趋同。①

2.3 鹰鸽博弈

以上三个例子的演化稳定均衡都是单元均衡,也就是说,稳定状态下只有一种行为方式。接下来我们举一个多元稳定均衡的例子。

设想一个群体中有两种类型的人,一种是进攻型的,另一种是温和型的。为了表述的方便,我们将前者称为"鹰派",后者称为"鸽派"。个体之间随机相遇,进行一对一博弈。② 如果鹰派与鹰派相遇,两败俱伤,各得 −1;如果鹰派与鸽派相遇,鹰派得 1,鸽派得 0;如果鸽派与鸽派相遇,各得 0.5。③ 博弈的结构如图 12-6 所示。

① 关于公司治理结构趋同的理论和经验研究,参阅 Gilson(2001),Gordon and Roe (2004),Yoshikawa and Rasheed (2009)。

② Maynard Smith (1982)从这个"鹰—鸽博弈"展开他整本书的讨论,这个博弈已成为生物学中讨论演化稳定的标准模型。

③ 读者可以将这个博弈理解为国家之间对领土的争夺、政治家之间对权力的争夺,或者企业之间对市场的争夺,等等。我们在第三章中讨论过类似的博弈,在后面第四节中,我们将用这个博弈分析产权制度的演进。

	鹰派	鸽派
鹰派	-1, -1	1,0
鸽派	0,1	0.5,0.5

图 12-6　鹰鸽博弈

如果总人口中鹰派的比例是 x,鸽派的比例是 $1-x$,那么,鹰派的预期收益是 $-x+(1-x)=1-2x$,鸽派的预期收益是 $0.5(1-x)$。容易算得,如果 $x>1/3$,鸽派占优势;如果 $x<1/3$,鹰派占优势;如果 $x=1/3$,鹰派与鸽派具有同等优势。设想一开始 $x>1/3$,由于鸽派有生存优势,鸽派的比例会逐步上升,鹰派的比例会逐步下降,一直到 $x=1/3$ 为止。

类似地,如果一开始 $x<1/3$,由于鹰派有生存优势,鹰派的比例逐步增加,鸽派的比例逐步下降,一直到 $x=1/3$ 为止。在 $x=1/3$ 的时候,任何小规模的鹰派或鸽派入侵之后,这个社会很快又恢复到 $x=1/3$ 的状态。因此,$x=1/3$ 是唯一的均衡,并且是演化稳定的,如图 12-7 所示。

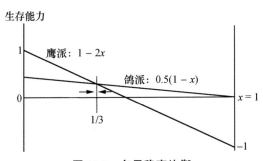

图 12-7　多元稳定均衡

这个演化稳定均衡是多元均衡,即鹰派和鸽派是并存的。之所以如此,是因为在这个博弈中人数相对少的反倒有相对优势。这与现实中许多组织的情况类似。一个组织里既有强势的人,也有温和的人,两类人可以和平共处。但如果强势的人比例过多,他们之间相互厮杀,反倒有利于温和的人的生存。反之,如果温和的人太多,强势的人就可以占便宜,会吸引更多的强势的人加入。男女交往中有所谓“男人不坏,女人不爱”的说法,一个可能的原因是这样的“坏”男人在男人中的比例很小。

第三节　囚徒困境与合作文化的演进

3.1　针锋相对者生存

现在我们从演化博弈的角度来分析一下社会合作文化是如何形成的。如我们所知,人类的进步来自人类相互之间的合作,但合作面临的最大难题是"囚徒困境"。因此,我们的讨论从解决囚徒困境开始。[①]

设想人口当中有两类人:一类人天生合作,不欺骗别人;另一类人天生不合作,喜欢骗人。任意的两个人碰到一起时,如果两个人刚好都是合作型的,两人都得到4;如果两个人都是非合作型的,那么各得到0;如果合作型的碰到非合作型的,那么合作型的支付是 − 1,而非合作型的支付是6。具体的支付矩阵可以用图 12-8 来表示:

	合作型	不合作型
合作型	4,4	− 1,6
不合作型	6, − 1	0,0

图 12-8　囚徒困境博弈

如果这个博弈每两个人只进行一次(one short game)——可以设想为每个人只活一期,进行一次博弈,然后离开,那么,什么是这个博弈的演化稳定均衡?容易看出,不论合作型的人的比例如何,对于合作型的个体来讲,任何情况下他的支付都不如非合作型的支付。所以如果限定在一次博弈的情况,那么演化的最后均衡结果就是社会上只有一类人,并且生存下来的这类人都是骗子,都不合作。这个结论具有一般性,在一次性博弈当中,如果只存在占优战略均衡的话,那么这个均衡就一定是一个演化稳定均衡。具体到这个例子里,不合作就是一个演化稳定均衡。

现在我们设想一下,假如这个博弈重复进行两次,结果会如何? 这时博弈进行的方式如下:从人群中随机地找出一对来,这一对一旦找到就被固定下来,博弈

[①] Bendor and Swistak (2001)用演化博弈解释了如何走出囚徒困境问题。我们下面的论述很大程度上受他们的启发。

在这对固定的人之间重复两次。我们知道,一旦重复两次之后,个体的行为方式就会和以前不一样。现在每个参与人的战略就增多了,原来只有或者合作或者不合作。我们假定这时多了一种战略,叫做"**针锋相对**"战略(tit for tat,简称 TFT)。

我们用不同的字母代表不同的战略。ALL-C 表示总是合作型,就是说这个人不论别人怎么样,自己第一阶段合作,第二阶段也会合作。ALL-D 表示非合作型,两个阶段都是坚决不合作。TFT 表示以牙还牙,在第一阶段合作,第二阶段使用对手在上一阶段使用的策略。如果第一阶段对手合作,那么第二阶段自己也合作;但如果第一个阶段对手不合作,那么第二个阶段自己就不合作。假如在整体的人口当中,现在有这样三类人:第一类是总是合作,执行 ALL-C 战略;第二类执行 TFT 战略;第三类是从来不合作,执行 ALL-D 战略。在这里,我们不考虑贴现,计算收益时把两期的支付简单相加。

如果两个人都是合作型的话,那么第一期合作,第二期也合作,两期的收益就是8。如果合作型的碰到执行 TFT 战略的对手,那么这两个人第一期合作,因而双方在第二期也都还合作,所以都得到8。如果合作型的人碰到总是不合作的对手,那么第一期他的支付为 -1,第二期又被欺骗了一次,得到的支付仍是 -1,两期的支付就是 -2,而他的对手由于两次不合作得到的支付是12。当TFT 类型的人遇到 ALL-C 类型或同类型的 TFT 人时,两期都是合作,总收益是8。当 TFT 类型的人与 ALL-D 战略的对手进行博弈时,他第一期合作,得到的支付是 -1,但是第二期他就不再合作,这时候博弈的双方都不合作,支付为0,因此两期总的支付为 -1。而他的对手,即执行 ALL-D 战略的对手,两期的总支付就是6。类似地,如果两个 ALL-D 战略的参与者碰到一起,两期二者都是不合作,因此得到的总收益为0。因此整个博弈的支付如图 12-9 所示:

	ALL-C	TFT	ALL-D
ALL-C	8,8	8,8	-2,12
TFT	8,8	8,8	-1,6
ALL-D	12,-2	6,-1	0,0

图 12-9 两次重复博弈

那么在这个结构的演进博弈中,哪一类人能够生存下来?我们先看一下ALL-C 战略的人,这一类人显然是没有办法生存下来的,因为即使是在最好的情况下,他做得也只是和 TFT 战略的人一样好;但是他还有一种可能性,做得比TFT 战略的人差,因为 TFT 战略这类人只会被欺骗一次,而 ALL-C 战略的人两次都要被骗。如果和 ALL-D 战略的参与者比的话,他的境况就更差了。在这种情况下,我们得到的直观的结论就是:ALL-C 战略这一类人是幼稚型的,他的生存能力是最差的。如果他遇到的所有人都是跟他一样的合作型的,或者是执行 TFT 战略的人,那么他最多得到的是和对方一样的收益;但是如果他遇到的是欺骗型的人,一定会比对方更糟糕。所以我们如果对比合作型战略和针锋相对策略,那么针锋相对的人比合作型的人更容易生存下来。

如果初始的人口是由两部分人组成,或者是合作型的或者是非合作型的,那么这个时候 TFT 战略这一类人就可以侵入进来,他可以把 ALL-C 战略的这一部分人给替代掉。如果初始的人口全部是 ALL-C 或者由 ALL-C 和 TFT 两类战略组成的话,那么 ALL-D 这一部分人也可以侵入进来,因为 ALL-D 这类人可以比 ALL-C 战略的境况好。总的来讲,在这个有三种策略类型的社会里,在稳定的状态下,没有人是完全合作型的,因此 ALL-C 不是演化稳定战略(ESS)。这里,"合作"指的是他们的战略,而不是实际的结果。简单地说,在一个社会当中,那种幼稚合作型的人,在一个演化博弈均衡当中是没有办法也没有可能生存的。

现在假设进化的过程已经把总是合作的 ALL-C 的那部分人淘汰掉了,剩下的两类人,一类是总是不合作的(ALL-D),另一类是执行 TFT 战略的。在这种情况下,就得到如图 12-10 所示的博弈支付矩阵:

	TFT	ALL-D
TFT	8,8	$-1,6$
ALL-D	6, -1	0,0

图 12-10　针锋相对型和非合作型

我们看这两类人哪一类更适合生存。假定在最初的时候人口中执行 TFT 战略的人的比例是 x,执行 ALL-D 战略的比例是 $1-x$。这时,对于一个单个的采取 TFT 战略的人,他的预期报酬是 $8x-(1-x)=9x-1$。ALL-D 战略的人的预期支付是 $6x$。如果 $9x-1>6x$,那么采取 TFT 战略的这些人就更容易生存;反过来,如果 $9x-1<6x$,那么采取 ALL-D 战略的人更容易生存。这时的关键值就是 $x=1/3$。如果 $x>1/3$,也就是说,有至少 $1/3$ 的人从一开始不欺骗,但是如果你要是欺骗他的话,他就会报复你,这一类人更具有生存能力,就能够达到一种稳定均衡的状态。反过来说,如果 $x<1/3$,就意味着不合作型的人更容易生存,在稳定状态下,所有的人就都变成不合作型了。而如果 x 正好等于 $1/3$,那

么这两类人都可以生存,但是这种状态是不稳定的。与前面的分析类似,我们可以用图 12-11 来表示以上的分析。

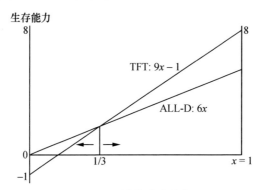

图 12-11 演化稳定均衡

在图 12-11 中,我们画出了两种策略的预期收益随着执行 TFT 战略的人的比例而变化的情况。$x = 0$ 时,使用 ALL-D 战略的人的支付高于使用 TFT 战略的人的支付;随着 x 的增加,两种战略的收益都增加,但是使用 TFT 战略的人的支付增加得更快,两条线在 $x = 1/3$ 处相交,之后就是 TFT 战略的支付高于 ALL-D 战略的支付。$x = 1/3$ 处是一个临界点,大于或小于这个比例都使我们收敛到或者全部是 TFT 战略或者全部是 ALL-D 战略的两种均衡。这两个均衡都是一种演化稳定均衡。我们看到,根据初始状态的不同,社会可能收敛到合作均衡,也可能收敛到非合作均衡。但合作均衡社会中每个人都执行的是 TFT 战略,即奉行"人不犯我我不犯人,人若犯我我必犯人"的原则。也正因为如此,这个社会才保持了合作状态,任何入侵的骗子都会被淘汰。

更一般地,让我们考虑两个人之间进行的是 n 次重复博弈。同上面的分析一样,我们可以知道全部使用 ALL-C 战略不是一个 ESS。图 12-12 列出了其他两种策略博弈时的支付:

	TFT	ALL-D
TFT	$4n, 4n$	$-1, 6$
ALL-D	$6, -1$	$0, 0$

图 12-12 n 次博弈

　　和前面类似,我们假设人口中执行 TFT 战略的人的比例是 x,对于执行 TFT 战略的人来说,他以概率 x 遇到同类,得到支付 $4n$,但是以概率 $1-x$ 遇到骗子,得到支付 -1,他的预期收益就是 $4nx+x-1$。对于使用 ALL-D 战略的人,他只有一次机会赚便宜,因此预期支付就是 $6x$。因而,如果 $(4n+1)x-1>6x$,也就是 $x>1/(4n-5)$ 时,执行 TFT 战略的人有生存优势,最后的均衡收敛到了全部是执行 TFT 战略的人,整个人口出现合作关系;反之,就会收敛到全部执行 ALL-D 策略的均衡。由此我们可以看到,最后使我们的社会达成合作的临界比例 x^*(执行 TFT 战略的人在人口中所占的比例)的大小是和博弈重复的次数有关系的。这个关系如图 12-13 所示。

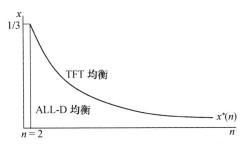

图 12-13　合作临界值 x 与博弈重复次数 n 的关系

　　图 12-13 中,横坐标是博弈重复的次数(n),纵坐标是人口中执行 TFT 战略的人的比例(x),曲线表示了随着 n 增加临界比例 x^* 变化的情况。如果博弈只进行两次,只有 x 达到 1/3 以上,这个社会才会演变成一个合作型的社会;但只要博弈重复的次数足够多,即使是初始的时候执行 TFT 战略的人在人口中所占的比例 x 很小很小,最后也会演变成为一个合作型的均衡。(我们这里假定贴现因子是 1;如果贴现因子是 0.9,那么这个曲线要稍微往上再移动一点了,但基本结论是一样的。)也就是说,图中的曲线 $x^*(n)$ 是一个分水岭。如果初始比例在这条线以上,那么社会就会演变成为一种 TFT 战略的均衡,最后所有人都采取 TFT 策略,结果所有的人都合作。如果初始比例在这条线之下,那么均衡就变成了 ALL-D 均衡,也就是所有的人都总是不合作。

　　我们来具体看一下 n 和临界值 x^* 的关系。如果 $n=2$,那么 x 大于 1/3 就足以导致合作均衡的出现;如果 $n=4$,通过计算可以得到,只要 $x>0.1$ 左右就足以导致合作均衡的出现,与 $n=2$ 时的 1/3 相比,这个临界值小了很多。也就是说,在初始状态下,两个社会人口中都有接近 90% 的人是不合作类型的,但是如果第一个社会里博弈会重复四次或四次以上,在另外一个社会里博弈只重复两次,结果第一个社会就慢慢演变成为一个合作型社会,而第二个社会就会变成一个不合作的社会。

关于囚徒困境的合作研究中,我们曾经提到过,Robert Axelrod 在 1981 年和 1984 年间发表的非常著名的论文,报告了他在囚徒困境重复博弈中比较各种策略的实验结果:在第一组的 14 种战略当中,TFT 战略是最成功的,得分最高;在第二组的所有 62 种战略中,TFT 战略也是最成功的。① 我们上面讨论的演化博弈模型对此提供了解释。②

3.2 弱稳定与强稳定

社会中的某种行为方式是不是演化稳定,依赖于变异战略的种类。举例来说,假定人口当中只可能有两类人,一类是从来都合作的人,另一类是使用 TFT 战略的人。假如这个社会的初始人口都是合作型的,即都是 ALL-C 类型,现在有一部分执行 TFT 战略的人侵入了,那么会不会破坏这个社会呢? 不会。这些 ALL-C 类型的人会继续存在,因为欺骗从来不会出现,所以这个社会就仍然是稳定的,成为一个二元均衡(即 ALL-C 和 TFT 两类人同时并存)。另一种情况是,原来的人口全部由 TFT 这类人组成,如果发生变异,一些执行 ALL-C 战略的人进入,合作还是可以继续维持。我们可以发现,这和前面讲的 ESS 不一样。根据前面的定义,如果一个战略均衡是一个 ESS 的话,那么变异侵入了以后,新来的那些异类会被消灭,最终会恢复原来的均衡。如果在 TFT 的社会中,大约百分之一左右的人口变异为合作型,这个比例会永远维持下去。在这个社会里,合作型的人适合生存,TFT 战略的人也同样适合生存,均衡状态下这两类人可以一直共同存在下去。

为了区别不同状态,我们需要定义**强稳定**和**弱稳定**的概念。如果一个变异入侵之后,原来的战略的人口所占的比例会增加,直到把变异消灭为止,这个均衡就被称做"**强稳定均衡**"(strong stable equilibrium)。比如说,原来的社会全部是由 TFT 类型组成的,进来了一小部分欺骗型的人(ALL-D 战略),那么这一小部分侵入者就会被逐渐消灭掉,这个社会将会恢复到全部是 TFT 类型的均衡。因而对于 ALL-D 变异,TFT 是一个强稳定均衡。相反,如果变异入侵之后,变异的比例不会变化,而是一直维持下去,那么这个均衡就称作"**弱稳定均衡**"(weak stable equilibrium)。比如在前面的例子里面,不会因为有了百分之一的总是合

---

① 相关内容请参阅 Robert Axelrod, *The Evolution of Cooperation*, New York: Basic Books, 1984。
② Linster (1992,1994) 和 Nachbar (1992) 分析和扩展了 Axelrod 的工作,他们的研究表明,重复的囚徒困境博弈是一个复杂的环境,什么是最成功的战略依赖于战略池(即行为方式的总种类),虽然"针锋相对"有时是最成功的,但并不总是最成功的。比如说,如果演化过程受到持续的干扰,则"触发战略"(开始合作一直到有人不合作为止)是最成功的。之后有更多的研究模拟了囚徒困境的演化模型。参阅 Samuelson (1997) 第 1 章及注 23 所引用的文献。

作的人(ALL-C)进来,TFT 的人口比例就变化,它还是继续维持在百分之九十九的比例,而入侵的合作型人的比例也就继续维持在百分之一,这时 TFT 就是一个弱稳定均衡。这时的变异就叫做中性变异,也就是说,它侵入了一种均衡之后,可以在里面生存下去,但是不会把原来的方式赶走。

因而,一种战略均衡是否稳定依赖于变异的类型,变异可能有多种类型,我们可以考虑更多的战略。前面讨论了 TFT 战略的情况,同样,我们还可以讨论TF2T 战略。这里,TF2T 战略表示开始时合作,如果遭遇一次不合作,仍然是合作,但是如果再遭遇不合作,就要执行报复,也就是说,遭遇两次不合作之后,到第三次才开始不合作。读者可以这样理解:TF2T 的人比 TFT 的人稍宽容一点。另一个就是 STFT 战略,这个战略在开始时不合作,如果对手合作,那么第二次博弈时就开始合作,并且以后的博弈使用 TFT 的战略。这两种行为方式在生活中都可以找到例子。设想进入一个社团以后,有些人一开始就把别人都当做好人,即使被骗一次也认了;另一些人一开始就把别人都当做坏人,如果发现对手不坏的话,才会继续合作。所以这就产生了 TF2T 和 STFT 类型的战略。

我们已经知道,ALL-C 是 TFT 的一个中性变异,用同样的方法我们可以验证 TF2T 也是 TFT 的一个中性变异。

现在假设人口最初是由 TFT 和 TF2T 这两类人组成,整个社会处于合作状态。现在第三类变异出现了,STFT 类型的人入侵,这时候 TFT 就没有办法存在,但是 TF2T 可以存在。这是因为,STFT 进来以后就开始实行欺骗,自然 TFT马上就开始报复,结果就会形成一种恶性循环,他第一阶段骗你,你第二阶段骗他,他第三阶段再骗你,你第四阶段再骗他,这样不断地循环下去。对于 TF2T的人来说,变异 STFT 入侵了之后,欺骗了他一次,但是他不会马上报复,第二次博弈时 STFT 就合作,因而就可能永远合作下去。如果未来足够重要的话,也就是贴现因子足够大的话,博弈重复的次数足够多,TFT 类型的人就比 TF2T 类型的人的适应性差。在这个时候,反倒是 TFT 没有办法存在下去了。从这个意义上讲,TFT 甚至都不是弱稳定均衡。

3.3　合作文化的破坏

以上我们假定一个人的行为方式是先天给定的,演化过程是一个不断淘汰其行为方式不具适应性的人的过程,因此演化是一个长期的过程。但如我们已经指出的,人的行为既有先天的,也受后天学习的影响。人的行为方式是有传染性的,社会的演变是一个相互学习、相互影响的过程。如果一个人发现自己原来的行为方式对自己不利,就会尽量学会新的行为方式。一般来说,在社会生活中很多人都是模仿成功人士的行为方式,这就是所谓的"榜样的力量"。这样,社会演化中淘汰的就可能不是某些具体的人,而是某种类型的行为方式。

这就可能出现这样一个问题:假如一个社会原来是合作型的社会,那么它会不会在短期内被破坏呢? 前面的分析表明,一个合作型的社会在特定的条件下是有可能被破坏的。假定这个社会在最初的时候,所有的人都实行 TFT 战略,那么这个社会总是处于合作状态。假设这个合作状态已经维持了几百年了——也许不需要那么长的时间,比如说几十年了。因为欺骗从来没有发生过,该社会中的人就会把合作看做是一个合理的预期,认为所有的人都是永远合作型的(因为欺骗从来没有发生过,每个人没有办法知道其他人是 ALL-C 型还是 TFT 型)。在这种情况下,TFT 类型的人也可能变成 ALL-C 类型的人。这个时候,如果有 ALL-D 类型侵入的话,那么他就能长驱直入。侵入之后,在第一轮博弈当中,其他类型都得到支付 – 1,而 ALL-D 类型得到支付 6。由于变异的生存能力大,一些原来 TFT 类型的人也开始以他们为榜样,改变成 ALL-D 方式,用不了很长时间,整个社会最后都变成不合作型,合作被破坏了。当然,这个说法可能有点极端,如果说 TFT 类型的人最后都转变为 ALL-C 这类人的话,那么过了一段时间,假如他发现生活中有骗子,他也会调整回到 TFT 战略,把 ALL-D 类型驱逐出去。这里的要点是:如果有百分之一的骗子入侵到这个社会当中来,就有可能把这个社会改变成有百分之三十的骗子。到了这个时候,人们才有可能意识到原来这个 ALL-C 的战略是不对的,才会采取新的战略,比如恢复 TFT 的战略,如果你欺骗我的话,那么我也就惩罚你。也就是说,行为方式的演变不一定是单调的。

以上是理论分析。如果我们来看一下六十多年来中国社会的演变,也确实是这样。中国农民长期以来有两个特点,一是诚实,二是勤劳。在传统的农业社会,拥有这两个特点的人是最适合生存的,尤其是勤劳的人,最可能发家致富,传宗接代,人丁兴旺。但在农村实行集体化和人民公社之后,游戏规则变了,人们很快发现,很多时候,越是假话连篇和懒惰的人得到的好处越多,而越是诚实和勤快的人处境越不好,有些人甚至被批斗或镇压。榜样的力量是无穷的! 没有几年的时间,原来老实的人变得不老实了,原来勤快的人变得懒惰了。我小的时候,老农民干活还算认真,看不惯偷懒耍奸和油腔滑调的年轻人,但到我长大成人的时候,这样的老农民已经很难见到了。不是说这些人都死了(当然有些人是死了),而是他们的行为方式改变了。不到一代人的时间,整个民风彻底改变了,勤劳不再是美德。但到了 20 世纪 70 年代后期,当几乎所有的农民都变成懒汉的时候,人们就没有办法生活下去了,这就导致了包产到户和分田单干的出现。包产到户实行之后,懒惰的人就混不下去了,勤劳的美德又回来了。当然,诚实的美德恢复起来需要更长的时间。

　　农村如此,城市又何尝不是如此呢? 当说假话和干坏事的人活得更好的时候,本来不骗人的人都要开始学着骗人了,慢慢学坏了。如果成功的人士都是通过说"1 + 1 = 3"而成功的,你怎么会怀疑"1 + 1 = 3"的正确性呢? 所以我们看到,现在的父母对孩子的教育与过去很不相同。过去父母教育孩子应该诚实,应该很好地跟别人合作,但是现在许多父母不是这样了,他们从小就告诫小孩不要上当受骗,不要轻信别人,不要吃亏。[①] 当然,与三十多年前的农村一样,现在越来越多的人认识到,我们这个社会不能再这样继续下去了。

　　社会的变异常常是由人口的流动导致的。这是因为,在不同的地区、不同的国家,最适合生存的战略不同,当人口开始流动的时候,外来人口就成为一种变异。外来人口可能改变流入地区人们的行为方式,也可能被同化。比如说,在美国,企业与政府拉关系并不是好的商业行为,但在中国,如果企业没有好的政府关系,很多时候就很难成功。所以,我们看到,当美国企业来到中国后,它们慢慢也"入乡随俗"了。

　　一种变异能否改变原来的均衡与变异的规模有关。我们一直假定变异是以小规模出现的。如果变异的规模非常大,原来的稳定状态就未必是稳定的了。中国是一个人口大国,中国融入世界将会改变世界还是被世界所改变? 这是一个值得我们关注的问题。比如说,随着出国留学人员的增多,一些中国的留学生到了西方国家以后,有一些行为是不太好的,并没有表现出合作的态度,而西方世界是合作程度很高的社会。这自然就产生了一个问题,究竟是这些有不好行为的留学生在西方生活逐渐地被习惯改变为行为良好呢,还是说西方的社会在他们的影响下也在演变? 这涉及自发秩序是否总是可以演进为有效率的制度安排。就我所知的学术界来看,伴随越来越多的国际交流,中国的学术文化整体来说往好的方向转变。但我也知道,在个别学术领域,游戏规则在变坏,一些潜规则开始流行起来。当然还有一种可能性是多元均衡的出现,这就是"唐人街文化"和西方主流文化并存的现象。

　　我们的分析表明,自发演进有可能导致无效率的均衡。Diego Gambetta (1993)分析了意大利西西里黑手党的演变,该演变就是一个文化和制度演变不一定导致有效率合作的例子。[②] 意大利的南部历史上长期相继受到西班牙和法

---

　　① 参阅郑也夫著,《信任论》,中国广播电视出版社 2006 年版。
　　② Diego Gambetta, *The Sicilian Mafia*: *The Business of Private Protection*, Harvard University Press, 1993.

国的占领,这些占领国都在当地培植一种不信任的文化以便于统治,整个司法制度不可以依赖;同时,不信任在当地各阶层弥漫,抑制了经济活动,交易活动的结果不可预期;社会流动性较高,信任仅仅限制在小范围内。以上原因共同导致了黑手党类型的组织出现。

第四节 自发秩序与产权制度的演化

4.1 自发秩序

产权制度是促进人类合作最重要的制度(North,1990)。当今世界各国的法律都与产权的界定和保护有关,国家之间的许多协议和许多国际公约实际上也是为了在国家之间界定产权(如领土)而出现的。但产权的基本规则并不是法律创造的。早在 18 世纪上半期,大卫·休谟(1740)就指出,产权规则是自发演化而来的。大量的历史研究和现实观察证明休谟是对的。[①]

产权制度最重要的规则是"**先占规则**"(the first-on rule)。这一规则具有普适性,从古到今,从东到西,大到领土主权,小到排队买票,概莫能外。第二次世界大战之后苏美两大阵营的势力范围的划分,遵守的也是先占规则。中国与菲律宾、越南有关南海岛屿的争端,与日本有关钓鱼岛的争端,我们用的也是先占规则——"自古就是中国领土"。学生上课占座位遵守的也是先占规则。

因此,先占规则与其说是法律,不如说是惯例。在我的家乡陕西省吴堡县早年的时候,每年夏天黄河发大水,总有大量煤块随洪水而下(现在我知道是来自府谷等地的露天煤田)。黄河每到拐弯的地方,就会有大小不一的大量煤块搁浅河滩,形成无主财产(俗称"河碳")。河水退潮之后,附近的居民就蜂拥而至开始"捞河碳"。事实上,这是当时黄河边上居民致富的主要手段。他们遵守的规则是:任何人只要在煤块上放上自己的东西(一个篮子、一条布袋,甚至一条内裤),这块煤就属于他所有,其他人就不能再争夺。等河碳被瓜分完了,居民们再慢慢往家搬运,然后再在市场上出售。尽管没有任何法律保护,但这个规则得到所有居民的遵守。这就是习惯。[②]

产权作为自发演进的产物还可以用反面的例子来说明。比如说,在当今大部分国家,贩毒和卖淫是违法的,参与人的行为不仅不受法律保护,而且一旦发现,还要受到严厉的制裁。但为什么这两个市场还会存在呢?因为交易双方都

---

① 参阅 Sugden(1989)。

② 有趣的是,Sugden(1989)的论文一开始就讲了英国约克郡渔村的渔民在洪水中捞木材的故事,渔民们遵循的规则与我老家河畔村民遵循的规则非常类似。我相信,这应该是一个到处存在的规则。

遵守他们自己制定或历史形成的产权规则。类似地,监狱的犯人也有他们自己的产权规则。

那么,产权规则是如何形成的呢?经济学家习惯于从"效率"的角度解释产权的形成,比如说,人们之所以遵守"先占规则",是因为这样人们就更有积极性开发新的资源,同时也节约了争夺的成本。如果规则是通过集体选择制定的,这种说法也许是对的(当然还必须解决集体行动的囚徒困境问题),但如果规则是自发形成的,没有集中化的设计,这样的解释可能并不总有说服力。以前面讲的"捞河碳"为例,先占规则意味着居民们要竞争比别人抢先一步到达,这是有成本的,有时甚至有生命危险。如果实行"平均分配"或"抓阄"的办法,这些成本就省除了。因此,在这个例子中,效率标准可能没有说服力。

舒格登(Sugden,1989)从演化博弈的角度对产权规则的自发形成做出了解释。下面我们就简要介绍一下他的理论。

4.2 产权博弈

让我们借用第二节讲的"**鹰鸽博弈**"来说明我们的问题。

我们首先从传统的博弈理论考虑如下两人博弈:设想有一块无主财产(如河碳),价值为1;有两个人都想得到这一财产,每个人有两种战略可以选择:鹰战略(强硬)或鸽战略(妥协)。如果两人都选择鹰战略,两败俱伤,各得 -1;如果一个人选择鹰战略,另一个人选择鸽战略,前者得到1,后者得到0;如果两个人都选择鸽战略,财产在二人之间分配,各得0.5。

从第三章我们知道,这个博弈有两个纯战略纳什均衡和一个混合战略纳什均衡。两个纯战略纳什均衡是一个人选择鹰战略,另一个人选择鸽战略(二人互换即得第二个均衡)。一个混合战略纳什均衡是每人以 1/3 的概率选择鹰战略,以 2/3 的概率选择鸽战略。

如我们所知道的,因为有多个纳什均衡,在没有其他手段(如某种规范)将二人区别开来的时候,两人选择的结果并不一定是纳什均衡。为了解决这个问题,让我们使用某种明确的机制把两人区别开来。设想有两个信号,分别为 A 和 B,每人各有 1/2 的概率收到信号 A 或 B。两个信号是完全负相关的,因此,如果某人收到信号 A,他就知道对方收到的一定是信号 B。(把我们前面讲的故事当问题的背景,读者可以将信号 A 想象成"先来者"这样一个标签,类似地,B 是"后到者"的标签,概率1/2 可以理解为每个人都是平等的,有同样的概率先到或后到。)这样,我们可以考虑如下三个演化博弈战略(行为方式):(1) 收到信号 A 时选择鹰战略,收到信号 B 时选择鸽战略;(2) 收到信号 A 时选择鸽战略,收到信号 B 时选择鹰战略;(3) 无论收到的信号是 A 还是 B,以 1/3 的概率选择鹰战略,2/3 的概率选择鸽战略。(如果 A 是先到者的标签,战略(1)就是产权的"先占规则"。)显然,这三个战略都是纳什均衡(其实我们只是用标签把二人区别开来而已)。

这三种战略实际上是三种不同的行为规则。哪一种会成为"惯例"呢?为了回答这个问题,我们需要转向演化博弈的分析。从我们关心的问题讲,这是自然的,毕竟,惯例是演化而来的。

设想有一个很大的人口群,其中任何两人随机相遇进行我们前面讲的鹰鸽重复博弈。每人有相同的概率被标为 A 或 B(完全负相关),然后每个人按照一定的规则行动。首先注意到,规则(3)(混合战略)不是演化稳定的。为了说明这一点,设想人口中几乎都选择规则(3),但少数人同时偏离这个规则转而选择规则(1)。无论你选择规则(1)还是规则(3),如果你的对方选择的是规则(3),你的预期收益都是 1/3,这意味着你选择规则(1)没有任何损失。但如果你刚好碰到另一个选择规则(1)的对手,你们两人就可以协调。因此选择规则(1)的人比坚守规则(3)的所有其他人做得更好。随着时间的推移,将有越来越多的人模仿规则(1)的人。所以规则(3)是不稳定的。

但规则(1)和规则(2)是稳定的。设想所有的人遵守的都是规则(1)。本轮博弈中,你被标为 B,你的对手被标为 A。按照规则(1),他会选择鹰战略,你应该选择鸽战略,他得 1,你得 0。如果你选择规则(2),你将得到 −1。所以,给定别人遵守规则(1)的情况下,没有人有积极性违反这个规则,说明规则(1)是演化稳定的。类似地,容易证明,规则(2)也是演化稳定的。

以上分析表明,规则(1)和规则(2)都是稳定的。容易证明,如果按照规则(1)行事的人超过总人口的一半,规则(1)就有生存优势,随着时间的推移,所有人都转向规则(1),规则(1)就成为惯例。相反,如果按照规则(2)行事的人超过一半,规则(2)将成为惯例。

4.3 惯例的出现

如果我们把前面的标签解释为两人到达财产前的时间,A 指的是第一个到达者,B 指的是第二个到达者,规则(1)就是"先占规则",规则(2)可以相应地成为"**后占规则**"。我们说明这两个规则都是稳定的,因而都有可能成为惯例,但我们观察到的惯例是"先占规则",而不是"后占规则"。为什么?

首先要注意的是,因为惯例是演化而来的,不是人们集体行动的结果,惯例的出现并不意味着它一定是帕累托最优的。为了说明这一点,让我们假定这件财产的价值对两人是不对称的,对 A 值 0.9,对 B 值 1.1;在两人都选择鸽战略时,A 分得 0.45,B 分得 0.55。博弈的其他方面与之前完全一样。由于每个人都有相同的概率为 A 或 B,规则(1)给 A 和 B 的预期收入都是0.45,规则(2)给 A 和 B 的预期收入都是 0.55。也就是说,规则(2)帕累托优于规则(1),但一旦规则(1)变成惯例,就没有人会违反它。

一种行为方式之所以演化成惯例,是因为人们相信其他人会遵守它。一旦大部分人遵守它,惯例就有了自我加强的力量。问题是:人们最初的信念是哪来的? 一种可能是人们从共同的经验中积累了某种协调行动的方式(也许经过无数次试错),然后再用"类比"的方式扩散到其他类似的情况。如果共同的经验告诉我们某种特定习惯在某种情况下会被人们普遍遵守,这种习惯就成为类似情况下的模仿对象。

就产权的先占规则而言,它是如此被普遍地接受,说明一定与人类最基本的行为方式有关。事实上,这一规则甚至在动物界也是普遍流行的,所以说应该与人类的生物性有关,而与文化无关。① 一种可能的解释是,与动物一样,人类最初对生存空间的占领是"亲身占领",即只有人在场才属于占领。一旦一组特定的人群开始在某个特定的空间生活(无论采集狩猎还是定居),后来者如果想在同一空间生活,就必须把现有的人群赶走,这势必引起冲突。对后者来说,最好的选择是在还没有被他人占领的地方开始,而不是与在位者争夺,因为当时无人占领的土地还是很多的。这样就产生了最初的使用权的"先占规则"。慢慢地,也许伴随着土地变得日益稀缺,原来的亲身占有开始**标识化**,即先来的人群只要在该土地上做上某种标识(包括建筑物),就表明这土地是属于自己的,得到其他人的承认。这就出现了所有权的先占规则。再进一步是"**符号化**",标识变成了某种文字记载(或共同的记忆),如法律文书。这个过程很类似学生占座位:一开始的时候谁先坐下来,就属于谁的位子;后来,在座位上放置上书包或一本书,就被其他人接受("标识化");再后来可以人不到场前先预定座位("符号化")(大部分动物没有完成符号化,所以动物只有使用权的先占规则,没有所有权的先占规则)。另一种可能是,生物特征决定了人类(及动物)只有父母照顾下一代、下一代在成熟之前服从上一代的条件下才能繁衍。上一代是"先来者",下一代是"后来者"。这或许是先占规则的最初形态。逐步地,这种规则再慢慢延伸到其他场合。当然,这只是我的猜想。

但无论如何,正如舒格登所指出的,"类比"和"模仿"是人类学习和选择行为的基本方式。因此,我们观察到惯例之间有"家族关系"。其中一个"家族"就是"先来后到"规则:买东西时排在前面的先买,餐馆吃饭时先来的先得到服务,进门时离门最近的人先进,企业解雇工人时后来的先被解雇,如此等等,举

---

① 以下的解释纯粹是我自己的推测。

不胜举。产权制度中的先占规则不过是这个大家族中的一员而已。

或许,孔子将"国"类比为"家",然后从家庭关系中的行为规范推出治理国家的"礼",是最有说服力的例子了。在儒家学术里,君臣关系类比于父子关系,上下级关系类比于兄弟关系,等等。这一点也说明,像孔子这样的"**制度企业家**"(norm entrepreneur)在创造惯例和社会行为规范方面具有重要的作用。我们将在第十四章再回过头来讨论这个问题。

4.4　从惯例到规范

惯例,或习惯(convention),与规范(norm)不同。惯例是自发演化而来的行为规则,指的是人们实际上怎么做。规范是指人们应该怎么做。当人们认为每个人都应该按照这样的规则行为时,惯例就变成了规范。

人们遵守规范在许多情况下是出于自身利益的考虑,因为规范之所以是规范,是因为它是一个演化稳定战略。这里的"利益"应该作广义的解释,包括每个人都渴望得到别人的认可,这种对认可的需求与人们对物质的需求至少同样重要。当我们违反规范受到别人鄙视和愤怒时,我们内心会有强烈的不愉快,有时这种不愉快可能超过物质损失。这一点很容易理解,因为我们每个人都生活在社会中,我们的生存能力依赖于别人是否愿意与我们交往。由于这个原因,即使有些情况下违反规范能带来物质利益方面的好处,人们也愿意遵守规范。

产权规则一旦建立,每个人都会预期其他人会遵守这个规则;给定这样的预期,遵守它是每个人的利益所在。给定自己遵守,每个人都希望其他人也遵守;任何违反规则的行为都会被认为是一个威胁,引起愤怒和不满。这种不满不仅来自受害者本人,规则的其他受益者也会间接地感到威胁,因为他们也期待着靠这些规则保护自己的利益,所以会同情直接的受害者。

设想你在医院排队挂号,你排在第 10 名,我最后到达时,队已排得很长,我担心自己没有希望挂到号,就插队到你与第 9 名中间。你会有什么反应?你当然会很生气,不仅是因为我的插入使你要多等一会儿,而且因为你预期一旦规则被破坏,更多的后来者往前插,秩序大乱,你可能根本就没有机会挂上号了。你可能担心我报复,不敢动手把我往外拉,但你仍然有充分的自由对我嗤之以鼻。由于同样的原因,所有排在你之后的人都会对我愤怒不已。那第 9 号之前的人呢?他们的利益没有直接受到我的行为的损害,但他们知道,正是由于"先占规则"的存在,他们才能比排在后面的人更早地挂上号看病。我的行为威胁到他们的预期,他们会担心,如果不加制止,可能会有其他人插在他们前面,他们的利益也就受损了。由于这个原因,他们也会站出来"打抱不平",谴责我的行为,至少表示出鄙视的样子。遭这么多人的白眼,我的心情能好吗?

当然,任何时候总会有个别人不遵守规则,但个别人的不守规矩并不能改变人们对规则的预期,因为规则一旦建立,偶然的破坏并不会导致它的瓦解。事实上,偶然不守规则的人也希望这个规则存在下去,否则他自己未来的利益也得不到保证。

需要指出的一点是,前面我们假定,每个人都有相同的概率被标为 A(先来者)或 B(后到者),因此规则对所有人是一视同仁的。如果一个规则系统地偏袒特定的人群,那么这个规则就可能不会得到普遍遵守,因为处于不利地位的群体并不会谴责违反行为。比如说在 20 世纪 60 年代的美国,当一些黑人起来破坏种族歧视政策时,黑人群体和反对种族歧视的白人们不仅不谴责他们,而且把他们看成英雄,这使他们得到很大的心理快感。这也是人类社会人与人之间变得日益平等的重要力量。种族歧视、性别歧视等基于先天因素的歧视之所以越来越不受欢迎,就是因为它们系统地偏袒某些特定的人群。在我们前面讨论的产权规则中,如果某些特定血统的人总是被标为"A",先占规则也就不可能得到执行。①

本 章 提 要

自 20 世纪 90 年代以来,博弈论专家或者说整个社会科学家把生物进化博弈理论引入来研究社会问题,特别是用来解释社会制度的变迁、社会习惯和社会规范的形成等等,逐渐形成了博弈论的新视角。

演化博弈论从"适者生存"的角度重新审视了博弈均衡的概念,放松了完全理性的假设,为纳什均衡以及均衡的选择提供了不同的基础。

在传统博弈理论中,理性人从战略集中选择其中一种最大化效用的策略,但是在生物现象中战略不是由生物个体选择的,而是由基因决定的。

与生物界不同的是,社会中有很多信息和行为方式不是靠基因传递的,而是靠交流、学习、模仿来传递的,传递的方式也是多种多样的。

演化博弈最重要的概念是"演化稳定战略"。一种战略是演化稳定的,是指这种方式能击败任何变异的侵入,可以持续存在,不断地复制自己的一种生存方式。

演化稳定均衡有单元均衡与多元均衡之分。如果只有一种战略或者行为方式可以在均衡状态下存在的话,我们就把这种均衡叫做"单元均衡"。如果均衡状态包含多个具有同样适应性的行为方式、战略或者基因,这时就有多种行

---

① 这一点与我们在第一章讲到的帕累托效率标准是否合理类似。

为方式共存，并且每一种方式都有同样的生存能力，我们把这种均衡叫做"多元均衡"。

囚徒困境是人类合作面临的最大难题。演化博弈为人类社会走出囚徒困境提供了新解释。重复博弈中，"针锋相对"是一种演化稳定的生存方式，会导致合作的出现。如果博弈重复的次数足够多，即使初始状态合作并不普遍，社会也会演化成一个合作社会。但一个合作型社会在特定的条件下有可能被破坏，如1949年之后中国农村变迁所显示的。

产权制度的"先占规则"是一个演化稳定均衡，是自发形成的社会惯例。

一种行为方式之所以演化成惯例，是因为人们相信其他人会遵守它。人们遵守社会规范在许多情况下是出于自身利益的考虑，因为规范之所以是规范，是因为它是一个演化稳定战略。但如果一个规则系统地偏袒特定的人群，这个规则就可能不会得到普遍遵守。

第十三章
法律与社会规范

第一节　法律的有效性

　　法律(law)和**社会规范**(social norm)作为人类社会两类基本的**游戏规则**(rules of game),既是长期历史演化的结果,又是人们每次博弈的前提,它们共同决定着博弈中每个人的战略空间、可使用的信息、支付、均衡结果等。以税法为例,同等的产量在不同的税率下,企业将得到不同的税后收入。类似地,在法律禁止吸烟或人们普遍认为不应该吸烟的场合(如会议室),吸烟者得到的实际效用将不同于没有这样法律和社会规范的场合。正因为如此,法律和社会规范影响着人们的行为。

　　前面各章中,我们曾多次涉及法律和社会规范问题,本章我们将对二者的关系作更为系统的讨论。①

　　首先需要指出的一点是,法律作为由国家制定和执行的社会行为规则,对规范人的行为、维持**社会秩序**和推动社会进步具有重要的作用,但法学界、经济学界及其他社会科学界过去二十多年的研究表明,法律的作用被人们大大高估了;社会规范,而非法律规则,才是社会秩序的主要支撑力量(mainstay of social

---

① 本章的初稿曾发表于《比较》杂志 2004 年第 11 期。

control)。① 特别是,如果法律与人们普遍认可的社会规范不一致的话,法律能起的作用是非常有限的(法律当然可以改变社会规范,这一点我们后面会讨论)。认识到这一点对正在迈向一个法治国家的中国来说尤为重要。让我们从两个具体的法律(法规)谈起。

第一个是关于禁止随地吐痰的法规。1985 年 4 月 12 日,为了"改变随地吐痰这种不文明、不卫生的陋习",北京市颁布了《北京市人民政府关于禁止随地吐痰的规定》,禁止在所有的公共场所随地吐痰,违者"批评教育,令其就地擦净痰迹,并处以罚款五角"。该法所界定的公共场所极其广泛,远远超过"禁止吸烟"的法规所规定的范围,限制极其严格,具体规定是:"凡本市市区和郊区城镇各机关、团体、部队、学校、企事业单位以及商场、饭店、体育场(馆)、影剧院、车站、机场、公园、游览区、街巷、广场等一切公共场所,一律禁止随地吐痰。"该法规的执行机关是市容监督员和卫生监督员。此外该规定还对单位施加了连带性责任,如果单位禁止随地吐痰不力,要对单位负责人罚款。②

在北京市的带领下,全国的各个城市基本上都制定了相应的地方性法律法规。在"非典"期间,一些城市更是修订法律法规,加大处罚力度。③

第二个是关于禁止燃放烟花爆竹的法律规定。1993 年 12 月 12 日,北京市人大制定了《北京市关于禁止燃放烟花爆竹的规定》,其中规定中心城区一律不得燃放烟花爆竹,而远离市区的农村地区,经过区人民政府报市人民政府批准,可以暂不列为禁止燃放烟花爆竹地区。该法规定了处罚,"在禁止燃放烟花爆竹地区,违反本规定有下列行为之一的,由公安机关给予处罚:(一) 单位燃放

---

① 代表性的研究成果包括：Robert Axelrod（1986）, Robert Ellickson（1991）, James Coleman（1990）, Jon Elster（1989）, H. Peyton Young（1996, 1998,2008）, Eric Posner（2000）, Richard McAdams（1997）, Paul Mahoney and Chris Sanchirico（2003）, Avner Greif（1994）, Kaushik Basu（1998）, L. Bernstein（1992）, Robert Cooter（1996,2000）, Dixit（2004）等。哈耶克无疑是这一领域的开创者（Hayek,1960,1979）。张五常 1973 年发表的《蜜蜂的寓言》也是一篇开创性的文献。

② 1990 年 8 月 30 日,北京市又颁布了《北京市人民政府关于进一步严厉禁止随地吐痰、随地乱扔乱倒废弃物的规定》,其重要修改包括:第一,加大了惩罚力度。"对随地乱吐、乱扔、乱倒者,一要批评教育,二要令其就地擦净痰迹或清除废弃物,三要罚款五元;对乘车向车外随地乱吐、乱扔、乱倒者加倍罚款"。第二,明确了"对违反本规定的行为拒不接受批评教育和处罚者,可加处 1 至 2 倍的罚款,并责成其所在单位安排其在本单位或街道的公共场所打扫卫生半日。对阻碍执法人员依法执行职务,甚至辱骂、殴打执法人员者,由公安机关依照治安管理处罚条例的规定予以罚款、拘留的处罚。触犯刑律者,依法追究刑事责任"。1999 年 9 月 10 日,北京市进一步通过了《北京市禁止随地吐痰随地丢弃废弃物管理规定》,其中扩大了受禁止的不良行为和习惯,其中规定"公共场所禁止下列行为:(一) 随地吐痰、便溺;(二) 随地丢弃瓜果皮核、烟头纸屑和口香糖等废弃物;(三) 随地丢弃塑料袋、塑料包装物或者其他包装物;(四) 随地倾倒垃圾、污水污物;(五) 随地丢弃其他影响市容环境卫生的物品"。同时,加大了处罚,"对责任人进行批评教育,责令其擦净所污染的地面或者清除废弃物,并处 50 元罚款"。

③ 《非常认识决战陈年陋习》,《天津日报》,2003 年 5 月 21 日,第 9 版。

烟花爆竹的,处 500 元以上 2 000 元以下罚款;(二) 个人燃放烟花爆竹的,处 100 元以上 500 元以下罚款;(三) 携带烟花爆竹的,没收全部烟花爆竹,可以并处 100 元以上 500 元以下罚款",情节严重的还要承担民事甚至刑事责任。该法律同时要求"市人民政府应当采取措施,逐步在本市行政区域内全面禁止燃放烟花爆竹"。

北京市禁放烟花爆竹,不过是各地纷纷扰扰地禁放的一例。上海市是最早实行这一制度的,1988 年就开始实施了。自那之后,诸如太原、安阳、杭州、玉林、石家庄、天津、西安等城市纷纷禁放。

比较一下北京市的这两个案例,可以发现:第一,从立法权威的角度看,禁止随地吐痰的法律是市政府制定的,禁止燃放鞭炮的法律是市人大制定的,理论上说,后者的权威性应当高于前者(当然中国的实际情况经常是政府政策高于人大的立法);第二,从执行机制上来说,前者是由市容检查等综合执法部门负责的,而后者则是由公安机关来实施的,应当说,后者的专业化程度和强制力都更高;第三,对违反禁止燃放鞭炮的行为惩罚力度远大于对违反禁止随地吐痰的惩罚。因此,理论上讲,禁止燃放鞭炮的执行效果应当比禁止随地吐痰的执行效果更好。

但事实并非如此。从执行的结果来看,禁止随地吐痰的效果要远远好于禁止燃放鞭炮。尽管北京市禁止随地吐痰的规定连续修订了两次,但修订法律的重心是放在两类人上面:第一类是"抗拒执法的人",第二类则是"不承认错误的人"。就我的观察,违反规则的人常常集中在外来人口之中,这是因为,对不同地方来的人而言,随地吐痰可能并不违反其所在社区或者生活领域的规范——比如在黄土地上随地吐痰并不是不守规矩的行为。而事实上,不承认错误的人和抗拒执法的人,更多的是对执法的漠视而不是对法律本身的漠视。

相比之下,禁止燃放烟花爆竹,在开始的时候,警方投入了大量的警力来执行这一法规,而后来警方的注意力越来越趋向于集中控制生产和运输领域。①从各地的经验,以及北京市本身的发展来看,虽然一开始"禁放"有明显效果,但随着时间的推移,违反这个规定的人越来越多。以北京市为例,在 1993 年法律公布之前,受伤人数、噪音分贝和火灾都较多,而在 1994 年执行"禁放之后",事故明显减少了,执行情况较好,但 1998 年后违法人数逐年上升,受伤人数和噪

---

① 2000 年北京警方开始注重控制生产和运输领域,即在春节尚未开始就着力对生产商和运输商的监督和控制。警方采取的措施,甚至包括"印制了宣传禁放工作的《致北京市民一封信》《禁放法规》等宣传材料 250 余万份,并已广泛张贴下发"。(《今年春节北京仍禁放烟花爆竹》,《光明日报》,2000 年 01 月 16 日;《北京禁放鞭炮政策不变 春节期间仍将严格执行》,新华社北京 2003 年 12 月 8 日电,新华网,2003 年 12 月 9 日。)

音则有明显的上升趋势。进一步,违反禁止燃放烟花爆竹的人,主要是本地居民。

毫无疑问,禁止燃放烟花爆竹,当警方查得严格的时候,法律的实施效果就要好一点,而查得松的时候则实施效果就会差很多。相比之下,查禁随地吐痰的"戴红箍"的市容监察员等则在减少。显然,虽然执法力度的大小对法律的实施有重要作用,但作为法律权威的天然基础——民众的守法意识,两者存在着相当大的差异。

就全国范围来说,禁止燃放烟花爆竹的规定也是越来越"法不责众",受到很大挑战。结果是,许多原本禁放的城市,开始"解禁",或由"全面禁止"转向"分时分段禁止"。如杭州、合肥、天津、青岛、上海、无锡等城市都在 2003 年前"解禁"或局部解禁,北京市本身的允许燃放地点也越来越扩大。犹疑再三,北京市终于从 2006 年开始"解禁"。

为什么两种法律(法规)的实施情况如此不同?最简单的一个原因是:法律的有效性——即法律能不能得到执行——依赖于**社会规范**。

法律的执行效果很大程度上是由民众和执法者对待违法行为的态度决定的。即使在"禁止随地吐痰"的法律公布之前,市民中早已有了"不要随地吐痰"的社会规范。即便是没有法律的规定,假定某人在人口稠密的地方(这意味私人空间的压缩、公共性的增强以及行为的可观测性和可验证性的提高)吐一口痰,也会受到周围很多人的鄙视。这和惩罚的大小和方式的关系并不是很大,即便只是瞪你一眼,如果你是一个正常的理性的人,也会感觉到心理压力。因此,对"禁止随地吐痰"而言,法律和社会规范是一致的,两者在规则的执行上是互补的。在这种情况下,法律有社会规范支撑,自然执行的效果就会明显。

相反,禁止燃放烟花爆竹的规定与中国人"逢年过节喜庆应该放鞭炮"的社会规范是不一致的。在大多数中国人心目中,燃放烟花爆竹是"辞旧迎新",是"热热闹闹过新年"的重要标志。甚至在很多人的意识中,会有"如果不放鞭炮,怎么能算是过年?"这样的意识。特别是随着生活水平的提高,过年的时候吃的东西与平常吃的东西已没有什么大的差别,燃放烟花爆竹似乎成了辞旧迎新的主要标志。许多人看到别人"违反规则"放鞭炮、点焰火,不仅不鄙视他,而且还会觉得挺高兴,乐观其成,无形中减弱了执行的惩罚效果。在法律和社会习惯不一致的情况下,法律的实施效果也就不会太好。

法律的执行者也会态度不同。市容监督员不会对随地吐痰手下留情,因为他/她也是社区的一个成员,如果社区清洁,他也会得到愉悦;而警察在执行燃放烟花爆竹禁令的时候,则常常可能是"睁一眼闭一眼",因为他们自己也渴望有一个节日的气氛。从某种程度上,2000 年之后对生产、运输烟花爆竹的源头进行严格控制,则避免了警察的这种"尴尬处境",至少从执行时间上错开了执法人员的心理冲突。

这两个例子说明,法律在多大程度上有效,取决于社会规范在多大程度上支持它。如果法律偏离了社会规范,执行成本就会提高很多,甚至根本得不到执行。① "法不责众"在多数情况下是由于法律与人们普遍认可的社会规范相冲突造成的。在现代社会,法律越来越替代其他的治理方式,诸如强权、暴力、迷信和愚昧、宗教、道德等,成为社会的重要的治理方式。但法律不是没有边界的,法律,或更准确地说,成文法,能解决的问题,可能在整个社会中只能占一部分。甚至是法官和执法人员,他们也常会在执法中,自觉不自觉地引入社区的习惯、价值、判断规则等。这表明,社会行为的引导,并不是仅仅依赖于法律就可以的,而是需要社会规范、道德、习惯、信仰等。

第二节　法律与社会规范的不同

就功能而言,社会规范和法律都是制度的主要表现形式,即在本质上它们都属于规范(norm),通过规则来协调人们之间的行为,实现一定的社会秩序和社会共识,并维护主流的价值观念。在讨论法律与社会规范的功能之前,我们先来讨论一下二者的主要区别。②

社会规范和法律的不同之处,最主要体现在**执行机制**(enforcement mechanism)上。法律是由作为第三方的政府、法院或者专门的执行机构来执行的(third-party enforcement)。社会规范是社会中普遍认可和遵守的行为准则,它的执行机制是多元化的,我们称之为"**多方执行**"(multi-party enforcement)。当社会规范内在化为个人道德行为时,它是由**第一方执行**的(first-party enforcement),如一个医生在坐火车时自告奋勇地抢救突发病人,即便没有人知道他是一位医生。当社会规范是通过当事人之间的声誉来维持时,可以说是由**第二方执行**的(second-party enforcement),如商业交易中的信守诺言,或日常交往中的礼尚往来。当社会规范是通过非当事人的认可、唾弃、驱逐、羞辱等这样一些手

① 参阅 Cooter(1996)。
② 当然,法学界在有关什么是法律的问题上也存在着争议。法律是由两个部分组成的——规则和暴力。强调规则的学者会扩大法律的外延,将很大一部分社会规范包括在内,比如格劳秀斯(Grotius)、富勒(L. L. Fuller)等等(参阅 Bodenheimer(1962),Fuller(1964,1981));强调暴力的学者会排斥社会规范,比如凯尔森(Kelson,1967)、马克思主义的法学家等等。近年来,美国法学界出现了所谓的社会规范学派(norms school),试图协调法律制度与社会规范二者的关系。国内的一些法学学者也开始关注这一问题,比如朱苏力等人(参阅朱苏力,《法治及其本土资源》,中国政法大学出版社1996年版)。

段来执行时,可以称之为**第三方执行**,如童叟无欺、见义勇为等。当然,在现实中,这三种执行机制可能是同时发生作用的,比如说,一个人诚实守信,可能是出于自身的道德修养;也可能是因为担心如果自己不守信的话,对方将不再与自己交往,从而失去了未来合作的机会;或者,因为害怕自己不讲信用的话,就不能结交到新的朋友和合作伙伴;当然也可能三者兼而有之。与法律不同,即便是第三方执行的社会规范,执行者也不具有法律上的强制力,也不是专门设立的专业化的机关。

法律和社会规范执行机制的不同,还在于法律(理论上)必须具有**强制力**,得到不折不扣的执行,即所谓法律具有"**规则的刚性**"。否则,法律的权威就会遭到破坏。正如我们知道的,即便是法官仅仅宣布你应当向原告道歉,而你没有道歉,在很多国家就构成了"藐视法庭罪",轻罪就变成了重罪,因为你不服从法律的权威。而社会规范不具强制力。

习惯、社会规范和法律所包含的强制程度用英文表述可能稍微清楚一些。习惯是"do it",社会规范是"ought to do it"或者"ought not to do it",法律就是"must do it"或者"mustn't do it",语气是不太一样的。这里所说的习惯,并不是社会习惯,而是个人习惯,即"habit",而不是"convention"或者"mores"。这种个人习惯的形成原因尽管很多,但每个人都会按照自己的习惯来做事,并不会考虑更多,比如有人习惯早起,有人习惯晚睡,这种行为没有人干涉你。社会规范不同于习惯,是人与人之间的行为规则,因此会有规则来限制个人的行为("ought not to do"),有规则来要求个人做出一定的行为("ought to do")。当个人习惯影响到他人的利益时,习惯就要受到社会规范的约束。比如说,个人对穿衣服的偏好可能不同,但在工作场所或正式场合,每个人都必须按照共同的规范穿着打扮。但社会规范并不一定具有强制力,因为没有专门的机构来要求它必须得到执行。

不过,社会规范不具有强制力,不代表没有制裁,更不代表不具有约束力。甚至在某种程度上,社会规范的制裁更严厉。举个例子来说,设想你偷了别人的 500 元钱,被警察发现,警察给你两个选择:第一个选择是警察痛打你一顿,但为你保密;第二个选择是警察放你回家,但是通知你所在的社区或者单位你偷钱的事实。你会选择哪一个? 可以猜想,多数人会选择被打一顿,因为一个人的名声太重要了,皮肉之苦在很大程度上不能和名声受损相提并论,名声的损失远大于短期的皮肉之苦。因此,社会规范的制裁并不一定是轻微的,法律的制裁并不一定比社会规范的制裁更为严厉。这个道理并不新鲜,几百年前,戴震曾经说过:"人死于法,犹有怜之,死于理(如果我们从广义上来理解理的话),其谁怜之?"显然,在很多情况下,违反社会规范的后果更为严重。

　　法律和社会规范的第二点不同,在于产生的方式不同。社会规范在很大程度上是一种哈耶克所谓的"自发演生的秩序"(spontaneous order),是自下而上形成并演进的,没有一个机关明确地来制定、颁布、实施这些规则。① 而法律则不同,它是由专门的机构(立法机关)来进行制定和颁布,专门的机构来执行(执法和司法),甚至包括专门的机构来研究(法学院和法学家)。所有的法律体系的特点在于:下级国家机关制定的法律不能和上级国家机关制定的法律相抵触,否则会引起"司法审查",下级法院的裁判可以由上级法院纠正,即再审制度;旧的法律规范会随着新的法律规范的更新而失去效力,等等。这都体现了法律的"集权"特色。

　　法律当然不是凭空产生的,很大一部分"渊源"来自于社会规范,许多法律规则是对社会规范的承认和认可。当代的合同法、商法等等,很多来自于对中世纪地中海沿岸的商人之间、私人之间的交易规则的认可(所以来源于罗马制定法的大陆民法和来源于地中海商业文明的商法在很多地方存在着不一致),后来则逐步变成国家法律;② 而中国古代的法律很多则是来源于社会习惯和风俗,甚至是儒家的学说,即所谓的"援礼入法"。

　　哈耶克曾经区分了**"立法法"**(thesis,law of legislation)和**"自由法"**(nomos,the law of liberty)。前者是从上到下强制的过程,后者是从下到上自发演化的过程;前者反映的是统治者的利益,后者产生于人们之间协调行动和解决争端的互动。他认为,英国普通法和习惯法属于后者。③

　　社会规范产生的自发性决定了不同的社会规范之间可能存在着不一致,不同的人可能求助于不同的社会规范为自己的自利行为寻找依据。比如说,在收入分配中,每个人都可能偏好对自己最有利的规范:能力高的人认为"多劳多得"(按劳动生产率分配)是最公正的,而能力低的人认为"平均主义"是最好的。在劳资双方的工资谈判中,当企业的利润增加时,工人可能以"公平份额"的规范要求提高工资,但当企业亏损时,他们一般不会认可这个规范;而资方可能正好相反。④

　　法律和社会规范可能是相互替代的,也可能是互补的。从理论上来说,替代意味着:如果社会规范能有效地解决问题,就不需要法律;反之,如果法律能有效地解决问题,也可以不要社会规范。在某种程度上,儒家对法家的批评,是希望用良好的社会规范和个人自律来替代法律。法律无非是定分止争,如果每

---

① 参阅 Hayek(1960, 1979),Sugden (1989), Young (1998)。
② 参阅 Trakman (1983)。
③ 参阅哈耶克,《法律、立法和自由》(1973,1976,1979);另见 Skoble (2006)。
④ 参阅 Elster (1989)。

个人都能做到"谦谦君子",在社会关系中"进退合度",就不需要强制的法律,所以理想的状态是"君子国",是孔子的"必也无诉乎"。如果法律和社会规范是互补的,每一方面都可以得到更好的执行。比如本节一开始讨论的随地吐痰的例子,就是一个互补的例子。社会规范不允许随地吐痰,因为随地吐痰是不卫生和污染环境的,而法律也禁止随地吐痰,否则就要进行处罚。那么两者互补的执行效果就会明显改善。

法律和社会规范在产生方式上的不同与二者在执行机制上的不同是相关的。之所以说互补的社会规范和法律能够改进规则的执行,是因为两者还存在着执行上的不同。社会规范的执行,是依赖于**共同体**(community)成员的多数执行,因为社会规范根本上立足于全体共同体/社区的共同价值观念,如果缺乏**群体共识**(group understanding),则所谓的共同体不过是个人的集合,是没有意义的。规则、共识、共同的价值观念和需要维护的秩序构成了共同体的核心。[①]正是价值观念和共同秩序的必要性,使得社会规范的执行成为社会共同体的多数执行。多数人对少数人的监督执行,会极大提高违反规则行为的被发现的程度,将对少数人违法行为的监督成本分摊到多数人身上,因此在某些情况下是一种成本低廉的社会执行机制。

而法律则不同,由于是由专业机关来研究、制定、颁布、实施的,存在着少数人的价值观念施加到多数人身上的问题,而法律的暴力和权威之间存在着紧密的联系,维护权威必然要求法律的刚性。从执行上来说,法律是少数人施于多数人的,加上法律是第三方执行的,可以知道,法律和社会规范的执行比起来,依赖于更多的要素,而有时成本就要更高一些。

法律如果是在多数人的共识基础上形成的,就和社会规范容易产生互补,法律和社会规范的执行就容易兼容;而如果法律仅仅是建立在少数人的共识之上的,就更可能和社会规范发生冲突。我们常常提到法律是保守的,正是因为这种对社会共识的依赖。

法律和社会规范如果不兼容,法律的执行就会变得昂贵,因为监督和执行的成本太高了,正如顾炎武在《日知录》中所说的,"人君之于天下,不能以独治也。独治之而刑繁矣,众治之而刑措矣"[②]。依法治国,以刑罚治天下,要借助于社会规范的辅助,这正是儒家思想对社会规范、风俗等制度强调的根本原因。否则,就会出现我们前文中所说的禁止燃放烟花爆竹的情况,禁放规则和群众喜好鸣放烟花爆竹,喜欢听到响声,是不兼容的。任何一个法律,如果和社会规

---

① 参阅 Honore(1987),第33—38页。
② 顾炎武:《日知录》,卷6,《爱百姓故刑罚中》条。

范不兼容、不一致,则最后在两者的斗争中败下来的,通常是法律而不是社会规范。非独中国为然,美国的禁酒令的失败,也是一个典型的例子。

第三节 法律和社会规范的基本功能

3.1 三种社会规范

美国康奈尔大学的经济学家 Kaushik Basu 将社会规范划分为三种类型:[①]

1. 理性限定规范(rationality-limiting norms)

理性限定规范是指阻止人们选择某种特定行动的规范,不论这种行动带给当事人的效用为多少。比如说,你看到别人的钱包掉在地上,那么对你而言,"理性"意味着把钱包拿走。但我们一般人都觉得这样做不好,不要拿走应该属于别人的钱包,所以这可理解为限制你的理性选择的规范。这种理性限定规范的作用是改变当事人面临的可行选择集,缩小了当事人的选择空间。为什么这种规范会流行?博弈论从**演化稳定均衡**(evolutionary stable equilibrium)的角度提供了解释。从社会进化的角度来讲,如果大家都去偷人家的东西,那么这个社会肯定不会长期存在下去,所以大家会赞成说,偷人家的东西是不能为的,即使没有法律的惩罚。实际上我们在好多场合可以抓到机会占别人的便宜,但人们通常不这样行为,这种"自律"可从社会进化的角度解释。如果一个社会建立不起这种规范,那么这个社会就可能要灭亡。

2. 偏好变异规范(preference-changing norms)

偏好变异规范是指改变人们的偏好的规范,这种规范随着时间的推移变成人们偏好的一部分。比如当你刚开始信奉伊斯兰教时,可能觉得理性限定规范制约你不能吃猪肉,尽管你本来是喜欢吃猪肉的。但不吃猪肉时间长了以后,你就真的可能不想吃猪肉了,你就真的形成这样一种偏好,不再喜欢猪肉了。这样,规范变成了偏好本身。

3. 均衡筛选规范(equilibrium-selection norms)

均衡筛选规范是指协调人们在众多的纳什均衡中选择某个特定的纳什均衡的规范,但是策略与行动的选择完全是当事人的自身利益所在,所以说这种规范不改变博弈本身,但改变博弈的均衡结果。这种规范的作用就是使人们能够从多个纳什均衡中筛选出一个。

套用 Basu 的分类,我们也可以把法律划分为三类:限制理性选择的法律、

---

① Basu(1998,2000)。

改变偏好的法律、选择均衡的法律。许多法律限制我们选择某些行为,例如公共场所禁烟的法律、禁止捕杀珍稀野生动物的法律,但久而久之,也会改变我们的偏好。限制选择和改变偏好的法律虽然不直接筛选均衡,但因为它们影响人的行为,因而也间接影响均衡的选择。

尽管法律和社会规范的产生方式和执行机制不同,但作为社会的游戏规则,二者的基本功能是相同的。在现有文献的基础上,我们把法律和社会规范的功能归结为三个方面:第一是激励合作,第二是协调预期,第三是传递信号。以下我们分别就这三个功能展开讨论。

3.2 作为激励机制的法律与社会规范

法律和社会规范的第一个功能是提供激励,诱导人们相互合作。限制理性选择和改变偏好的社会规范和法律的最重要功能就在于此。我们知道,社会合作面临的主要问题是"**囚徒困境**"所导致的**个人理性**与**集体理性**的矛盾。在这种情况下,法律和社会规范可以通过改变博弈的支付结构,为人们提供一种激励,使得个体效率和社会效率保持一致,从而实现帕累托最优。法律和社会规范也可以通过改变偏好使得人们不选择某些不利于合作的行为。这是社会激励机制的根本含义所在。

激励问题的核心是将**外部性**内部化为个人的成本与收益,从而使得个人对行为的后果承担完全的责任。第二章中,我们曾经分析了合同法如何通过对违约行为的惩罚使得合作成为一个纳什均衡。当事人签订一个在法律上有约束力的合同,意味着做出一个从事前来看对自己有利的承诺,这个承诺本身就是动态博弈的一个纳什均衡。合同法的作用确保了在日常交易中对双方都有利的合作,解决了囚徒困境,确保了社会效率的实现。从这个意义上来说,它是一种激励机制。

其实不止合同法,许多其他的法律也是为解决囚徒困境而制定的。以环境保护法为例。由于空气的流动性,企业对向空气排放污染物并不承担完全的后果,因此企业的最优选择是过度排放污染物,导致了过多的污染,环境保护法通过对超过一定标准的污染排放征税,从而使得企业有积极性降低污染排放。类似地,破产法规定企业破产时债权人只能集体行动而不能单独行动,就是为了防止单独行动导致的囚徒困境,因为如果债权人争先恐后执行债务合同,会大大降低资产的价值。知识产权法是为了解决发明创新中的囚徒困境,如果知识产权得不到保护,企业和个人创新的积极性就会大大降低,社会进步的速度也就会大大放慢。更一般地讲,私有财产制度是最重要的激励制度,如果一个社会的私有产权得不到有效保护,这个社会一定陷入囚徒困境,如我们在人民公社和国有企业所看到的那样。①

　　道路交通法也是一个激励机制。假定交通规则是合理的,如果每个人都遵守交通规则,道路就更畅通,所有人都可以走得更快、更安全,但如果违规行为受不到惩罚,每个人都有积极性抢行,结果是交通堵塞,每个人都走得很慢,甚至发生交通事故。

　　但是,法律在解决囚徒困境问题上的有效性依赖于当事人对法律是否能得到有效执行的预期。如果当事人预期法律不能得到有效执行,法律将变成一张废纸,我们又回到了原来的囚徒困境,"不合作"是唯一的纳什均衡。而法律的有效性与**执行法律的成本**有关。法律上的**可执行性**不仅要求当事人的行为在当事人之间具有可观测性,而且要求这种行为在法庭上有**可验证性**。要证明一个人是否违反了合同,需要收集大量的证据,具有很高的成本,有时甚至是根本不可能的。由于存在着成本,不可能所有的不合作行为都能得到法律的惩罚。"法律制度的运作成本"和当事人的"证明成本"就像一个门槛,把很多纠纷过滤了。法律的成本越高,对社会合作(囚徒困境)的解决能力就越低。② 法律的成本决定了它不能解决所有的合作问题。

　　社会规范与法律的不同在于,它是以非集中化的方式执行的,一种不合作行为即使能逃脱法律的制裁,也不一定能逃脱社会规范所施加的制裁。假定"合作"是一种人们普遍认可的社会规范,那么,如果一方合作,另一方不合作,不合作的一方就会受到社会规范的惩罚。这种惩罚可能表现为信誉的损失、未来合作机会的损失,或社会地位的下降,甚至仅仅表现为因别人的鄙视而遭受的心理成本。社会规范的惩罚不是一种强制性的,因此其效果在很大程度上依赖于当事人对惩罚的"敏感度",如他是否有其他的外部选择,是不是一个"脸皮厚"或者"不要脸"的人。显然,同样的社会规范对不同人的约束程度是不同的。③

　　图 13-1 显示了社会规范对囚徒困境的支付的改变。当 A 不合作而 B 合作的时候,A 的支付从 4 变成了 $4-ax$;当 A 合作而 B 不合作的时候,B 的支付从 4 变成 $4-by$。④ 这里,x 和 y 表示社会规范对不合作行为的"客观"惩罚,或者是

　　① 有关法律的更多讨论,参阅张维迎,《作为激励机制的法律》,《信息、信任与法律》,三联书店 2003 年版。
　　② 张维迎、柯荣住:《司法过程中的逆向选择》,《中国社会科学》,2002 年第 2 期。
　　③ 当然,严格地讲,同样的法律制裁对不同的人的成本也是不同的。
　　④ 如果我们把 ax 和 by 理解为法律方面的惩罚,在一方违约时应当向对方支付的补偿,就可以通过法律责任来解决囚徒困境,这是对前面的法律激励作用的表示。社会规范在改变当事人博弈时的作用和法律的作用是一致的。图 13-1 的支付结构可以理解为更大的博弈或重复博弈的简约形式(reduced form),如 ax 和 by 是不合作行为导致的长期收益的损失。如我们在第六章证明的,如果博弈重复进行,出于长期利益的考虑,当事人可能会选择合作。从重复囚徒困境博弈讨论社会规范形成的文献很多,最经典的文献是 Axelrod(1984)。另见 Mahoney and Sanchirico (2003)。

对双方当事人而言的一个"客观"成本(objective costs),a 和 b 则可以理解为当事人对这种惩罚的心理感受程度("厚脸皮"或者"不要脸"的程度)。因此,ax 和 by 可以理解为感知到的成本(perceived costs)。显然,只要 $ax > 1$ 和 $by > 1$,社会规范就可以使得"合作"变成一个纳什均衡。

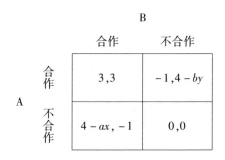

图 13-1 社会规范解决囚徒困境

法律的惩罚中,不需要考虑 a 和 b,只要判决了,就要执行,不然会上升到"藐视法庭"、"拒不执行"或者"妨碍公务"等严重罪行。而社会规范的执行,很大程度上依赖于 a 和 b。假如当事人的脸皮特别厚,或者说不要脸,a 和 b 就近乎于0,社会规范对这样的人不会起作用。反过来,如果一个人很要面子或者脸皮比较薄,a 和 b 就很大,一点点的惩罚(x 和 y)也会放大到很大的程度,这种情况下社会规范就很有效。因此,社会规范的治理效果,依赖于良好的社会道德风俗,这就是中国古代的儒家知识分子非常重视民风、重视道德教化的原因。康熙皇帝说,"朕以治天下风俗为己任",可见过去的皇帝都是很重视民风淳朴的。这也是社会治理的要求。

如同法律一样,社会规范的有效性也依赖于有关个人行为的信息的获得。[1] 如果个人行为难以观察,社会规范的激励效应就会大打折扣。如我们在第六章指出的,解决信息问题的一个办法是将社会划分为不同的**组织**(organizations)和**社团**(communities),让每一个组织成员都在一定程度上对组织的其他成员的行为承担连带责任,这样,社会规范就可以通过**社团规范**和**行业职业规范**来发生作用。[2] 比如说,如果某个团体的成员有欺骗行为,但社会的其他成员没有办法知道是哪一个人在欺骗,他们就会通过诸如终止与这个团体的所有人交易这样的办法对该社团实施团体惩罚。为了自身的利益,这个社团的成员就有积极性

① Kandori(1992)。

② 关于法律上连带责任的激励效应,参见张维迎、邓峰,《信息、激励与连带责任》,《中国社会科学》,2003 年第 3 期。

设立一些规则来约束社团成员的行为,以避免"一粒老鼠屎坏一锅粥",他们也有积极性和可能性监督规则的执行。从这个意义上讲,"身份"(identity)不仅是协调预期的信号,而且也是激励合作的手段。比如说,IBM 的员工在社会交往中的行为不可能不受到他作为 IBM 雇员这一身份的约束;同样,北京大学校友的行为不可能不受北大的声望的约束。一个北京大学的毕业生,如果他的行为不符合社会规范,就会给北大带来声誉方面的损害,连累其他的校友。因此,如果他还想得到北大校友的帮助,就必须检点自己的行为,而为了自身的利益,每个校友都有一定的积极性监督其他校友的行为。

作为激励机制,法律和社会规范是相互影响的。以交通为例,北京大街上到处可以看到违反交通规则的司机,也可以看到大量不守交通规则的行人和骑车人,这是北京交通拥堵的一个重要原因。这种现象既与警察执行规则不严有关,也与社会没有很好的行为规范有关。很少有人把行人和骑车人违反交通规则看成耻辱,也很少有警察对这类违规行为进行处罚,久而久之,行人和骑车人的违规就愈演愈烈,反过来又使司机的违规行为受到更多宽容。

3.3 作为协调预期的法律与社会规范

如我们所知道的,博弈中经常有多个均衡,此时仅仅理性并不能帮助人们做出最恰当的选择。人们究竟选择什么行为依赖于对他人行为的预期,而他人的行为也取决于对自己行为的预期。如果人们的预期不一致,均衡实际上就不会出现。在这种情况下,法律和社会规范的一个重要功能就是通过协调预期帮助人们选择一个特定均衡。

法律和社会规范的这个功能可以节约交易成本。在第三章中,我们曾用交通规则说明了这一点。两辆车迎面驶来,都靠左行和都靠右行都是纳什均衡。如果每次遇到这样的情况,司机都要先下车商量一下是靠左还是靠右,成本将是很高的。有了交通法规或众所周知的交通规范,人们就很容易预期对方会怎么走,一个特定的纳什均衡就会出现。

类似的情况很多,如电视制式、3G 通信的标准、铁路轨距的宽窄、学校开学时间、合同文本、货币形式、警察和部队的服装、零部件的兼容、商业中心,等等,举不胜举。在所有这些例子中,都有多个纳什均衡,某个特定纳什均衡的出现或者是社会规范自发形成的结果,或者是法律协调的结果,或者由二者共同作用而形成。[①] 但不论是法律还是社会规范,就协调预期而言,只要其所规定的行为是一个纳什均衡,就会得到人们的自觉遵守,甚至也不存在优劣之分,尽管从

---

① Sugden(1989),Young(1996), Basu(1998, 2000)。

历史上看,哪个均衡出现具有一个偶然性,如交通规则所告诉我们的。也正是在这个意义上,Basu 提出了他的"**核心定理**"(the core theorem):任何能够通过法律来实施的行为和结果,都可能通过社会规范来实施。[①]

既然如此,为什么还需要法律协调预期呢?一个可能的原因是法律的形成和传递速度更快。以交通规则为例。设想一个原来没有汽车的地方突然有了汽车,如果依赖司机在开车的过程中通过不断试错的办法形成一个一致预期,不仅需要很长的时间,也需要付出许多血的代价。但如果政府一开始就以法律的形式明确交通规则,预期很快就可以形成,也不需要付出血的代价。在人口流动大的时候,法律的这个优点更为明显。法律通过明确的语言、集中的表述和正规的效力,降低了个人获得规则的信息成本。一个人初到一个地方,对许多法律事务,通过一本法律书籍就比较容易了解。如果没有法律,获得信息的成本相对而言会高一些。法律的设立、改变、转换、废除都很明确、很快,而社会规范则要慢得多,模糊得多。

另一个可能(或许更重要)的原因是,政府用法律牟利。如我们在第三章所看到的,在很多情况下,不同纳什均衡意味着不同的利益分配。此时,尽管所有人都希望一个均衡结果,但不同的人偏好于不同的均衡,游戏规则的制定者可以得到更有利于自己的结果。政府出于自身的利益,就更愿意充当游戏规则的制定者。

让我们用货币的选择来说明这一点。货币的主要功能是作为交换媒介为交易提供便利,统一的货币是一个纳什均衡,但用什么样的商品做货币有多个选择,也就是说,有多个纳什均衡。从历史上看,货币不是由某个人或机构设计的,而是在人们之间的无数次交换中自发演化出来的。有多种商品曾充当过货币,如贝壳、牛、木材、丝绸、玉等等,但随着时间的推移,贵金属(金、银、铜)成为主导货币,之所以如此,是因为贵金属具有单位价值高、容易切割、不易腐烂、便于携带等优点,被马克思称为"天生的货币"。金属货币最初以重量为单位用于交换,逐步地,为了交换的方便,贵金属按重量被铸成标准形状的"铸币",出现了专业化的铸币者。后来又出现了货币的"符号"——纸币和替代品银行券等。在这个演变过程中,一些国家的政府就以法律的形式垄断了铸币权,禁止私人铸造货币,再后来政府货币变成了没有自然价值的"**法定货币**"(fiat money),私人生产货币不再合法。

政府为什么垄断货币的生产?最根本的原因是获得铸币税。[②] 在货币私人

---

① 参阅 Basu(1998, 2000)。

② 参阅 Rothbard(1991)以及 Hulsmann(2008)。

生产的情况下,人们使用什么样的货币、谁生产的货币,是一个社会规范。除了拥有国有财产和直接掠夺之外,政府获得收入的唯一办法是征税。但征税经常不受欢迎,百姓可能抵制,严重的情况下甚至起来革命。但如果政府垄断了货币,就可以用通货膨胀的办法获得收入。在使用金属铸币的时候,政府惯用的手法是降低货币的成色,不断更换货币的形状和式样。随着时间的推移,货币的名义价值与实际价值的背离越来越大。在纸币的情况下,政府就更可以无中生有地印刷钞票,将民间财富变成政府收入。这就是垄断游戏规则带来的好处。当然,如果通货膨胀过于严重,政府货币的信用将完全丧失,民间将按照自己的规范使用自己的货币,或回归到物物交换,政府也将无法获得收入。由于这个原因,政府通常会有一定的自我约束。

不止对货币的垄断,许多其他情况下,政府制定法律也是为了**寻租**。① 比如说,产业技术标准最好是由市场竞争形成,但如果政府垄断了标准的制定,利益集团就可以游说政府获得好处,负责制定或批准标准的官员也就有了接受贿赂的机会。但由于无论选择什么样的标准,都是一个纳什均衡,政府制定的标准通常也能得到执行。当然,如果政府制定的标准效率太低,也会被市场推翻。

当政府出于自身利益的目的而制定法律和政策的时候,政府的行为有时候甚至会破坏人们的预期,使得人们协调更为困难。比如说,政府的法律过于含糊,政策多变,就会使人们无所适从。以语言为例。如同货币一样,语言也是自发形成的,而不是集中设计的。语言的规范包括名词的含义、语法结构等。所有人都遵守确定的语言规范,人们之间的交流就更有效率,如同所有人开车都靠右行一样。但由于意识形态和政治的原因,中国出现了严重的**语言腐败**。② 一些官方权威部门随意改变词汇的含义,甚至赋予它们与原来的意思完全不同的含义,冠恶行以美名,或冠善行以恶名。曾经轰轰烈烈的重庆"打黑"就是一个典型的例子。"黑社会"本来指的是有组织的犯罪活动,无论任何社会,打击此类犯罪活动都是正当的,很少人会反对。但我们现在知道,在重庆的所谓"打黑"运动中,"黑社会"可以扣在任何当权者不喜欢的人和企业头上,所以"打黑"变成了"黑打",变成了侵犯人权和私有财产的政治行为。

语言腐败意味着同一词汇在不同人的心目中有不同的含义,语言变成了文字游戏,使得人与人之间的交流变得困难。以"改革"为例,它的本意是废除计划经济体制、建立市场经济的措施,改革意味着政府要放松对经济的控制,给百姓更多的从事经济活动的自由。但最近几年,一些政府部门却把加强政府对经

---

① Tullock, Seldon and Brady (2002)分析了包括电信、互联网等多个领域的基于寻租原因的管制。
② 参阅张维迎(2012)。语言腐败(corruption of language)的概念是 Orwell (1946)引入的。

济的控制、限制商业自由的反改革政策称为"改革",甚至是"进一步深化改革的措施"。所以,当一些政府官员现在再谈"改革"的时候,人们很难搞清楚他们是想推进经济的市场化,还是要走回头路。当政府说"坚持公有制经济为主体,大力发展非公有制经济"的时候,人们很难搞明白是要加强国有企业的垄断地位,还是要给民营企业更大的发展空间,企业家常常是无所适从。语言腐败使人们越来越缺乏理性和逻辑思考能力。同一个文件中,以 X 为主导,以 Y 为主体,以 Z 为基础,但谁也说不清楚它们之间是什么关系。我们的文章越来越长,但包含的信息量越来越少。一个工作报告动辄一两万字,还要有人再写出数十万字的辅导材料,仍然让人不知所云。这是人类智力和物质资源的双重浪费。

即使是为了"善"的目的建立法律,政府也应该认识到,法律不可能事无巨细地规定到所有的事情,也不应该事无巨细地规定到所有的事情。法律应该尊重人们已经形成的正常的社会规范,很多时候要依赖于社会规范,而不是破坏社会规范。以金融活动为例,数千年来,民间就有借贷的传统,贷款利率、还款期限、还款方式等都有约定俗成的规则。民间信贷不仅是有效率的,也是合乎道德的,即使没有书面的合同,借贷协议一般也能得到双方的遵守。如果政府以维护金融秩序的名义,用法律的手段规定贷款利率,甚至宣布民间借贷违法,实际上就搅乱了人们的预期,不仅限制了人们融资的自由,导致资源配置的无效率,而且引起金融秩序的紊乱,甚至损害社会的诚信。中央银行被认为是协调金融活动预期和维护金融市场秩序必不可少的工具,但经验表明,许多情况下,中央银行已成为金融危机的罪魁祸首。① 在中国,不止金融领域,在许多企业领域,也存在法律对社会生活的过分干预。

3.4 作为信号传递机制的法律与社会规范

法律和社会规范的第三个功能,是**传递个人的信号**(signaling)。如我们在第九章中讲过的,由于博弈中信息在当事人之间的分布是不对称的,有"好"的私人信息的一方(如高能力的人)愿意通过某种行动(如接受教育)向没有私人信息的一方(如雇主)传递信息。这种行动之所以能传递信息,是因为不同类型的人采取这种行动的成本不同,有"好"信息的人的成本低于有"坏"信息的人,使得后者不愿意模仿前者。

正如 Posner(2000)所指出的,社会规范作为一种对人的自由和行为的约束,对个人施加了一个成本,显然,遵守社会规范意味着让渡一部分个人自由给公共体,所以遵守它才显示出一个人更愿意与他人合作。如果没有成本,也就

---

① 关于美联储对金融危机的责任,参阅 Woods(2009),张维迎(2010)第 12 章。

没有信号价值。正是因为有成本，所以能够起到筛选和信号传递的作用。比如说，见义勇为和打抱不平意味着当事人需要冒一定的风险，只有道德水准相当高的人才会冒这种风险，所以可以传递信息。

不独社会规范如此，一个人遵守法律意味着接受别人的约束，可以显示出他是一个值得信赖、可以合作的人。这最典型地体现在中世纪的商人法庭中。商人法庭并不是一个以国家暴力作后盾的机关，但商人群体都信任它的裁判，其他的商人要调查某个商人的信用，只要去法庭询问一下他是否遵守了判决。这是一个重要的信号机制，一个守信用的商人可能会因为各种原因发生违约，但没有理由不遵守法庭的判决。因此，遵守法庭的判决就成了一个传递自己重视声誉、愿意与人合作的信号。[①]

法院是国家的，法官的薪水和法院的运作成本都是由全体纳税人承担的，为什么还要收取诉讼费呢？显然这也与信号传递有关。法律资源是有限的，不是所有的纠纷都要由法庭解决。但什么样的案子应该上法庭，什么样的案子不应该上法庭，当事人经常比法庭更清楚。诉讼费可以成为一个**自选择机制**，使得一些不值得上法庭的纠纷，当事人自己就选择不上诉。

法律的信号功能还有很多，比如中国古代的越级上访——"告御状"、拦轿喊冤、打惊堂鼓等等，告状的人要先被打棍子。为什么？因为你没有按照正常的救济程序来寻求政府的帮助，怎么能知道你是真冤枉还是假冤枉呢？真冤枉的，就会愿意忍受这个挨打的成本。中国古代法律制度中，类似的例子举不胜举，比如**诬告反坐制度**，你要告一个人，怎么能知道你会不会诬陷别人呢？如果法律发现你告错了人，你告对方什么罪，你就得承担什么罪。敢冒这个风险就意味着你不大可能是诬告。

现代法中的例子更多。许多国家吸收移民，但是有选择的，为了筛选出他们希望的移民，法律就设定了许多限制。比如中国人移民加拿大，要先向加拿大投资多少钱；拿到美国的绿卡要等多少年，等等。这些限制都有信号传递功能。诉讼法中的担保也是同样的道理。债权人怕债务人接到法院的传票后转移财产或者逃跑，要求法院先行查封债务人的财产，然后起诉；可是法院不知道债权人的债权诉求是真的，还是假的，是应该保护的，还是丧失了救济权利的（比如过了诉讼时效）。法院要求债权人提供担保，这个担保就保证债权人如果说了谎，要赔偿别人因此遭受的损失。反过来，如果债务人在诉讼刚刚开始，自己的财产被查封的时候，向法院表示，自己肯定会履行判决的，不会逃跑，这时候法院会要求债务人提供担保，然后就可以解除查封。否则法院怎么知道债务

---

① 参阅 Milgrom, North and Weingast (1990)。

人讲的是真话还是假话呢？同样，在美国的公司法中，公司的股东可以针对行为不当的董事提起派生诉讼，可是纽约商业委员会在 1912 年的一份调查显示，大部分都是诬告，也就是说，**派生诉讼**太多了，搞不清股东是善意的还是恶意的。紧接着纽约州就立法，要求提起派生诉讼必须提供担保。

社会规范和法律作为信号传递的功能，也会产生从社会角度看不恰当的后果。① 以**羞辱性惩罚**（shaming penalty）为例，几乎所有的社会中，人们都会对一些违反社会规范的行为采取羞辱性惩罚，违规行为包括诸如偷窃、欺骗、不赡养老人、家庭暴力、婚外情、婚前性行为、私生子、乱伦、同性恋等，甚至某种不合传统的观点也被认为"大逆不道"。羞辱性惩罚包括讥讽、斥责、公开议论、拒绝与对方搭腔、围攻、殴打等。很多情况下，人们对他人进行羞辱性惩罚不是出于维护正义，而是为了显示自己"正义"。设想你在某个公共场所发现一个人正在行窃，你是否应该曝光他的行为（如大声喊"抓小偷"）？曝光的成本是你可能受到小偷的报复，但为了显示你是一个见义勇为的人、提高你的声誉，你可能选择曝光。在你喊"抓小偷"之后，周围的人马上会围上来，为了显示自己的"正义"，有些人开始怒斥小偷，有些人开始殴打小偷，你一拳我一脚，小偷被打得奄奄一息，最后一命归天！

人们在殴打小偷的时候考虑的是个人的成本和收益（"声誉"），而不是社会的成本和收益。因此，出于传递信号的行为不一定导致社会最优的结果。小偷有错，但罪不至死。谁应该对小偷的死负责？没有人负责！有的时候，甚至一个无辜的人仅仅因为被别人认为有错，自己有口难辩，就会受到严重的羞辱性惩罚，被排挤，被驱逐，一生蒙不白之冤。比如在过去的农村，一个女孩子一旦被误认为性行为不检点，就会受到许多为了表明自己是"正人君子"的人的指指点点，在众人面前抬不起头，最后只好用自杀证明自己的清白。

在我们的社会中，由"信号传递"行为所导致的悲剧可以说数不胜数。从"反右"到"文化大革命"，许多人对被指控的"右派"、"走资派"、"反革命分子"口诛笔伐，甚至拳打脚踢，只是为了向别人传递自己对"伟大领袖的忠诚"、"革命意志坚定"这样的信号，而不是他们真的认为这些人是坏人，应该受到谴责。

这种由信号传递导致的"暴民规则"在今天仍然流行。比如说，某个人一旦被有的人说成是"卖国贼"、"为既得利益者说话"，就会受到许多网民的谩骂。这些网民这样做的时候，其实只是显示自己是"爱国主义者"，代表"公平"和"正义"。诸如对"活熊取胆"的口诛笔伐，对打死一只猫的妇女的人肉搜寻等，都属于类似的现象。

---

① 参阅 Eric Posner（2000）。

　　认识到这一点,政府就可以通过适当的法律尽量防止信号传递导致的负面后果。比如说,法律禁止殴打小偷,保护个人隐私等。在近代之前,许多国家的法律都有对违法者的羞辱性惩罚,如游行示众、当众鞭打、公开行刑、面部刻字等。由于民众的信号传递行为,这些惩罚导致罪犯所受的惩罚远远大于他们罪有应得的惩罚,甚至罪犯的配偶、孩子及其他家人也会受到社会规范施加的羞辱性惩罚。凡事过犹不及,过重的惩罚使得本来只有轻微犯罪的人走向更大犯罪,一些本来不会犯罪的人(如罪犯的子女)走向犯罪,甚至出现"黑社会"组织。黑社会出现后,一些人为了显示他们对团伙的忠诚,就故意杀人放火,社会秩序更加不稳。主要是由于这个原因,西方国家相继取消了法律上的羞辱性惩罚。① 一些犯人刑满释放后又重新走上犯罪的道路,其中的一个原因是社会对他们的羞辱性惩罚。当大部分人为了显示自己的"正义"而与他们划清界限的时候,他们连养家糊口的机会都没有,最后可能只好选择继续犯罪了。

　　政府还应该认识到,由于信号传递的作用,有些法律可能适得其反。比如说,政府对不同政见者的惩罚反倒给不同政见者提供了一个显示自己的信号。如果没有政府的惩罚,一些人反对政府只是反对政府的某些政策,可能默默无闻。但一旦受到政府的惩罚,他们就名声大振,甚至成为不同政见者的领袖。这样,一些人为了提高自己在不同政见者中的声誉,就会选择更激烈的行为。毕竟,当一个人甘冒失去自由的风险的时候,他传递的信号是可信的。

　　最后我必须指出的一点是,Posner 信号传递模型面临的一个悖论是,只有分离均衡的情况下,一个特定的行为才传递信息,这意味着在均衡的情况下遵守社会规范的应该只是社会中那些属于"好类型"人。但一个规范之所以被称为社会规范,是因为它能得到绝大多数人的遵守。不大可能绝大部分都是"好类型"的人。这样,我们看到的社会只能是一个"混同均衡",而不是"分离均衡"。也就是说,某个人遵守社会规范并不能告诉我们他是"好人"还是"坏人"。这就是一个悖论。解决这个悖论的一个办法是把第七章讲的声誉模型和第九章讲的信号传递模型结合起来。在声誉模型中,由于信息不对称,"坏人"有积极性装"好人";在信号传递模型中,由于信息不对称,"好人"想把自己与"坏人"区别开来。这样,在一个重复博弈的信号显示模型中,"坏人"就有积极性模仿"好人"遵守社会规范。尽管我们得到的是一个混同均衡,但两类人遵守社会规范的目的不同:"好人"遵守社会规范是为了显示自己本质上是"好人","坏人"遵守社会规范是显示自己想成为"好人"。只有一小部分极"坏"的人才

① 参阅 Eric Posner (2000),第 6 章。

会不遵守社会规范。①

　　总结一下,提供激励、协调预期、传递信号是法律和社会规范的三个基本功能。有些法律和社会规范可能同时具有这三种功能,或其中的两种,甚至一种。如我们所看到的,三者之间是相互联系的,作用的方向也并非总是一致。另外,无论哪种功能,有时候法律的作用突出一些,有时候社会规范的作用多一些。

第四节　社会规范的遵守与违反

　　任何法律或社会规范,如果得不到大多数人的遵守,就不可能发挥它应有的作用。人们为什么要遵守法律? 一般认为,人们遵守法律是出于对法律制裁的恐惧,因为法律是具有国家暴力做后盾的强制力。如果不遵守法律,则会遭到惩罚;抗拒法律判决,更是罪上加罪。贝克尔等经济学家通过实证发现,刑罚的变化会对犯罪行为的上升和遏制起到明显的调整作用,"日益增长的关于犯罪的经验研究文献已表明,罪犯就像他们真是经济模型的理性计算者那样对以下情况变化产生反应:机会成本、查获几率、惩罚的严厉性和其他相关变量"②。但最近的研究则表明,问题并不这么简单,国家暴力并不是人们遵守法律的充分条件,法律的**合宪性**(legitimacy)是人们遵守法律的根本动因。③ 如果法律本身不合理,不符合人们认可的基本正义和社会规范,就很难被普遍遵守。"法不责众"常常是法不合理的表现。

4.1　人们为什么遵守社会规范

　　社会规范没有国家暴力作后盾,人们为什么要遵守社会规范呢? 从根本上来说,是因为社会规范是在长期的相互博弈中人们之间达成的普遍共识:一个人要在社会中生存,要获得与他人的合作机会——哪怕是他人的尊重,就得遵守基本的社会规范,得到多数人的认可,否则,就会变成孤家寡人、众矢之的。理查德·A. 波斯纳在 1997 年的论文中总结了人们遵守社会规范的四个理由④:

---

　　① 我们这里假定社会规范本身是好的。如果社会规范本身是不好的,违反规范就可能变成一种对社会有价值的行为,只有"英雄人物"才会如此。这意味着,"最坏的人"和"最好的人"往往是同一类的人,从旧规范看是"坏人",从新规范看是"好人"。这类人可能就是我们下一章讨论的"制度企业家"。

　　② 转引自理德·A. 波斯纳:《法律的经济分析》(上),中国大百科全书出版社 1994 年版,第 293 页。波斯纳引证了包括贝克尔在内的众多经济学家的实证分析。但是,正如波斯纳在其他问题上经常持有矛盾性的看法一样,他在分析功利主义的人性观念的时候,引用了 Smart 认为功利主义将人等同于动物的观点,并进一步批评实用主义缺乏伦理基础。参阅 Richard Posner (1983),第 52—54 页。

　　③ 参阅 Tyler (1990)。

　　④ 参阅 Richard Posner (1997)。

第一，有些社会规范是**自我实施**（self-enforcing）的。所谓自我实施，就是这个规则会由于当事人的自利行为得到执行，而无须经过第三方的强制力。自我实施实际上是纳什均衡的特征，所以，如果一个社会规范是一个纳什均衡，就可以自我实施，如错车时的交通规则。有些社会规范从一次博弈看不构成纳什均衡，但在重复博弈中构成纳什均衡，所以也可以自我实施。比如打牌、下棋等游戏规则，没有人来执行，但如果你不按照规则行事，打牌总是耍赖，下棋总是悔子，就不可能有人愿意和你玩。所以，出于自身利益的考虑，你最好是遵守游戏规则。许多职业规范也有类似的特征。

第二，有些社会规范是依赖于他人的**情绪化行为**来执行的。情绪化行为通常发生在所观察到的行为出乎预期从而令人生气的时候，生气甚至会使人失去理智。情绪化行为通常被认为是非理性的，因为它们不是基于个人成本—收益的比较而做出的决策，冷静下来之后行为人常常会后悔，但它们对维护社会规范有重要的作用。社会规范是人们预期每个人都应该遵守的行为方式，如果你的行为方式与别人的预期不同，对方可能采取情绪化行为来加以报复，出于对这种情绪化行为的害怕，人们会按照合理的社会规范提供的预期来行为。比如说我们上一章讲的排队问题，在所有人都在按顺序排队买票的时候，如果某人不守规矩加塞，就可能遭到其他人的斥责，甚至大打出手。这是维持排队秩序的重要力量。情绪化行为最极端的例子体现为"鱼死网破"，或"鸡蛋碰石头"。因为有人愿意用鸡蛋碰石头，所以即使绝对的强者在决定是否违反社会规范时也会顾忌三分，不至于过分肆无忌惮，随心所欲。古代的"决斗"也可以理解为情绪化行为，本来这种"不是你死就是我亡"的行为是不符合理性人的假设的，但很多人会采取这种行为。① 当然，如果从声誉的角度考虑，情绪化也可能是非常理性的选择，因为在冲突频繁的地方，建立一种情绪化的声誉是有利的。

第三，有些规范是由社会认可（approval）、讥讽（ridicule）、驱逐（ostracism）、信誉（reputation）等执行的。讥讽和不认可会使行为人感到难堪，产生心理压力。比如说，在开会别人发言的时候大声喧嚣，会受到周围人的鄙视；在隆重的仪式场合穿不合适的衣服，会使别人投来异样的目光；在公共车上与老年人和小孩争座位，会被认为没有教养；不按规范的语言说话，会受到别人的耻笑。所以，任何讲面子、有自尊心的人都会遵守基本的社会规范。

社会性的驱逐或者反对（objection），是指如果不遵守社会既定的游戏规则，

---

① 社会规范也要求人们捍卫个人的尊严，比如说，如果你受别人的欺负而不以牙还牙，就会被人看不起。见 Elster（1989）第三章有关 code of honor 的讨论。另外，情绪化行为也有生物学的原因，不捍卫个体权利的物种很难在竞争中生存。见 Trivers（1971）。

就会受到排斥,甚至被驱逐出社团或者社区。这种处罚非常常见,比如:家庭中的放逐,比较严重的可能是"宣布脱离父子关系",或者比较轻微的,父母"偏向"另外的子女;群体中的驱逐,古代有将违反乡规民约者开除出社区的做法,现代有将不守规矩者取消会籍的做法。现在广东一些经济发达的农村,如果你不遵守村规,就把你转为"城市户口"。古代法律中有类似的刑罚,比如发配到边疆,在俄国等欧洲国家称之为流放。

声誉约束对人们遵守社会规范是非常重要的,甚至可以说是一种最基本的力量,因为人们通常只愿意与声誉好的人保持长期的合作关系。比如一个人借钱不还,以后再要借钱就很难。一个人越在乎自己的名声,就越守规矩。一个社会中重视名声的人越多,社会规范的执行就越好。在学术界,正是学者们对名声的重视维持了学术规范。

第四,有些社会规范内化为个人的道德,人们出于负罪感(guilt)和羞耻感(shame)而自觉遵守它。社会规范本来是外部的力量对个人的约束,但这种外在约束随着时间推移,可能会变成个人的习惯,成为内在的行为规范。当一个人做了与社会规范不相吻合的事情,这时候常常会受到道德良心的谴责,心里会有负罪感,或者感到羞耻。这时候,社会规范就内在化为一种道德规范,即使没有了外部的监督,个人也会自觉遵守。比如说,即使不会被人发现,一般人也不会随便拿别人的东西,因为否则的话自己会感到内疚。教育对社会规范的内化具有重要的作用,这是自古以来人们重视教育的一个重要原因。因为道德规范的形成是长期潜移默化的结果,所以父母的言传身教对人们遵守社会规范有不可替代的作用。

4.2 人们为什么违反社会规范

尽管有多种力量使得人们遵守社会规范,但观察表明,也总是有人违反社会规范。那么,为什么有人会违反社会规范呢? 芝加哥大学的艾瑞克·波斯纳(Eric Posner)在其《法律和社会规范》一书中列举了如下四种理由:[①]

第一,对内在的短期利益的重视,超过了对声誉的重视。这是我们从声誉模型中得到的一个基本结论。如果一个人只追求短期利益,而不在乎未来长期的合作,就不会愿意遵守社会规范。许多不道德、不守规矩的行为,是因为人们对未来不在乎、不重视。

在过去的农村,一个人有没有子女,在很大程度上决定着他能不能让人信赖;因为一个人有孩子,说明更重视未来,而如果你是个"一人吃饱,全家不饿"

[①] 参阅 Eric Posner(2000)。

的光棍汉,别人就不会太相信你,这是因为你没有对未来进行"投资"。

如果当事人不注重自己的声誉,即便是法律也很难发挥作用。我们在一篇文章中,分析了海淀区法院的 600 多个案例,发现绝大部分的案例都非常简单,并且重复率非常高,很多债务人不还钱根本就没有理由,甚至根本不出庭答辩,尽量耍赖,案子判决之后,拒不执行。[①] 原因就在于当事人根本不在乎声誉,如果法院一一强制执行的话,这样的社会成本要多高? 显然,脱离了声誉机制,法律的作用是非常有限的。

再举个例子。某家银行,客户公司在它那里存了 800 万元,过了两周,客户发现 795 万元都不见了,一查,原来是银行的某个职员和外面的人勾结起来,偷走客户留在银行的印模,把钱取走了。客户要求银行赔偿,银行不肯承担责任,辩解说是职员的个人行为,不是银行的责任。最后客户只能起诉银行,法院判决银行应当赔偿。[②] 为什么这个简单的问题要到法院解决呢? 因为银行不重视自己的声誉。如果银行在乎自己的声誉,不仅会赔偿客户的损失,还要赔礼道歉,尽量把影响限制在一个小范围内,以免损害自己的信用。

第二,其他人没有办法对违反社会规范的人实施惩罚。比如说,如果违反社会规范的人地位比较高,或者非常富有,或者是有权的人,"万事不求人",别人就很难制裁他。过去在农村中,一个女孩子在结婚之前如果有"不规矩"的行为,名声不好,以后嫁出去就比较难,因此一般家庭中,父母对女儿管得比较严。但这样的问题对大户人家就可能不会太严重,因为总有人想攀高,即便是女儿名声不好也会有人抢着要,所以就容易干一些"不守规矩"的事情。某个人拥有别人不具有的权力,就比较难以被驱逐,社会规范对他的约束力就很弱。农村的土霸王就属于这一类。

这是儒家文化里面的难题。对无法驱逐的人怎么约束,儒家没有提出好的办法。正如法家的商鞅所指出的,"仁者能仁于人,而不能使人仁;义者能爱于人,而不能使人爱;是以知仁义之不足以治天下也"[③]。儒家的方法和工具就是教化,使人成为自觉自知的君子,但这不能保证"无法被驱逐的人"成为君子。特别是当这个有权力、无法被驱逐的人是皇帝的时候,"德行天下"就只能是一句空话。儒家文化的社会治理缺乏有效的工具对付无法被驱逐的人,还造成了管理者一方面要维护社会的主流舆论和主流价值观念,另一方面则更多地违反社会规范和法律规则。由此,官场政治中的"阴阳两面"、"当众说假话,私下吐

---

① 张维迎、柯荣住:《司法过程中的逆向选择》,《中国社会科学》,2002 年第 2 期。
② 参阅《北京青年报》,2001 年 10 月 17 日。
③ 《商君书·赏刑》。

真言"(public lies, private truth),就成为一个普遍现象。

不受约束的权力会破坏信用和社会规范,同样也会破坏法律规则。政府不守信用的行为往往成为对社会道德、社会规范和法律规则的最大破坏。这和我们所说的法治应当是"rule of law"而不是"rule by law"是一致的。如果政府官员不受法律的制约,老百姓没有办法驱逐他们,社会规范、法律规则就很难成为真正有效的治理机制。

当然,从社会变革的角度讲,不受规范制裁的人对推动社会规范的变革可能起到积极作用。文艺复兴时期,如果不是富有的商人开始追求更为世俗的生活、享乐、放纵,而违反宗教规范和禁忌,自由主义的人文精神也不会替代宗教的禁欲、压制而成为社会主流的意识形态。显然,是因为当时的社会对这些有力量的富商无法加以驱逐,而导致了文艺复兴——事实上是文化革命的出现。

第三,存在着不同规范的治理人群,或者规范变化太快。对群体中的人进行驱逐、制裁,如果他/她离开了对其制裁的群体,仍然有替代的群体接纳他/她,制裁就不会带来很大的痛苦,也会变得无效。如果存在着不同规范的治理人群,就是一个空间上的替代;如果存在着一个规范变化太快的人群,就是一个时间上的替代。这两种情况下,那些最容易迁移到其他社团或者最有希望在新的规范中获益的人,就最有可能选择不遵守原有的社会规范。这个原理对法律也是适用的。

举例来说,近代中国的女性解放,在农村里面肯定是受到排斥的,但因为出现了城市以及新的社会群体,即便是在原来的乡村受到了排斥的人,在城市里面仍然可以找到群体接纳,甚至受到城市群体的鼓励(如加入革命队伍)。在这种情况下,传统的三从四德、"父母之命、媒妁之言"、不穿奇装异服等社会规范就不会得到执行。

同样,社会规范变化很快,也会导致对社会规范的违反增多。这里面包括最初违反旧有传统社会规范的人,随着社会规范的变化,成了先锋派;也包括一些转换节奏比较慢的人,会因为跟不上社会节奏而违反新的社会规范。中国20世纪的剧烈社会变动,导致了社会学中所说的"**集体性失范**"。以前的许多电影都是从这一点来做文章的,比如《刘巧儿》,尽管最后嫁人都一样,但父母感觉是媒妁之言,年轻人觉得是自由恋爱。

第四,有时候违反社会规范是为了表达对特定群体或者组织的忠诚。这是由社会规范在不同组织之间的不同造成的,以及不同的社会规范体现了不同的身份(identity)或者个性。违反某一个群体或者团体的规范,是为了表达自己属于另外的群体和团队,或者成为属于另外的群体或者团队的承诺(commitment)。

这样的例子很多,比如说,年轻人为了和整体的叛逆性形象相一致,和同龄人相一致,一定要与上一代人不同;"文化大革命"中,许多人告发父母亲朋好友,划清自己和家庭的界限,是为了表明自己对"革命"的忠诚,获得加入红卫兵的资格。最典型的例子或许是梁山"好汉"的"投名状",想加入黑社会一定要干点坏事,等等。

4.3 二阶囚徒困境问题

本章讨论到目前为止,我们一直回避了一个问题,就是社会规范执行者的激励问题。在简单的重复博弈的声誉机制中,一个人之所以合作,是因为不合作会受到对方的惩罚,也就是说,惩罚是由第二方执行的。但社会规范本身的含义就是它是由第三方执行的,就是说 A 骗了 B,不是由 B 惩罚 A,而是由 C、D、F 等其他社会成员惩罚 A。A 确实会因为害怕 C 拒绝与自己交往而不敢欺骗 B,但问题是 C 为什么要惩罚 A?毕竟惩罚意味着 C 也失去一个合作的机会。同样,一个人可能由于害怕别人的讥讽而遵守社会规范,但讥讽也是有成本的,讥讽者也可能被反讥讽,甚至受到被讥讽者的人身攻击。但如果每个人出于自身利益,对违规者只要没有直接侵害自己的利益就听之任之,社会规范也就不可能得到真正的遵守。这就是我们在第六章讲到的"**二阶囚徒困境**"问题。

研究法律和社会规范的学者提出多种理论解决这个问题。比如说,McAdams(1997)提出了社会规范的"**尊敬理论**"(the esteem theory)。他认为,人们既需要得到他人的尊敬,也可以给予他人尊敬,正是对尊敬的竞争使得人们不仅愿意自己遵守社会规范,也有积极性鄙视不遵守社会规范的人。因为尊敬是无成本的,所以不存在二阶囚徒困境问题。与此相反,我们前面讨论过的 Posner 信号理论认为,正因为遵守社会规范是有成本的,为了显示自己是合作型的人,人们才遵守社会规范。人们鄙视不遵守社会规范的人也是为了传递信号。Cooter(1995,2000b)用社会规范内在化为道德来解决二阶囚徒困境问题,认为违反社会规范给内在化道德力量的人带来伤害,后者即使付出成本也愿意惩罚违规者。在第六章中,我们曾介绍了 Mahoney 和 Sanchirico(2003)的"**联合抵制规则**"(他们本人称之为 Def-for-Dev,直译为"背叛违规者"),以及 Bendor 和 Swistak(2001)的"敌友规则"理论。这两种理论与上一章介绍过的 Sugden(1989)提出的理论一样,将社会规范解释为精炼纳什均衡或演化稳定战略,只要预期多数人会遵守,每个人都有积极性遵守(包括惩罚违规者)。

在我看来,这几种理论是互为补充的。社会生活非常复杂,不同环境下社会规范不同,执行机制也不可能完全相同。

第五节 社会规范和法律的社会条件

5.1 影响法律和社会规范相对有效性的因素

人们遵守或者违反社会规范的原因,可以帮助我们确定影响社会规范和法律的社会条件。换言之,在什么情况下,社会规范或者法律更为有效?一般来说,以下几个方面的社会条件直接影响着社会规范和法律的相对有效性:

第一,**社会规模**。社会规模实际上就是群体的地域和人数。社会规范和法律在某种程度上就是这些组织、社团、群体、共同体乃至社会的联接规则。社会规范的有效性与社会规模存在紧密的关系。社会规模越小,社会规范发挥的作用越大,效力越强;如果社会规模很大,仅靠社会规范就难以奏效,正式的规则——法律的重要性就会上升。[①] 比如在一个小的企业,不需要太多的正式规则,非正式规则、组织文化(默契)就足以约束个人的行为,保证人们之间相互合作,遇到纠纷也可以通过协商的办法解决;但当企业变成上百人的组织,甚至是上市公司,正式规则(法律)就变得不可缺少。如果没有正式的制度约束,一个大的组织很难生存,更不要说发展了。所以我们看到,古代的乡村即使没有正式的法律,靠乡规民约治理得也井井有条,而现代社会就必须有国家的法律。

税收制度的出现也与社会的规模有关。按照现在的流行说法,税收体现了国家的主权,必须是强制征收的。但仔细考虑一下,税收不过是出于公共服务的目的而征收的费用。[②] 如果只有几个人的公共行为,比如聚餐吃饭,AA制就足够了,或者是轮流请;在一个相对小的团体,比如一个村子,一些公共支出常常是根据自愿原则分摊的,即使没有强制,富人通常会也多拿一些出来。但一个国家,靠自愿纳税是不行的,就要采用税法来强制征收。

之所以如此,一是因为重复博弈的可能性随社团规模的扩大而减少,二是因为个人行为的信息传输随社团规模的扩大而变得更为困难,三是因为执行社会规范的成本与收益随社团规模的扩大而变得更为不对称。在一个小的社团,人与人之间交往频繁,相互熟悉,每个人的行为都很容易变成公共信息,重复博弈的声誉机制就足以约束个人的行为。比如说,在一个小单位,如果一起吃饭你总是躲着不付钱,时间长了,就没有人再愿意与你一起出去吃饭了。但在大的团体,相互之间重复博弈的机会就减少了,个人的不合作行为也很难变成公

---

① Richard Posner(1997),Ellickson(1991)。
② 当然,在现代社会中,税收还是一种再分配机制,发挥收入再分配的作用。

共信息,并且,社团规模越大,个人实施惩罚的成本越大,收益越小,社会规范对个人行为的约束就变小。此时,就需要专业化的机构收集信息并对不合作行为实施制裁。[①] 因为法律比较正式,相对而言表达比较清晰,执行专业化一些,又有国家暴力做后盾,社会规模扩大之后,其有效性就增强。

第二,**私人执行成本**。上面讲的实际上是**集体行动**中的**搭便车问题**(free-rider problem)。前文已经指出,社会规范是通过分散化的个人来执行的,尽管一组人可能对某个人的不合作行为实行集体抵制,但在团体中,个人对他人的不合作行为实施惩罚实际上是提供一种**公共产品**,常常面临着执行上的成本是不是能转化为团体成本的问题。特别是,个体执行人也可能面临违反社会规范的人的情绪化报复的危险。比如看到小偷偷别人的东西,因为害怕对你施加报复,你可能会把头转过去故意装作没看见。正是因为报复的可能提高了私人执行的成本,我们看到,很多人对违反社会规范的行为采取熟视无睹的态度。

因此,私人执行成本的高低对社会规范的有效性具有至关重要的作用。给定社团规模,私人执行的成本越高,社会规范就越难以奏效。因而,对严重的违反社会规范的行为,社会规范的执行常常是困难的。比如说,一旦存在着黑社会、占山为王的土匪等,只能依赖于合法性的暴力(比如警察、军队等)来加以纠正。

社会规范依赖于私人执行,还会派生出一个问题:侠客、英雄。如果私人执行成本很高,就会出现侠客,特别是对那些"无法群体驱逐的人",他们是强有力的私人执行者。对待侠客和个人英雄,毫无疑问,中国古代的法家是绝对排斥的,因为这和法家强调的法律垄断相违背,韩非毫不客气地称这些人为"五蠹"之一,认为他们是社会的蛀虫。侠客和英雄是一个私人执行的"企业家",但儒家知识分子也是反对的,因为无法判断一个超出一般人的私人执行者的道德水平。在今天,作为私人执行者的侠客和英雄与法律规则和社会规范的冲突,还是美国电影中的一个重要素材。

从这个角度看,法律和社会规范不仅有替代性,也有互补性。当法律和社会规范一致的时候,私人执行(比如驱逐、排斥、批评等)的成本就会降低,从而提高社会规范的有效性。许多社会规范,如果私人执行可以得到法律的支持,在出现报复的时候,对私人执行的报复可以转化为犯罪,从而成为法律的禁止性行为。即使报复行为比较轻微,不构成犯罪,法律也可以减少报复的可能。比如一个人随地吐痰,在没有相关法律的时候,你批评他,他可能会骂你多管闲事,而如果法律也禁止随地吐痰,他骂你的可能性就会降低。戒烟中也有类似

---

① Milgrom, North, and Weingast (1990)。

的问题。在一个有戒烟标识的地方有人吸烟,你更可能有勇气批评他的行为。这里,法律起作用的一个重要原因是法律的**表述功能**(the expressive function)。法律禁止某些行为实际上也表达了对这种行为的谴责。①

私人执行和**国家执行**之间的差异,为我们理解民法和刑法的差异提供了一把钥匙。民法是所谓的“民不告,官不究”,发生一个纠纷和诉讼,肯定是一方当事人挑起来的。而刑法则不同,遵循的是“民不告,官也究”。刑法通过国家把私人报复的链条隔断了。比如你杀了我这一方的人,如果我再杀你那方的人,就会出现冤冤相报,而可能导致死亡非常多。而国家提起诉讼,追究责任和实施制裁,就隔断了私人报复的链条。②

第三,信息流动速度和方式。社会规范和法律规则的有效性都依赖于信息的流动速度和信息的质量。违反法律和社会规范的行为越容易被观察到,法律和社会规范就会越有效。一个骗子,如果骗一次就被发现,就可以马上实行惩罚,欺骗行为就不大容易发生;而如果骗两次才能被发现,社会规范的约束力就会降低;如果骗多次仍然不能被发现,欺骗行为就会蔓延。

但是社会规范和法律规则的信息传播方式有所不同,社会规范的信息传播往往是非正式的,甚至是“流言蜚语”(gossip),而法律的信息传播则要正式得多,专门的机构甚至专门的媒体才能宣布法律规则,专门的机构(警察、法院)收集、传播违法者的信息。

信息生产和传播方式的差异意味着社会规范在约束普通大众容易观察的行为方面更有效,而对普通大众难以观察的行为的约束更需要法律的介入。这一点也意味着当个人的**隐私权**变得越来越重要的时候,法律在平衡隐私权与获取必要的信息方面具有相对优势。③ 如同中世纪的商人法院一样,现代法院本身也是一个集中化信息和传播信息的机构。“法律机构还起日常工作或记录的职能。它们充当现代世界千万项必要的或想要的交易的储存库或记忆。它们存档、保留记录,它们把交易降为有效的日常工作……这主要是现代法律制度和古老帝国法律制度的特点”④。法院可以只收集必要的信息,把信息只传播给需要信息的人。中国的法律制度对法律的信息功能几乎是漠视的。一方面缺

---

① 参阅 McAdams (1997),第397—408页。

② 张维迎:《作为激励制度的法律》——“刑法中的激励问题”,参阅《信息、信任与法律》,三联书店2003年版。

③ Richard Posner (1997)认为,法律对隐私权的保护越多,用法律替代社会规范的需求就越大。这是因为,更多的隐私权保护意味着潜在的社会规范执行者更难观察个人的行为,从而降低了违反社会规范的成本。

④ 〔美〕弗里德曼著,李琼英、林欣译:《法律制度》,中国政法大学出版社1994年版,第19页。

少对个人隐私权的有效保护,另一方面又不能将必需的信息传播给社会,严重损害了法律的有效性。

第四,社会变革的速度。社会变革的速度越快,社会规范的有效性越低,法律的有效性越高。这是因为,社会规范的形成和传播是一个缓慢的过程,而法律的形成和普及速度则比较快,容易立竿见影,这在前文中已经分析过了。因此,当社会需要加快变革的时候,法律能更为有效地发挥主导作用,即我们所说的"变法"。当社会的变动激烈的时候,就需要"乱世用重典",这是中国古代法律思想中"世轻世重"的道理所在。[①]

这是为什么春秋战国时代法家取得统治地位,而到西汉汉武帝之后儒家又取而代之的重要原因。在战乱年代,法家主张的用国家的法律规范人的行为是最有效的,所以帮助秦始皇统一了中国,但到和平年代,仅靠国家的法律治理社会就勉为其难,强调道德规范治理社会的儒家就自然成为主流的意识形态。这也可以帮助我们理解改革开放初期中国政府的几次"严打"行动的原因所在。

第五,社会分权。法律的统一性,也意味着法律规则的刚性,而法律的实施成本很高,这种情况下,多元化的社会治理机制就意味着社会分权。

社会分权是民主化的一个重要组成部分。社会分成不同的部分,通过各种不同的组织,如企业、协会、大学、社团、家族、地方组织等等,将不同的人用内部规范组织起来,可以使外部治理转化为内部治理,并通过信息传输和连带责任使得社会规范得到有效的执行。中介组织的发育程度对人与人之间的信任程度有重要的影响。[②] 一个国家的非政府组织越不发达,社会规范就越难发挥作用。如果中央集权制消灭了自发的私人组织,社会的治理就只能靠所谓的"法律"了,社会也就不成其为社会。

中国古代的社会治理就是充分利用了社会分权。即我们现在所说的"**宗法制度**",借助于家族的力量来维护社会主流的规范。民间的许多事情,法律是不管的,大部分的民事纠纷都交给了宗族内部的长老来裁判,费孝通先生在《乡土中国》中将其称为"长老政治"。而宗法制度下,许多的地方事务是由社会规范来治理的。乡规民约是一个近年来被重新加以重视的问题。[③]

5.2　法治国家和国家法治

法律和社会规范既有替代性,又有互补性。随着全球化的发展,以及法律

---

① 参见《尚书·吕刑》:"刑罚世轻世重,惟齐非齐,有伦有要。"
② Putnam（1993）; Tocqueville（1835）。
③ 如梁治平,《清大习惯法:社会与国家》,中国政法大学出版社1996年版。

不断地延伸和扩展,会不会导致社会规范在社会治理中作用的下降甚至消失?对此,国外学术界存在着不同的观点。一种观点以理查德·波斯纳为代表,认为随着社会生活的发展,法律会变得越来越重要,而社会规范变得越来越不重要。这个观点在芝加哥大学的学者中比较突出,强调国家在改变社会规范中的积极作用。[①] 而另外一派,则是以耶鲁大学的艾里克森(Ellickson)教授为代表,他们认为,当社会关系变得复杂的时候,政府就会缺乏能力获得和加工足够的信息,社会规范仍然会在不同的层面上进一步发挥更多更好的作用。[②] 在过去的 30 年中,各国越来越多地放松了管制,市场中的经济民主和经济自由不断扩大,NGO(非政府组织)在提供公共服务方面发挥更多的作用,这意味着现实生活中法律的边界越来越趋向于收缩,而更多地借助于社会规范、市场规则(market norm)。最近的一些研究表明了现代社会中的社会规范的新形式。[③]

在我看来,法律和社会规范的执行机制不同和对信息结构的要求不同,意味着它们可以在不同的层面上发挥作用,国家不可能替代社区,法律也不可能消灭社会规范。法律与社会规范的关系类似于经济学中企业和市场的关系。按照科斯的企业理论,之所以存在企业是因为市场的交易成本太高,这意味着市场交易成本的降低将导致企业规模的变小,甚至企业组织的消失。但实际上我们发现,市场交易成本越低,企业的运作效率越高;反过来,企业管理得越有效,市场运行越有序,所以大规模企业通常只存在于市场交易高度发达的国家。法律和社会规范的关系也是如此,尽管从历史上来看,法律作用范围的扩大是一个不争的事实,但法律的发展不仅没能替代社会规范,反而使得社会规范的作用更为重要。一个缺乏有效的社会规范治理的国家,不可能是一个真正的法治国家。究其原因,主要是因为法律和社会规范在很多方面是互补的,合理的法律可以降低社会规范的实施成本,而社会规范也有助于降低法律的执行成本。[④] 这里,社会中介组织起着关键的作用,如果中介组织不发达,声誉机制就建立不起来,人们就普遍不遵守基本的社会规范,法律也很难发挥应有的作用。[⑤]

对今天的中国来说,正确理解法律与社会规范的关系具有重要的现实意义和深远的历史意义。在过去的三十多年里,随着改革开放的深入,中国在建设

---

① 参阅 Sunstein (1996), Eric Posner (1999)。
② 参阅 Ellickson (1998), Cooter (1997)。
③ 参阅 Benson (1990)。
④ 再打个类比,社会治理中法律与规范的关系就像盖大楼中钢筋与混凝土的关系,楼越高,对钢筋质量的要求越高,同时对混凝土质量的要求也越高。
⑤ 张维迎,《法律制度的信誉基础》,《经济研究》,2002 年第 1 期。

一个法治国家方面也取得了不小的进步,这种进步不仅表现在法律条文的增加、律师地位的上升,也表现在民众法律观念的增强和法院自主权的扩大。但与此同时,社会规范的重要性始终不可忽略。在我看来,"法治"的实质是每个人都按照社会公认的、正义的**游戏规则**行事,这里的游戏规则不仅包括国家制定的正式法律条文,而且应该包括人们普遍认可和遵循的非正式规则——社会规范。特别是,国家制定的法律必须符合社会的基本正义和效率的要求,否则就是"恶法",充其量是法家的"法",用这样的"法"来治理国家与"人治"没有多大区别,因而不能称为"法治"。我认为,与法家相比,古典的儒家文化更符合现代法治精神(rule of law),儒家讲的"礼"本质上是社会规范与国家法律的结合。Cooter(1996)区分了"法治国家"(the rule-of-law state)与"国家法治"(the rule of state law):在法治国家,法律与基于正义观念的社会规范相一致,人们遵守法律是出于对法律本身的尊重,法律能得到有效执行;在国家法治下,法律与社会规范不一致,人们遵守法律只是出于对惩罚的恐惧,法律常常得不到有效执行。我们也要防止国家立法对社会规范治理领域的不当侵入。法律主宰一切并不是真正的法治社会。

本 章 提 要

法律和社会规范是人类社会两类基本的游戏规则。二者的不同体现在两个方面:一是执行机制不同。法律是由作为第三方的政府、法院或者专门的执行机构来执行的,社会规范的执行机制是多元化的、非公权力的;二是产生的方式不同。法律是由专门的机构(立法机关)来制定和颁布的,社会规范是自下而上自发演化而来的。

法律和社会规范之间既有替代性,也有互补性。法律如果与社会规范不兼容,就很难得到有效执行。

法律和社会规范的共同功能有三个方面:第一是激励合作,第二是协调预期,第三是传递信号。有些法律和社会规范可能同时具有这三种功能,或其中的两种,甚至一种。三者之间是相互联系的,但作用的方向也并非总是一致。

人们之所以遵守社会规范,从根本上来说,是因为社会规范是在长期的相互博弈中人们之间达成的普遍共识。有些社会规范是自我实施,有些社会规范是依赖于他人情绪化行为来执行的,有些规范是由社会认可、讥讽、驱逐、信誉等执行的,有些社会规范内化为个人的道德。

人们违反社会规范的原因包括:(1) 对内在的短期利益的重视超过了对声誉的重视;(2) 其他人没有办法对违反社会规范的人实施惩罚;(3) 存在着不

同规范的治理人群,或者规范变化太快;(4) 有时候违反社会规范是为了表达对特定群体或者组织的忠诚。

影响法律和社会规范相对有效性的因素包括:(1) 社会规范;(2) 社会规范的私人执行成本;(3) 信息流动速度和方式;(4) 社会变革的速度;(4) 社会治理的分权程度。

法律和社会规范的关系类似于企业与市场的关系。尽管从历史上来看,法律作用范围的扩大是一个不争的事实,但法律的发展不仅没能替代社会规范,反而使得社会规范的作用更为重要。一个缺乏有效的社会规范治理的国家,不可能是一个真正的法治国家。

第十四章
制度企业家与儒家社会规范

第一节　制度企业家

1.1　游戏规则的创新者

　　人类社会博弈的游戏规则是长期历史演化的结果,而不是计划设计的产物,这一结论不仅适用于社会规范和文化,也适用于大部分形式上由政府制定的法律。但是,同样需要认识到的是,在这个漫长的历史过程中,有一些重要人物对社会规范和法律的形成产生了举足轻重的影响。没有苏格拉底、柏拉图、亚里士多德、耶稣、圣奥古斯丁、阿奎那、路德、加尔文、洛克、休谟、伏尔泰、孟德斯鸠、卢梭、亚当·斯密、莫尔(John Mill)等等这样一些思想家或宗教领袖,当今西方社会的主流社会规范肯定会与现在很不相同。同样,中国社会的行为规范很大程度上是由孔子、老子、庄子、孟子、荀子、朱子、王阳明等等这样一些先哲塑造的。没有这样一些伟大的人物,我们可能生活在一个完全不同的世界里。

　　我们把这些创造和改变社会游戏规则的人物称为"**制度企业家**"①。顾名思义,"制度企业家"可以包括像邓小平这样的人物,但在本文中,我们还是主要

---

① "制度企业家"一词的英文为 institutional entrepreneur,最早是由 Eisenstadt 在 1980 年的一篇论文中引入的,DiMaggio 在 1988 年的论文中对制度企业家在制度变革中的作用做了系统的分析。过去二十多年,有关制度企业家的英文文献有上百篇之多,见 Leca, Battilana and Boxenbaum (2008)对此类文献的综述。芝加哥大学法学教授 Cass Sunstein (1996)和 Posner (2000)引入的 norm entrepreneur 的概念,也可翻译为"制度企业家"。

指非政治家的社会规范创造者,尽管从历史上看许多政治家不仅对法律的形成,而且对社会规范的形成也产生了重要影响。①

商界企业家有像亨利·福特、比尔·盖茨、斯蒂文·乔布斯等影响历史的杰出商业领袖,也有众多杂货店老板式的小人物。同样,制度企业家既包括我们前面列举的像孔子、耶稣、朱熹等这样一些名垂青史的人物,也有诸多名不见经传的无名之辈。比如说,一个乡村的婚嫁规范从"父母之命、媒妁之言"转向自由恋爱,通常是个别叛逆的年轻人发起的。同时还必须认识到的是,许多杰出的商界企业家也扮演了制度企业家的角色,他们在用新产品、新技术改变我们生活方式的同时,也改变了我们的行为规范,而且影响深远。比如说,有了互联网之后,使用电子邮件就成为人们普遍接受的信息交流规范,一个人在电子邮件里所答应的事情就是一种承诺,违反这种承诺就是不道德行为。

企业家最重要的职能是什么?创新!这一点既适用于商界企业家,也适用于制度企业家。如同熊彼特所指出的,创新是**"创造性的破坏"**(creative destruction)。② 对商界企业家来说,创新意味着用新的产品代替旧的产品,用新的生产方式代替旧的生产方式,用新的商业模式代替旧的商业模式,用新的管理方式代替旧的管理方式。对制度企业家来说,创新意味着让人们用新的价值观念代替旧的价值观念,用新的行为方式代替旧的行为方式,用新的是非观和新的善恶观代替旧的是非观和旧的善恶观,意味着我们要认同原来可能不认同的东西或不再认同我们原来认同的东西。比如说,从北宋开始,妇女缠脚逐步变成中国社会流行的习俗,一个妇女脚的大小与她在男人心目中的美成反比,"三寸金莲"被认为是最美的。但民国之后,伴随妇女解放运动的兴起,缠脚的习俗逐步被废除,脚的大小不再与女性的美相联系。这就是制度企业家创新的结果。

无论是商界企业家还是制度企业家,他们的创新能否成功,取决于他们所生产的产品或所提出的行为规则能否被"市场"所接受,能否满足社会的需要。因此,这两类企业家都必须对人性有透彻的理解,不理解人性的人不可能成为真正的企业家。

与商界企业家不同的是,制度企业家主要面临的是**大众市场**(mass market)

---

① 姚中秋在 1998 年的论文《以作为一种制度变迁模式的"转型"》一文中提出"立法企业家"的概念。这个概念用于我们后面讲的"为天下立道"的第一类制度企业家也许是合适的。

② 参阅熊彼特,《资本主义、社会主义与民主》,商务印书馆 2009 年版,第二篇。

而非**小众市场**(niche market)。① 他们的创新需要经受更长期的市场考验,他们提出的行为规范要变成人们广泛接受的社会规范就必须构成一个"**演化稳定均衡**"(见第十二章)。因此,制度企业家对人性的理解必须比商界企业家更透彻、更基本。商界企业家只需要理解人们喜欢什么,制度企业家必须理解人的本质是什么。所以毫不奇怪,古今中外伟大的思想家都从人性开始论述他们的思想。同一时代不同的制度企业家之所以提出不同的行为规范,很大程度是由于他们各自对人性的不同理解。中国春秋战国时期诸子百家之所以有善恶之争,概源于此。墨子的思想没有取得制度化的结果,很大程度上是由于他对人性的理解有偏差,而儒家的成功很大程度上与他们对人性的理解基本准确有关。墨家提出"兼爱",认为一个人对所有人都应该一视同仁地爱;孔子提出"亲亲",认为爱有等级,由近及远。现代生物学证明,爱有等级是有基因基础的,人与人之间共享的基因越多,相爱的程度就越高(见第十二章),因此像墨子主张的那种"兼爱"是不可能的(耶稣和释迦牟尼似乎也是"兼爱主义者",但其实他们与墨家不同,因为他们的思想体系中有超自然的力量)。同样,今天的环境保护主义者作为制度企业家,也是基于他们对人性的理解,也即人类追求的究竟是什么,什么决定人类的幸福。他们提出的具体的行为方式能否变成人们实际的行为规范,很大程度上取决于这些特定的规范与人性相符的程度。当然,由于人的复杂性,除了追求幸福这一点,人性很难用一个单一的维度定义,一些看似不同的观点实际可能是互补的而不是排斥的,甚至像性善性恶这样的判断都难说清谁对谁错。因此,即使不同制度企业家对人性的理解不同,他们仍然可能提出类似的行为规范;基于对人性的判断不同而提出的不同行为规范也可能并存,因为不同规范可能满足人性的不同属性。

　　人性相同,但在不同的环境下可能表现出不同的需求,审时度势识别这种需求是企业家创新的前提,生产出满足这种需要的产品是企业家创新取得成功的关键。从这个角度,我曾把商界企业家分为三类:第一类是能看到消费者自己搞不明白的需求,第二类是能满足市场上已经表现出来的需求,第三类是按订单生产。② 第一类企业家也就是创造产业的企业家,如亨利·福特、比尔·盖茨、斯蒂文·乔布斯这样的人。套用这个基于创新能力和创新水平的分类方法,制度企业家至少可以分为两类:第一类是创造社会上绝大部分人需要但还不明白应该是什么的游戏规则,第二类是创造社会上已表现出来需要但还没有生产出来的游戏规则。像孔子、苏格拉底、耶稣等,属于第一类的制度企业家,他们生于

---

① 当然也有面向小众市场的制度企业家,比如文身或其他某种装饰只在一部分人中流行。
② 参阅张维迎,《企业的两种能力》,收录于作者《通往市场之路》(2012)一书。

需要新的游戏规则的时代,但绝大部分人并不清楚新的游戏规则究竟应该是什么。而一些"移风易俗"的倡导者和旧传统的叛逆者属于第二类制度企业家。

我们将在下一节重点讨论第一类制度企业家,这里先讨论第二类制度企业家。我们知道,任何社会规范一旦形成,无论是否是帕累托最优的,改变起来就很困难。但有些社会规范对个人自由施加太多的限制,不利于大多数人的幸福,随着时间的推移会变得让许多人难以忍受,大部分人都认识到需要改变。但是正如我们曾讲到的社会规则的执行有个"二阶囚徒困境"问题一样,改变社会规范也可能存在类似的"二阶囚徒困境"问题:尽管改变旧的规范对所有人都好,但个人理性选择使得没有人愿意率先违反旧的规范。① 这是因为,一个社会规范一旦形成,个体就会担心违反该规范会引发第三方惩罚。比如说,包办婚姻一旦成为习俗,如果某对男女自由恋爱,就会受到大部分人的讥讽。类似地,缠脚一旦成为普遍的习俗,不缠脚的女孩子长大后就很难找到对象。特别是,由于信号传递的原因,即使许多人私下已经不赞成现行的规范,为了显示自己是遵守社会规范的人,他们仍然会在公开场合谴责叛逆者。但当人们对现行规范的不满积累到一定程度的时候,第二类制度企业家就呼之欲出,他们或者率先违反现行规范,或者号召人们改变旧的观念;逐步地,旧的习俗就被新的习俗所替代,如我们在婚姻观念的转变和废除妇女缠脚习俗中所看到的那样。②

近代之前欧洲流行的决斗(duel)也是一个典型的例子。决斗起因于贵族为自己的"尊严"而战,受到侮辱的一方如果不提出决斗会被人耻笑,对方如果拒绝迎战也被认为是可耻的,这样决斗就成为双方都不得不遵守的规范,尽管双方当事人可能要付出鲜血甚至生命的代价,而起因可能是一点鸡毛蒜皮的小事(如对一个妇女的评价)。由于名人更在乎"尊严",更想表现出贵族精神,所以决斗在名人之间更盛行。英国曾有四位首相参加过决斗;美国著名联邦党人亚历山大·汉密尔顿在与时任美国副总统阿龙·伯尔的决斗中受重伤,翌日身亡;第七任美国总统安德鲁·杰克逊也以决斗闻名;俄国诗人普希金在与他妻子的情人的决斗中受了致命伤;著名经济学家熊彼特也曾为一点小事与人决斗。最早站出来指责决斗这种习俗的制度企业家是罗马天主教会以及其他一些政治领袖。美国政治家富兰克林指责这一风气是"无用的暴力行为",乔治·华盛顿则在美国独立战争时期鼓励军官拒绝决斗。美国在 18 世纪之后就不再盛行决斗。有些州明文废除了决斗;有些州虽然没有明文禁止决斗,但在决斗中击伤对方者可能面临人身伤害或者过失杀人的指控。19 世纪中叶时英国社

① Sunstein(1996)讨论了这个问题。
② 参阅 Appiah(2010)第 2 章关于废除缠脚习俗的讨论。

会一般就不再赞成决斗,此后决斗就很少发生了。19 世纪末,合法的决斗在世界上基本绝迹了。国际社会目前基本已经对决斗的性质达成了共识,认为它是一种野蛮的解决矛盾的方式,不少国家已经明文禁止决斗。①

第二类制度企业家在主流意识形态的转变和政治制度的转变中也发挥着重要作用。1989 年苏东的剧变就是一个例子。比如说,到 20 世纪 80 年代后期,罗马尼亚人对时任总统齐奥塞斯库长期专制统治的不满已积累到忍无可忍的地步,但由于"尊重"他已成为基本的"社会规范"②,绝大部分人是敢怒不敢言,直到 1989 年 12 月的集会上人们还在言不由衷地高呼"万岁",但突然有人喊"打倒齐奥塞斯库!",顿时"万岁"被"打倒"替代,整个规范彻底转变了,原来正确的变成错误的,原来错误的变成正确的。那些最早喊出"打倒"二字的人就是第二类制度企业家,他们满足了人们已经表现出来但还没有表达出来的需求。事实上,大部分专制制度下的不同政见者都是这种类型的制度企业家,他们说出大部分人想说而又不敢说的话,最后改变了社会的游戏规则。

1.2　风险与理念

任何创新都是一种探险活动,面临着**不确定性**。如同商界企业家一样,制度企业家也是要冒风险的,有时要付出生命的代价。之所以如此,有三个主要原因。第一个原因是他们对社会需求的判断可能并不准确,社会生活有太多的不确定性;第二个原因是前面讲的二阶囚徒困境带来的风险,他们必须向现行的规则挑战;第三个原因是他们之间有着激烈的竞争。判断客户的市场需求不容易,判断社会发展的大势则更难。即使制度企业家的判断是正确的,他们也面临习惯于旧规则的人们的短期内不认同,这种不认同可能是出于既得利益,也可能是出于理念,甚至只是人性的惰性使然。持不同政见者受到的迫害我们耳熟能详,但历史上那些制定"大规则"的第一类制度企业家所付出的个人代价则经常被普通人忽视,后人记住了他们伟大的名字但忘记了他们所忍受的痛苦(以常人的角度看)。纵观历史,伟大的制度企业家活着的时候有好运的并不多。孔子一生生活凄惨,周游列国时如"丧家之犬";苏格拉底由于其学术激怒了雅典公民,被雅典民主政府判处死刑;耶稣被罗马帝国犹太行省执政官本丢彼拉多判处在十字架上钉死;朱熹生前被斥为"伪师",其学术被斥为"伪学",

---

① 参阅 Appiah(2010)第 2 章;百度百科"决斗"。
② 我把这里的"社会规范"打上引号,是因为它其实是专制制度强制的结果,而不是社会习惯自然形成的,所以严格讲算不上社会规范。这种对独裁者的"尊重"其实是恐惧,完全是靠主观感知(perception)维持的:我之所以要尊重你,是因为我以为别人都害怕你。一旦知道别人不再害怕你时,我对你的尊重也就没有了。由于这个原因,这种"规范"的改变经常是突然出现的。

其学生被斥为"伪徒",71岁时忧愤而终。由于这个原因,想做制度企业家的比想做商界企业家的少之又少。

制度企业家冒风险的一个重要原因是他们相互之间的竞争。衡量制度企业家成功与否的标志是他们所提出的思想和行为规范有多少跟随者,如同衡量商界企业家成功与否的标准是他们的产品有多少消费者一样。但思想和规则市场与产品市场有两点重要的不同:第一,规则市场上"赢家通吃"是通例,商品市场上"赢家通吃"是特例。制度企业家之间的竞争类似微软平台和安卓(Android)平台之间的竞争,或不同3G标准之间的竞争,比普通的产品市场更具你死我活的特征——在专制制度下更是如此。第二,规则市场的竞争是长期的历史竞争,制度企业家的"客户"经常是制度企业家身后数百年才出现。比如说,中国春秋战国时期诸子百家之间的竞争在他们活着的时候并没有见分晓,到秦始皇时代法家(霸道)占据上风,到西汉初期道家占上风,汉武帝"废黜百家,独尊儒术"后,儒家才取得决定性的胜利,此时已是孔子去世后近350年,而魏晋南北朝隋唐期间,佛教又成为重要的竞争者,有时甚至占据上风。北宋之后,由于朱熹的努力,儒家才重新夺回阵地,直到五四运动。而从政治制度看,自秦始皇之后,统治者一直是汉宣帝所说的"霸、王道杂之"(《汉书·元帝记》),所谓"阳儒阴法"或"外儒内法"。到"文化大革命"期间,中国又是内外皆法(家)。而在"打倒孔家店"口号喊出近一百年后,儒家又重新受到重视,中国政府在世界各国开办"孔子学院",更不用说学术界对儒学的重视了。

由于这个原因,也许制度企业家与商界企业家最大的不同是,制度企业家绝不可能以"盈利"为目的。一个人即使仅仅出于金钱的动机、生活的目的,也许可以成为一个杰出的商界企业家,但一个人如果以"盈利"为目标,绝无可能成为一个制度企业家,更不用说成为杰出的制度企业家了,尽管如我们曾经提到的,有些商界企业家也发挥着制度企业家的作用。

伟大的制度企业家之所以愿意冒险于社会游戏规则的创新,一定是基于他们对人类博大的爱,对改善人类命运独有钟情,基于他们与众不同的崇高理念和神圣的使命感。这种爱和使命感也许是与生俱来的,并一定是他们自觉的意识,所以我们说他们是"圣人"。即使不是圣人,他们也一定与众不同,他们至少要对死后的名声比生前的名利更看重,否则他们不可能为了理念而忍受生前的痛苦。比如说,孔子当时只要愿意放弃自己的理念,完全可以在任何一个诸侯国找到一个高级职位,享受荣华富贵;苏格拉底只要认罪,根据雅典当时的法律,可以交纳罚金或选择放逐的方式代替死刑,但苏格拉底拒绝了,选择饮下毒堇汁而死,因为他认为坚守良心和真理比生命还重要;耶稣只要认错,也可以免于一死。即使远在这些先哲之下的其他制度企业家,也需要有常人不具有的恒心,以"天下风教是非为己任"。所以,如孟子所说,"无恒产而有恒心者,惟士惟能"。

　　需要指出的是,我们前面说规则市场的竞争是"赢家通吃"并不意味着"失败者"所提出的规则和这些规则赖以建立的思想对后世社会没有发生影响。事实上,所有成功的创新都包含着对过去的继承和对当代思想的吸收。如同破产的企业一样,"失败者"的"资产"通常被"成功者"所吸纳,成为后者的一部分。比如说在印度,释迦牟尼所创立的佛教在与印度教的竞争中最后是失败了,但由于它的基本信条已为印度教的反改革运动所吸收,所以它至今仍然存在。同样在中国,后世儒家不仅吸收了佛教和道教的东西,甚至吸收了一些法家的东西,朱熹实际上是用释道改造了儒教,创造了理学。另外,由于人类分布的广泛性和社会的多样性,在一个地方失败的规则也可以在另一个地方取得成功,如佛教在印度失败而在中国和东亚成功一样。人类的流动性也意味着信守相同或类似社会规范的人可以自己组成相对独立的社会,这样,不同的制度企业家可以在不同的社会取得相同的成功,如基督教盛行于欧洲,伊斯兰教盛行于中东,儒教盛行于东亚。特别是,当人类学会更加宽容的时候,即使在同一社会,不同的社会规范也可以和平并存,相得益彰,如中国的"儒释道"三神庙所显示的。所以,总体上,人类社会可以说是一个"**多元演化稳定均衡**"。

第二节　轴心时代的制度企业家

2.1　为天下立道

　　古今中外人类历史上出现过无数可以称为制度企业家的人,他们中的一小部分名垂千古,但绝大多数即使在他们生活的时代也鲜为人知。人们公认,从公元前 6 世纪中叶开始的 500 年左右的时间,是人类文明的"**轴心时代**"①,这期间出现了世界史上一些最伟大的思想家,他们奠定了人类文明的基石,他们的思想成为后世思想的核心和支柱,至今仍然在影响着我们的行为方式和生活方式,因此可以称为最伟大的制度企业家。② 这些杰出人物包括:

　　中国:创立和发展了儒学的孔子(公元前 551—前 479 年)、孟子(公元前 372—前 289 年)、荀子(公元前 313—前 238 年),道家的老子(公元前约 300 年)、庄子(公元前 368—前 286 年),墨家的墨子(公元前 468—前 376 年);

---

　　① 　轴心时代(Axial Age)是德国哲学家卡尔·雅斯贝斯(Karl Jaspers)在第二次世界大战结束时提出的,参阅 Morris(2010),第 254—255 页。
　　② 　套用姚中秋的概念,他们是"立法企业家"。

印度：创立耆那教的大雄（公元前约 559 年），创立佛教的释迦牟尼（公元前约 560 年）；

西南亚：创立犹太教的犹太圣贤（约公元前 700—前 500 年），创立琐罗亚斯德教的琐罗亚斯德（约公元前 600 年），创立基督教的耶稣（约公元 30 年）；

古希腊：巴门尼德（公元前 515 年—前 5 世纪中叶以后）、苏格拉底（公元前 469—前 399 年）、柏拉图（公元前 427—前 347 年）、亚里士多德（公元前 384—前 322 年）等。

为什么有这样一个轴心时代？为什么有如此多的圣贤集中出现在这个时代？也许，最简单的答案是，这是一个需要杰出制度企业家的时代，是一个需要为人类文明制定新的游戏规则的时代。

公元前第一千年的前 500 年期间，无论西方（主要是西南亚）还是东方，人类正从**低端社会**（low-end society）转向**高端社会**（high-end society）。① 在低端社会，政教合一，人神一体，统治者就是超自然的神的代表，是"天之子"，他们号称与神有"热线联系"，用自己的道德秩序管理百姓，"巫术"是他们管理社会的基本方式，他们靠地方贵族（通常是他们的族人）提供军队作战，与后者分享战利品，而不是支付军费，因此，他们并不需要大的税收。在高端社会，统治者已由"天之子"变成"首席执行官"，他们不再假装与神有热线联系，妖术退出舞台，他们需要收入养活军队，需要职业化的官僚队伍，因此需要大量的税收才能维持运行。伴随从低端社会到高端社会的转变，无论东方还是西方，都是连绵不断的征服战争，统治者互相厮杀，社会秩序大乱，到处"礼崩乐坏"、"天下无道"，如果不能建立新的社会秩序，人类的苦难将日益深重。这时候，从爱琴海沿岸到黄河流域，一批杰出的思想家呼之欲出，这些人无论从社会地位看还是从地理位置看，基本上都来自边缘（个别除外），但他们认为人类应该自己掌握自己的命运，不需要神式的国王（godlike king）超度这个被玷污的世界，拯救人类只能靠我们自己，而不是腐败又残暴的统治者。他们想搞清楚这世界究竟是如何运行的，希望能为社会制定新的游戏规则，把人类从苦难中解救出来。

中国春秋战国时期诸子百家的创始人都是从传统社会中游离出来、取得自由身份的下等贵族——"士"。这些士人在政教合一（"官师治教合"）的时代，由于受职位所限，只能考虑具体的问题（"器"），没有超于职位以外论"道"的意识。但在政教分离（"官师治教分"）之后，他们开始有了寻找超越世界的"道"

---

① 我采用了 Morris（2010）的概念。

意识和责任感。① 诸子百家观点虽不相同,但他们的共同之处是想为天下立"道",找到人们正确的行为规范,使社会从"天下无道"走向"天下有道"。他们之间的不同只在于不同学派对"道"的理解有异。当然,像商界企业家一样,为了兜售自己的东西,每个人都采取差异化战略(differentiation),强调自己的思想与其他人不同。

其实,不仅在中国,还是印度、西南亚,还是希腊半岛,当时伟大的思想家面临的问题是类似的,都在寻找救世之"道",都在试图变"天下无道"为"天下有道"。比如说,正是忧心于当时雅典腐败的政治和不存在任何明确的生活准则,苏格拉底才试图用"一问一答"的对话方式发现绝对真理、绝对善或绝对美的观念,为个人行为提供永久的指导。柏拉图的目标是要实行一个既能维持贵族特权,又能为贫苦阶级接受的"和谐社会",他为此提出了由四个等级组成的"理想国"。亚里士多德作为一个百科全书式的学者,试图寻找自然界和人类生活各个方面的秩序。

轴心时代不同的圣贤给出了不同的"道",但就指导人类生活的基本准则而言,他们的"道"有许多共同之处。过去我们习惯于谈论东西方古典思想的差异,这种差异确实存在,但现在看来,这种差异被大大夸大了。事实上,中国诸子百家之间的差异可能并不小于东西方之间的差异。比如说,儒家理想国与道家理想国之间的差异绝不比儒家理想国与柏拉图理想国之间的差异小;古希腊诡辩家与中国道家的共同之处远大于儒家与道家的共同之处;墨子与耶稣之间的差异未必比墨子与孟子之间的差异大。或许,不同学派之间的最大差异是有没有上帝和天国。还有一种流行的观点是,西方古典思想家拥护民主,而中国古典思想家拥护专制。事实上,古希腊对轴心时代思想真正的贡献不是来自对民主的赞扬,而是来自对民主制度的批评,苏格拉底、柏拉图和亚里士多德三位贤圣都是民主制度的坚决反对者。②

2.2　人类的行为准则

那么,轴心时代杰出的制度企业家给出的人类行为应遵守的共同价值规范有哪些呢? 我总结为以下五点:

(1) **以人为本**　轴心时代的绝大部分思想家都认为,人是所有生物中最高贵的,人类是万物之主,只有人是理性动物,社会秩序的目的就是人的幸福。亚

---

① 余英时:《中国文化通释》,三联书店 2012 年版,第 11 页。西周封建制时代是政教合一,姚中秋《封建》一书第七章对"天、神、人"三者的关系有详细讨论。
② 参阅 Morris(2010),第 260 页。

里士多德为所有生灵设立了等级,人在拥有"机械性生长"以及感觉能力的同时,还有理性,因此人类的灵魂比动物和植物都优越。孔子的学术完全以人为中心,"仁者,人也"(《中庸》),"人,天地之性(生)最贵者也"(《说文》)。荀子指出:"人有气,有生,有知,亦有义,故最为天下贵也。"墨家更是以人为本,主张兼爱,人人天生平等。耶稣认为,上帝按照自己的愿望创造了人,对人情有独钟,赋予人理性;上帝的爱包容全人类,而非个别的小团体。佛教讲爱适用于一切生灵,但出于轮回转世的目的,也把人列为最高级的生物。

既然人是万物之主,一切典章制度和行为规范就都必须以增进人类的幸福为出发点,而不能以维护一部分人的利益为出发点,更不能为了一部分人而牺牲另一部分人的利益。这应该是"道"的标准,也是判断善恶的标准。儒家讲"正德、利用、厚生",就是以人民的幸福为目标行德治。法家最大的问题是把"富国强兵"作为目标,所以他们设计的游戏规则经常是反人性的。

但人可以是一个集体概念,也可以是个体概念。美国学者斯达克认为,在所有轴心时代的思想中,或许只有基督教强调了个体主义和自由,而其他思想家多强调集体主义(Stark,2005)。希腊哲学家那里没有我们今天讲的"个体"的概念,柏拉图撰写《理想国》的时候,把重心放在城邦,而不是公民个人,他认为城邦作为整体的幸福远比个人的幸福重要。但基督教从一开始就教导人们,罪过是个人的事情,而不是集体固有的性质;人类有能力和责任决定自己的行为,每个人都有自由意志,有机会选择,因此都必须对自己的行为负责;善恶是我们自己的选择,上帝只是一位奖"善"惩"恶"的法官。当然,斯达克的说法只是一家之言,以牟宗三先生的说法,以"理性之内容表现"而言,儒家也是主张个体主义的,尊重个体生命是"仁"的基本精神,所谓"民之所好好之,民之所恶恶之",只是儒家的个体主义没有"理性之外延表现"(即没有自由、平等、人权、权利这些形式概念)。① 或许我们可以补充说,道家也是强调个体主义和自由的,所谓"我无为,而民自化;我好静,而民自正;我无事,而民自富;我无欲,而民自朴"(《道德经》第五十七章)。

(2) **推己及人** 社会是由人组成的,每个人都有自己的偏好和利益,这是人与人之间发生冲突的根源。那么,在人与人交往中应该遵守什么样的基本规则呢?孔子认为,人际关系的最高原理是"仁",仁的含义就是人们相互把对方当成与自己相同的人对待。由此衍生出两个原则:忠和恕。"己所不欲,勿施于人"是"恕","己欲立而立人,己欲达而达人"是"忠"。

孔子提出的"己所不欲,勿施于人"的"恕道",现在被称为"黄金法则"(

---

① 参阅牟宗三,《政道与治道》,广西师范大学出版社 2006 年版,第七章。

golden rule 或 golden law)①。孔子提出这个处理人与人之间关系的基本法则确实非常伟大,但这一法则在轴心时代许多其他伟大的思想家中也是一个基本法则,有些可能更早,可以说是轴心时代伟大思想家的共识,几乎没有哪一种文化或宗教不包含这样的规则。比如希腊哲学家皮特库斯(Pittacus,公元前 640—前 568 年)就曾说过:"Do not to your neighbor what you would take ill from him."(不要对你的邻居做你不喜欢他对你做的事情);几乎生活在同时代的希腊哲学家泰利斯(Thales,公元前 624—前 546 年)说过:"Avoid doing what you would blame others for doing."(不要做你抱怨别人做的事情);佛法里类似的话也很多,如要像对待自己一样对待他人(treat others as you treat yourself);如果你不想被别人伤害,你也不要伤害别人(Hurt not others in ways that you yourself would find hurtful);耶稣也说过许多类似的话,如"Do unto others as you would have them do unto you"(你不喜欢别人对你做的事情,你也不要对别人做);如此等等,举不胜举。② 这些格言都可以翻译成"己所不欲,勿施于人"。事实上,基督教认为这一"黄金法则"来自耶稣。如果我们不是拘泥于文字,《墨子》和《道德经》的许多话都有类似的意思。

　　"黄金法则"意味着人与人之间是平等的,只有平等的人才会站在别人的角度考虑问题,将心比心,推己及人。这种平等是道德上的平等,人格上的平等。基督教主张上帝面前人人平等,人间虽有不平等,但在上帝眼里,所有人都是平等的;墨家认为人人生而平等,机会应该均等;儒教虽然强调等级,但这种等级是建立在天生平等基础上的职业之分和职位安排,因为"人人可以成尧舜"。如果一个人认为自己天生比别人高一等,怎么可能站在别人的角度考虑问题呢?怎么可能会像希望别人对待自己一样对待别人呢? 所以法家不大可能提出这样的法则,柏拉图也不可能推出这样的法则。

　　"黄金法则"的核心是每个人都应该尊重别人的偏好和权利,这种尊重是对等的、相互的,这与现在讲的自由原则和产权规则是一致的。尊重别人的偏好就是尊重别人的自由。既然你不喜欢别人剥夺你的自由,你也就不应该剥夺别人的自由;既然你不喜欢别人随意干预你的生活,你也就不要随意干预别人的生活;既然别人拿走你的财产你会不高兴,你也就不应该随便拿走别人的财产。正因为如此,17 世纪的英国哲学家托马斯·霍布斯将"己所不欲,勿施于人"总结为自然法的简易总则。它是如此简易,以致最平庸的人也能理解。③

---

　　① 这一概念是17 世纪70 年代出现的。参阅 Antony Flew, ed. (1979),"golden rule",*A Dictionary of Philosophy*, London: Pan Books in association with The MacMillan Press, p.134.

　　② 参阅维基词典(Wikipedia),"Golden rule"词条。

　　③ 托马斯·霍布斯,《利维坦》,商务印书馆 2009 年版,第 120 页。

有人认为"己所不欲,勿施于人"还不够,应该再加上"己所欲,也不施于人"才对。这听起来有道理,但实则不然,完全是多此一举。问题的关键是混淆了物(或具体的行为)与权利。如果把所"欲"理解为对"物"的偏好或具体的行为,那么,"己所不欲,勿施于人"就变成"我不喜欢汽车,我就不应该要求他人喜欢汽车",自然就应该加上"即使我喜欢汽车,也不能要求别人也喜欢汽车"。但如果把"所欲"理解为对自由和权利的偏好,就不存在这个问题。既然我不喜欢别人强加于我我自己不喜欢的东西("己所不欲"),我当然就不应该强加于别人他自己不喜欢的东西("勿施于人"),因此在任何情况下,我都应该尊重别人的自由和权利,但我仍然可以给予别人他喜欢的东西。我喜欢汽车,但别人不喜欢,我强迫他喜欢,这本身就违反了"己所不欲,勿施于人"的规则。但即使我不喜欢汽车,但别人喜欢汽车,我送他一辆汽车有什么不对呢?(但如果他不喜欢我送而喜欢自己买,我就不应该送。)

(3) 互助相爱　推己及人作为处理人与人之间关系的基本准则,不仅要求人与人之间要"互敬",也意味着人与人之间要"互爱"。每个生活在社会中的人都需要别人的帮助,都渴望得到别人的爱,相互仇恨导致冲突,谁都不可能活得幸福。你想别人怎么对待你,你就应该怎么对待别人。你想得到别人的帮助,你就应该帮助别人。你希望得到别人的爱,你也就应该爱别人。你想自己生活得幸福,你就得让别人也生活得幸福。因此,互助相爱就成为轴心时代许多思想家的共同主张,他们希望用"爱"拯救世界。儒家思想的核心是"仁",孔子将"仁"定义为"爱人","己欲立而立人,己欲达而达人"。儒家的爱虽有等差,越亲近,爱得越深,越疏远,爱得越浅,但仍然是普遍的,所谓"老吾老以及人之老,幼吾幼以及人之幼"(孟子)。即使不同等级之间,爱也应该是相互的,而不是单向的,所谓"君君臣臣父父子子"之间的义务是相互的,《礼记·礼运篇》中说:"父慈、子孝、兄良、弟弟、夫义、妇听、长惠、幼顺、君仁、臣忠,十者谓之人义。"墨子主张"兼爱",所有人一视同仁,"视人之国若视其国,视人之家若视其家,视人之身若视其身"。老子告诫我们"既以为人己愈有,既以与人己愈多。天之道,利而不害;人之道,为而不争"(《道德经》第八十一章)。佛陀要我们大慈大悲,因为爱他人会使一个人更接近快乐;不仅爱自己的朋友和普通人,也要爱自己的敌人;不仅爱人类,也爱所有生灵。耶稣的信徒以耶稣之口说出类似先前佛陀和墨子同样的信条:"爱你的仇人,为那逼迫你们的人祈祷"(《马太福音》第 5 章第 25 节);"爱是恒久忍耐,又有恩赐;爱是不嫉妒,爱是不自夸,不张狂,不作害羞的事,不求自己的益处,不轻易发怒,不计算人的恶,不喜欢不义,只喜欢真理,凡事包容,凡事相信,凡事盼望,凡事忍耐"(《歌林多前书》第 13 章)。庄子虽讲"相濡以沫,不如相忘于江湖",但仍然肯定"相濡以沫"是可贵的,只是认为自由和自立比依赖别人更重要。

　　我曾讲过,从古到今,人类追求幸福的方式只有两种逻辑:强盗的逻辑和市场的逻辑。[①] 强盗的逻辑是通过让别人不幸福而使自己幸福,市场的逻辑是通过让别人幸福而获得自己的幸福。轴心时代盛行的是强盗逻辑,所谓"国相攻,家相篡,人相贼","强执弱,众劫寡,富侮贫,贵傲贱,诈欺愚"(墨子语)。当时的思想家试图用"互助相爱"来驱逐当时盛行的强盗逻辑,变"天下无道"为"天下有道",恢复社会和谐。"互助相爱"实际上是一种市场的逻辑,因为它不是否认利己,而是主张利己先利人,只有让别人幸福才能达到自己的幸福。比如说,墨子讲得很明白,有人反对"兼爱",是因为"不识其利";其实,爱别人对自己是有利的:"爱人者,人必从而爱之;利人者,人必从而利之;恶人者,人必从而恶之;害人者,人必从而害之。"[②]

　　但由于当时生产力落后,技术进步缓慢,财富的主要形态是有限的土地,除了像司马迁等极少数人外,绝大部分思想家(包括柏拉图和亚里士多德)看不到市场竞争可以带来双赢的结果,不理解"看不见的手"的魅力。[③] 因此,他们不是把增加生产满足需要而是把节制欲望作为人们追求幸福的主要方式,主张"清心寡欲"、"无欲无求",认为只有利人之"心"才可以有利人之"行",世界才可以没有罪恶,人类才可以幸福。在这一点上,无论孔子、墨子、老子,还是释迦牟尼、耶稣,意见都是一致的。但两千多年后的今天,我们应该认识到,市场制度是实现"互助相爱"最有效的方式(当然不是唯一方式),只要人们奉行"己所不欲,勿施于人"的原则,利己之"心"完全可以变成利人之"行",相争可以不相害。

　　(4)**诚实守信**　在社会博弈中,一个人选择什么行为,很大程度上依赖于对他人行为的预期,对他人行为的预期既与其"言"有关,也与其"行"有关,言是传递信息、许诺怎么做,行是实际怎么做,所以孔子讲"听其言,观其行"。言行一致是人类互助合作的基础,只有言行一致,人们才有稳定的预期,才有基于长远利益的行为,社会才能和谐。言行不一会搅乱人们的预期,使行为难以协调,必然导致社会冲突。言行一致就是说话算数,诚实守信。

　　轴心时代的大部分思想家都把诚实守信作为人们应该遵守的基本准则。儒家学说把"仁、义、礼、智、信"作为"立人"五德。《周易·文言传》讲"修辞立

---

　　① 参阅张维迎,《市场的逻辑》(增订版),上海人民出版社2012年版。
　　② 参阅易中天,《我山之石》,广西师范大学出版社2009年版,第63页。
　　③ 应该说,儒家是承认市场作用的。孔子特别喜爱的弟子子贡就是中国历史上有名的大企业家,司马迁写《货殖列传》以陶朱、子贡开端,《论语》中孔子与子贡的对话完全用当时市场的语言作为"论道"的媒介。孟子承认市场分工,提出"通工易事"说(《孟子·滕文公上》)。明代理学家王阳明在给商人方麟写的"墓表"中说"四民异业而同道"。参阅余英时著《近代中国儒教伦理与商人精神》(见《中国文化史通释》,三联书店2012年版。)

其诚",就是要说真话。孔子讲:"人而无信,不知其可也。大车无輗,小车无軏,其何以行之哉?"(《论语·为政》)孟子讲:"诚者天之道也,思诚者人之道也。至诚而不动者,未之有也;不诚,未有能动者也。"(《孟子·离娄上》)墨子说:"志不强者智不达,言不信者行不果。"(《墨子·修身》)老子曰:"信言不美,美言不信。"庄子说:"不精不诚,不能动人。"(《庄子·渔父》)佛教五戒"不杀生,不偷盗,不邪淫,不妄语,不饮酒",其中"不妄语"与儒家的"信"相通,就是不欺骗他人,凡不如心想而说,皆是妄语。犹太圣贤告诫人们:"说谎言的嘴,为耶和华所憎恶;行事诚实的,为他所喜悦。"(《圣经旧约·箴言》,第12章第22节)摩西十诫的第九诫是"不可作假见证陷害人"(《圣经出埃及记》,第20章第2—17节)。"人在最小的事上忠心,在大事上也忠心;在最小的事上不义,在大事上也不义。"(《路加福音》,第16章第10节)苏格拉底建议人应该过一种诚实的生活,荣誉要比财富和其他表面的东西重要。他认为,人有责任追求人格的完美,举止光明磊落,并为建设一个公正的社会而努力工作。

或许应该指出的是,基督教讲的诚信与我们一般的诚信有所不同,耶稣强调的是对上帝的诚信。只要每个人对上帝是诚信的,人与人之间就是诚信的。也就是说,人与人之间的诚信是通过上帝这个中介保证的,也惟其如此,诚信方可实现。对一个信教的人来说,这样的诚信要求更有力,因为一个人对他人隐瞒事实真相、说谎,不一定被对方察觉,但上帝无所不知,人的一言一行上帝看得清清楚楚,任何欺骗行为都会被上帝识破。所以,真正的基督徒在任何情况下都应该是诚实的(除非说谎是为了对他人的爱,如保护他人的生命)。

诚实守信不仅是做人的规则,也是执政者必须遵守的基本规则。《论语》中,子贡问孔子怎样治理政事,孔子说:"备足粮食,充实军备,政府得到老百姓的信任。"子贡又问:"如果迫不得已要去掉一项,在这三项之中去掉哪一项呢?"孔子说:"去掉军备。"子贡再问:"如果迫不得已还要去掉一项,在这两项之中又去掉哪一项呢?"孔子回答说:"去掉粮食。因为,自古以来谁也免不了一死,没有粮食不过是饿死罢了,但一个国家不能得到老百姓的信任就要垮掉。"①这一点法家也是高度重视的,商鞅辕门立木的目的就是要在百姓心目中建立一个说话算数的形象,韩非子也讲"小信诚则大信立"。

"诚实守信"的行为准则实际就是博弈论讲的重复博弈的声誉机制。不同之处在于,轴心时代的思想家把它作为行为准则,现代博弈论则严格证明,它是个人的长远利益所在。一个人只有言而有信,才能得到他人的信任;只有人们

---

① 子贡问政。子曰:"足食,足兵,民信之矣。"子贡曰:"必不得已而去,于斯三者何先?"曰:"去兵。"子贡曰:"必不得已而去。于斯二者何先?"曰:"去食。自古皆有死,民无信不立。"

重视信誉,才能走出"囚徒困境",实现合作共赢的结果。

(5) **奖善惩恶**　轴心时代的思想家虽然认为只有互助相爱、诚实守信,人类才能从相互仇恨的罪恶中解脱出来,世界才有救,但他们也明白,让人们做到互助相爱和诚实守信是不容易的。他们提出的教义(或理论)是"**规范性的**"(normative),即人们应该那样做,而不是"**实证性的**"(positive),即人们实际上一定会那样做。他们不可能不明白,人是有自己的利益的,甚至是自私的,人们常常是从自身利益出发选择做什么或不做什么,正因为如此,天下才变得无道。所谓善恶之争不过是语义上的误解(misunderstanding),人性无所谓善恶。孟子讲"人性善"是说人性可以"向善",如果环境对的话;是告诫那些作恶的人"你不是人"。如果人本性是善的,怎么可能有那么多恶呢? 怎么还需要他来教导呢? 荀子讲"人性恶"是说可以"化性起伪",走向善。① 如果人本性是恶的,你改造又有什么用呢? 本性怎么能改造呢? 因此,无论孟子还是荀子,"善"不过是给社会成员定的一个行为标准。正因为人性无所谓善恶,轴心时代的许多思想家才相信人"心"是可以改造的,才提出了他们各自的主张。但改造人心不是仅靠说教就能完成的,所以他们都提出了改变人的心和行的激励机制。

轴心时代的思想家提出的激励机制基本是相同的,就是"奖善惩恶"。儒家讲"赏贤使能",讲"无德不贵,无能不官,无功不赏"(荀子),区别"君子"与"小人",就是希望通过功名利禄的诱惑使人们做君子不做小人。事实上,儒家之所以强调等级,一个重要的原因是把等级作为"奖善惩恶"的激励机制(详细讨论见下一节)。墨子讲"兼爱",但他设计的激励机制几乎与今天人们主张的激励机制没有什么区别,被易中天先生概括为"自食其力,按劳分配,各尽所能,机会均等"②。墨子主张"得善人而赏之,得暴人而罚之","有能则举之,无能则下之",坚决反对不劳而获("无故富贵")。在中国古典思想家中,老子等道家学派的人物似乎是反对"奖善惩恶"的,所谓"不尚贤,使民不争;不贵难得之货,使民不为盗;不见可欲,使民心不乱"(《道德经》第三章)。但他其实是反对统治者的任意奖惩和过度奖惩,反对奖惩手段控制在统治者手里,而不是反对无为而治下的自然奖罚。

佛陀大慈大悲,主张宽容,善待恶人,但通过灵魂的"轮回转世"设计了一个更厉害的"奖善惩恶"机制。按照佛教教义,善有善报,恶有恶报,每个连续的生命都按照其前世行为的道德程度被赋予"高等"或"低等"的身体,只有最积德行善者才能进入"涅槃"境地。相信这一教义的人自然只敢作善不敢作恶了。

---

① 参阅易中天,《我山之石》,第 17 章。
② 参阅易中天,《我山之石》,第 5 章。

耶稣与佛陀类似,他说要"爱你们的仇人",不主张"以牙还牙、以眼还眼",但他用"天堂"和"地狱"作为奖惩手段,让公正的上帝行使最终惩罚之权。

上帝和天国的奖惩比尘世的奖惩更有力、更有效。"天网恢恢,疏而不漏。"一个人可以背着别人干坏事,但没有办法背着上帝干坏事。进一步,因为上帝与人签订的是长期契约,是算总账的契约,任何人如果想得到上帝承诺的最终回报(如来世的不朽),就必须时时刻刻保持一颗善良之心,行善良之举,不违反上帝的意志。所以,如果一个人真正相信上帝的存在,对他的人间监督的必要性就大大降低了。当然上帝知道,人是不可能不犯错误的,因为人间总是充满诱惑。上帝宽容又仁慈,会原谅人的一些错误,给予人悔过自新的机会,但前提是人能真正认识到自己的错误,向上帝忏悔,并用善行来赎罪。所以,在大部分宗教中,忏悔就成为人请求上帝(或上帝的代表)原谅的基本规则,就像生活中我们做错事时向对方道歉然后得到谅解一样。

对大部分轴心时代的思想家来说,"奖善惩恶"是正义和公平的重要组成部分,如果行善之人和作恶之徒得到的报答是一样的,这样的社会显然是不公正的,是无"道"的。所以,人人应该有是非之心,不应该把个人好恶作为判断善恶的标准。

如果我们套用前面讲的博弈理论,以上五点基本思想可以概括为:人类有权追求自己的幸福,但如果个人只考虑自己的短期利益,会导致"囚徒困境"(互相伤害);为了解决这个问题,就需要人们遵守一些基本的行为规范(克制自己的私欲、推己及人、互助相爱、诚实守信);为了使这些行为规范得到有效执行,不仅需要人们有善心,也需要"奖善惩恶"的激励机制;当人们认识自己的长远利益,"奖善惩恶"机制得到公正执行,人与人之间相偶不相残、相亲不相害,人类就可以走出囚徒困境,享受和谐而幸福的生活。

2.3 成功者的轨迹

轴心时代的思想家都以变"天下无道"为"天下有道"为己任,但作为制度企业家,他们中有的成功了,有的不很成功,有的则彻底失败了。成功者之所以成功,首先是因为他们提出的游戏规则构成人类社会的演化稳定战略,随着时间的推移,追随者越来越多,最后成为社会的行为规范,成为我们称之为"文化"的东西。如果他们所提出的游戏规则不构成演化稳定,那一定会在演化中被淘汰。但失败者之所以失败,原因可能比较复杂,可能是他们提出的游戏规则不是演化稳定战略(墨家或许属于此类),也可能是由于偶然的历史原因,这些游戏规则没有机会变成现实的游戏规则,如同英国人选择了开车靠左行而不是靠右行一样。当然,如我们已经指出的,有些思想家看起来没有成功,但他们的思想已融入成功者的名下,仍然在影响着我们的生活。

　　站在两千年之后的今天来看,轴心时代最成功的制度企业家当属柏拉图、亚里士多德、犹太圣贤、孔子、老子、释迦牟尼、耶稣等这样一些圣贤。柏拉图在西方世界的影响力是如此之大以至于有学者评论道,一切后世的思想都是一系列为柏拉图思想所作的脚注。① 亚里士多德被中世纪的基督教学者称为"知识之父",他提出的科学研究的游戏规则统治西方学术界两千年,他有关政治和道德方面的理论,至今仍在使用。释迦牟尼创立的佛教、耶稣创立的基督教与公元 7 世纪穆罕默德创立的伊斯兰教(后两者都是源于希伯来圣经)并称为世界三大宗教。孔子创立的儒家学派虽然不被当做宗教,但一直主导着东亚社会的文化。老子创立的道教虽然只在西汉初期充当"国教",但它至今仍在中国社会有重要影响。

　　但成功总是来之不易。历史告诉我们,轴心时代的制度企业家创立的社会行为规范,从创始者提出到变成社会的主导文化,通常要经历数百年艰难曲折的斗争。这些行为规范在最初提出的时候经常被当做反社会的力量,创始人及其追随者会受到社会和当权者的残酷迫害,只有在追随者的人数达到一定的临界值之后,才被容忍,甚至摇身一变,被统治者确定为"国教"。以基督教为例,从公元 30 年耶稣在十字架上受难到公元 392 年罗马皇帝狄奥多西宣称基督教为罗马帝国"国教",经历了 360 多年,与从孔子去世到汉武帝确定"独尊儒术"所经历的时间长短差不多。这期间,除了要面对其他宗教仪式、哲学信仰的竞争之外,基督教还要与反基督教势力做斗争,而罗马帝国就是基督教最大的反对势力。基督教徒拒绝膜拜帝王被认为不利于政治稳定,罗马当局给基督教冠上"道德淫荡"(乱伦)的教派称号,试图以惩处甚至逐个迫害的方式铲除基督教。其中最著名的迫害包括:公元 64 年尼禄皇帝在罗马点燃一场具有毁灭性的大火,指责是基督徒纵火。在这次迫害中,圣彼得和圣保罗两位门徒也因被困在罗马城中而丧生。公元 250 年,德西乌斯(Decius)皇帝在整个罗马帝国发起了对基督徒第一次有组织的迫害。公元 257 年,维勒里安(Valerian)皇帝再次迫害基督徒,并于公元 258 年处死了教皇西斯特二世。从公元 303 年一直到公元 311 年,戴里克皇帝以前所未有的热情对基督徒实施全罗马帝国境内最为惨重、持续时间最长的一次迫害。他出台的法令剥夺了基督徒所有的荣誉和社会地位,并规定对他们施以酷刑和残害,无论对错,他们都没有权利为自己申诉。法令还剥夺了基督徒的自由,不允许他们进行自我防卫。这也是罗马帝国历史上对基督徒的最后一次迫害。公元 313 年,君士坦丁大帝颁布了《米兰法

---

　　① 参阅罗杰斯,《西方文明史:问题与源头》,第 15—16 页。

令》，基督教获得受尊重的地位。他还将大量财富转移给教会，对教堂实行免税政策，承认教会的等级制度。公元 337 年，君士坦丁大帝在病床上接受了基督教的洗礼。公元 360 年，尤里安皇帝曾试图恢复异教但却失败。公元 392 年，在狄奥多西大帝统治下，基督教正式成为罗马帝国的国教。①

佛教在中国的传播也经历了类似的过程。佛教在两汉之间传入中国，到南北朝才得到大发展。到公元 400 年的时候，全国大约有 100 万的佛教信徒。在北方，佛教徒主要集中在大城市，使得他们在皇权的压力面前居于非常脆弱的地位。当时北方最强的北魏政权建立了专门的政府部门监管佛教徒，北魏世祖太武帝和北周武帝时都发生过禁佛和迫害佛教徒的事件。在南朝中国，佛教徒分散于长江流域，而不是集中于首都建康（今南京），使得他们可以借助于当地大豪族的保护对抗统治者，有时迫使皇帝做出让步（如公元 402 年，和尚被准许在皇帝面前不磕头）。到公元 500 年，佛教徒已达到 1 000 万左右，无论北方还是南方，统治者都采取了类似君士坦丁大帝对基督徒的政策，给寺庙财产，减免寺庙的赋税。梁武帝萧衍（公元 464—549 年）笃信佛教，自称"三宝奴"，四次舍身入寺，皆由国家出钱赎回。他建立了大批寺庙，亲自讲经说法，举行盛大斋会。隋朝两位皇帝都支持佛教，隋文帝统一南北朝后，即下诏在五岳胜地修建寺院各一座，并恢复了在北周禁佛时期所破坏的寺庙佛像。唐代是中国佛教臻于鼎盛时期。唐朝帝王虽然自称是道教教祖老子的后裔，尊崇道教，但实际上是采取道佛并行的政策。但是，到唐武宗（公元 840—846 年在位）时期，由于社会、经济等各方面的原因，佛教被认为是对政权的威胁，发生了大规模的禁佛事件。武宗下令没收寺院土地财产，毁坏佛寺、佛像、淘汰沙门，勒令僧尼还俗。据《唐会要》记载，当时拆毁了寺院 4 600 余所，招提、兰若等佛教建筑 4 万余所，没收寺产，并强迫僧尼还俗达 260 500 人。佛教受到极大的打击。② 到宋代之后，佛教在中国的地位才真正得到稳固，一直到 20 世纪中叶至 70 年代一次更大规模的禁佛、毁佛运动。

用我们在第十二章讲的演化博弈的语言来讲，轴心时代成功的制度企业家所提出的思想和社会规范最初是作为"**变异**"侵入社会，但在漫长的适者生存的过程中，不仅没有被消灭，反而随着时间的推移不断壮大，最后成为社会的主流，证明它们构成演化稳定战略。但我们必须把这里的"**适者**"（fitness）作新的解释。在生物博弈中，"适者"是指其基因具有更强的复制能力。在第十二章讲的社会博弈中，"适者"是指长期来看支付最大的行为方式。现在，我们必须把

---

① 参阅罗杰斯，《西方文明史：问题与源头》，第三章。
② 参阅 Morris(2010)，第 326—329 页；百度词典，"中国佛教"。

"支付"理解为更一般的"幸福"。人的幸福程度不仅与物质享受有关,也受信仰的影响。① 比如说,对普通人来讲,长期不吃肉是痛苦的,但对真正的佛教徒而言,不吃肉才是幸福,强迫佛教徒吃肉会使他们痛苦不堪。许多基督徒和佛教徒(以及其他宗教信仰者)愿意为信仰而殉道,而不是苟且偷生,意味着对他们来说,与死亡相比,放弃信仰是更大的痛苦。② 孟子主张"杀身成仁"。共产党闹革命时许多人为信仰而死也是同样的道理。人们对自由的追求也如此,所以裴多菲写出了"生命诚可贵,爱情价更高,若为自由故,二者皆可抛"的名句。如此一来,在人类社会的竞争中,有信仰者比没有信仰者具有更强的生存能力。这就是为什么历史上政府对宗教的迫害不仅不能消灭它,反而使其更强大的原因。

从管理学上我们知道,当商界企业家引入一种新的产品时,刚开始市场规模很小,增加速度也不快,但当市场规模超过某个临界值之后,消费人数就迅速增长,一直到市场逐步趋于饱和,这被称为"**S 形生命周期曲线**"。成功的制度企业家所提出的理念和社会行为规范也有类似的 S 形曲线:初期追随者很少,然后逐步增加,当其信徒的人数超过某一临界值后,就迅速增加,直到这种理念和行为方式成为社会的主流文化。这与我们在第十二章讲的演化稳定均衡的收敛轨迹是一致的:一种行为方式的人越多,扩散越快。

图 14-1 是公元 50—350 年间基督教在罗马帝国和公元 100—550 年间佛教在中国的扩散过程的对数线性(log-linear)图,其中横坐标表示年份(以 50 年为单元),纵坐标表示信徒的人数。注意,信徒的人数以 10 的对数为单元,这样后一单元是前一单元的 10 倍,即从下到上信徒人数依次为 1、10、100、1 000、10 000,等等。

大致来讲,基督徒在罗马帝国的年平均增长率是 3.4%,每 20 年翻一番;佛教徒在中国的年平均增长率是 2.3%,每 30 年翻一番。这样的增长率看起来不起眼,但由于其复利效应,一开始人口中微不足道的信徒在三四百年后就成为

---

① 从 2005 年到 2009 年,Gallop 世界调查在全世界 150 个国家调查了宗教情感、生活满意度、社会支持以及内心的喜乐状态之间的关系。研究者发现,在缺乏足量食物、工作和健康关注的社会,拥有宗教信仰的人实际上要比那些不信教的人更幸福。在这些国家的信教者同时也认为,他们比起那些不信教的同辈人来说,感觉上受到的公共支持更多。但是在那些拥有足够社会支持的国家,宗教信仰与幸福之间的关系比较复杂。一方面,在更为富有的国家中,信教者和不信教者都比那些生活在缺乏足够支持的环境中的人们要幸福;但是,有趣的是,在更富有的国家中,那些有宗教信仰的人实际上却比他们没有信仰的邻居们更缺乏幸福感。研究者在美国社会中发现了同样的差异:在贫穷一些的州中,更多的人拥有信仰,并且这些州中的信教者倾向于比非信教者拥有更多的幸福感。这篇研究发表在《个人和社会心理杂志》(*Journal of Personality and Social Psychology*),2011 年第 6 期。参阅 Diener 等(2011)。

② Stark 认为,殉道是一种理性选择。参阅 Stark(1996),第 8 章。

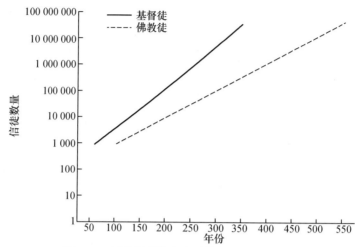

图14-1 罗马基督徒和中国佛教徒的增长情况

资料来源：Morris(2010)，第327页。

人口的主体。公元50年时罗马帝国的基督徒大约有1400人左右(占总人口的0.0023%)，公元200年时大约是21.8万(占总人口的0.36%)，但到公元350年的时候，基督徒人数已有3380万左右(占总人口的56.5%)。[1] 类似地，公元100年的时候，中国的佛教徒不过1000人左右，公元400年达到100万，但到公元500年时佛教徒已超过1000万，公元550年时超过3000万。

第三节　儒家社会规范

3.1　作为社会规范和法律的混合体的礼

如同释迦牟尼和耶稣一样，孔子也是轴心时代最成功的制度企业家之一。最初的几百年，儒家也面临着与其他"诸子百家"的竞争，被统治者排斥，甚至经历了秦始皇"焚书坑儒"的迫害，但自汉武帝按照董仲舒的建议"废黜百家、独尊儒术"之后，儒家文化就成为中国的主流文化，主导中国社会两千多年。儒家被中国人和东亚其他国家的人广泛地接受，并且在今天又被重新阐释，有些学者提出了儒家复兴的概念，可见其生命力之强。[2]

儒家文化构成一个社会治理的主导体系，是因为它为社会提供了一个**规范**

---

[1]　参阅Stark(1996)，第7页。

[2]　后世统治者和学者对孔子的儒家思想有很多刻意或无意的扭曲，本章我们讨论的是汉代之前的古典儒家思想。

模式(norm and formulae),在中国历史中体现为"礼法"制度。前面我们分析过,当社会规模扩大的时候,相对于社会规范,法律在社会治理中的作用将不断增强。但中国或许是一个例外,在很长的历史时间内中国一直是世界范围内最大的共同体,儒家文化一直是社会治理的主导力量,至少表面上如此。究其原因,在本质上,儒家制定的游戏规则是一种社会规范和法律的混合体。

儒家文化的核心是什么?学术界有不同的观点,比如研究孔子的学者可能会认为,"仁"是儒家文化的核心。但我们所说的儒家文化,是构成中国的社会治理机制的核心规范,是一个思想体系的制度化构造,因此其核心是"礼治","仁"是"礼治"的灵魂。儒家的思想塑造了中国的制度,即便是秦朝也不例外。最近的考古发现也从侧面证明了儒家思想在秦朝的重要影响。对此给出最好总结的是陈寅恪先生,他说:"儒者在古代本为典章学术所寄托之专家。李斯受荀卿之学,佐成秦制。秦之法制实儒家一派学说之所附系。中庸之车同轨、书同文、行同伦(即太史公所谓"至始皇乃能并冠带之伦"之伦),为儒家理想之制度,而于秦始皇之身得以实现之也。汉承秦业,其官制法律亦袭用前朝。遗传至晋以后,法律与礼经并称,儒家周官之学说悉采入法典。夫政治社会一切公私行动莫不与法典相关,而法典为儒家学说具体之实现。故两千年来华夏民族所受儒家学说之影响最深最巨者,是在制度法律公私生活之方面;而关于学说思想之方面,或转有不如佛道二教者。"[①]尽管存在着不同的思想和学说,儒家文化仍然是中华帝国,甚至是中华民族的制度内核。

这种制度有别于其他制度的核心是什么?或者说,儒家制度,核心的治理特点是什么?儒家所主张的社会秩序是每个人的生活方式和行为,符合其所在社会、社区、团体中的角色、身份和地位,是家国一体的行为规范的结合。不同的身份有不同的行为规范,即所谓的礼,儒家认为每个人只要遵守符合其身份、地位的行为规范,就可以维持理想的社会,国家可以长治久安。儒家主张德治,相信君子作为理想的人格,同时,人是可以教化的,教化对社会规范的服从起着核心的作用,进而就演化为人治。法家是从"富国强兵"的角度出发制定法律,儒家则是从和谐一致的人际关系角度出发制定游戏规则,这是两者根本不同的地方。

儒家的种种思想,在两千年的中国法律发展中,不断地通过"春秋决狱"、"援礼入法"等方式将基于身份和伦理的道德规范直接变成法律,从而形成了独特的治理方式:社会规范和法律紧密结合,相互协调一致。儒家文化下的社会治理,是以宗法为基础的社会分权的社会规范来调整社会中的大多数行为,特

---

①　陈寅恪:《审查报告三》,载冯友兰,《中国哲学史》(下),中华书局1961年版。

别是"**定分止争**"的许多规范,都不采用民事赔偿方式而是采用刑事调整方式来加以调整。人们心目中的法律就是刑罚。大多数的纠纷不上升到官府,而是采用民间的宗法自治、长老政治等方式来解决。

当然,儒家思想中社会规范和法律是有主次的。几乎没有一个儒家知识分子会认为不需要刑罚(法律)[1],但也没有一个儒家知识分子会认为法律是第一位的,德主刑辅的关系是不能被颠倒的。孔子坚信,"道之以政,齐之以刑,民免而无耻;道之以德,齐之以礼,有耻且格"(《论语·为政第二》)。朱熹认为,"号令既明,刑罚亦不可弛,苟不用刑罚,则号令徒挂墙壁尔,与其不遵以梗吾治,曷若惩其一以戒百?"因此,在儒家看来,法律是社会规范或者说道德的配合和手段。

3.2 协调预期与定分止争

正如前文很多地方已经分析的那样,儒家文化下的中华帝国,是一个以社会规范或者说道德为主导的治理机制,而孔子是一个伟大的"制度企业家"(norm entrepreneur)。但儒家规范的形成并非圣人的主观臆造,而是孔子等人根据当时的生活实际提炼出来的,是社会演进的结果,是经过长期的探索和试错(trial and error)形成的。这是儒家之所以有竞争力的重要原因。

和现代法律体系在社会中的作用一样,儒家制度的一个重要功能是**协调预期和定分止争**。

儒家的"礼"从何而来?在学术界有不同的看法,但有一点是共同的:礼是来源于原始的社会习俗。《礼记》中的解释是"礼之始,始诸饮食"(《礼记·礼运》)。陈登原先生的考证是非常精确的,他引证了《春秋说题辞》"黍者绪也,故其立字,禾入米为黍,为酒以扶老,为酒以序尊卑,禾为柔物,亦宜养老",指出"以上谓等威之辨,尊卑之序,由于饮食荣辱"。[2] 而后,"缘人情而制礼,依人性而作仪"。因此,礼是起源于定分止争的,同时,"在社会分化程度的视角之中,所谓礼,是处于乡俗和法治之间的"[3]。社会的发展是一个从"俗"、"礼"、"法"的渐进的制度演化过程。

从礼的起源可以看出,最初的礼和饮食先后顺序有关。用我们第三章中讲的例子,就是解决当两个人进门的时候,谁先走的问题,协调出一个纳什均衡。"尊老爱幼"就是这样一个礼。

---

① 陈登原先生甚至指出,先秦各家均强调法治,不过依据的原则不同而已。参见陈登原,《国史旧闻》,中华书局 2000 年版,第 289—291 页。

② 陈登原:《国史旧闻》,第一卷,中华书局 2000 年版,第 29 页。

③ 阎步克:《士大夫政治演生史稿》,北京大学出版社 1996 年版,第 79 页。

因此,儒家"礼"的重要功能,就是协调预期、定分止争。这一点荀子讲得很清楚:"人生而有欲,欲而不得则不能无求,求而无度量分界则不能不争,争则乱,乱则穷。先王恶其乱也,故制礼义以分之,以养人之欲,给人之求,使欲必不穷乎物,物必不屈于欲。两者相持而长,是礼之所(以)起也。"(《荀子·礼运》)一个社会,大家都有欲望,就会出现冲突,协调冲突就需要一系列的规范。礼的核心是分,或者说是一个界限,用以消除争执而维持尊卑上下,"礼者已有近于刑法"①。

当这种协调预期的规则进一步演化的时候,就上升到治国之道,"道德仁义,非礼不成;教化正俗,非礼不备;分争辨讼,非礼不决;君臣上下,父子兄弟,非礼不定;宦学事师,非礼不亲;班朝治军,莅官行法,非礼威严不行;祝祷祭祀,共祭鬼神,非礼不成不庄"(《礼记·曲礼上》),"礼之于正国也,犹衡之于轻重也;绳墨之于曲直也;规矩之于方圆也。""敬让之道也,故以奉宗庙则敬,以入朝廷则贵贱有位,以处室家,则父子亲,兄弟和,以处乡里,则长幼有序。孔子曰,安上治民,莫善于礼。此之谓也"(《礼记·经解》)。将礼的地位上升到制度的最高地位,就是要社会中每个人都有规矩可循。

这种思想,在《论语》中已经表达得非常清楚了。"齐景公问政于孔子。孔子对曰:君君,臣臣,父父,子子。"(《论语·颜渊第十二》)君主按照君主的规范,臣子按照臣子的规范,父亲按照父亲的规范,儿子按照儿子的规范来行事,就会各有各的样子,各得其所,各归其位。

长期以来,人们有一种误解,认为孔子讲"君君臣臣父父子子",是主张人与人之间的不平等,特别是下级对上级的绝对服从。历代统治者也喜欢这样解释孔子的思想。其实,孔子强调的是不同地位的人之间的**相互责任**(reciprocity)。任何人不论出于什么地位,要想得到,就必须给予,都必须遵守相应的"道"。君有君之道,臣有臣之道;父有父之道,子有子之道。君仁与臣忠互为前提,父慈与子孝互为前提。只有每个人按照自己的角色所规定的方式行事,别人才会有一个稳定的预期,知道自己应该如何行为,社会才会和谐。君不仁,臣不忠,父不慈,子不孝,必然导致社会秩序的混乱。这与今天我们强调的老板与员工之间的关系准则是一样的,老板要善待员工,员工也要恪守职业道德,惟其如此,企业才能搞好。

在好多情况下,"礼"要成为协调预期和定分止争的规则,必须以"异"为前提。"异"就是我们在第十二章讨论产权规则的时候讲的,赋予不同的人不同的标签。比如说,不同身份的人有不同的衣着打扮,就有助于协调他们的行为。

---

① 陈登原:《国史旧闻》,第一卷,中华书局2000年版,第152页。

所以荀子讲:"故人之所以为人者,……以其有辨也,……故人道莫大于辨,辨莫大于分,分莫大于礼。"这是礼必须形式化的重要原因。不同身份的人有不同的礼:贵有贵之礼,贱有贱之礼,尊有尊之礼,卑有卑之礼,长有长之礼,幼有幼之礼。

3.3 君子与激励机制

儒家制度也是一种**激励机制**,靠等级划分制度来完成社会的治理,其标准从根本上来说,就是"君子"。"君子"不是先天给予的身份,而是做人的标准,或者说是后天论功行赏的奖章,如同我们现在的"五一劳动奖章"一样。一个人具有仁爱之心,又能约束自己,道德高尚,就被视为君子,而相反地,损人利己者被视为小人。孔子心目中的君子,正是能克服囚徒困境中机会主义行为的人。

我们看一下孔子在《论语》中提到的"君子"形象,这个词在该书中一共出现了 106 次,其中大部分是孔子的话。其中很多讲到了君子的修养和学习,但更多的则是对君子的品德的"应然"期望:

首先,君子是遵守社会道德、等级、规范的人:"君子怀德,小人怀土;君子怀刑,小人怀惠"(《论语·里仁第四》);"有君子之道四焉:其行己也恭,其事上也敬,其养民也惠,其使民也义"(《论语·公冶长第五》);"君子博学于文,约之以礼"(《论语·雍也第六》);"先进于礼乐,野人也;后进于礼乐,君子也。如用之,则吾从先进"(《论语·先进第十一》);"君子义以为质,礼以行之,孙以出之,信以成之。君子哉!"(《论语·卫灵公第十五》);"君子有三畏:畏天命,畏大人,畏圣人之言"(《论语·季氏第十六》)。

其次,君子是一个利他主义者,或者说,是一个考虑长远,不注重眼前利益的人,是一个有耐心的人:"君子不器"(《论语·为政第二》);"君子喻于义,小人喻于利"(《论语·里仁第四》);"君子成人之美,不成人之恶。小人反是"(《论语·颜渊第十二》);"君子疾没世而名不称焉"(《论语·卫灵公第十五》);"君子谋道不谋食。耕也,馁在其中矣;学也,禄在其中矣。君子忧道不忧贫"(《论语·卫灵公第十五》);"君子义以为上"(《论语·阳货第十七》)。

再次,君子是一个谦让的人,是一个"不争"的人:"君子无所争,必也射乎!揖让而升,下而饮,其争也君子"(《论语·八佾第三》);"君子矜而不争,群而不党"(《论语·卫灵公第十五》)。

最后,君子是一个合作的人:"君子和而不同,小人同而不和"(《论语·子路第十三》)。

从上面的几点可以看出来,按照孔子的定义,"君子"就是社会博弈中一个人应该遵循的行为标准。以这样的行为标准行事,人们就可以走出囚徒困境。

到了孟子、荀子那里,更进一步,"君子"就是一个奖章,即通过社会等级制度的
设计,让"君子"既有高的社会地位,又有好的物质待遇,激励人们做"君子"不
做"小人",实现社会的进步。用荀子的话说,就是这样的制度设计:"德必称位,
位必称禄,禄必称用"(《荀子・富国》);"无德不贵,无能不官,无功不赏,……
朝无幸位,民无幸生,尚贤使能而等位不移"(《荀子・王制》);"论德而定次,量
能而授官,皆使人载其事而各得其宜。上贤使之为三公,次贤使之为诸侯,下贤
使之为大夫"(《荀子・君道》)。在后面的朝代中,"举贤良"的"九品中正制",
就是通过各地的官员推荐当地的"孝廉"(君子)来做官,这种制度即便在科举
制度实行之后仍然大规模地存在。因此,儒家的激励机制设计就展现出非常巧
妙的构思,通过教化培养君子来克服囚徒困境,通过社会选拔和社会分层来保
证君子有好报。

我们可以用如图 14-2 所示的博弈总结儒家激励制度的基本思路。

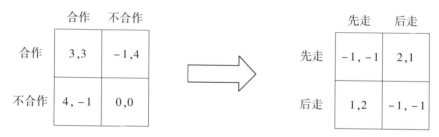

图 14-2　作为激励机制的等级制度

图 14-2 中左边的博弈是我们所熟悉的囚徒困境博弈,右边的博弈是一个协
调博弈。由于协调博弈中的每个人的收益依走的先后有不同,先走的人比后走
的人得到的报酬高(类似等级制度),因此,如果社会能够根据个人在囚徒困境
博弈中的表现来确定协调博弈中的行走顺序,就得到了一个激励机制。

具体来说,我们把囚徒困境博弈中的"合作者"称为"君子","不合作者"称为
"小人";协调博弈中的"先走者"解释为"上级","后走者"解释为"下级"。设想
社会博弈是一个两阶段博弈:第一阶段人们进行囚徒困境博弈,第二阶段人们
进行协调博弈。假定社会实行这样的规则:根据第一阶段个人在博弈中的表现
确定每个人在第二阶段的位置;特别地,第一阶段表现为君子的第二阶段成为
上级,表现为小人的第二阶段充当下级。显然,给定这样的激励机制,每个人在
第一阶段博弈中就有积极性选择合作,争当君子,社会就可以走出囚徒困境。

这就是儒家主张用**等级制度**作为激励机制的道理所在。等级制度既是一
个协调机制,又是一个激励机制。儒家强调等级制度常常被人们所误解,好像
儒家是主张人与人是不平等的,其实,儒家认为"人人皆可为尧舜",君子并不是

天生的，而是通过自己的努力可以实现的。儒家的社会等级是奖善惩恶的激励制度。在今天的市场经济中，货币形态的报酬是最重要的激励手段，但在古代社会，市场不发达，仅靠货币形态的奖惩是不够的，社会等级是最重要的奖惩手段。所以，奖励君子的最好办法是集"位、禄、名"于一体，所谓"大德必得其位，必得其禄，必得其名，必得其寿"（《中庸》），"为仁者宜在高位"（孟子）。正因为如此，论功行赏和任人唯贤就成为儒家的一贯主张。①

用**等级制度**来解决囚徒困境，在企业理论上很早就被分析了。第二章中我们已经讲过，美国经济学家阿尔钦和德姆塞茨 1972 年发表的《生产、信息与经济组织》一文认为，解决团队中偷懒问题的办法是让其中的一个人变成监督者（monitor），监督其他的人，赋予其团队的产权。社会中的情况与之类似，社会中最常见的是搭便车行为，如果让其中的一部分人位高于其他人，或者赋予其所有权，让他来领导社会，就可以解决搭便车问题。但对于地位高的人，如何约束呢？除了所有权，就是**声誉制度**，即利用君子注重名声的特点来约束他。

报酬和奖励，不仅仅体现在君子能够获得好的名声，受人尊敬，还要通过一系列的制度来加以保障，特别是法律作为道德的补充，更要体现出来。因此，在古代中国，不同等级的人的权利和义务是不一样的。我们从历代的法律中可以看到，对住宅、衣服、器物、婚宴、丧葬、祭祀的仪式，甚至大门上用什么漆，都是不一样的，不能僭用。良民和贱民是不一样的，贱民包括奴隶、倡、优、皂隶。如果贱民打伤良民，加重处罚；如果良民打伤奴隶，则从轻处罚；奴奸良人要加重，良人奸贱人处罚减轻。当君子被选拔成为官吏、贵族就更拥有了法律上的特权，犯罪不按照一般的司法程序逮捕、审判和判刑，"刑不上大夫，礼不下庶人"②，荀子明确地说，"由士以上则必以礼乐节之，众庶百姓则必以法数制之"（《荀子·富国》）。汉代有先请制度，魏朝以后有"八议"制度，还可以照例减等、赎、官当。在清朝的时候，进士、举人、贡、监、生员犯笞、杖轻罪，可以照例纳赎。在程序法上，也不是对等的，官员可以不和平民在公堂上对质，可以用家人来出庭，《周礼》中就有命夫命妇不躬坐狱讼的规定。这些制度，既表现了法律从属于礼的治理方式，也反映了儒家对声誉机制和等级作为激励机制的重视。

---

① 《白虎通义》中说："或称君子何？道德之称也。君之为言群也；子者，丈夫之通称也。"《汉书·刑法志》说："夫人宵天地之貌，怀五常之性，聪明精粹，有生之最灵者也。爪牙不足以供耆欲，趋走不足以避利害，无毛羽以御寒暑。必将役物以为养，任智而不恃力，此其所以为贵也。故不仁爱，则不能群；不能群，则不胜物；不胜物，则养不足。群而不足，争心将作，上圣卓然先行敬让，博爱之德者，众心说而从之。从之成群，是为君矣；归而往之，是为王矣。"君者，群也，君子就是具有卓越合群意识和能力的人，他们依靠道德、能力而成为领导者，发起组织，并承担管理工作，从而克服集体行动的困境。

② 第七章中，我们把"刑不上大夫，礼不下庶人"解释为声誉机制对位高权重的人更有效，与这里的解释并不矛盾。

在当时的社会,如果所有人适用一样的惩罚,君子和小人同等受刑,等级制度的激励效应就会大大降低。

这和法家是根本不同的,商鞅主张"壹刑","圣人之为国也,壹赏,壹刑,壹教……所谓壹赏者,利禄官爵抟出于兵,无有异施也……所谓壹刑者,刑无等级,自卿相、将军以至大夫、庶人,有不从王令、犯国禁、乱上制者,罪死不赦……所谓壹教者,博闻、辩慧、信廉、礼乐、修行、群党、任誉、清浊,不可以富贵,不可以评刑,不可独立私议以陈其上"(《商君书·赏刑》),反对刑法和教化的不对等。韩非也主张,"法不阿贵,绳不挠曲。法之所加,智者弗能辞,勇者弗敢争。刑过不辟大臣,赏善不遗匹夫。故矫上之失,诘下之邪,治乱决缪,绌羡齐非,一民之轨,莫如法。厉官威名,退淫殆,止诈伪,莫如刑。刑重,则不敢以贵易贱;法审,则上尊而不侵。"(《韩非子·有度第六》)因此,尽管中国始终有"王子犯法与庶民同罪"的说法,有法家的统一刑罚的主张,但儒家制度下的社会治理,就其克服了囚徒困境、搭便车等社会问题而言,还是有它的相对优势。当然,这个制度基本上不容许有出现误差的空间,而且也没有提出如果出现误差,如何才能纠正的问题。但如果不考虑社会规范的有效作用,简单地把儒家批评为落后、保守,这显然是低估了儒家知识分子的创造力和认知力。

3.4　儒家文化作为古代社会游戏规则的价值

儒家文化在传统社会中的先进性,在于避免了近现代法律体系的那种高成本,很好地用社会规范解决了庞大帝国的治理问题。它的效率表现在以下几个方面:

第一,**社会分权**的规则体系,法律仅仅是用来支持社会的权威体系和主导性社会规范的,而不是试图解决所有的问题。这表现在儒家制度对礼法关系的认识上,最精辟的论述当属在"援礼入法"中的名臣杜预(中国古代的法学家),"法者,盖绳墨之断例,非穷理尽性之书也。故文约而例直,听省而禁简。例直易见,禁简难犯。易见则人知所避,难犯则几于刑厝。刑之本在于简直,故必审名分。审名分者,必忍小理。"①这明确地解释了法律应当简明,配合礼治中的"名分"而忍"小理"的道理。

贾谊在其论述中,非常明确地分析了礼治而不是"法治"(是法家讲的"法治",不是现代宪政意义上的法治)的优点:"凡人之智,能见已然,不能见将然。夫礼者禁于将然之前,而法者禁于已然之后,是故法之所用易见,而礼之所为生难知也。若夫庆赏以劝善,刑罚以惩恶,先王执此之政,坚如金石,行此之令,信

---

① 《晋书·卷三四·列传四·杜预传》。

如四时,据此之公,无私如天地耳,岂顾不用哉?然而曰礼云礼云者,贵绝恶于未萌,而起教于微眇,使民日迁善远罪而不自知也。孔子曰:'听讼,吾犹人也,必也使毋讼乎!'为人主计者,莫如先审取舍;取舍之极定于内,而安危之萌应于外矣。安首非一日而安也,危者非一日而危也,皆以积渐然,不可不察也。人主之所积,在其取舍。以礼义治之者,积礼义;以刑罚治之者,积刑罚。刑罚积而民怨背,礼义积而民和亲。故世主欲民之善同,而所以使民善者或异。或道之以德教,或驱之以法令。道之以德教者,德教洽而民气乐;驱之以法令者,法令极而民风哀。哀乐之感,祸福之应也。"①

法律作为道德伦理、社会规范的辅助而不是主导,是中华帝国两千年间社会治理的主要特点。汉儒公孙弘早就提出赏罚应以礼义为标准。他在对策中对汉武帝说:"故法之所罚,义之所去也;和之所赏,礼之所取也。"东汉廷尉陈宠云:"礼之所去,刑之所取,失礼则入刑,相为表里者也。"明丘浚《大学衍义朴》云:"人必违于礼义,然后入于刑法。"②吕思勉先生对中国古代制度的考察中,也指出:"古语有云:出于礼者入于刑。由今思之,殊觉无所措手足。所以然者,一以古代社会拘束个人之力较强,一亦由古之礼皆原于惯习,为人人所知,转较后世之法律为易晓也。古者君子行礼不求变俗,亦以此。后世疆域日扩,各地方之风俗各有不同,而法律不可异施,个人之自由亦遗扩张,则出礼入刑之治不可施矣。此自今古异宜,无庸如守旧者之妄作概叹,亦不必如喜新者之诋訾古人也。"③

借助于分散在基层社会的君子和其教化,儒家建立了基层社会的**自我治理机制**,而将大多数的纠纷遏制在事前,这是儒家治理规则的基本出发点。它避免了法律实施中的高成本,而采用了"**多数人监督**"的方式。这种低成本的治理模式随着中华帝国疆域的扩大而更具有适应性。

第二,治人而不是治规则,承认规则的多样性,给予社会自发形成的伦理等规则发挥作用的空间,避免了随着中华帝国疆域的扩大而带来的"规则体系的内部冲突"问题。由于中华帝国始终是疆域辽阔,而"十里不同风,百里不同俗",在这个条件下,只有放弃规则的统一和刚性,而代之以社会等级的**社会分权控制**,才能有效地维持中华帝国的统一。法律仅仅是规定一些比较严重的犯罪,而对社会分级加以支持。

第三,社会规范的建立需要长时间的努力,而摧毁社会规范也需要长时间

① 《汉书·卷四十八·贾谊传第十八》。
② 转引自瞿同祖:《法律在中国社会中的作用——历史的考察》,《中外法学》,1998年第4期。
③ 吕思勉:《中国制度史》,上海世纪出版社、上海教育出版社2002年版,第644页。

的努力。礼治在中华帝国根深蒂固,在很大程度上是这种治理模式决定的。而如果采用法律治理,其形成比较容易,而摧毁它也会相对容易。

在君主专制制度瓦解之后,中国的法律不断地变化。从民国时期的资本主义法律体系,到共产主义的、社会主义的,有特色的社会主义的,甚至目前的中国香港、澳门、台湾地区等等的法律体系,都可以看出法律维持的规则体系容易被破坏。而在中国的历史中,蒙古人、满族人入主中原之后,都必须接受儒家文化,否则无法统治下去。难道不是说明中国的两千年历史中,流淌的儒家文化的血液,塑造了中国的坚实个性吗?

第四,礼法制度中的法律,注重的是法律的权威,而不是法律的具体规则。正是采用了"君子"政治制度,从而社会制度的主要职责是如何"遴选"君子,依赖于君子治国,也是一种精英政治。

儒家文化中更关注对官员的治理和约束,更注重如何让官员应当具备应有的权威,而不是具体考察官员做什么。这是一个非常重要的启示。当社会变成**"层级制度"**之后,对官员的约束而不是对民众的约束更为重要。这在明朝可以看出来,"太祖治吏不治民"。法律作为第三方的执行机制,如果不注重权威的塑造,而只不过是事后纠纷的处理者,不注重"防患于未然"的事前效率,法律的实施也不可能有效地引导民众。

前面我们着重分析的是**"礼法"**,而阎步克教授提出了**"礼仪"**的重要性。[①]这和我们前文所分析的伦理和教化的关系是互为印证的。教化是养成遵守社会规范的重要途径,应当告诉民众,什么是可以做的,什么是不可以做的。这是教化的重要内容。同时,礼仪也是通过外在的形式,来提醒人们遵守规范,邀请别人更好地监督自己。一个官员应当像一个官员的样子,人们看到一个穿官服的人,就可以预期他如何行为,否则就会构成"失仪"。而对参加博弈的人来说,服从一定的礼仪,服从一定的社会规范,也会向别人发送和传递信号:我是一个愿意合作的人。更为重要的,礼仪也是塑造权威的重要途径,一个行为符合更高等级规范的人,就会更有权威,而礼仪保证了这种权威可以显示出来,从而得到更大的服从。而法律则是配合这一套行为模式的。

3.5　古典儒家的法治精神与中国的未来

理解法律和社会规范的激励原理和相互关系,以及各自的条件和边界,对理解我们今天的社会治理有重要的意义。中国需要走向法治社会,但在法治社会的建设中,既要借鉴和吸收西方文化和法律制度,又要"接地气",也就是与中

---

① 阎步克:《士大夫政治演生史稿》,北京大学出版社 1996 年版。

国的传统文化和游戏规则衔接。

本章对儒家文化的分析,一个结论是古典儒家更注重规则实施的事前效率和公平,更注重"民心",更注重法律的权威。在我们看来,古典儒家文化更符合现代法治精神(rule of law),而法家的主张更符合依法治国(rule by law)。儒家接近一种**自然法**的精神,而不是法家的**实证法**。①

中华文明从一开始就形成了与西方自然法类似的思想。在《尚书·皋陶谟》中,史书记载的中国第一位最高司法官皋陶说:"天叙有典,勑我五典五敦哉。天秩有礼,自我五礼有庸哉。同寅协恭和衷哉! 天命有德,五服五章哉。天讨有罪,五刑五用哉。政事懋哉懋哉。天聪明,自我民聪明;天明畏,自我民明威。"皋陶断言,人世间各种规则,都有其超越的终极渊源,那就是至高无上的天。而民意在很大程度上就是天意。**自然法**的一个基本思想是,法律是天意,也即人民意志的体现,只有符合人民意志的法律才是正当的法律,应该得到遵守;否则法律就是"恶法",恶法非法,人民有权不遵守。儒家对统治阶级的要求是更高于统治阶级本身的一种"天意",实质上就是民心。任何统治阶级,要想具有真正的合法性就要真正按照老百姓的意志办事,为老百姓谋利益,否则,就没有合法性。孟子虽然讲"天与之",但实际他讲的"天"是"民"的神化,是民的"代言官",所谓"天视自我民视,天听自我民听"(《周书·泰誓》)。因此,君主的统治权形式上是"天与之",实际上是"民授之"。儒家绝不认为统治者有永远统治的天然权利。孟子讲,如果君主不称职怎么办? 先是劝,劝三次不行就应该废了他,这时"废"就是合法的。在儒家文化里面,如果一个皇帝长期不为民众谋福利,不勤政爱民,就没有了正当性。一旦统治者失去了正当性,造反就是正当的。② 由于这个原因,后代统治者许多不喜欢孟子,朱元璋就是一个典型的例子。

问题是,现实中要确定什么情况下**正当性**已不存在,是一件不容易的事情,不同的人群可能有不同的判断,甚至南辕北辙。造反的成本也太大,想搭便车的人太多(又是一个囚徒困境),无法频繁使用。这使得即使实际上失去正当性基础的统治者,也可以靠武力和专制延续相当长时间的统治。

两千年来的儒家,一直在寻找一把对付君主的"倚天剑",但并不成功。董仲舒用"天"的行为来作为判断君主的合法性的标准,比如发生自然灾害,如地震、洪水、瘟疫、饥荒,是上天对君主的警告,看你是不是有什么做得不检点的地方,自己反思反思。但一则自然灾害与统治者的德行并没有必然联系,这使得

---

① 李约瑟或许是最早提出儒家自然法思想的学者。参阅《中国科学文明史》(1)。
② 洛克在 1689 年出版的《政府论》中提出了类似的观点,对西方民主制度的形成产生了重要影响。

"天"的权威大大降低；二则仅靠统治者自己反思是很难的，就像一个医生没有办法给自己动手术一样，所以儒家根本没有办法阻止昏君和暴君的出现。儒家用的另一种办法是"说服"。儒家知识分子认为教导皇帝、"纳谏"是保证统治者为人民服务的最重要的手段，而唐太宗和魏征的君臣关系是儒家知识分子的理想状态。所以我们看到，历史上总有一些士大夫对统治者"冒死犯谏"。但统治者经常会"龙颜大怒"，把冒犯他们的大臣或贬职或处死。儒家知识分子制约统治者还有一种方式是"清议"，像明朝晚期的东林党人，流离于政权之外进行批评。其他的制约方式，乏善可陈。

历史发展到今天，我们已经清楚，儒家虽有"民本"的思想，但没有民主的制度架构。对付君主的"倚天剑"只能是宪政和民主，只有政府受到法律的约束，"权为民所赋"，才有可能使得政府真正做到"执政为民"。诚如当代新儒家的代表人物牟宗三先生所言："中国以前只有'**治权的民主**'，而没有'政权的民主'。从考进士、科甲取士等处，即可见治权是很民主的。但真正的民主是'**政权的民主**'。唯有政权的民主，治权的民主才能真正保障得住。以往没有政权的民主，故而治权的民主亦无保障，只有靠'圣君贤相'的出现。然而这种有赖于好皇帝、好宰相出现的情形是不可靠的。"[1]

但从我们前面的分析可以看出，古典儒家文化与法治和民主并不矛盾。从中国台湾地区和东亚其他国家（地区）的现代化转型看，儒家文化不仅能适应现代民主和法治宪政制度，而且可以成为中国社会制度转型的积极力量。用儒家文化否定民主和法治是错误的，用民主和法治否定儒家文化同样是错误的。现在不少人把过去半个多世纪形成的当代文化当做中国传统文化，是一个极大的误解。把当代人犯的错误归结到两千多年前的圣贤头上，不是出于无知，就是出于无耻。

我们必须认识到，法治建设和民主化是一个漫长的过程，必须从老树上嫁接出来。中国传统社会有三大支柱：**皇权制度**、**科举制度**、**儒家文化**。但在 20 世纪初短短的十几年时间，三大支柱全部倾倒；1905 年废除了科举制度；辛亥革命把皇帝打倒了；1919 年五四运动把"孔家店""砸"了。由此带来的是连续几十年的社会混乱。中国现代化的许多问题，可能需要我们更进一步地思考，需要深入地理解中国固有的治理之道，尊重和运用中国人在过去几千年积累的智慧。变革的过程不能太急躁，欲速则不达。

---

① 牟宗三，《政道与治道》，广西师范大学出版社 2006 年版，第 18 页。

本 章 提 要

人类社会博弈的游戏规则是长期历史演化的结果,而不是计划设计的产物,但有一些重要人物对社会规范和法律的形成产生了举足轻重的影响。这些重要人物可以称为"制度企业家"。

企业家最重要的职能是创新!对制度企业家来说,创新意味着让人们用新的价值观念代替旧的价值观念、用新的行为方式代替旧的行为方式、用新的是非观和新的善恶观代替旧的是非观和旧的善恶观,意味着我们要认同原来可能不认同的东西或不再认同我们原来认同的东西。

衡量制度企业家成功与否的标志是他们所提出的思想和行为规范有多少跟随者。

制度企业家主要面临的是大众市场而非小众市场。他们的创新需要经受更长期的市场考验,他们提出的行为规范要变成人们广泛接受的社会规范就必须构成一个"演化稳定均衡"。因此,制度企业家对人性的理解必须比商界企业家更透彻、更基本。

制度企业家要冒巨大的风险,有时要付出生命的代价。这是因为:第一,他们对社会需求的判断可能并不准确,社会生活有太多的不确定性;第二,他们面临二阶囚徒困境带来的风险,他们必须向现行的规则挑战;第三,他们之间有着激烈的竞争。

伟大的制度企业家之所以愿意冒险于社会游戏规则的创新,一定是基于他们对人类博大的爱,对改善人类命运情有独钟,基于他们与众不同的崇高理念和神圣的使命感。所以我们说他们是"圣人"。

人类文明的"轴心时代",出现了人类历史上一些最伟大的制度企业家。他们以变"天下无道"为"天下有道"为己任,奠定了人类文明的基石,他们的思想成为后世思想的核心和支柱,至今仍然在影响着我们的行为方式和生活方式。

孔子是轴心时代最成功的制度企业家之一。儒家文化构成一个社会治理的主导体系,是因为它为社会提供了一个规范模式,在中国历史中体现为"礼法"制度。

儒家制度的一个重要功能是协调预期和定分止争。协调预期的规则进一步演化的结果,就上升到治国之道。

等级制度既是一个协调机制,又是一个激励机制。靠等级划分制度来完成社会的治理,其标准从根本上来说,就是"君子"。

儒家虽有"民本"的思想,但没有民主的制度架构,所以他们未能找到对付君主的"倚天剑"。历史发展到今天,我们已经清楚,对付君主的"倚天剑"只能是宪政和民主。

但古典儒家文化与法治和民主并不矛盾。儒家文化不仅能适应现代民主和法治宪政制度,而且可以成为中国社会制度转型的积极力量。

宪政法治建设和民主化是一个漫长的过程。欲速则不达。

参考文献

英文部分

Abreu D. ,1986,"External Equilibria of Oligopolistic Supergame. " *Journal of Economic Theory* 39: 191—225.

Acemoglu, D. and J. A. Robinson, 2006, *Economic Origins of Dictatorship and Democracy*, Cambridge University Press.

Akerlof, G. ,1970,"The Market for Lemons: Quality Uncertainty and the Market Mechanism. " *Quarterly Journal of Economics*, 84(3):488—500.

Alchian, A. and H. Demsetz, 1972,"Production, Information Costs and Economic Organization. " *American Economic Review*, 62:777—795.

Appiah, K. A. , 2010, *The Honor Code: How Moral Revolutions Happen*, W. W. Norton & Company, Inc. (中文版:〔美〕奎迈·安东尼·阿皮亚,《荣誉规则:道德革命是如何发生的》,中央编译出版社 2011 年版。)

Armstrong, M. , S. Cowan and J. Vickers, 1995, *Regulatory Reform*, MIT Press.

Arrow, K. , 1963, *Social Choice and Individual Values*. New York: John Wiley and Sons. (Revised Edition)

Arthur, W. B. , 1990, "Positive Feedback in the Economy. " *Scientific American*, 262:92—99.

Arthur, W. B. , 1994, *Increasing Returns and Path Dependence in the Economy*, Ann Arbor, Michigan: University of Michigan Press.

Aumann, R. , 1976, "Agreeing to Disagree. " *Annals of Statistics*, 4:1236—1239.

Aumann, R. , 1976,"An Elementary Proof that Integration Preserves Uppersemicontinuity. " *Journal of Mathematical Economics*, Elsevier, 3(1): 15—18.

Aumann, R. , 1987, Game Theory, in J. Eatwell, M. Milgate, and P. Newman, eds. , *The*

New Palgrave Dictionary of Economics. London: Macmillan.

Aumann, R. and S. Hart, 1992, *Handbook of Game Theory with Economic Applications*, North-Holland.

Axelrod, R. and W. D. Hamilton,1981, "The Evolution of Cooperation." *Science*, *New Series*,211 (4489):1390—1396.

Axelrod, R. , 1984, *The Evolution of Cooperation.* Basic Books.

Axelrod, R. , 1986, "An Evolutionary Approach to Norms." *American Political Science Review*, 80(4):1095—1111.

Barnett, Thomas P. M. , 2009, *Great Power: America and the World After Bush*, G. P. Putnam's Sons Publisher.

Baro, R. , 1986, "Reputation in a Model of Monetary Policy with Incomplete Information." *Journal of Monetary Economics*, 17: 3—20.

Basu, K. , 1998, "Social Norms and the Law." published in Peter Newman, ed. , *The New Palgrave Dictionary of Economics and Law.* London: Macmillan.

Basu, K. , 2000, "The Role of Norms and Law in Economics: A Essay on Political Economy." Working Paper, Department of Economics, Cornell University.

Bendor, J. and P. Swistak, 2001, "The Evolution of Norms." *American Journal of Sociology*, 106(6):1493—1545.

Bergstrom,T. C. , 2002, "Evolution of Social Behaviour: Individual and Group Selection." *Journal of Economic Perspectives*, 16(2): 67—88.

Bernheim, D. D. and M. Whinston,1990, "Multimarket contact and collusive behavior." *Rand Journal of Economics*,21(1):1—26.

Bernstein, L. , 1992, "Opting Out of the Legal System: Extralegal Contractual Relation in the Diamond Industry." *Journal of Legal Studies*, 21: 115—157.

Binmore, K. , 1987, "Modelling Rational Players." *Economics and Philosopy*, 3:179—214.

Binmore, K. , 1987, "Nash bargaining theory I, II." in Binmore, K. , and Dasgupta, P. (eds.), *The Economics of Bargaining*, Cambridge: Basic Blackwell.

Binmore, K. , 1997, "Introduction." in Nash, J. F. Jr. (ed.), *Essays on Game Theory*, Chetenham: Edward Elgar.

Bodenheimer, E. , 1962, *Jurisprudence: The Philosophy and Method of the Law*, Revised Edition, Harvard University Press.

Boyd, R. and P. J. Richerson, 1985, *Culture and the Evolutionary Process.* University of Chicago Press.

Brealey, R. A. and S. C. Myers, 2000, *Principles of Coporate Finance* (Sixth Edition), Irwin McGraw-Hill.

Bruce L. B. , 1990, *The Enterprise of Law: Justice Without the State*, San Francisco: Pacific Research Institute.

Burn, E. H. , 1990, *Maudsley & Burn's Trusts & Trustees: Cases and Materials*. Butterworths.

Carmichael, H. L. , 1988, "Incentives in Academics: Why is There Tenure." *Journal of Political Economy*, 96: 453—472.

Chen, Zhao and Sang-Ho Lee, 2009, "Incentives in Academic Tenure under Asymmetric Information." *Economic Modelling*, 26: 300—308.

Cheung, Steven, 1973, "The Fable of the Bees: An Economic Investigation." *Journal of Law and Economics* 16: 11—33. (中文版:张五常,《经济解释:张五常经济论文选》,商务印书馆 2000 年版,第133—161 页。)

Clarke, E. H. , 1971, "Multipart Pricing of Public Goods." *Public Choice*, 11: 17—33.

Coase, R. , 1960, "The Problem of Social Cost." *Journal of Law and Economics*,3: 1—44.

Coase, R. , 1972, "Durability and Monopoly." *Journal of Law and Economics*, 15(1): 143—149.

Coase, R. , 1974, "The Lighthouse in Economics." *Journal of Law and Economics*, 17: 357—376.

Coleman, J. , 1990, *Foundations of Social Theory*. Cambridge, Mass and London: Harvard University Press.

Cooter, R. , 1991,"Coase Theorem." *The New Palgrave Dictionary of Economics*, The Macmillan Press.

Cooter, R. , 1995, "Law and Unified Social Theory." *Journal of Law and Society*, 22(1): 50—67.

Cooter, R. , 1996,"The Rule of State Law Versus the Rule-of-Law State: Economic Analysis of the Legal Foundations of Development." *The Paper for the Annual Bank Conference on Development Economics*, World Bank, April 25—26, 1996, Washington, D. C.

Cooter, R. , 1997, "*Law from Order.*" mimeo, University of California Berkeley.

Cooter, R. , 1997, "Normative Failure Theory of Law." *Cornell Law Review*, 82(5): 947—979.

Cooter, R. , 2000a,"Three Effects of Social Norms on Law: Expression, Deterrence, and Internalization." *Oregon Law Review*, 79(1): 1—22.

Cooter, R. , 2000b,"Do Good Laws Make Good Citizens? An Economic Analysis of Internalized Norms." *Virgina Law Review*, 50(8):1577—1601.

Crawford, V. and J. Sobel, "Strategic Information Transmission." *Econometrica*, 50: 1431—1451.

David, P. , 1985, "Clio and the Economics of QWERTY." *American Economic Review*, 75(2): 332—337.

Delong, B. , 1991,"Did J. P. Mogan's Man Add Value? An Economist's Perspective on Financial Capitalism." Inside the *Business Enterprise: Historical Perspectives on the Use of Information, edited by Peter Temin, University of Chicago Press.

Diener, Ed, L. Tayand and D. G. Myers, 2011, "The Religion Paradox: If Religion Makes People Happy, Why are so Many Dropping Out?" *Journal of Personality and Social Psychology*, 101 (6): 1278—1290.

Di Tella, R. and E. Schargrodsky, 2003, "The Role of Wages and Auditing during a Crackdown on Corruption in the City of Buenos Aies." *Journal of Law and Economics*, 46 (1): 269—292.

DiMaggio, P. J., 1988, "Interest and Agency in Institutional Theory." In L. Zucker (Ed.), *Institutional Patterns and Organizations*. Cambridge, MA: Ballinger.

Dixit, A., 1996, *The Making of Economic Policy*. Cambridge, MA: MIT Press, 1996.

Dixit, A., 1997, "Power of Incentives in Private Versus Public Organizations." *The American Economic Review: Papers and Proceedings*, 87: 378—382.

Dixit, A., 2004, *Lawlessness and Economics: Alternative Models of Governance*, Princeton University Press.

Djankov, S., R. La Porta, F. Lopez-De-Silanes, and A. Shleifer, 2002, "The Regulation of Entry." *The Quarterly Journal of Economics*, 117(1): 1—37.

Eisenstadt, S. N., 1980, "Cultural Orientations, Institutional Entrepreneurs and Social Change: Comparative Analyses of Traditional Civilizations." *American Journal of Sociology*, 85: 840—869.

Ellickson, R., 1991, *Order without Law, How Neighbors Settle Disputes*. Cambridge, MA: Harvard University Press.

Ellickson, R., 1998, "Law and Economics Discovers Social Norms." *Journal of Legal Studies*, 27: 537—552.

Ellickson, R., 1999, "The Evolution of Social Norms: A Perspective from the Legal Academy." Yale Law School, Program for Studies in Law, Economics and Public Policy, Working Paper No. 230.

Elster, J., 1978, *Logic and Society*. New York: Wiley.

Elster, J., 1989a, *The Cement of Society: A Survey of Social Order*. Cambridge: Cambridge University Press.

Elster, J., 1989b, "Social Norms and Economic Theory." *Journal of Economic Perspectives*, 3(4):99—117.

Fisher, R., W. Ury and B. Patton, 1991, *Getting to Yes: Negotiating Agreement Without Giving in*(2nd edition). New York: Penguin.

Friedman, J., 1971, "A Non-cooperative Equilibrium for Supergame." *Review of Economic Studies*, 38: 1—12.

Friedman, J., 1991, *Game Theory with Applications to Economics*, Oxford University Press.

Friedman, D., 1998, "On Economic Applications of Evolutionary Game Theory." *Journal of*

Evolutionary Economics, 8(1): 15—29.

Fudenberg, D. and J. Tirole, 1991, *Game Theory*, MIT Press.

Fuller, L. , 1964, *The Morality of Law*, Yale University Press.

Fuller, L. , 1981, *The Principles of Social Order*, Duke University Press.

Gambetta, D. , 1993, *The Sicilian Mafia: The Business of Private Protection*, Cambridge, Mass. : Harvard University Press.

Gale, J. , K. Binmore and L. Samuelson, 1995, "Learning to be Imperfect: The Ultimatum Game." *Games and Economic Behavior*,8: 56—90.

Gale, D. and L. Shapley, 1962, "College Admissions and the Stability of Marriage." *American Mathematical Monthly*, 69: 9—15.

Garg, D. , Y. Naeahari and S. Gujar, 2008, "Foundations of Mechanism Design: A Tutorial Part 1—Key Concepts and Classical Results." *Sadhana*,33(2):83—130.

Gibbons, R. , 1992, *A Primer in Game Theory*, Harvester Wheatsheaf.

Gilson, R. J. , 2001, "Globalizing Corporate Governance: Convergence of Form or Function." *The American Journal of Comparative Law*, 49(2):329—357.

Glaeser, E. and C. Goldin (eds), 2006, *Corruption and Reform: Lessons from America's Economic History*. The University of Chicago Press.

Gordon, J. and M. Roe, 2004, *Convergence and Persistence in Corporate Governance*. Cambridge University Press.

Green, E. and R. Porter, 1984, "Noncooperative Collusion Under Imperfect Price Information." *Econometrica*, 52:87—100.

Greif, A. , 1994, "Cultural Beliefs and the Organization of Society: A Historical and Theoretical Reflection on Collectivist and Individualist Societies." *The Journal of Political Economy*, 102(5): 912—950.

Groves, T. , 1973, "Incentives in Teams." *Econometrica*, 41: 617—631.

Groves, T. and J. Ledyard, 1977, "Optimal Allocation of Public Goods: A Solution to the 'Free-Rider' Problem." *Econometrica*, 45: 783—809.

Grossman, S. and O. Hart, 1986, "The Costs and Benefits of Ownership: A Theory of Vertical and Lateral Integration." *Journal of Political Economy*,94: 691—719.

Güth, W. , Schmittberger, and Schwarze, 1982, "An Experimental Analysis of Ultimatum Bargaining." *Journal of Economic Behavior and Organization*, 3(4): 367—388.

Hansmann, H. , 1999, "Higher Education as An Associative Good." Working Paper, Yale Law School.

Hansmann, H. , 1999, "The State and Market in Higher Education." Working Paper, Yale Law School.

Hard, O. and B. Holmstrom, 1987, "Theory of Contract." In *Advances in Economic Theory: Fifth World Congress*, edited by T. Bewley, Cambridge University Press.

Hardin, G., 1968, The Tragedy of the Commons, *Science*, 162(13)：1243—1248.

Harsanyi, J., 1973,"Games with Randomly Distributed Payoffs：A New Rationale for Mixed Strategic Equilibrium Points." *International Journal of Game Theory*, 2：1—23.

Hayek, F. A., 1935,"The Present State of the Debate." *Collectivist Economic Planning*, 201—243, Clifton：Augustus M. Kelly,1975; reprinted as "*Socialist Calculation II：the State of the Debate*", *Individualism and Economic Order*, Chicago：Gateway Edition, 1972.

Hayek, F. A., 1937, "Economics and Knowledge." *Economica*, 4：33—54.

Hayek, F. A., 1945,"The Use of Knowledge in Society." *American Economic Review*, 35 (4)：519—530.

Hayek, F. A., 1960, *The Constitution of Liberty*. London：Routledge and Kegan Paul. （中文版：哈耶克,《自由秩序原理》(邓正来译),三联书店 1997 年版。)

Hayek, F. A., 1979, *Law, Legislation and Liberty* (three volumes). London：Routledge and Kegan Paul.

Heap, S., P. Hargreaves and Y. Varoufakis, 1995, *Game Theory：A Critical Introduction*. London and New York：Routledge.

Held, D., 2006, *Models of Democracy* (third edition), Polity Press. （中文版：戴维·赫尔德,《民主的模式》,中央编译出版社 2008 年版。)

Holmstrom, B., 1979, "Moral Hazard and Observability." *Bell Journal of Economics*,10：74—91.

Holmstrom, B. and P. Milgrom, 1991,"Multi-task Principal-Agent Analyses：Incentive Contract, Asset Ownership and Job Design." *Journal of Law, Economics and Organization*, 7：24—52.

Honore, T., 1987, *Making Law Bind：Essays Legal and Philosophical*, Clarendon Press Oxford.

Houba, H. and W. Bolt, 2002, *Credible Threats in Negotiation—A Game Theoretical Approach*, Kluwer Academic Publishers, Boston.

Hulsmann, J. G., 2008, *The Ethics of Money Production*. （中文版：约尔格·吉多·许尔斯曼,《货币生产的伦理》,浙江大学出版社 2010 年版。)

Hume, D., 1740, *A Treatise of Human Nature*. 2nd Edition, Selby-Bigge, L. A. ed. Oxford：Clarendon Press, 1978.

Hurwicz, L., 1960,"Optimality and Informational Efficiency in Resource Allocation Processes." In Arrow, Karlin and Suppes(eds.), *Mathematical Methods in the Social Sciences*. Stanford University Press.

Hurwicz, L., 1972,"On Informationally Decentralized System." In M. Mcguire and R. Radner (eds.), *Decision and Organization*. North Holland.

Ishiguro, S., 2004,"Collusion and Discrimination in Organizations." *Journal of Economic Theory*, 116：357—369.

Jolls, C., C. R. Sunstein, and R. Thaler, 1998, "A Behavioral Approach to Law and Economics." *Stanford Law Review*, 50: 1471—1550.

Jussim, L., 1986, "Self-fulfilling Prophecies: A Theoretical and Integrative Review." *Psychological Review*, 93(4): 429—445.

Kahn, C. and G. Huberman, 1988, "The Two-Sided Uncertainty and 'Up-or-Out' Contract." *Journal of Labor Economics*, 6: 423—44.

Kahneman, D. and A. Tversky, 1979, "Prospect Theory: An Analysis of Decision under Risk." *Econometrica*, 47: 263—291.

Kahneman, D. and A. Tversky, 2000, *Choices, Values and Frames*, Cambridge University Press.

Kandori, M., 1992, "Social Norms and Community Enforcement." *Review of Economic Studies*, 59: 61—80.

Kawasaki, S. and J. McMillan, 1987, "The Design of Contracts: Evidence from Japanese Subcontracting." *Journal of Japanese and International Economics*, 1: 1327—1349.

Kelson, H., 1967, *Pure Theory of Law*, The Regents of the University of California. (中文版:凯尔森著,沈宗灵译,《法和国家的一般理论》,中国大百科全书出版社 1994 年版。)

Klein, B. and K. Leffler, 1981, "The Role of Market Forces in Assuring Contractual Performance." *Journal of Political Economy*, 81: 615—641.

Klein, D. (editor), 1997, *Reputation: Studies in the Voluntary Elicitation of Good Conduct*, The University of Michigan Press.

Klein, D., 1997, "Trust for Hire: Voluntary Remedies for Quality and Safety." in *Reputation* edited by Daniel Klein, University of Michigan Press.

Klemperer, P., 2004, *Auction: Theory and Practice*. Princeton University Press. (中文版:柯伦柏,《拍卖:理论与实践》,中国人民大学出版社 2006 年版。)

Knack, S. and P. Keefer, 1997, "Does Social Capital Have An Economic Payoff? A Cross-Country Investigation." *Quarterly Journal of Economics*, 112(4):1251—1288.

Kreps, D., 1986, "Corporate Culture and Economic Theory." in *Technological Innovation and Business Strategy*, edited by M. Tsuchiya, Nippon Keizai Shimbuunsha Press; also, in *Rational Perspective on Political Science*, edited by J. Alt and K. Shepsle, Harvard University Press, 1999.

Kreps, D., 1990, *A Course in Microeconomics*, MIT Press.

Kreps, D., R. Milgrom, J. Roberts and R. Wilson, 1982, "Rational Cooperation in the Finitely Repeated Prisoners' Dilemma." *Journal of Economic Theory*, 27: 245—252.

Kreps, D. and R. Wilson, 1982, "Sequential Equilibrium." *Econometrica*, 50: 863—894.

Kuran, T., 1997, *Private Truths, Public Lies: The Social Consequences of Preference Falsification*, Harvard University Press.

Laffont, J. and E. Maskin, 1979, "A Differentiable Approach to Expected Utility Maximizing

Mechanism." in *Aggregation and Revelation of Preferences*, edited by J. Laffont, North Holland.

Laffont, J. and D. Martimort, 2002, *The Theory of Incentives: The Principal-Agent Model*, Princeton University Press.（中译本：让-雅克·拉丰、大卫·马赫蒂莫著，陈志俊译，《激励理论：委托—代理模型》，中国人民大学出版社 2002 年版。）

Lazear, E., 1989, "Pay Equality and Industrial Politics." *Journal of Political Economy*, 97: 561—580.

Lazear, E., 1997, *Personnel Economics*, Cambridge, MA and London, England: MIT Press.

Lazear, E. and S. Rosen, 1981, "Rank-Order Tournaments as Optimum Labor Contracts." *Journal of Political Economy*, 89(5): 841—864.

Leighton, W. A. and E. J. Lopez, 2013, *Madmen, Intellectuals, and Academic Scribblers*, Standford University Press.

Levitt, S. D. and C. Syverson, 2005, "Market Distortions when Agents are Better Informed: The Value of Information in Real Estate Transactions." NBER Working Paper Series No. 11053, National Bureau of Economic Research, 2005.

Liebowitz, S. J. and S. E. Margolis, 1990, "The Fable of Keys." *Journal of Law and Economics*, 33: 1—25.

Liebowitz, S. J. and S. E. Margolis, 1999, "Beta, Macintosh and other Famous Tales." chapter 6 from Stan J. Liebowitz and Stephen E. Margolis, *Winners, Losers and Microsoft*, Oakland, CA: The Independent Institute, pp. 199—234.

Lindbeck, A., 1975, *Swedish Economic Policy*. London: MacMillan Press.

Linster, B. G., 1992, "Evolutionary Stability in the Infinitely Repeated Prisoners' Dilemma Palyed by Two-state Moore Machines." *Southern Economic Journal*, 58: 880—903.

Linster, B. G., 1994, "Stochastic Evolutionary Dynamics in the Repeated Prisoners' Dilemma." *Economic Inquiry*, 32: 342—357.

Mahoney, P. G. and C. W. Sanchirico, 2003, "Norms, Repeated Games and the Role of Law." *California Law Review*, 1: 1281—1329.

Maskin, E., 1977, *Nash Equilibrium and Welfare Optimality*, mimeo.

Maskin, E., 1999, "Nash Equilibrium and Welfare Optimality." *Review of Economic Studies*, 66:23—38.

Maskin, E. and J. Riley, 1984, "Optimal Auction with Risk Averse Buyers." *Econometrica*, 52: 1473—1518.

Maskin, E. and J. Riley, 1985, "Auction Theory with Private Value." *American Economic Review*, 75: 150—155.

Maslow, A. H., 1943, "A Theory of Human Motivation." *Psychological Review*, 50(4): 370—396.

Maslow, A. H., 1954, *Motivation and Personality*, New York: Harper.

Maynard Smith, J. and G. R. Price, 1973. "The Logic of Animal Conflict." *Nature*, 246

(5427): 15—18.

Maynard Smith, J., 1982, *Evolution and Theory of Games*. Cambridge: Cambridge University Press.

McAdams, R., 1997, "The Origin, Development and Regulation of Norms." *Michigan Law Review*, 96(2): 238—433.

McPherson, M. S. and M. O. Schapiro, 1999, "Tenure Issues in Higher Education." *Journal of Economic Perspectives*, 13(1):85—98.

Milgrom, P., 2004, *Putting Auction Theory to Work*. Cambridge University Press.

Milgrom, P., D. North, and B. R. Weingast, 1990, "The Role of Institutions in the Revival of Trade: the Law Merchant, Private Judges, and the Champagne Fairs." *Economics and Politics*, 2:1—23.

Milgrom, P. and J. Roberts, 1982, "Limit Pricing and Entry under Incomplete Information: An Equilibrium Analysis." *Econometrica*, 40: 433—459.

Milgrom, P. and J. Roberts, 1992, *Economics, Organization and Management*, Prentice Hall, Inc. (中文版:〔美〕保罗·米尔格罗姆、约翰·罗伯茨著,费方域译,《经济学、组织与管理》,经济科学出版社 2004 年版。)

Mirrlees, J., 1971, "An Exploration in the Theory of Optimum Income Taxation." *Review of Economic Studies*, 38: 175—208.

Mirrlees, J., 1999, "The Theory of Moral Hazard and Unobservable Behaviour: Part I." *Review of Economic Studies*, 66(1): 3—21.

Mookherjee, D., 1984, "Optimal Incentive Schemes with Many Agents." *Review of Economic Studies*, 51(3): 433—446.

Morris, I., 2010, *Why the West Rules for Now: The Patterns of History and What They Reveal about the Future*, Profile Books.

Mueller, D. C., 2003, *Public Choice III*. Cambridge University Press.

Myers, S. C. and N. Majluf, 1984, "Corporate Financing and Investment Decisions When Firms Have Information that Investors Do not Have." *Journal of Financial Economics*, 13: 187—222.

Myerson, R., 1979, "Incentive Compatibility and the Bargaining Problem." *Econometrica*, 47: 61—73.

Myerson, R., 1983, "Mechanism Design by Informed Principal, *Econometrica*, 51: 1767—1797.

Myerson, R., 1999, "Nash Equilibrium and the History of Economic Theory." *Journal of Economic Literature*, 37(3): 1067—1082.

Myerson, R. and M. Satterthwaite, 1983, "Efficient Mechanism for Bilateral Trading." *Journal of Economic Theory*, 28: 265—281.

Nachbar, J. H., 1992, "Evolution in the Infinitely Repeated Prisoners' Dilemma." *Journal of*

Economic Behavior and Organization, 19: 307—326.

Nalebuff, B. and J. Stiglitz, 1983, "Prizes and Incentives: Towards a General Theory of Compensation and Competition." *The Bell Journal of Economics*, 14 (1): 21—43.

Nash, J., 1950, "The Bargaining Problem." *Econometrica*, 18: 155—162.

Nash, J., 1951, "Non-cooperative Games." *Annals of Mathematics*, 54: 286—295.

Nash, J., 1953, "Two-person Cooperative Games." *Econometrica*, 21:128—140.

Nelson, P., 1974, "Advertising as Information." *Journal of Political Economy*, 81: 729—754.

Nelson, R. and S. Winter, 1982, *An Evolutionary Theory of Economic Change*, Harvard University Press.

Nelson, R. and S. Winter, 2002, "Evolutionary Theorizing in Economics." *Journal of Economic Perspectives*, 16(2): 23—46.

Newman, J. W., 1997(1956), "Dun and Bradstreet: For the Promotion and Protection of Trade." repinted in *Reputation* edited by Daniel Klein, University of Michigan Press.

North, D., 1990, *Institutions, Institutional Change and Economic Performance*, Cambridge University Press.

North, D. C. and B. R. Weingast, 1989, "Constitutions and Commitment: the Evolution of Institutions Governing Public Choices in Seventeenth-Century England." *Journal of Economic History*, 49: 803—832.

Oosterbeek, H., R. Sloof, and van de Kuilen, 2004, "Cultural Differences in Ultimatum Game Experiments: Evidence from a Meta-Analysis." *Experimental Economics*, 7(2): 171—188.

Orwell, G., 1946, "Politics and the English Language." First published: *Horizon*. GB, London.

Ostrom, E., 1990, *Governing the Connmons*, Cambridge University Press.

Posner, E., 1999, "A Theory of Contract Law under Conditions of Radical Judicial Error." John M. Olin Law and Economic Working Paper No. 80, Chicago University.

Posner, E., 2000, *Law and Social Norms*. Cambridge, MA: Harvard University Press.

Posner, R., 1980, "The Ethical and Political Basis of the Efficiency Norm in Common Law Adjudication." *Hofstra Law Review*, 8: 487—507.

Posner, R., 1983, *The Economics of Justice*, Harvard University Press.

Posner, R., 1992, *Economic Analysis of Law* (4th edition), Boston: Little, Brown.

Posner, R., 1997, "Social Norms and the Law: An Economic Approach." *American Economic Review*, 87(2): 365—369.

Prelec, D. and D. Simester, 2001, "Always Leave Home Without It: A Further Investigation of the Credit-Card Effect on Willingness to Pay", *Marketing Letters*, 12(1): 5—12.

Putnam, R., 1993, *Making Democracy Work: Civic Traditions in Modern Italy*. Princeton University Press.

Rasmusen, E. , 1994, *Game and Information: An Introduction to Game Theory*, Cambridge: Blackwell Publisher.

Rasmusen, E. , 2006, *Games and Information* (4th edition). Oxford: Blackwell Publishers.

Rauch, J. and P. Evans, 2000, "Bureaucratic Structure and Bureaucratic Performance in Less Developed Countries." *Journal of Public Economics*, 75(1): 49—71.

Rawls, J. , 1971, *A Theory of Justice*, The Belknap Press of Harvard University Press, 1971. (中文版:约翰·罗尔斯著,何怀宏、何包钢、廖申白译,《正义论》,中国社会科学出版社2009年版。)

Rees, R. , 1985, "The Theory of Principal and Agent: Part I. " *Bulletin of Economic Research*,37(1): 3—26.

Robson, A. J. , "Evolution and Human Nature." *Journal of Economic Perspectives*, 16(2): 89—107.

Ross, S. A. , 1977, "The Determination of Financial Structure: The Incentive Signaling Approach." *The Bell Journal of Economics*, 8: 23—40.

Roth, A. E. , 1979, *Axiomatic Models of Bargaining*, *Lecture Notes in Economics and Mathematical Systems*. Springer Verlag.

Roth, A. E. , 1985, *Game-Theoretic Models of Bargaining*, Cambridge University Press.

Roth, A. E. and M. Sotomayor, 1990, *Two-Sided Matching: A Study in Game-Theoretic Modeling and Analysis*. Cambridge University Press.

Rothbard, M. N. ,1970, *Power and Market*, Ludwig Mises Institute. (中文版:《权力与市场》,新星出版社2007年版。)

Rothbard, M. N. , 2005, *What Has Government Done for Our Money*? (fifth edition), Ludwig von Mises Institute.

Rothschild, M. and J. Stiglitz, 1976, "Equilibrium in Competitive Insurance Markets." *Quarterly Journal of Economics*, 90: 629—649.

Rubinstein, A. , 1982, "Perfect Equilibrium in a Bargaining Model." *Econometrica*, 50: 97—109.

Samuelson, L. , 1997, *Evolutionary Games and Equilibrium Selection*, The MIT Press.

Samuelson, L. , 2002, "Evolution and Game Theory." *Journal of Economic Perspectives*, 16(2): 47—66.

Schelling, T. , 1960, *Strategy of Conflict*, Oxford: Oxford University Press.

Schelling, T. , 2006, *Strategies of Commitment and Other Essays*, Harvard University Press.

Schmalensee, R. , 1978, "A Model of Advertising and Product Quality." *Journal of Political Economy*, 6: 485—503.

Schmidt, C. , 2004, "Are Evolutionary Games Another Way of Thinking about Game Theory? Some Historical Considerations." *Journal of Evolutionary Economics*, 14(2):249—262.

Sealy, L. and R. Hooley, 2009, *Commercial Law: Text, Cases and Materials* (4th edition),

Oxford University Press.

Selten, R. 1965, "Spieltheoretiche Behandlung eines Oligopolmodells mit Nachfragetragheit." *Zeitschrift fur Gesamte Staatswissenschaft*, 121: 301—324.

Selten, R., 1975, "Re-examination of the Perfectness Concept for Equilibrium Points in Extensive Games." *International Journal of Game*, 4: 25—55.

Selten, R., 1978, "The Chain-Store Paradox." *Theory and Decision*, 9: 127—129.

Shapiro, C., A. Shaked, and J. Sutton, 1984, "Involuntary Umployment as a Perfect Equilibrium in a Bargaining Model." *Econometrica*, 52: 1351—1364.

Shapiro, C. and H. R. Varian, 1998, *Information Rules: A Strategic Guide to the Network Economy*. Harvard Business Press.

Shearmur, J. and D. Klein, 1997, "Good Conduct in the Great Society: Adam Smith and the Role of Reputation." in Klein (ed.), *Reputation: Studies in the Voluntary Elicitation of Good Conduct*, The University of Michigan Press.

Shleifer, A. and R. Vishny, 1998, *Grabbing Hand: Government Pathologies and Their Cures*, Harvard University Press. (中文版:《掠夺之手》,中信出版社 2004 年版。)

Shubik, M., 1985, *Game Theory in the Social Science: Concepts and Solutions*, Cambridge: The MIT Press.

Simon, H., 1951, "A Formal Theory of Employment Relationship." *Econometrica*, 19: 293—305.

Skoble, A., 2006, "Hayek the Philosopher of Law." *The Cambridge Companion to Hayek*, edited by Edward Feser, Cambridge University Press.

Smith, C. R., 1998, "Moon Cakes: Gifts That Keep on Giving and Giving..." *Wall Street Journal*, Sept. 30, p.1.

Sorkin, A. R., 2009, *Too Big To Fail: The Inside Story of How Wall Street and Washington Fought to Save the Financial System from Crisis*. Viking Adult Press.

Spence, A. M., 1973, "Job Market Signalling." *Quarterly Journal of Economics*, 87: 355—374.

Spence, A. M., 1974, *Market Signaling*, Cambridge, MA: Harvard University Press.

Spence, M. and R. Zechhauser, 1971, "Insurance, Information and Individual Action." *American Economic Review (Papers and Proceedings)*, 61: 380—387.

Stark, R., 1996, *The Rise of Christianity*, HarperOne.

Stark, R., 2005, *The Victory of Reason: How Christianity Led to Freedom, Capitalism and Western Success*. Random House Trade Paperback.

Stigler, G., 1971, "The Theory of Economic Regulation." *Bell Journal of Economics*, 6: 417—429.

Stiglitz, J., 1994, *Whither Socialism?* Cambridge, MA: MIT Press.

Stiglitz, J. and A. Weiss, 1981, "Credit Rationing in Markets with Incomplete Information."

American Economic Review, 71: 393—410.

Sugden, R., 1989, "Spontaneous Order." *Journal of Economic Perspective*, 3(4): 85—97.

Sugden, R., 2001, "The Evolutionary Turn in Game Theory." *Journal of Economic Methodology*, 8(1): 113—130.

Sunstein, C., 1996, "Social Norms and Social Roles." *Columbia Law Review*, 96(4): 903—968.

Svenson, K., 2005, "Eight Questions about Corruption." *Journal of Economic Perspectives*, 9(3): 19—42.

Tadelis, S., 1999, "What's in a Name? Reputation as a Tradeable Asset." *American Economic Review*, 89(3): 549—563.

Thaler, R. H., 1988, "Anomalies: The Ultimatum Game." *Journal of Economic Perspective*, 2: 195—206.

Tideman, T. N. and G. Tullock, 1976, "A New and Superior Process for Making Social Choices." *Journal of Political Economy*, 84: 1145—1159.

Tirole, J., 1988, *Theory of Industrial Organization*, MIT Press.

Tirole, J., 1994, "The Internal Organization of Government." *Oxford Economic Papers*, 46(1):1—29.

Tocqueville, A., 2003(1835), *Democracy in America*, Penguin Book.

Tullock, G., A. Seldon and G. Brady, 2002, *Government Failure: A Primer in Public Choice*. Washington: Cato Institute.

Tompkinson, P. and J. Bethwaite, 1995, "The Ultimatum Game: Raising Stakes." *Journal of Economic Organization and Behaviour*, 27: 439—451.

Trakman, L. F., 1983, *The Law Merchant: The Evolution of Commercial Law*, Fred B. Rothman Co. Littleton, Colorado.

Trivers, R., 1971, "The Evolution of Reciprocal Altruism." *Quarterly Review of Biology*, 46(1): 35—57.

Tyler, T., 1990, *Why People Obey the Law*, Yale University Press.

Van Rijckeghem, C. and B. Weder, 2001, "Bureaucratic Corruption and the Rate of Temptation: Do Wages in the Civil Service Affect Corruption, and by How Much?" *Journal of Development Economics*, 65(2): 307—331.

Varian, H., 1989, "Price Discrimination." Chapter 10 in R. Schmalensee and R. Willig (eds.) *The Handbook of Industrial Organization*, Vol. 1, Amsterdan and New York: Elsevier Science Publishers B. V. (North-Holland), 597—654.

Vega-Redondo, F., 2003, *Economics and The Theory of Games*. Cambridge University Press.

Vickers, J., 1986, "Signaling in a Model of Monetary Policy with Incomplete Information." *Oxford Economic Papers*, 38: 443—455.

Vickery, W., 1961, "Counterspeculation, Auctions and Completely Sealed Tenders." *Jour-

nal of Finance, 16：8—37.

von Neumann, J. and O. Morgenstern, 1947, *The Theory of Games and Economic Behaviour* (2nd edition), Princeton University Press.

Walter, B. , 2003 ,"Explaining the Intractability of Territorial Conflict. " *International Studies Review*, 5(4) :137—153.

Woods Jr. , Thomas E. , 2009, *Meltdown*, Regnery Publisher, Inc.

Yoshikawa, T. and A. Rasheed, 2009 ,"Convergence of Corporate Governance：Critical Review and Future Directions. " *Corporate Governance：An International Review*, 17 (3) : 388—404.

Young, H. P. , 1996 ,"The Economics of Convention. " *Journal of Economic Perspective*, 10 (2) : 105—122.

Young, H. P. , 1998, *Individual Strategy and Social Structure.* Princeton, NJ : Princeton University Press.

Young, H. P. , 2008 ,"Social Norms. "in Steven N. Durlauf and Lawrence E. Blume(eds.), *The New Palgrave Dictionary of Economics* (2nd edition). Palgrave Macmillan.

Zahavi, A. , 1975, "Mate Election—A Selection for a Handicap. " *Journal of Theoretical Biology*, 53：205—214.

Zahavi, A. , 1997, *The Handicap Principle：A Missing Piece of Darwin's Puzzle*, Oxford University Press.

中文部分

爱德华·威尔逊:《社会生物学——新的综合》,北京理工大学出版社 2008 年版。

陈登原:《国史旧闻》,中华书局 2000 年版。

陈寅恪:《审查报告三》,载冯友兰,《中国哲学史》(下),中华书局 1961 年版。

冯象:《腐败会不会成为一项权利?》,见《政法笔记》,江苏人民出版社 2004 年版。

冯友兰:《中国哲学史》(下),中华书局 1961 年版。

福山:《信任:社会道德和繁荣的创造》(中译本),远方出版社 1998 年版。

弗里德曼:《法律制度》(李琼英、林欣译),中国政法大学出版社 1994 年版。

何怀宏:《选举社会——秦汉至晚清社会形态研究》,北京大学出版社 2011 年版。

赫苏斯·韦尔塔·德索托(J. Huerta de Soto):《社会主义:经济计算与企业家才能》,吉林出版集团有限责任公司 2010 年版。

霍布斯:《利维坦》,商务印书馆 2009 年版。

肯·宾默尔(K. Binmore):《博弈论与社会契约》(王小卫, 钱勇译),上海财经大学出版社 2003 年版。

理查德·A. 波斯纳(Richard A. Posner):《法律的经济分析》(上),中国大百科全书出版社 1994 年版。

理查德·道金斯(Richard Dawkins):《自私的基因》(卢允中,张岱云等译),吉林人民出版社 1998 年版。

洛克:《政府论》(下篇),商务印书馆 2009 年版。

李约瑟:《中国科学文明史》(1)(柯林·罗男改编),上海人民出版社 2003 年版。

梁治平:《清大习惯法:社会与国家》,中国政法大学出版社 1996 年版。

马克斯·韦伯:《新教伦理与资本主义精神》,江西人民出版社 2010 年版。

牟宗三:《政道与治道》,广西师范大学出版社 2006 年版。

佩里·罗杰斯(Perry Rogers):《西方文明史:问题与源头》(潘惠霞等译),东北财经大学出版社 2011 年版。

沈颐(主编):《燕园变法》,上海文化出版社 2003 年版。

丹尼尔·史普博(Daniel Spulber)编,《经济学的著名寓言:市场失灵的神话》,上海人民出版社 2004 年版。

苏珊·罗斯·艾克曼(Susan Rose-Ackerman):《腐败与政府》(王江、程文浩译),新华出版社 2000 年版。

王成:《侵权损害的经济学分析》,中国人民大学出版社 2002 年版。

吴思:《隐蔽的秩序:拆解历史弈局》,海南出版社 2004 年。

熊彼特:《资本主义、社会主义与民主》,商务印书馆 2009 年版。

阎步克:《品位与职位:秦汉魏晋南北朝官阶制度研究》,中华书局 2002 年版。

阎步克:《士大夫政治演生史稿》,北京大学出版社 1996 年版。

姚中秋:《以作为一种制度变迁模式的"转型"》(1998),见《中国转型的理论分析——奥地利学派的视角》(罗卫东、姚中秋主编),浙江大学出版社 2009 年版。

姚中秋:《封建》(上册),海南出版社 2012 年版。

易中天:《我山之石》,广西师范大学出版社 2009 年版。

余英时:《中国文化史通释》,三联书店 2012 年版。

余英时:《试说科举在中国史上的功能与意义》,见余英时著,《中国文化通释》,三联书店 2012 年版。

约瑟夫·熊彼特:《资本主义、社会主义与民主》,商务印书馆 2009 年版。

约翰·密尔:《论自由》,商务印书馆 2009 年版。

张维迎:《企业的企业家—契约理论》,上海人民出版社 1995 年版。

张维迎:《博弈论与信息经济学》,上海人民出版社 1996 年版。

张维迎:《詹姆斯·莫里斯教授与信息经济学》,见张维迎编,《詹姆斯·莫里斯论文精选》,商务印书馆 1997 年版。

张维迎:《控制权损失的不可补偿性与国有企业兼并中的产权障碍》,《经济研究》,1998 年第 7 期,第 21—22 页。

张维迎:《法律制度的信誉基础》,《经济研究》,2001 年第 1 期,第 3—13 页。

张维迎:《企业家与职业经理人:如何建立信任》,《北京大学学报》(哲学社会科学版),2003 年第 10 期,第 29—39 页。

张维迎:《大学的逻辑》,北京大学出版社 2004 年版,2005 年增订版,2012 年第三版。

张维迎:《产权、激励与公司治理》,经济科学出版社 2005 年版。

张维迎:《竞争力与企业成长》,北京大学出版社 2006 年版。

张维迎:《什么改变中国》,中信出版社 2012 年版。

张维迎:《市场的逻辑》(增订版),上海人民出版社 2012 年版。

张维迎、邓峰:《信息、激励与连带责任:对中国古代连坐、保甲制度的法和经济学分析》,《中国社会科学》,2003 年第 3 期,第 99—112 页。

张维迎、柯荣住:《信任及其解释:来自中国的跨省调查分析》,《经济研究》,2002 年第 10 期,第 59—70 页。

张维迎、柯荣住:《司法过程中的逆向选择》,《中国社会科学》,2002 年第 2 期,第 31—43 页。

张五常:《蜜蜂的寓言》,《经济解释:张五常经济论文选》,商务印书馆 2000 年版,第 133—161 页。

郑也夫:《信任论》,中国广播电视出版社 2001 年版。

朱苏力:《法治及其本土资源》,中国政法大学出版社 1996 年版。

人名索引

中文文献作者

重要历史人物

关键词索引

教辅申请说明

　　北京大学出版社本着"教材优先、学术为本"的出版宗旨，竭诚为广大高等院校师生服务。为更有针对性地提供服务，请您按照以下步骤通过**微信**提交教辅申请，我们会在 1~2 个工作日内将配套教辅资料发送到您的邮箱。

◎扫描下方二维码，或直接微信搜索公众号"北京大学经管书苑"，进行关注；

◎点击菜单栏"在线申请"—"教辅申请"，出现如右下界面：

◎将表格上的信息填写准确、完整后，点击提交；

◎信息核对无误后，教辅资源会及时发送给您；
如果填写有问题，工作人员会同您联系。

温馨提示：如果您不使用微信，则可以通过以下联系方式（任选其一），将您的姓名、院校、邮箱及教材使用信息反馈给我们，工作人员会同您进一步联系。

教辅申请表
1. 您的姓名： *
👤
2. 学校名称 *
3. 院系名称 *
• • •　• • •
感谢您的关注，我们会在核对信息后在1~2个工作日内将教辅资源发送给您。
提交

联系方式：

北京大学出版社经济与管理图书事业部

通信地址：北京市海淀区成府路 205 号，100871

电子邮箱：em@pup.cn

电　　话：010-62767312 /62757146

微　　信：北京大学经管书苑（pupembook）

网　　址：www.pup.cn

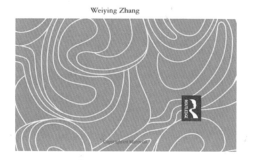

《博弈与社会》（英文版）

Game Theory and Society

By **Weiying Zhang**

Publisher：Routledge（1e, 2018）
ISBN-13: 978-1138573451

扫码查看图书详情：